普通高等教育"十一五"国家级规划教材

国家电工电子基地系列教材

模拟集成电路基础

路　勇　主　编
刘　颖　副主编
侯建军　主　审

中国铁道出版社有限公司

2022年·北京

内 容 简 介

本书为普通高等教育"十一五"国家级规划教材和国家电工电子基地系列教材。本书是在《模拟集成电路系统》第一、二版的基础上进行修订的，内容包括晶体二极管及应用电路、晶体三极管及应用电路、场效应管及基本放大电路、放大电路的频率响应、负反馈放大电路、双极型模拟集成电路、双极型模拟集成电路的分析与应用、MOS模拟集成电路、直流稳压电源电路、电子电路的计算机辅助设计等。

本书可作为高等学校电气信息类各专业及相近专业的本科生的理论教材，也可作为电子技术专业人员的参考书。

图书在版编目(CIP)数据

模拟集成电路基础 / 路勇主编 .—3 版 .—北京：中国铁道出版社，2010.8(2022.1 重印)

普通高等教育"十一五"国家级规划教材

ISBN 978-7-113-11371-1

Ⅰ.①模… Ⅱ.①路… Ⅲ.①模拟集成电路-高等学校-教材Ⅳ.①TN4631.1

中国版本图书馆 CIP 数据核字(2010)第 120803 号

书　　名：**模拟集成电路基础**

作　　者：路　勇

责任编辑：武亚雯　李慧君　　**电话**：(010)51873133　　**电子邮箱**：tdjc701@126.com

封面设计：冯龙彬

责任校对：孙　玫

责任印制：高春晓

出版发行：中国铁道出版社有限公司(100054，北京市西城区右安门西街 8 号)

网　　址：http://www.tdpress.com

印　　刷：北京建宏印刷有限公司

版　　次：1991 年 1 月第 1 版　1998 年 6 月第 2 版　2010 年 8 月第 3 版　2022 年 1 月第 11 次印刷

开　　本：787mm×1092mm　1/16　**印张**：21　**字数**：517 千

书　　号：ISBN 978-7-113-11371-1

定　　价：50.00 元

第三版前言

随着电子技术的飞速发展，电子技术呈现出了系统集成化、设计自动化、用户专用化、测试智能化的发展趋势。为适应全国面向21世纪教学内容和教学体制改革的要求，迎接新世纪知识更新速度加快的挑战，各学科的各个教学环节都要有与之相适应的新内容和新方法；加之新的教学基本要求的诞生，教材内容应该作相应的改变以适应新形势的要求。

基于面向21世纪电工电子系列课程体系与内容的改革成果，基于多年的教学实践，我们将强调分立与集成的有机结合、技术理论与工程实践相融合、技术理论与计算机方法相融合以及基础技术理论与现代电子技术相融合应作为编写本教材的出发点。编写本教材的基本思想如下。

1. 明确本课程的定位，教材内容必须注重基础知识点的介绍，即着重基本概念、基本原理和基本分析方法的介绍。这些基础知识点是电子技术在发展过程中长时期起作用的重要理论和基本技术。在注重基础内容的同时，也必须反映电子信息技术的最新发展(集成电路以及EDA技术)及发展趋势，另外在分析方法上也加入了模型的概念，利于今后与系统分析接轨。

2. 内容安排上力求符合认知规律，以管路结合为基本的出发点，突出电子器件的原理以及电子电路的基本原理、分析方法及应用。介绍管子的原理以及参数后，介绍其应用，由于每个管子的特点、参数要求均在具体的使用中才能体现出来，能使读者很快地将器件的原理特点与电路结合起来，对电子器件性能有一个完整的认识。

3. 为了突出教学的基本要求，每章的开头都摘要了本章的重点以及基本知识点，使读者明确学习目标。

4. 通过建立集成化的体系，介绍简单集成工艺、通用和专用集成器件，使读者了解集成电路的设计特点、模拟集成电路的结构以及基本单元电路在集成电路与系统中的应用，为以后设计与应用模拟集成电路芯片奠定基础。

5. 配合各章的主要内容，配备较多层次不同、不同类型的习题，从第三章开始还增设了机辅分析和设计题，以使读者提高综合应用已学知识分析问题的能力。

本书为普通高等教育"十一五"国家级规范教材，并为国家电工电子基地系列教材之一。本书由路勇主编，刘颖副主编。全书共分为11章，其中第2章、第3章3.1节、第4章由曾涛编写，第1章、第5章、第6章、第7章、第8章、第9章、第11章11.1节与11.3节、第3章3.2节由路勇编写，第10章、第11章11.2节由任希编写。最后路勇对全书进行了文字润饰和定稿。

北京交通大学侯建军教授主审了全稿，并提出了许多宝贵的意见。

教材编写过程中得到了冯民昌教授(第二版教材的主编,原课程组的负责人)大量的无私的帮助,在此表示衷心的感谢!另有黄亮老师在本书的核校及习题演算上给予了许多帮助,在此一并表示感谢!

由于编者水平所限,书中难免有不妥和错误之处,敬请读者批评指正。

编　者

2010年8月

第二版前言

《模拟集成电路系统》第一版(范希鲁主编)于1991年出版,第一版书稿写于1989年。自1989年以来电子技术有了很大发展,面向21世纪对技术人材的培养又提出新的要求。为此,本书第二版是在第一版基础上,根据国家教委批准的《电子电路(Ⅰ)(Ⅱ)课程教学基本要求》考虑到技术发展和人材培养的要求进行了修订。

第二版全书共十一章,第一章绪论简要介绍信息传输的基本方法,发送和接收系统组成框图;第二至第七章介绍模拟通信系统常用的基本功能电路,包括调谐放大器,高频功率放大器、振荡器、调幅与检波、调角与解调、混频,其中突出了模拟集成乘法器在调制解调等频率变换电路中的作用;考虑到现代数字通信的发展,第八、九章介绍了模拟信号数字化及数模转换器,数字调制解调技术;第十章反馈控制系统介绍AGC、AFC、PLL电路原理,为了避免与"通信系统原理"课程内容重复,本书只介绍电路组成原理,不讨论通信系统的特性、指标;本书第十一章是模拟电子系统举例,主要是综合以上各章单元电路组成实用模拟电子系统,以便加深对单元功能电路的理解,同时建立系统的概念。

本教材适合70~80学时的教学时数。为了不增加篇幅,本书删除了第一版中非线性电路与时变参量电路的分析方法,仅保留了参量分析,并将其融入到有关章节的电路分析中;为了加强学生用计算机辅助设计和分析电路能力,各章增加了一些机辅分析题,供学生上机练习。

本书由北方交通大学冯民昌教授主编并编写了第五、六、七、八、九、十一章,李金平副教授编写了第一、二、三、四、十章。

本书承范希鲁教授主审,并为本书的编写提出了许多宝贵意见。清华大学董在望教授、北京邮电大学谢沅清教授、北京理工大学罗伟雄教授、北京工业大学谭慕端教授对本书编写提出了评审意见,他们对本书编写作出了宝贵贡献,特此一并致谢。

作　者

1997年11月

于北方交通大学

第一版前言

本书是根据国家教委1987年正式颁布的高等工科院校《电子线路(Ⅰ)(Ⅱ)课程教学基本要求》而编写的。书中力求贯彻"以集成电路为主的原则,并突出各种功能电路的组成、工作原理、性能特点及其分析方法"。本书可作为电子技术、通信、控制等专业的本科生教材,若舍去某些内容,也可作为相应专业的大专班或夜大学的教材。

本书是在考虑到近年来高频电路的发展、并结合我们的教学实践而编写的。由于学时的限制,本书力求控制篇幅,删减了陈旧的内容和繁琐的推导,围绕各个功能单元来讲清基本概念和基本分析方法。考虑到目前高频电子电路中集成电路还不能完全取代分立元件电路,并且,集成电路是从分立电路的基础上发展起来的,因此从分立电路开始讨论能够更清楚地阐明基本原理,也更容易理解和接受。故在本书各章中,先从分立元件出发分析电路,然后再介绍有关的集成电路芯片,并强调了集成系统的组成和应用。

在第一章中,对调谐回路和阻抗变换方面作了一些复习和讨论,如学生已有这方面的基础,则可略去。在第二章中,对非线性电路和时变参量电路的特点和分析方法,作了集中和加强的叙述。第三章讨论高频功率放大器,第四章分析正弦振荡器。第五、六、七三章讨论调幅、调频和混频,其中强调利用模拟乘法器和集成调制解调器来实现各种频率变换。第八章着重介绍锁相技术的原理、集成锁相电路及其在各方面的应用。书中注有*的章节,可由任课教师决定取舍。

本书由北方交通大学范希鲁主编。绪论和第二、四、五、六、七等章由范希鲁编写,第一、三、八等章由卢淦编写。本书由上海铁道学院黄大卫教授、方向副教授担任主审,他们提出了许多宝贵的意见,在此表示衷心的感谢。

编　者

一九八九年七月于北京

目　录

第1章 绪论

【内容提要】 本章作为绪论，首先介绍电子技术的发展历程，然后介绍电子系统的功能、组成原则、分类以及放大电路的基本概念，最后通过模拟电子电路系统实例，向读者介绍模拟电子电路主要的研究内容。本章的目的是使读者明确本课程的地位、学习本课程的主要目的，为后续各章的学习奠定基础。

1.1 引言

由电子器件(二极管、三极管、场效应管、集成运放等)组成并完成一定功能的电路称为电子电路，组成电子电路的目的，是为了对信号进行传输、处理或用来产生某些信号。

随着科学技术的发展，电子电路应用范围极其广泛，如：无线电通信、计算机科学、自动控制等各个科学技术领域，电子制造业成为当今世界最具有发展前途的产业。

电子电路的发展是与电子器件的发展紧密结合的。随着电子器件的不断更新，电子电路的发展史经历了以下几个阶段。

1906年真空三极管诞生，用它构成的电子电路，能够产生从低频到微波范围的振荡，可以放大各种微弱的信号，从而使电子电路技术进入了实际应用阶段。

20世纪40年代末，用半导体材料做成了第一只晶体管，叫做半导体器件或固体器件(solid-state device)，1951年有了商品，这是出现分立元件的又一个里程碑。由于晶体管具有体积小、重量轻、功耗低、工作可靠性高等一系列优点，因而，它在许多领域中取代了电子管。电子电路技术也因此进入了晶体管电路的历史阶段。

20世纪50年代末，研制出了集成电路。它是在一块小的基片上光刻制造出多个晶体管、电阻和电容等器件，并将它们连接成能够完成一定功能的电子电路。起初，单片集成的元、器件较少，称为小规模集成电路(SSI)；以后单片集成的晶体管数目逐年递增，相继出现中规模集成电路(MSI)，其单片含数百只晶体管；20世纪60年代末制成单片含有数千只晶体管的所谓大规模集成电路(LSI)；20世纪70年代中期，又制成了单片含有数万只晶体管的超大规模集成电路(VLSI)，目前，单片集成度已达数千万个元、器件，从而可使得将器件、电路与系统融合于一体，构成一个集成电子系统。今后单片集成度将以什么样的速度发展？摩尔定律作出的回答是：今后十几年内，单片可集成的晶体管数目将以每14个月翻一番的速度递增。

由于大规模和超大规模集成电路的出现，电子电路的技术装置发生了根本变化。电子设备在功能、速率、体积、功耗、可靠性诸方面都取得了惊人的成就。这是一次意义深远的技术革命，电子科学技术的发展进入了“微电子学”时代。

目前电子技术的应用已经渗透到人类生活和生产的各个方面。西方学者把电子技术的应用归纳为四个方面，或者叫做四个“C”。有两种说法：一种是元器件(Components)制造工业、通信(Communication)、控制(Control)和计算机(Computer)；另一种说法是通信、控制、计算机和文化生活(Cultural life，如广播、电视、录音、电化教学、电子文体用具、电子表等)，并且用四个“C”的发展水平来衡量一个国家的现代化程度，可见电子技术在现代社会中的重要性。

按照电子电路的不同功能和构成原理，可将它们划分为模拟电子电路和数字电子电路两大类型。

模拟电子线路是对模拟信号进行传输或处理的电路。所谓模拟信号是指信号的幅值随时间是连续变化的，具有连续性，大多数物理量均为模拟信号，如图 1-1 所示。由图示波形可知，信号可以取一定范围内的任意值，而且任何瞬间的任何值均是有意义的。

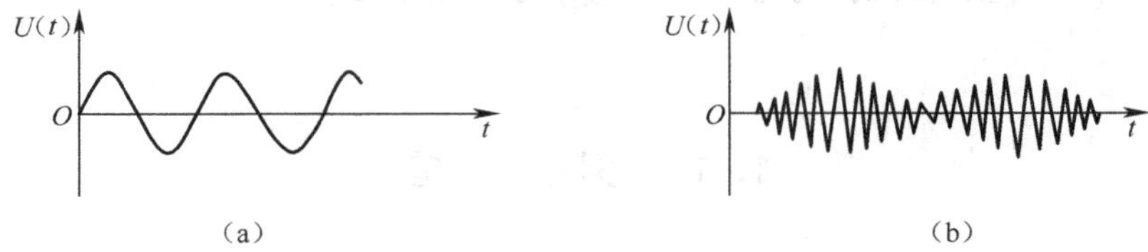

图 1-1 模拟信号波形图

模拟电路主要研究的问题是对信号的放大，有功能和性能各异的放大电路，而其他功能的模拟电路多以放大电路为基础。

数字电子线路是对数字信号进行传输或处理的电路。所谓数字信号是指信号在时间、取值上都是离散的、不连续的。如图 1-2 所示。例如在规定的时间间隔上只按高、低两个电平取值的数字信号。

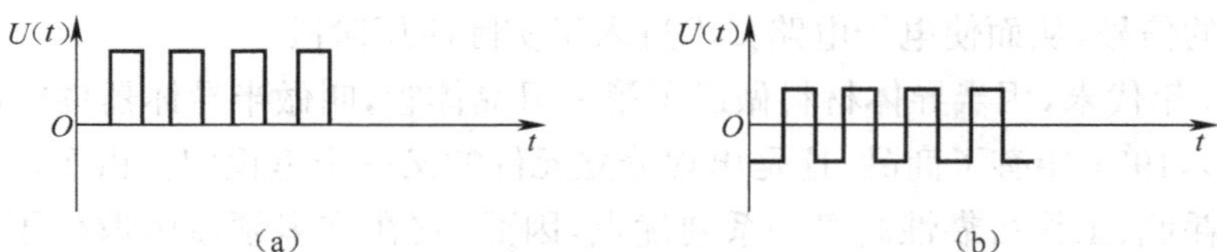

图 1-2 数字信号的波形图

数字电路主要研究的问题是数字逻辑的电路实现方法。

当然，有许多电子系统，往往兼做模拟信号与数字信号的处理工作，这样，便出现了模拟与数字混合的电路与系统。

1.2 电子系统的基本概念

电子信息系统简称为电子系统。下面简要介绍模拟电子系统的主要组成部分、各部分的功能，以及电子系统的设计原则，并给出模拟电子系统的典型实例。

1.2.1 模拟电子系统的基本构成

图 1-3 为模拟电子系统的示意图。系统首先要采集信号，即进行信号的提取。通常，这些

信号来源于测试各种物理量的传感器、接收器，或来源于用于测试信号的发生器。对于实际系统传感器或接收器所提供的信号幅度一般很小，噪声很大，且易受干扰，有时难以区分信号和噪声，因此，在加工信号之前需要进行预处理。进行预处理时，要根据实际情况利用隔离、滤波、阻抗变换等各种手段将信号分离出来并进行放大。当信号足够大时，再进行运算、比较、采样保持等不同处理。最后，一般需要经过功率放大使信号具有一定的驱动能力来驱动执行机构或者模数转换变为数字信号，以方便计算机接受，进行进一步的处理。

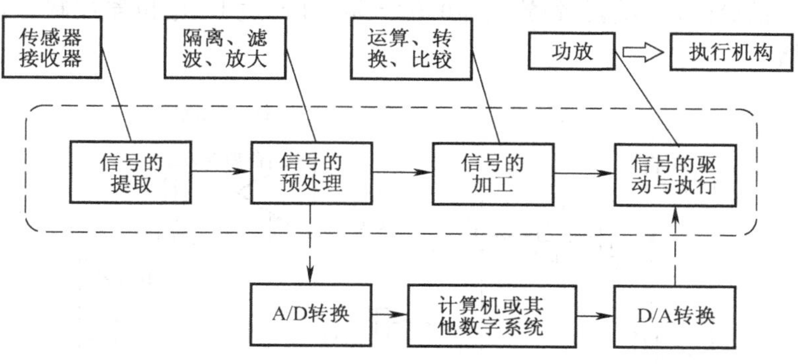

图 1-3 电子系统的示意图

图 1-3 中虚线的部分一般由模拟电路来实现，称为模拟电子系统；计算机或其他数字系统部分由数字电路来实现，称为数字电子电路(系统)；A/D 转换和 D/A 转换部分属于模拟—数字混合电子电路。由此可知，一般的电子系统均有模拟电路和数字电路配合完成，二者成为一个整体。

1.2.2 模拟电子系统的构成原则

在设计电子系统时，不仅要实现预期功能和性能指标，还要考虑系统的阻抗特性、可靠性和可测试性。所谓可靠性是指系统在工作环境下能稳定运行，具有一定的抗干扰能力，这是电子系统实现基本功能的条件。所谓可测试性包含两个方面，其一是为了调试方便引出合适的测试点，其二为系统设计有一定故障覆盖率的自检电路和测试激励信号，此项可保证系统能方便维护维修的必要条件。

为了使系统设计安全高效，应尽可能做到以下几点。

(1)必须满足功能和性能指标要求。

(2)在满足功能和性能指标要求的前提下，电路要尽量简单。因为同样功能的电路，电路越简单，元器件越少，连线和焊点越少，故障出现的概率越小，可靠性越高。因此，设计时能采用集成电路实现的尽量不采用分立器件实现，能用大规模集成电路实现的尽量不采用小规模集成电路实现。

(3)电磁兼容特性。电子系统不可避免地工作在复杂的电磁环境中，其中既有来自自然的电磁变化，也有生活和工业活动产生的电磁变化。这些均会对电子系统产生不同程度的干扰；而电子系统本身又会成为其他电子设备的干扰源。所谓电磁兼容特性，是指电子系统在预定的环境下，既能抵御周围磁场的干扰，又能较少地影响周围环境。在设计电子系统时，电磁兼容性设计的重点是要研究周围环境电磁干扰的特征以及如何采取必要的措施抑制干扰源或阻断干扰源的传播途径，保证系统的正常工作。

(4)系统的调试应简单方便,而且其生产工艺应尽可能简单。

1.3 模拟电子系统举例

作为模拟电子系统的应用实例,这里给出了如图 1-4 所示实际扩音系统的电路原理图。图中 C_3 将放大器输出信号耦合到扬声器(C_3 一般为 500 μF 的大电容),同时起到隔直流作用;用电容 C_1 将话筒的信号耦合到放大器的输入端,并通过 R_3 电位器控制音量 C_2、R_2、R_4 组成音调调节网络。

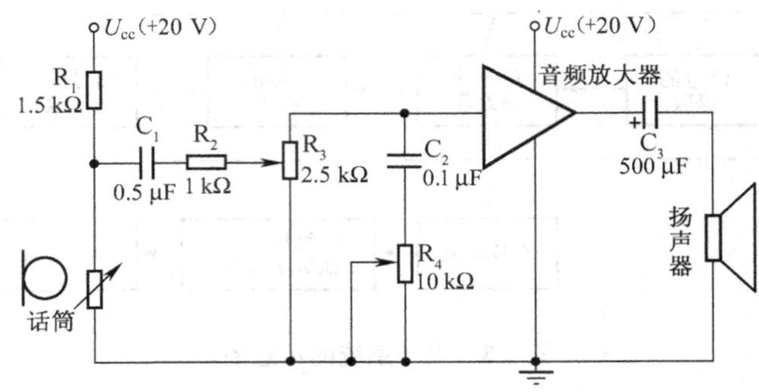

图 1-4 实际扩音系统原理图

对中小功率的扩音系统,用一块集成电路即可满足放大器要求。对大功率(如 300 W)的扩音系统,还需要分立的大功率晶体管组成特殊的输出级电路,此时集成放大电路只完成低功率放大任务。

随着集成电路技术的飞速发展,已经可以在单片上集成复杂的模拟电子系统。例如单片调幅/调频接收机集成电路,它内部集成了高频放大、混频、中频放大、检波、功率放大等电路,应用时只需外接少量的调谐元件即可构成单片调幅/调频接收机。

从以上讨论可以看出,模拟电子系统是由模拟集成电路模块和分立元件及其电路组成。

组成模拟集成电路的单元电路,一部分是在分立元件电路基础上,经改进构成;另一部分是随着集成技术的发展出现的新电路。这些单元电路是我们分析掌握各种模拟集成电路的重要基础,而构成这些单元电路要用到半导体器件。所以,本书将首先介绍模拟集成电路及其系统用到的基本半导体器件,以后逐步引入模拟集成电路单元电路的工作原理、分析方法及其应用实例。在此基础上,讲述较复杂模拟集成电路的原理及其应用。最后介绍现代模拟集成电路技术以及电子设计自动化的有关应用。

习 题

1. 组成电子电路的部分有哪些?各有什么功能?
2. 电子电路按功能和构成原理不同,大体分为哪两种类型?
3. 何谓模拟信号?何谓数字信号?指出题 1-3 图所给波形哪个是模拟信号,哪个是数字信号?

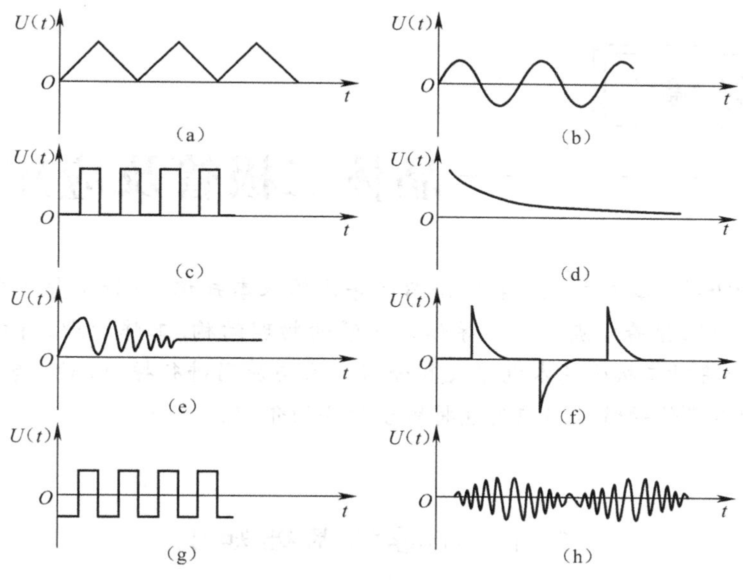

题 1-3图

4. 在设计电子系统时,应做到哪几点?

5. 构成各种模拟电路的最基本电路是什么?

第2章 晶体二极管及应用电路

【内容提要】 本章首先简要地介绍半导体的基本知识，讨论半导体器件的核心环节——PN结，接着重点讨论半导体二极管的物理结构、工作原理、特性曲线和主要参数，最后将对二极管基本电路及其分析方法与应用进行探讨，对变容二极管、肖特基二极管等器件的特性与应用也将给予简要的介绍。

2.1 半导体基础知识

自然界物体按导电能力可分为导体、半导体和绝缘体三类。日常生活中接触到的金、银、铜、铝等金属都是良好的导体，它们的电导率在 10^{-5} S·cm^{-1}量级；而塑料、云母、陶瓷等物质都几乎不导电，因此称为绝缘体，它们的电导率在 $10^{-22}\sim10^{-14}$ S·cm^{-1}量级；导电能力介于导体和绝缘体之间的物质称为半导体，它们的电导率在 $10^{-9}\sim10^{2}$ S·cm^{-1}量级。目前多数电子器件是利用经过特殊加工且性能可控的半导体材料制造而成。由于半导体器件具有体积小、重量轻、使用寿命长、输入功率小和功率转换效率高等优点而得到广泛的应用，成为构成电子电路的基本元件。

在自然界中属于半导体的物质很多，用来制造半导体器件的材料主要有元素半导体例如硅(Si)、锗(Ge)和化合物半导体如砷化镓(GaAs)等，以及掺杂或制成其他化合物半导体的材料，如硼(B)、磷(P)、铟(In)和锑(Sb)等。其中硅和锗用得最广泛，它们是当前制作集成器件的主要材料；而砷化镓主要用来制作高频高速器件。

2.1.1 半导体的特性

半导体之所以成为电子器件的基本材料，是由于半导体具有不同于其他物质的特点，主要有以下特性。

1)当半导体温度升高时，半导体的导电能力显著增加。温度可明显地改变半导体的电导率，利用这种热敏效应可制成热敏器件，但另一方面，热敏效应使半导体的热稳定性下降。因此，在半导体构成的电路中常采用温度补偿及稳定参数等措施。

2)当半导体受到外界光照时，导电能力将发生显著的变化。光照不仅可改变半导体的电导率，还可以在某些特殊半导体内产生电动势，这就是半导体的光电效应。利用光电效应可制成光敏电阻、光电晶体管、光电耦合器和光电池等。光电池已在空间技术中得到广泛的应用，为人类利用太阳能提供了广阔的前景。

3)当在纯净的半导体中加入微量的特定杂质时，半导体的导电能力显著增加。例如，室温30℃时，在纯净锗中掺入一亿分之一的杂质(称掺杂)，其电导率会增加几百倍。正是因为掺杂可改变和控制半导体的电导率，才能利用它制造出各种不同的半导体器件。

半导体具有的以上这些特性可总结为热敏性、光敏性和掺杂特性，决定了半导体可以作为电子器件的基础材料。

2.1.2　本征半导体

1. 本征半导体原子模型

完全纯净的、结构完整的半导体晶体称为本征半导体。半导体的重要物理特性均取决于它的电导率的变化，而电导率与材料内单位体积中所含的电荷载流子的数目有关。载流子的浓度愈高，其电导率愈高。半导体内载流子的浓度取决于许多因素，包括材料的基本性质、温度值及杂质的浓度。

制造电子器件的材料主要是硅和锗，也少量地采用某些氧化物作为材料。半导体硅和锗均需制成晶体，整块晶体内部晶格排列完全一致的晶体称为单晶。硅或锗原子在晶体中是有规则地排列着的，即形成四面体结构，每个原子周围与四个原子在空间上相邻，且位置对称，其原子模型排列的平面示意图如图 2-1 所示。为了简化起见，常把内层电子和原子核看作一个整体，称为惯性核，由于原子呈中性，故离子芯用带圆圈的＋4 符号表示。惯性核的周围是价电子，硅和锗同属于四价元素其原子结构中都有四个价电子(Valence Electron)。显然，硅和锗的惯性核模型是相同的，它们的惯性核都带有四个正的电子电荷量(＋4q)。硅和锗都是四价元素，最外层原子轨道上具有四个电子，称为价电子。一个原子的外层四个价电子与相邻的四个价电子形成共价键(Covalent Bond)，由此将相邻的原子牢固地联系在一起。

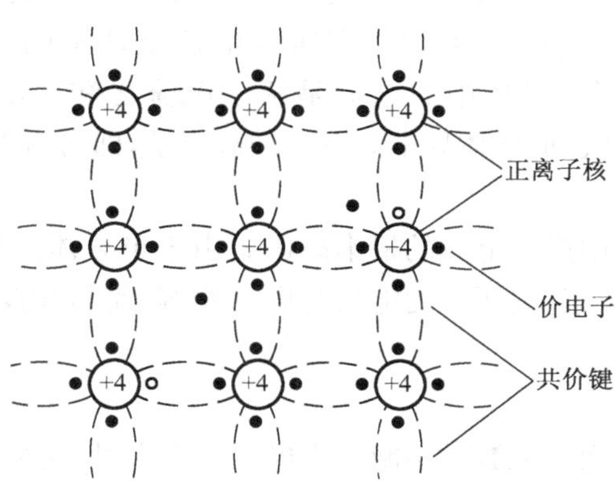

图 2-1　简化原子模型排列示意图

2. 本征半导体两种载流子

在半导体处于绝对温度 T＝0 K 和没有外界激发时，本征半导体内的每一原子的外围电子即价电子被共价键所束缚，不存在自由运动的电子，在外电场作用下这些束缚电子不会形成电流，即此时的本征半导体不会导电。当温度升高或受到光线照射时，处于最外层的价电子中部分价电子从外界获得足够的能量，加剧价电子的布朗运动，从而部分价电子可能挣脱共价键的束缚，脱离共价键而成为自由电子(Free Electron)，同时，在共价键中留下了相同数量的空位，这种现象称为本征激发。

当共价键中留下空位时，相应原子则需要一个带负电的电子填补在空位处才能达到稳定状态,因此可将此空位看作是带正电荷的粒子,并称之为空穴(Hole)。本征激发后的自由电子和空穴的示意图如图 2-2 所示。

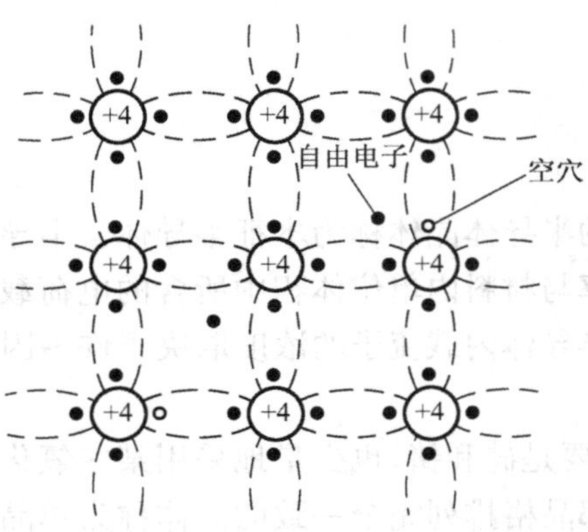

图 2-2 本征半导体中的自由电子和空穴的示意图

由于共价键中出现了空穴,在外加电场作用下,邻近价电子就可能填补到这个空穴上,而在这个电子原来的位置上又留下新的空穴,其他电子又可能转移到这个新的空位。由于电子的移动造成空穴的相对移动,使半导体晶体中出现一定的电荷迁移,从而形成电流,因此可将空穴称为带正电的载流子。

若在本征半导体两端外加一个电场,在外电场 E 的作用下,一方面自由电子将产生定向移动,形成电子电流;另一方面,由于空穴的存在,价电子将按一定的方向依次填补空穴,形成空穴电流。由于自由电子和空穴所带电荷极性不同,空穴的移动方向和电子移动的方向是相反的,本征半导体中的电流是两个电流之和。由此可知,本征半导体有两种载流子,即自由电子和空穴,而导体导电只有一种载流子,即自由电子,这是半导体与导体导电的不同之处。

由此可见,本征半导体中产生电流的根本原因是由于半导体内共价键中空穴的出现。空穴可看成是一个带正电的粒子,它所带的电量与电子相等,符号相反,在外加电场作用下可以在半导体中作定向移动。

3. 载流子的浓度

在本征半导体中,一方面本征激发不断产生电子—空穴对,这个过程称为激发;另一方面,自由电子和空穴在运动过程中又会相遇,自由电子填入空穴回到共价键变成价电子,同时释放出能量,电子—空穴对消失,这个过程称为载流子的复合。激发和复合随时产生,当没有外界其他影响并在一定温度下,本征半导体中本征激发产生的电子—空穴对和复合的电子—空穴对数目是相等的,处于动态平衡状态,载流子浓度维持一定的热平衡值。当温度变化时,本征半导体中的电子—空穴对会在新的平衡值下达到新的动态平衡。

当温度一定时,本征激发和复合在某一平衡载流子浓度值(单位体积内的载流子数)上达到动态平衡。可以证明,这个平衡载流子浓度值 n_i(自由电子浓度值或空穴浓度值)为

$$n_i = p_i = AT^{\frac{3}{2}} e^{\frac{-E_{GO}}{2kT}} \tag{2-1}$$

式(2-1)中,n_i 和 p_i 分别表示自由电子和空穴的浓度,A 是常数(硅为 $3.88\times10^{16}\ \mathrm{cm^{-3}K^{-3/2}}$;锗为 $1.76\times10^{16}\ \mathrm{cm^{-3}K^{-3/2}}$),$T$ 为热力学温度,k 是玻尔兹曼常数(8.63×10^{-5} eV/K=

1.38×10^-23 J/K,),E_{GO}是热力学零度时破坏共价键时所需的能量,又称禁带宽度(T=0 K 时硅为 1.21 eV,锗为 0.785 eV)。

由式(2-1)可知,载流子浓度与温度有关,随温度升高而迅速提高。在室温(T=300 K)时,求得硅的 $n_i \approx 1.5\times10^{10}$ cm^{-3},锗的 $n_i \approx 2.4\times10^{13}$ cm^{-3}。

必须指出,n_i 的数值虽然很大,但它仅占原子密度很小的百分数。例如硅的原子密度为 4.96×10^{22} cm^{-3},n_i 仅为它的三万亿分之一。可见,本征半导体的导电能力是很低的。

由上述分析可知,载流子的浓度与半导体的材料和温度有关,当材料一定时,温度升高载流子的浓度提高,导电能力也增强,由此可以解释半导体材料的温度敏感性。另外如果用光照代替温度增加,同样可以证明半导体材料的光敏感性。

2.1.3　杂质半导体

在本征半导体中,通过扩散工艺,掺入少量的杂质元素,就成为杂质半导体(Doped Semiconductor)。根据掺入杂质元素不同,杂质半导体分为 N 型和 P 型两种。

在本征半导体中,人为地掺入少量的杂质可以使半导体的导电性能发生显著的改变。

1. N 型半导体

在纯净的硅晶体中掺入少量五价元素,例如磷,就形成了 N 型半导体。磷原子取代晶格中硅原子的位置,五价元素的原子有五个价电子,当它顶替晶格中的四价硅原子时,其中四个价电子与周围四个硅原子以共价键形式相结合,而余下的一个就不受共价键束缚,变成自由电子,如图 2-3 所示。而对于每个五价元素原子都释放出一个自由电子,与本征激发浓度相比,N 型半导体中自由电子数量在本征激发的基础上大大增加了,因此导电能力也会相应地增强。五价元素原子失去一个电子后变成一个正离子称为施主离子,但它束缚在晶格中,不能像载流子那样起导电作用。

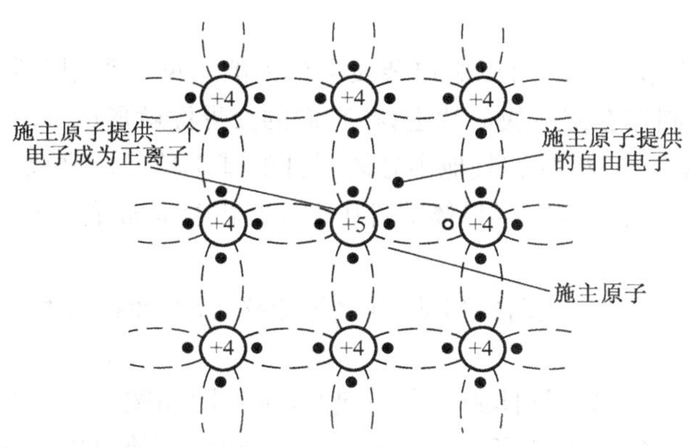

图 2-3　N 型半导体结构示意图

因此,在上述 N 型半导体中,将自由电子称为多数载流子,简称多子(Majority Carriers);空穴称为少数载流子,简称少子(Minority Carriers)。将五价元素称为施主杂质。N 型半导体主要靠自由电子导电,掺入的杂质越多,多子(自由电子)的浓度就越高,导电性能也就越强。

2. P 型半导体

在纯净的硅晶体中掺入少量三价元素,例如硼,使之取代晶格中硅原子的位置,就形成 P

型半导体。三价元素原子有三个价电子,当它顶替四价硅原子时,每个三价元素原子与周围四个硅原子组成的四个共价键中必然缺少一个价电子,因而形成一个空穴,示意图如图 2-4 所示,使半导体中的空穴浓度在本征激发的基础上大大增加。三价元素原子失去一个电子后变成一个正离子称为受主离子。在 P 型半导体中,空穴是多子,自由电子是少子。每个三价元素原子如果接受一个价电子形成完整的共价键,原子便成为带一个电子电荷量的负离子,故将三价元素称为受主(Acceptor)杂质。

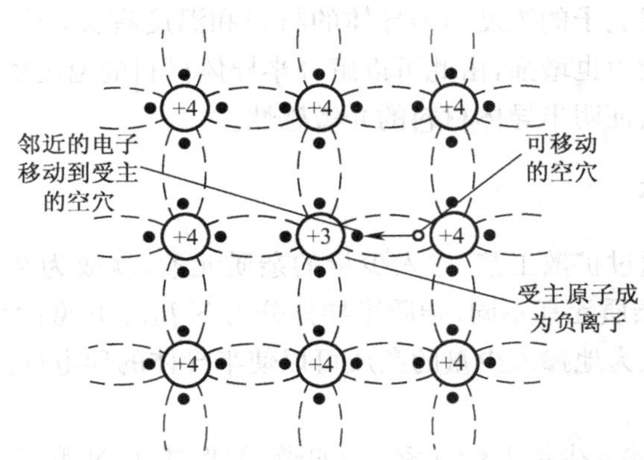

图 2-4 P 型半导体空穴的移动示意图

与 N 型半导体相似,由于空穴浓度增加,因此导电能力也有所提高。掺入的杂质越多,多子(空穴)的浓度就越高,导电性能也就越强。

可见,不论 P 型或 N 型半导体,掺杂越多,多子数目就越多,导电能力越强。由此可以说明半导体的掺杂特性。

2.1.4 PN 结

如上所述,掺入不同的杂质,可以决定杂质半导体的类型。采用不同的掺杂工艺,将 P 型半导体与 N 型半导体制作在同一块硅片上,在它们的交界面就形成一个特殊的区域,称为 PN 结。PN 结是晶体二极管、三极管和其他半导体器件的基本单元。掌握它的基本工作原理,是分析半导体器件的基础。因此,在半导体器件中 PN 结占有非常重要的地位。

1. PN 结的形成

载流子在电场作用下产生定向的移动,称之为漂移运动;而在浓度差的作用下产生的运动称之为扩散运动。

当把 P 型半导体和 N 型半导体制作在一起时,示意图如图 2-5(a)所示,由于交界面两边的载流子浓度有很大的差别,载流子要从浓度高的区域向浓度低的区域扩散,P 区中的空穴要向 N 区扩散与 N 区的电子复合,在 P 区中留下带负电荷的受主杂质离子;而 N 区中的电子要向 P 区扩散与 P 区中的空穴复合,在 N 区中留下带正电荷的施主杂质离子。于是在紧靠接触面两边形成了数值相等,符号相反的一层很薄的空间电荷区,称为耗尽层,这就是 PN 结,如图 2-5(b)所示。在交界面两边的正、负电荷之间形成了一个内电场 ε,其方向由右向左。内电场的形成,使载流子的运动发生变化。

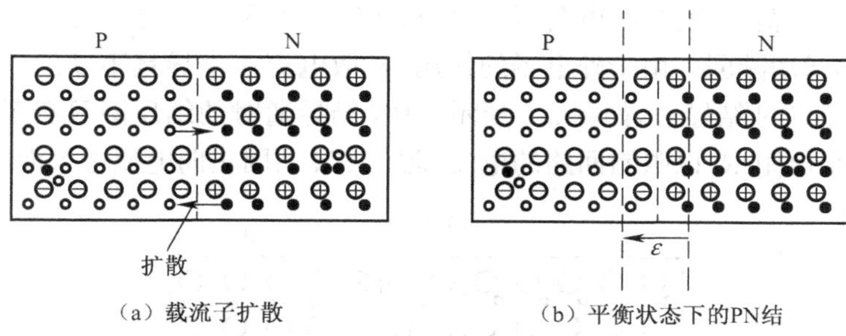

（a）载流子扩散　　（b）平衡状态下的PN结

图 2-5　PN 结形成示意图

一方面，内电场阻止扩散运动的继续进行；另一方面，在电场的作用下将产生漂移运动，即载流子在电场作用下相向运动。漂移运动和扩散运动方向相反。在开始扩散时，内电场较小，阻止扩散的作用较小，扩散运动大于漂移运动。随着扩散运动的继续进行，内电场不断增加，漂移运动不断增强，扩散运动不断减弱，最后扩散运动和漂移运动达到动态平衡，空间电荷区的宽度相对稳定下来（一般只有零点几到几微米），不再扩大。动态平衡时，扩散电流和漂移电流大小相等、方向相反，因此流过 PN 结的总电流为零。

2. PN 结的接触电位差 U_ϕ

PN 结的空间电荷区存在电场（内电场），其方向从 N 区指向 P 区，说明 N 区的电位要比 P 区高，高出的数值用 U_ϕ 表示，这个电位差称为接触电位差，U_ϕ 的值一般为零点几伏。

PN 结的电位分布如图 2-6 所示。N 区的电位比 P 区高，而在 PN 结以外的区域要保持电中性，所以是等电位的。在 PN 结空间电荷区内，电子势能发生变化，因此又把空间电荷区称为势垒区。

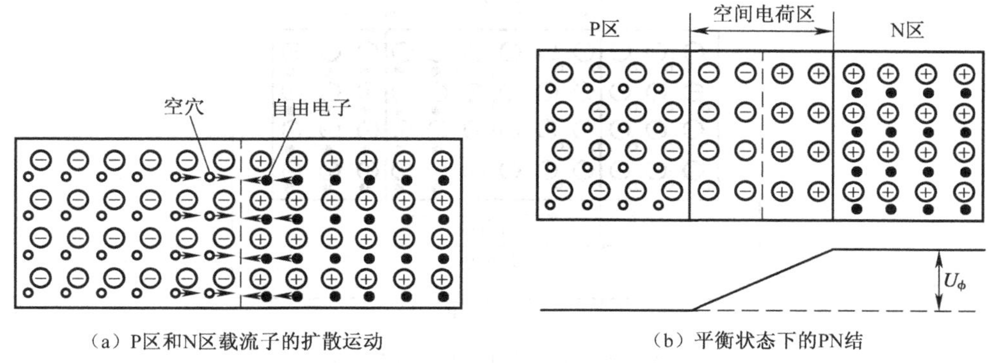

（a）P区和N区载流子的扩散运动　　（b）平衡状态下的PN结

图 2-6　PN 结的形成

3. PN 结的伏安特性

如果在 PN 结的两端外加电压，将打破原来的平衡状态 PN 结的宽度将发生改变。当外加电压极性不同时，PN 结表现出截然不同的导电性能即单向导电性。

1）单向导电性

（1）PN 结外加正向电压——导通状态

当电源的正极（应串联限流电阻）接到 PN 结的 P 区，且电源的负极接到 PN 结的 N 区时，称 PN 结外加正向电压，也称正向偏置。此时外电场与内电场方向相反，在外电场作用下，多数载流子流向空间电荷区,使空间电荷区变窄,从而削弱了内电场,破坏了原来的平衡,使扩散运动加剧,而漂移运动减弱。由于外电场的作用,扩散电流占主导且不断地流过空间电荷区,从而形成正向电流,PN 结导通,如图 2-7 所示。PN 结导通时的结压降只有零点几伏,因而应在回路中串联一个电阻 R,以限制回路的电流,防止 PN 结因正向电流过大而损坏。

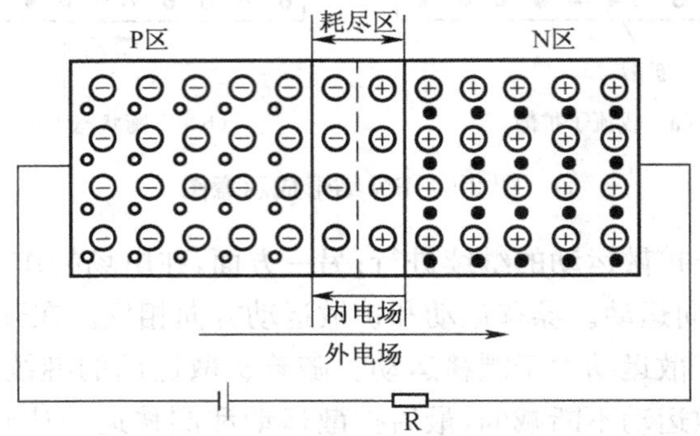

图 2-7　PN 结加正向电压时导通

(2)PN 结外加反向电压——截止状态

当电源的正极接到 PN 结的 N 区,且电源的负极接到 PN 结的 P 区时,称 PN 结外加反向电压,也称反向偏置,如图 2-8 所示。此时外电场与内电场方向相同,加强了内电场,因此使空间电荷区变宽,阻止了扩散运动的进行,而加剧漂移运动的进行漂移电流占主导,形成反向电流。因为少子的数目很少,反向电流也非常小,所以在近似分析中常将它忽略,认为 PN 结外加反向电压时处于截止状态。

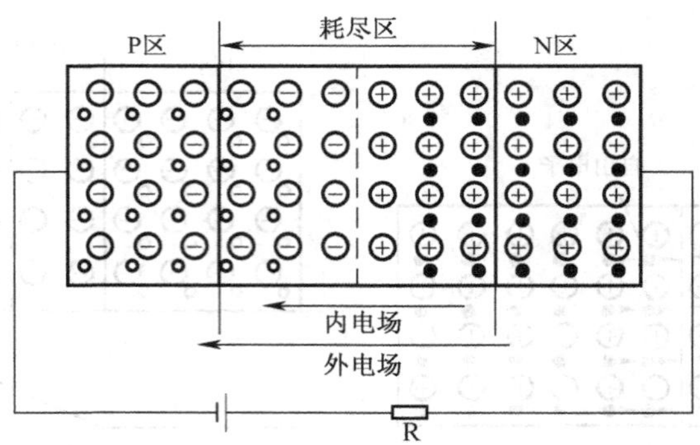

图 2-8　PN 结加反向电压时截止

2)PN 结的电流方程

PN 结两端所加电压与流过它的电流之间的关系式称为 PN 结的电流方程,见式(2-2)。

$$i_D = I_S(e^{\frac{u_D}{U_T}} - 1) \tag{2-2}$$

式中,I_S 为反向饱和电流,对于分立器件,其典型值约在 $10^{-8} \sim 10^{-14}$ A 范围内,而集成电路中的二极管 PN 结,其值更小;U_T 为温度电压当量,$U_T = \frac{kT}{q}$,其中 k 为波尔兹曼常数,T 为热力学温度,当 $T = 300$ K 时,即常温下,$U_T = 26$ mV。

根据式(2-2),可得到如下近似结论。

(1)当二极管的PN结两端加正向电压时，电压 u_D 为正值，当 $u_D \gg U_T$ 时，式(2-2)中 $e^{\frac{u_D}{U_T}}$ 远大于1，这样略去式中的1，可得到电流与电压成指数关系，如图2-9所示。

(2)当二极管加反向电压时，u_D 为负值，当 $|u_D| \gg U_T$ 时，指数项趋近于零，得到 $i_D \approx -I_S$（由于反向饱和电流很小，图中未标出），电流基本不随外加反向电压大小而变动。

4. PN结的反向击穿特性

如果加到PN结两端的反向电压增大到一定数值时，反向电流由原来基本固定的反向饱和电流值(I_S)突然增加，如图2-9所示。这个现象就称为PN结的反向击穿(电击穿)。反向击穿可分为电击穿和热击穿。当反向电流和反向电压的乘积不超过PN结容许的耗散功率时，这种击穿是可逆的，称为电击穿；当反向电流和反向电压的乘积超过PN结容许的耗散功率时就会因为热量散不出去而使PN结温度上升，直到过热而烧毁，这种现象就是热击穿，热击穿是不可逆的。

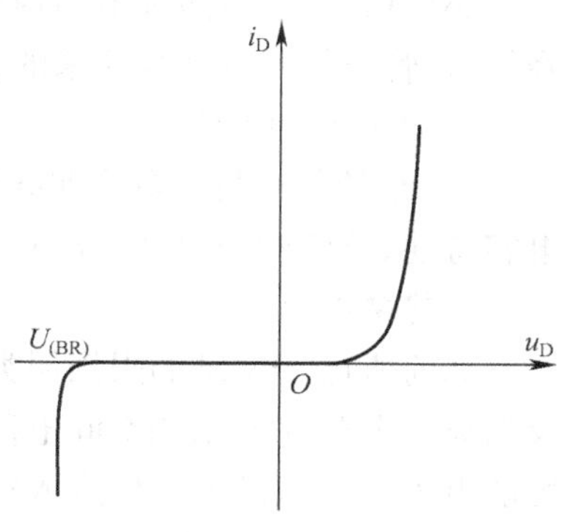

图2-9 二极管伏安特性

发生击穿所需的反向电压称为反向击穿电压。产生PN结电击穿的原因是，在强电场作用下，大大地增加了自由电子和空穴的数目，引起反向电流的急剧增加，这种现象的产生分雪崩击穿和齐纳击穿两种类型。

当PN结反向电压增加时，空间电荷区中的电场随着增强。阻挡层中载流子的漂移速度相应加快，致使动能加大，在电场作用下获得的能量增大，在晶体中运动的电子和空穴，将不断地与晶体原子发生碰撞，当反向电压增大到一定数值时，载流子获得的动能足以把束缚在共价键中的价电子碰撞出来，产生自由电子—空穴对。这种现象称为碰撞电离。新产生的电子和空穴与原有的电子和空穴一样，在电场作用下，也向相反的方向运动，重新获得能量，又可通过碰撞，再产生电子—空穴对，这就是载流子的倍增效应，因而流过PN结的反向电流也就急剧增大，当反向电压增大到某一数值后，载流子的倍增情况就像发生在陡峭的积雪山坡上一样，载流子急剧增加，所以将这种碰撞电离称为雪崩击穿(Avalanche Multiplication)。

雪崩击穿发生在掺杂浓度较低的PN结中。因为这种结的阻挡层宽，因碰撞而电离的机会就多。但是，外加反向电压也就必须足够高，才能使较宽的阻挡层具有产生雪崩击穿所需的电场。所以，雪崩击穿的击穿电压较高，其值随掺杂浓度降低而增大。

齐纳击穿的物理过程和雪崩击穿完全不同。当PN结两边的掺杂浓度很高时，阻挡层将变得很薄。在这种阻挡层内，载流子与中性原子相碰撞的机会极小，因而不容易发生碰撞电离。但是，在这种阻挡层内，在加上不高的反向电压下，PN结空间电荷区中就会存在一个强电场，它能够破坏共价键直接将束缚电子分离出来造成电子—空穴对，形成较大的反向电流，这个过程称为场致激发。场致激发能够产生大量的载流子，使PN结的反向电流剧增，呈现反向击穿现象。这种击穿称为齐纳击穿(Zener Breakdown)。发生齐纳击穿需要的电场强度约为 $2\times10^5\ \mathrm{Vcm^{-1}}$，这只有在杂质浓度特别大的PN结中才能达到，因为杂质浓度大，空间电荷区内电荷密度(即杂质离子)也大，因而空间电荷区很窄，电场强度就可能很高。

齐纳击穿发生在高掺杂的 PN 结中，相应的击穿电压较低，且其值随掺杂浓度增加而减小。一般而言，击穿电压在 6 V 以下的属于齐纳击穿，6 V 以上的主要是雪崩击穿。

必须指出，上述两种击穿均属电击穿，此过程是可逆的，即当加在稳压管两端的反向电压降低后，管子仍可以恢复原来的状态。

5. PN 结的电容

PN 结的伏安特性具有非线性特征，并且还具有电荷量随电压变化(伏库特性)的非线性电容特性。这种特性是由势垒电容和扩散电容两部分组成的。

1)势垒电容 C_b

如前所述，PN 结的阻挡层类似于平板电容器，它在交界面两侧贮存着数值相等、极性相反的离子电荷，PN 结的空间电荷是随外加电压的变化而变化的。当外加正向电压升高时，N 区的电子和 P 区的空穴便进入空间电荷区而中和一部分带正电荷的施主离子和带负电荷的受主离子，相当于电子和空穴分别向势垒电容“充电”，阻挡层变窄；而当外加电压减小，有一部分电子和空穴离开耗尽区，相当于电子和空穴分别从势垒电容“放电”。这种充放电效应与普通电容在外加电压作用下进行充放电的过程相似，所不同的只是这个势垒电容是随外加电压改变的。

当 PN 结两端电压改变时，就会引起积累在 PN 结(势垒区)的电荷的改变，从而显示出 PN 结的电容效应。因此，PN 结的势垒电容是用来描述势垒区的空间电荷随电压变化而产生的电容效应的。

势垒电容只在外加电压改变时才起作用。当外加电压频率越高时，每秒钟充放电次数越多，势垒电容的作用越显著。势垒电容 C_b 的大小与 PN 结面积成正比，与势垒区厚度成反比。势垒电容 C_b 与外加电压的关系如图 2-10 所示。从电路上来看，势垒电容是和结电阻并联的。反向偏置时，由于结电阻很大，尽管势垒电容很小，它的作用还是不能忽视的，特别在高频时影响更大。而正向偏置时结电阻很小，尽管势垒电容较大，其作用相对来说反而比较小。所以势垒电容在反向偏置时显得更加重要。

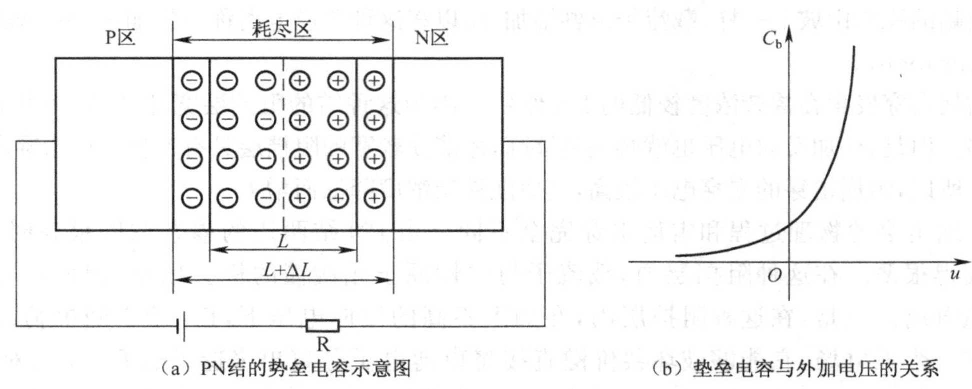

(a) PN结的势垒电容示意图 (b) 势垒电容与外加电压的关系

图 2-10 PN 结的势垒电容

2)扩散电容 C_d

PN 结的正向电流是由 P 区空穴和 N 区电子的相互扩散造成的，为了要使 P 区形成扩散电流，注入的少数载流子电子沿 P 区必须有浓度差，在结的边缘处浓度大，离 PN 结远的地方浓度小，也就是说在P区有电子的积累。同理，在N区也有空穴的积累。当PN结正向电压加大时，正向电流随着加大，就要有更多的载流子积累起来以满足电流加大的要求；而当正向电压减小时，正向电流减小，积累在P区的电子或N区的空穴就要相对减小，这样就相应地要有载流子的“充入”和“放出”。因此，积累在P区的电子或N区的空穴随外加电压的变化就构成了PN结的扩散电容C_d(Diffusion Capacitance)，它反映了在外加电压作用下载流子在扩散过程中积累的情况。当外加电压变化时，除改变阻挡层内贮存的电荷量外，还同时改变阻挡层外中性区内贮存的非平衡载流子。例如，外加正向电压增大ΔU时，注入到中性区内的非平衡少子浓度相应增大，浓度分布曲线上移，如图2-11所示，增加了储存的电荷量。为了维持电中性，中性区内的非平衡多子浓度也相应地增加了相同面积的电荷量。也就是说，当外加电压增加时，P区和N区中各自储存的空穴和自由电子电荷量相等地增加ΔQ。这种储存电荷量随外加电压而改变的电容特性等效为PN结上并联了一个电容。由于它是由载流子扩散而引起的，所以称为扩散电容。

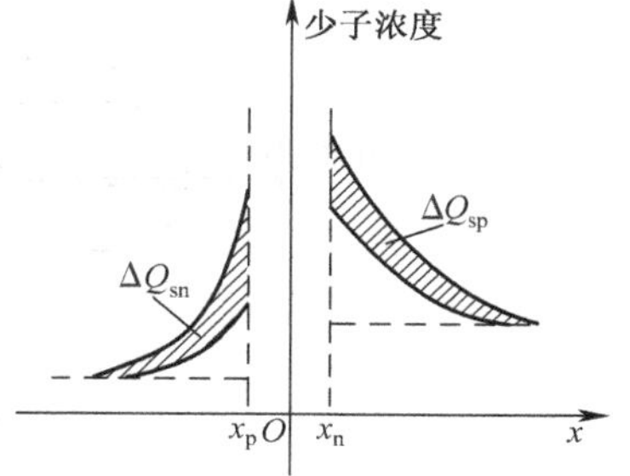

图2-11　扩散电容的成因

PN结在正向偏置时，积累在P区的电子和N区的空穴随正向电压的增加而很快增加，扩散电容较大。而反向偏置时，载流子数目很少，因此反向时扩散电容数值很小，一般可以忽略。

由上可见，在高频运用时，对于二极管的PN结，必须考虑结电容的影响。当PN结处于正向偏置时，为正向电阻，其数值很小，结电容较大（主要决定于扩散电容C_d）。当PN结处于反向偏置时，为反向电阻，其数值较大，结电容较小（主要决定于势垒电容C_b）。

2.2　晶体二极管

晶体二极管(Diode)广泛应用于各种电子设备中，是由PN结直接封装而构成的电子器件，以下简称二极管。

2.2.1　二极管的结构

二极管按其结构的不同可分为点接触型和面接触型两类。点接触型二极管是由一根很细的金属触丝（如三价元素铝）和一块半导体（如锗）的表面接触，然后在正方向通过很大的瞬时电流，使触丝和半导体牢固地熔接在一起，构成PN结，加上电极引线，外加管壳密封而成，如图2-12(a)所示。由于点接触型二极管金属丝很细，形成的PN结面积很小，所以极间电容很小，因此，也不能承受高的反向电压和大的电流。这种类型的管子适于做高频检波和脉冲数字电路里的开关元件，也可用来作小电流整流。

面接触型二极管的PN结是用合金法或扩散法做成的，其结构如图2-12(b)所示。由于这种二极管的PN结面积大，可承受较大的电流，但极间电容也大。这类管子适用于整流，而不宜用于高频电路中。

图2-12(c)是硅工艺平面型二极管的结构图，是集成电路中常见的一种形式。二极管的符号如图2-12(d)所示，常用的二极管的外形图如图2-12(e)所示。

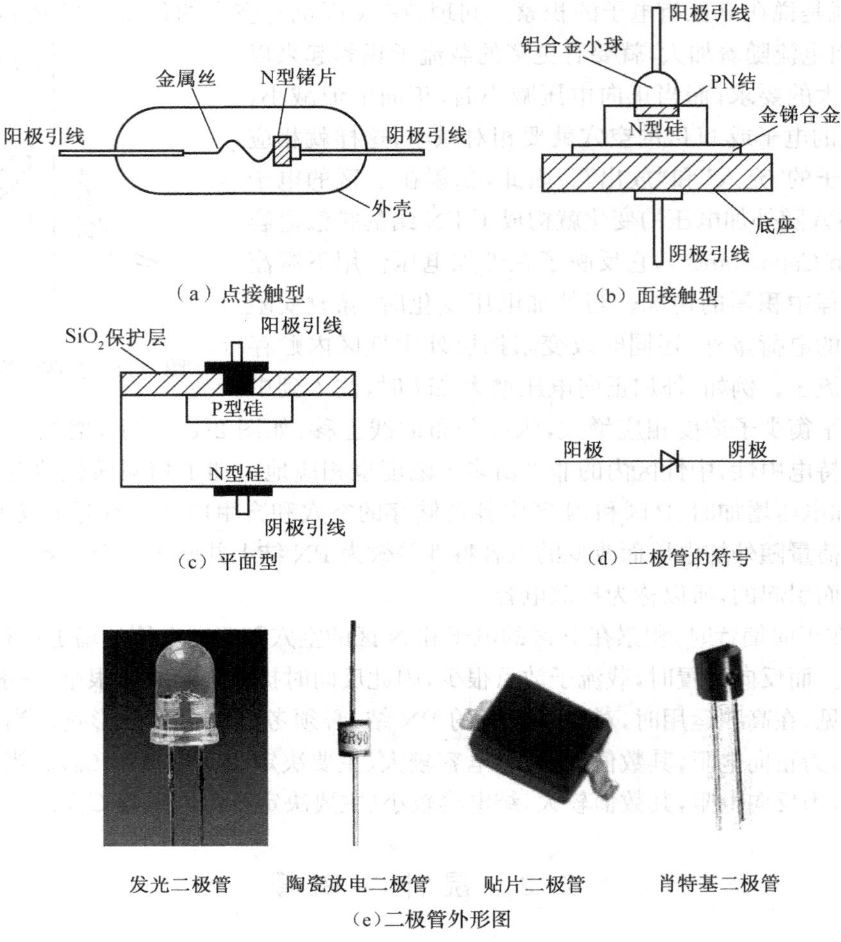

(a) 点接触型　(b) 面接触型

(c) 平面型　(d) 二极管的符号

发光二极管　陶瓷放电二极管　贴片二极管　肖特基二极管

(e)二极管外形图

图 2-12　二极管的结构、符号、外形图

2.2.2　二极管的伏安特性

由于二极管是由 PN 结直接封装而成,因此具有与 PN 结相同的伏安特性及单向导电性,但是,由于二极管存在半导体体电阻和引线电阻,所以当外加正向电压时,在电流相同的情况下,二极管的端电压大于 PN 结上的压降。或者说,在外加正向电压相同的情况下,二极管的正向电流要小于 PN 结的电流。在大电流情况下,这种影响更为明显。另外,由于二极管表面漏电流的存在,使外加反向电压时的反向电流增大。实测二极管的伏安特性时发现,只有在正向电压足够大时,正向电流才从零随端电压按指数规律增大。这种允许一个方向电流顺利流通的特性称为单向导电性。二极管电路符号中的箭头方向就是表示正向电流的流通方向。

1. 正向特性

当二极管两端所加电压为正向电压且超过门限电压时,其正向特性对应于图 2-13 的第①段。当加于二极管的正向电压较小时(硅管小于 0.7 V,锗管小于 0.2 V),外电场还不足以克服内电场对多数载流子扩散运动所产生的阻力,二极管呈现出一个大电阻,此时的正向电流几乎为零，二极管呈现的电阻较大，这个区域通常称为死区，相应的电压 U_γ 称为门限电压，也称为死区电压或阈值电压。硅二极管的门限电压大于锗二极管的门限电压。一般硅二极管的门限电压大约为 0.5～0.6 V，锗二极管的门限电压为 0.1～0.2 V。

当二极管两端所加正向电压超过一定数值，好像跨过一个门坎，电流迅速增长。相对来说流过管子的电流较大，因此管子呈现的正向电阻很小。

2. 反向特性

二极管在反向电压的作用下，P 型半导体中的少数载流子—电子和 N 型半导体中的少数载流子—空穴，很容易通过 PN 结，形成反向饱和电流，即少数载流子的漂移运动形成反向饱和电流。由于少数载流子的数目很少，所以反向电流 I_s 很小，如图 2-13 的第②段所示，一般硅管的反向电流比锗管小得多。小功率硅管的反向饱和电流在 nA 数量级，小功率锗管的反向饱和电流在 μA 数量级。即在相同掺杂浓度下，硅的少子浓度比锗的少子浓度低得多，故硅管的反向饱和电流很小。温度升高时，由于少数载流子增加，反向电流将随之急剧增加。

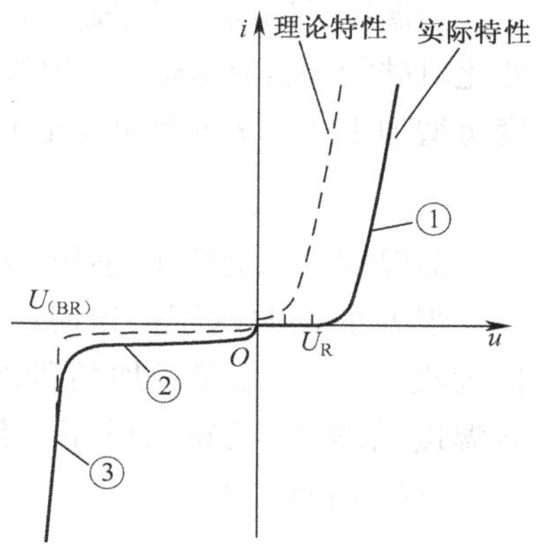

图 2-13　二极管的特性曲线

当增加反向电压时，开始少数载流子数目增加得不多，反向电流没有多大变化。当反向电压增加到一定数值时，反向电流剧增，二极管呈现反向击穿，如图 2-13 的第③段，击穿的机理与 PN 结的击穿机理相同。

3. 硅二极管和锗二极管的差异

如图 2-14 所示为硅和锗两种二极管的特性曲线。由图可见，两者有以下几点差异。

1)硅二极管反向电流比锗二极管反向电流小得多，锗管为 μA 级，硅管为 nA 级。这是因为在相同温度下锗的 n_i 比硅的 n_i 要高出约三个数量级，所以在相同掺杂浓度下硅的少子浓度比锗的少子浓度低得多，故硅管的反向饱和电流 I_s 很小。

2)在正向电压很小时，通过二极管的电流很小，只有正向电压达到某一数值 U_γ 后，电流才明显增长。由于硅二极管的 I_S 远小于锗二极管的 I_S，所以硅二极管的门限电压大于锗二极管的门限电压。一般硅二极管的门限电压约为 0.5～0.6 V，锗二极管的门限电压约为 0.1～0.2 V。

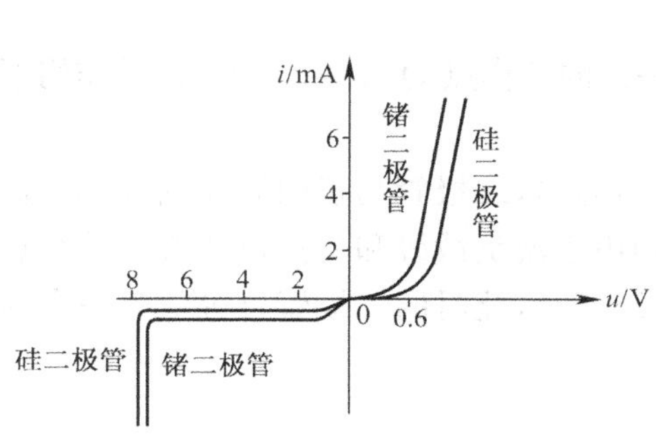

图 2-14　硅二极管和锗二极管的伏安特性曲线

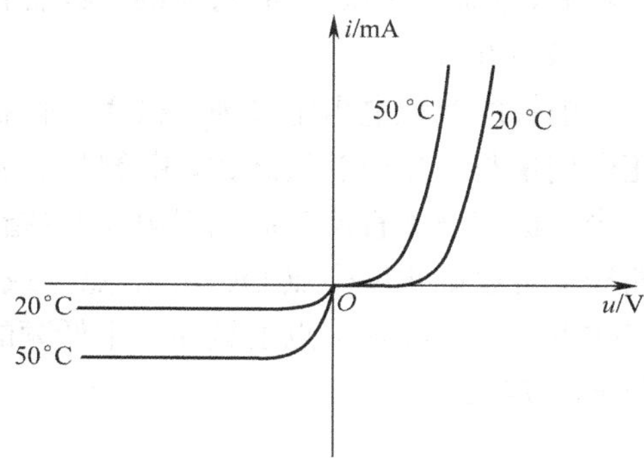

图 2-15　温度对二极管伏安特性的影响

4. 温度对二极管特性的影响

当工作温度变化时,将会使二极管的特性产生一系列的变化,温度对二极管特性的影响如图 2-15 所示。

下面将分别讨论温度对二极管反、正向特性的影响。

1)温度对二极管反向特性的影响

当温度升高时,热激发产生的载流子增加,使反向饱和电流 I_S 增加。理论上 I_S 随温度的变化对硅管而言是 8%/℃,锗管是 10%/℃。通常不论硅管还是锗管,工程上都近似认为是温度每增加 10℃,反向饱和电流 I_S 增加一倍。即

$$I_S(T_2) = I_S(T_1)2^{\frac{T_2-T_1}{10}} \tag{2-3}$$

2)温度对二极管正向特性的影响

当外加正向电压一定时,虽然 $\exp(U/U_T) = \exp(Uq/kT)$ 随温度的增加而略有减小,但远没有 I_S 随温度增加的程度大,所以,二极管正向电流要增大。若维持电流不变,则随着温度的增加,其正向电压必然要减小。通常温度每升高 1 ℃,二极管的正向压降约减少 2～2.5 mV。即

$$\frac{\Delta U}{\Delta T} \approx -(2 \sim 2.5)\text{mV/℃} \tag{2-4}$$

通过以上讨论可知,温度的变化影响二极管特性,甚至会影响电路工作的稳定性。因此,电路设计时应考虑温度对二极管特性的影响。

2.2.3 二极管的等效电阻

二极管是非线性器件,就其伏安特性来说,它是一种非线性电阻器件。其等效电阻并不是一个常数,而是与二极管的直流工作电压和直流工作电流(工作点 Q)有关的量。通常用直流电阻及交流电阻来描述二极管的电阻特性。

1. 直流(静态)电阻 R_D

二极管的直流电阻定义为二极管的直流工作电压与直流工作电流之比。如图 2-16 所示。图中所示工作点 Q 点上的直流电阻为

$$R_D = \frac{U_Q}{I_Q} \tag{2-5}$$

可见,直流工作点不同,对应的二极管直流电阻也不同。

2. 交流电阻

二极管的交流电阻定义为二极管工作状态(指一定的工作点 Q)上在低频小信号作用下的电压微变量与电流微变量之比,用符号 r_D 表示。

当二极管外加直流正向偏置电压时(指一定的工作点),二极管为正向导通,有电流流过。在曲线上可以确定一个点 Q(u_D,i_D)点。或者可以利用直流负载线和交流负载线的的交点来求工作点。如果在这个点上叠加一个低频的微小交流变量,此时的二极管可等效为一个动态电阻 r_D。定义

$$r_D = \frac{\Delta u_D}{\Delta i_D} \tag{2-6}$$

可以利用二极管的电流方程计算动态电阻 r_D。

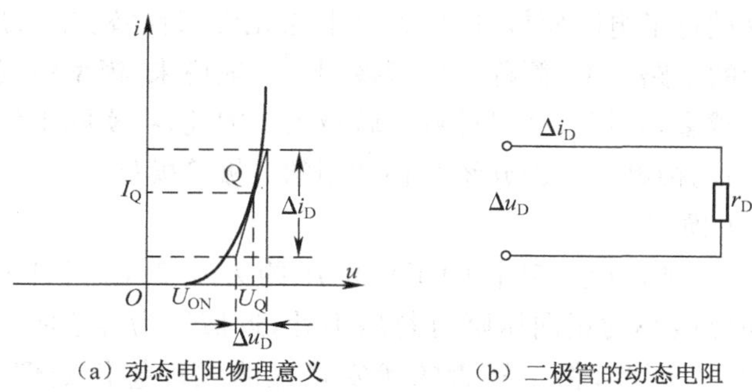

（a）动态电阻物理意义　　（b）二极管的动态电阻

图 2-16　二极管的微变等效电路

若忽略实际二极管的体电阻，二极管的交流电阻就是 PN 结的电阻，所以可以由式(2-6)的倒数得到

$$\frac{1}{r_D}=\frac{\Delta i_D}{\Delta u_D}\approx\frac{di_D}{du_D}=\frac{d[I_S(e^{\frac{u_D}{U_T}}-1)]}{du_D}\approx\frac{I_S}{U_T}\cdot e^{\frac{u_D}{U_T}}\approx\frac{I_D}{U_T}$$

则 $r_D\approx\frac{U_T}{I_D}$，$I_D$ 为 Q 点的电流。

在(T=300 K)室温条件下

$$r_D\approx\frac{26\ \text{mV}}{I_Q}\tag{2-7}$$

二极管正偏时，它的交流电阻很小，约为几欧姆到几十欧姆；二极管反偏时，它的交流电阻很大，约为几十千欧，甚至是几兆欧。正偏、反偏电阻相差越大，说明二极管的单向导电性能越好，是衡量二极管质量好坏的重要标志。

2.2.4　二极管的主要参数

二极管的参数是对其外特性的定量描述，是合理选择和正确使用的依据。

(1)最大整流电流 I_F：指管子长期运行时，允许通过的最大正向平均电流，由 PN 结的面积和散热条件所决定。因为电流通过 PN 结要引起管子发热，电流太大，发热量超过限度，就会使 PN 结烧坏。例如 2APl 最大整流电流为 16 mA。

(2)最高反向工作电压 U_R：也称为反向击穿电压，指管子工作时所允许加的最高反向电压，若超过此值，管子就可能反向击穿。击穿时，反向电流剧增，二极管的单向导电性被破坏，甚至因过热而烧坏。一般手册上给出的最高反向工作电压约为击穿电压的一半，以确保管子安全运行。例如 2APl 最高反向工作电压 U_R 规定为 20 V，而反向击穿电压 U_{BR} 实际上大于 40 V。

(3)反向电流 I_R：指管子未击穿时的反向电流，其值愈小，则管子的单向导电性愈好。由于温度增加，反向电流会急剧增加，所以在使用二极管时要注意温度的影响。

(4)最高工作频率 f_M：指二极管工作的上限频率。超过这个频率，二极管由于结电容的影响，单向导电性发生改变。

2.2.5　半导体二极管的模型

要全面、精确地描述一个半导体器件的特性是很困难的。为了简化分析，人们根据所要求的精度不同,对二极管进行了电路模拟,即用若干电路元件来代替实际的二极管,这些元件组成的电路,就是二极管的电路模型,简称二极管模型。一般说来,模型精度越高,模型本身越复杂,要求的模型参数也越多,分析电路时计算量就越大。因此,在实际工作中,要根据不同的工作条件和要求选择合适的模型。下面介绍几种常用的二极管模型。

1. 理想二极管开关模型

实际二极管的正向压降很小,硅管的工作电压约为 0.7 V,锗管的工作电压约为 0.3 V。在很多情况下,如此微小的正向压降可忽略不计,近似认为等于零。二极管的反向电流通常也近似认为等于零。因此,将二极管的伏安特性曲线理想化处理,如图 2-17(a)所示。由图可见,二极管可视为一个理想的单向导电开关,于是就得到图 2-17(b)所示的理想二极管开关模型。这一模型通常应用在精度要求不高时分析大信号工作条件下的电压、电流的大小。

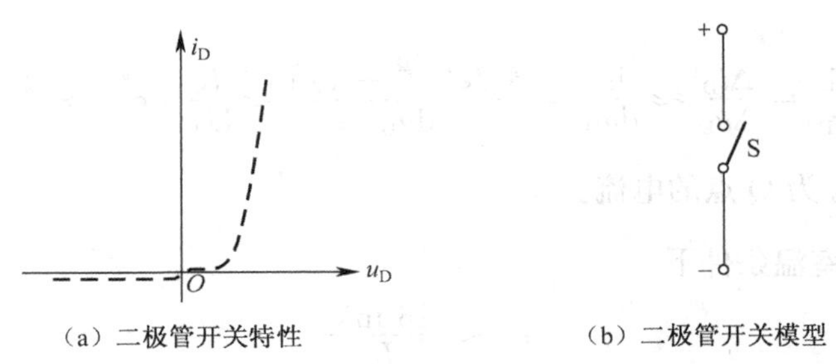

(a) 二极管开关特性　　(b) 二极管开关模型

图 2-17　理想二极管开关模型

2. 折线模型

当理想二极管开关模型不能满足精度要求时,有时应用折线模型。它是将二极管的伏安特性曲线近似的用两段直线构成的折线来模拟,如图 2-18(a)所示。当反向饱和电流 I_S 很小时,折线特性可近似的由图 2-18(b)所示等效电路来描述。图中 VD 为理想二极管开关;U_γ 为二极管门限电压;r_D 为交流等效电阻。

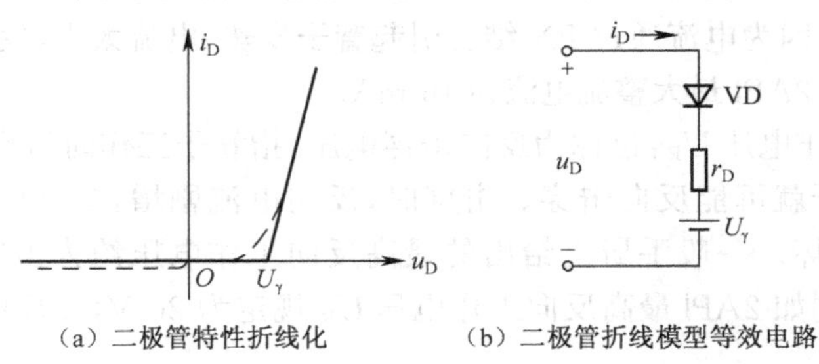

(a) 二极管特性折线化　　(b) 二极管折线模型等效电路

图 2-18　二极管折线模型

3. 交流小信号模型

前面给出的两种模型,是兼顾了二极管在较大的电压和电流范围内尽可能接近实际情况而建立的,因此,它们适用于研究较大范围的电压、电流关系,包括确定二极管的直流工作点,称为大信号模型。

在实际应用中,常常会遇到这样的情况,即对一个正偏的二极管,在它的直流量上叠加了一个幅度很小的交流信号，而我们所关心的是交流信号的电压和电流的关系。为此，需要建立适于这种场合的交流小信号模型。

交流小信号模型有以下特点。

(1)模型中只关心交流信号，不关心直流信号，所以往往不计入电路中的直流分量。

(2)电路处于小信号的作用下，电流、电压变化范围较小，所以非线性元件可近似按线性元件处理。即当电路的直流工作点确定以后，以工作点的动态值作为线性元件值，取代非线性元件。所以交流小信号模型为线性模型。

交流小信号模型是以二极管的物理工作原理为基础，并做了线性化处理之后构造的。此模型如图 2-19(b)所示。

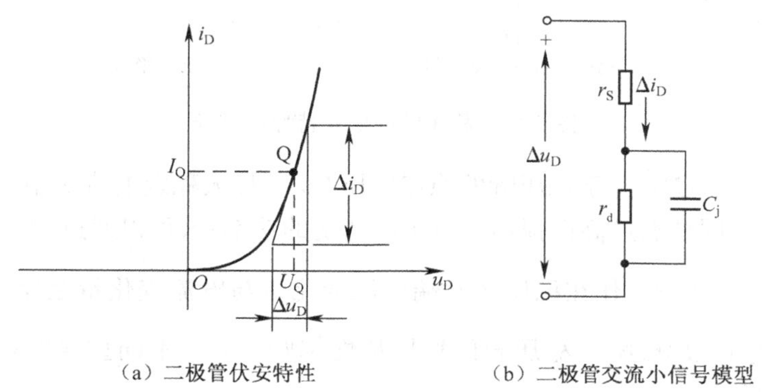

(a) 二极管伏安特性　　(b) 二极管交流小信号模型

图 2-19　二极管交流小信号模型

其中，r_S 为体电阻；r_d 为 Q 点 PN 结的交流电阻；C_j 为 Q 点的 PN 结电容，在低频小信号下，体电阻 r_S 与 PN 结电容的作用可忽略不计。

2.2.6　特殊二极管

1. 稳压二极管

PN 结一旦击穿后，尽管它的反向电流急剧增大，但是 PN 结两端的电压几乎维持不变。同时，只要限制它的反向电流，PN 结就不会被烧坏。利用这种特性制成的二极管称为稳压二极管或齐纳二极管，简称稳压管，用来产生稳定的电压。

稳压二极管是一种硅材料制成的面接触型晶体二极管，由于其在反向击穿时表现出的稳压特性，因而广泛应用于稳压电源和限幅电路中。稳压管与普通二极管在正向特性上是一致的，其反向特性在到达击穿电压之前，反向电流是很小的。当稳压管外加反向电压的数值达到一定程度时，反向击穿，击穿区的曲线很陡，也就是说，在击穿区内，电流增大而电压几乎不变，即为稳压特性。只要控制反向电流不超过一定值，管子就不会因为过热而被烧坏。它的电路符号和相应的伏安特性如图 2-20 所示。

其主要参数如下。

(1)稳定电压 U_Z：在规定电流下稳压管的反向击穿电压。由于半导体器件参数的分散性，同一型号的稳压管的稳定电压 U_Z 存在一定差别。

(2)稳定电流 I_Z：是稳压管工作在稳压状态时的参考电流，保证可靠击穿所要求的最小电流，也称为最小稳定电流 I_{Zmin}。当反向电流低于此值时，稳压管效果变坏，甚至不再稳压。只要不超过稳压管的额定功率,电流越大,稳压效果越好。

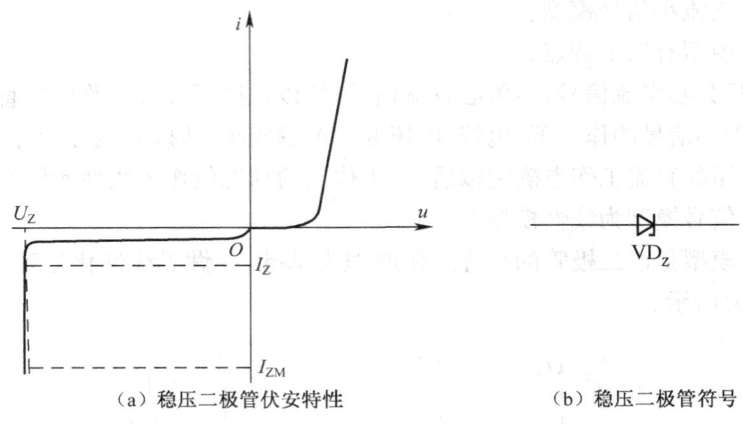

(a) 稳压二极管伏安特性　(b) 稳压二极管符号

图 2-20　稳压管的伏安特性和符号

(3)额定功率 P_{ZM}:P_{ZM}等于稳压管的稳定电压 U_Z 与最大稳定电流 I_{ZM}的乘积。稳压管的功耗超过此值时,会因结温过高而损坏。对于所选定的功率管,可以通过 P_{ZM}求出 I_{ZM}。

(4)动态电阻:稳压管工作在稳压区时端电压变化量与电流变化量之比,$r_Z=\frac{\Delta U_Z}{\Delta I_Z}$。$r_Z$ 越小,电流变化时 U_Z 的变化越小,稳压管的稳压特性越好。对于不同型号的稳压管,r_Z 的值从几欧到几十欧不等。

(5)温度系数 α:表示温度每变化 1 ℃稳压值的变化量。稳定电压小于 4 V 的管子具有负温度系数,即温度升高时稳定电压值下降;稳定电压值大于 7 V 的管子具有正温度系数,温度升高时稳定电压值上升;而稳定电压介于 4 V 到 7 V 之间的管子,温度系数非常小,近似为零。

2. 变容二极管

二极管结电容的大小除了与本身结构和工艺有关外,还与外加电压有关。结电容具有与电容器相似的特性。因此电容值的大小随外加反向电压的增加而减小。利用这种特性制造的二极管称为变容二极管(Varator Diode)。电路符号如图 2-21 所示。变容二极管应用于谐振回路的电调谐、压控振荡器、频率调制、参量电路等。

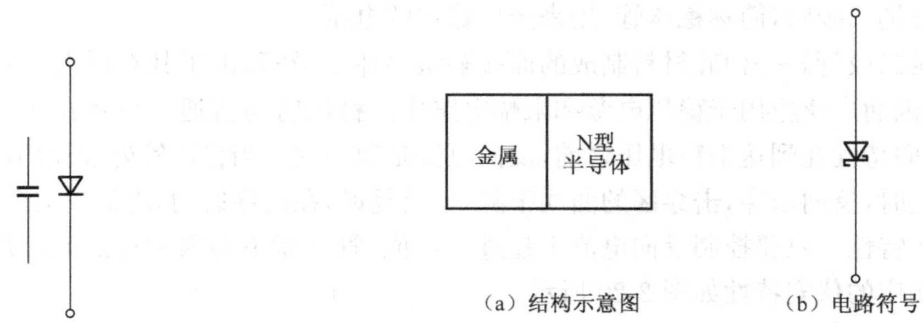

(a) 结构示意图　(b) 电路符号

图 2-21　变容管的电路符号　图 2-22　肖特基管结构示意图及电路符号

3. 肖特基二极管

肖特基表面势垒二极管简称为肖特基二极管(Schottky Diode),简称 SBD,是由金属—半导体构成的一种器件,如图 2-22 为肖特基二极管的结构示意图和相应的电路符号。由于肖特

基二极管正向导通电压小、结电容小而用于微波混频、检测及集成化数字电路等场合。

金属或半导体中的电子要逸出体外，所需要的能量称为逸出功。将逸出功大的金属和逸出功小的半导体相接触，电子就会从半导体逸出进入金属，金属是导体，电子只能分布在表面的一个薄层内，而半导体正离子分布在较大的区域内，产生内建电场。在内建电场的作用下，最后使电子流达到动态平衡。通常将达到动态平衡时内建电场形成的势垒称为肖特基表面势垒。

利用金属—半导体结生成的二极管称为肖特基二极管。肖特基二极管具有与PN结相似的伏安特性，但两者有差别。首先肖特基二极管是依靠一种载流子工作的器件，消除了PN结中存在的少子储存现象，因此适用于高频高速电路。其次，肖特基二极管省掉了P型半导体，因而有很低的串联电阻。另外，肖特基二极管中的阻挡层薄，相应的正向导通电压和反向击穿电压均比PN结低。

4. 光电二极管

光电二极管是一种光能与电能进行转换的器件。在一块低掺杂的P型半导体的表面附近，形成一层很薄的N型半导体，通过管壳上的一个玻璃窗口，使其接收到外部的入射光透过N区照射到阻挡层上。其中，照光的极称为前极，相应于PN结的阴极；不照光的极称为后极，相应于PN结的阳极。如果将P型半导体改为N型，将覆盖的N型转换为P型半导体，则阴、阳极也互换。光电二极管的外形和符号如图2-23所示。

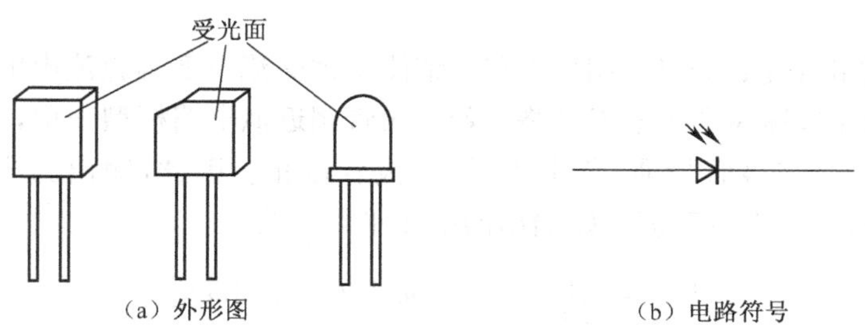

图2-23　光电二极管及符号

在光照射下，阻挡层内激发出大量自由电子—空穴对。当二极管加反偏时，这些激发的载流子在外电路形成反向电流，成为光流，其值不仅随入射光增强而增大，还与入射光的波长有关。

如图2-24所示为光电二极管的伏安特性。其特点是反向电流与光照度成正比。在无光照时，与普通二级管一样，具有单向导电性。在有光照时，特性曲线下移，他们分布在第三、第四象限内。当特性曲线分布在第四象限时称光电池特性。当反偏电压在一定范围内，特性曲线是一组平行于横轴的平行线。照度一定时，光电二极管可等效为恒流源。照度越大，光电流越大，当光电流大于几十微安时，与照度成线性关系。这种特性可广泛用于遥控、报警及光电

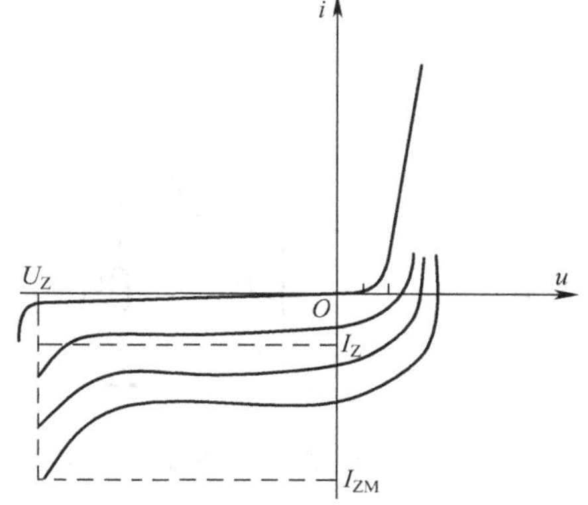

图2-24　光电二极管特性曲线

传感器中。

由于光电二极管的光电流较小,所以当将其用于测量和控制电路中时,需要首先进行放大处理。

5. 发光二极管

发光二极管是将电能转换为光能的一种半导体器件。通常采用砷化镓、磷化镓等制成。当PN结外加正偏时,N区中多子电子注入P区,与P区中多子空穴复合而发光。发光二极管的伏安特性与普通二极管相似,不过,它的正向导通电压稍大一些。发光二极管包括可见光、不可见光和激光等不同类型。对于可见光,其发光颜色决定于所用材料,可以制成各种形状,如长方形、圆形等等,如图2-25所示。另外,常制作成七段式或矩阵式器件,工作电流一般为几毫安至十几毫安之间。

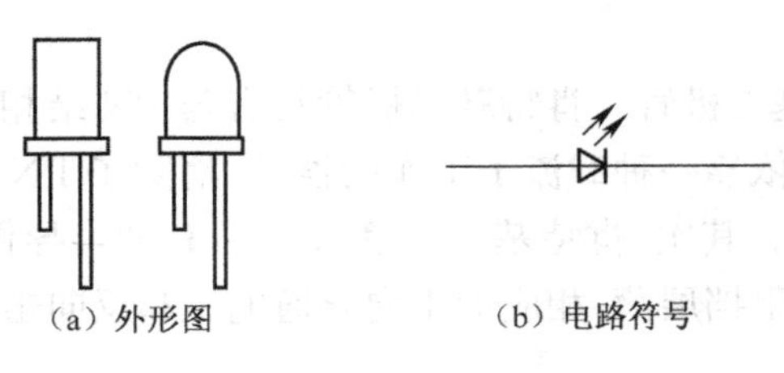
(a) 外形图　(b) 电路符号

图 2-25　发光二极管及符号

2.2.7　二极管应用

利用晶体二极管的单向导电性和反向击穿特性,可以构成整流、稳压、限幅等各种功能电路。

1. 整流电路

整流与稳压电路是电源设备的组成电路。整流是把交流电变为直流电的过程。图2-26(a)为最简单的整流电路,称为半波整流电路。若二极管用近似电路模型表示,由图可见,当$U_{i2}=U_{m}\sin\omega t$为正半周时,二极管导通;负半周时,二极管截止。因此,输出为半周的正弦脉冲电压,如图2-26(b)所示。半波整流电路输出的电压平均值为

$$U_{DC}=\frac{1}{2\pi}\int_{0}^{\pi}U_{2m}\sin\omega t\,d\omega t\approx 0.45U_{i2}$$

上式中U_{i2}为变压器输出的有效值,由于整流电路的输出都是脉动电流,通过滤波器,输出波形会大大改善,另外为了提高整流的效果还可以采用其他形式的整流,详见本书第10章内容。

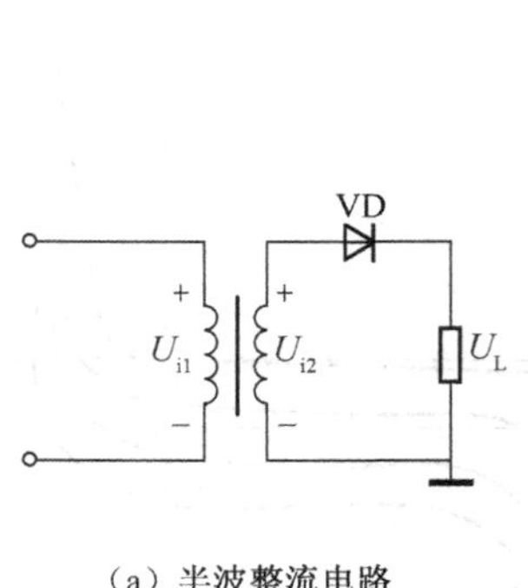

(a) 半波整流电路

U_{i2}　O　t　U_L　O　t

(b) 输入输出波形

图 2-26　半波整流电路及相应波形

2. 稳压电路

前已指出，稳压二极管反向击穿后的伏安特性曲线很陡峭，也就是说，此时稳压管的电流可以有较大变化范围，其两端电压却变化很小，几乎是恒定的。利用这种特性可以构成所要求的稳压电路，如图 2-27 所示，图中，R 为限流电阻，用来限制稳压管中的最大电流。由图可见，输入电压 U_i 或负载 R_L 发生变化而引起稳压管电流变化时，输出电压即稳压管两端电压几乎为一恒定值。例如，当负载不变时，U_i 有波动时，假设 U_i 升高，将使电流 I_Z 增大，则 R 上的压降增大，保证 U_L 不变。又如，当 U_i 不变，负载减小，则 I_L 增大，这时 I_Z 减小，从而保证电阻 R 上的压降不变，所以输出电压不变。

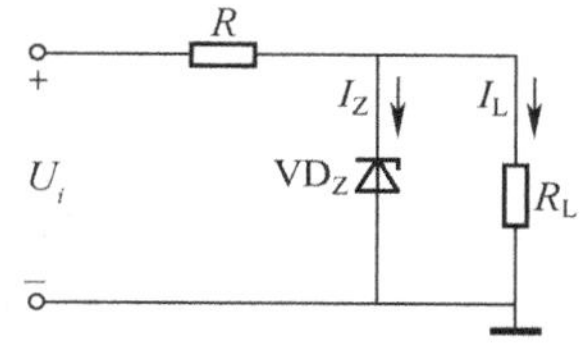

图 2-27　稳压电路

3. 限幅电路

限幅电路就是限制输出幅度的电路。通常用于有选择的输出任意波形的一部分或用来保护某些电路元件。通常将具有上、下门限的限幅电路称为双向限幅电路，仅有一个门限的称为单向限幅电路。

如图 2-28(a)所示为单向限幅电路。其中 U_γ 作用是控制门限值。设二极管 VD 为理想二极管。

当输入电压 $U_i > U_\gamma$ 时，二极管 VD 截止，$U_o = U_i$；当 $U_i < U_\gamma$ 时，二极管 VD 导通，$U_o = U_\gamma$，输出波形被限幅，如图 2-28(b)所示。

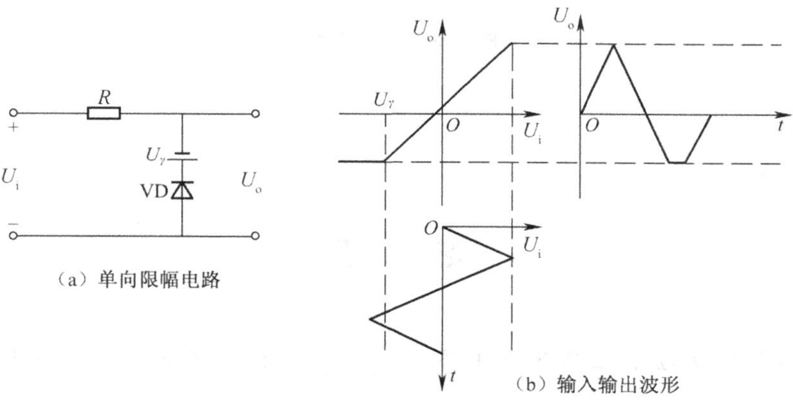

图 2-28　单向限幅电路及相应波形

图 2-29(a)所示为双向限幅电路。$U_{\gamma1}$ 和 $U_{\gamma2}$ 分别是上门限电压和下门限电压。$U_{\gamma1}$ 和 $U_{\gamma2}$ 可以相等，也可以不等。限幅特性如图 2-29(b)所示。

4. 钳位电路

钳位电路是指能把一个周期信号转变为单向的(只有正向或只有负向)或叠加在某一直流电平上，而不改变它的波形的电路。在钳位电路中，电容是不可缺少的元件。图 2-30(a)为一个实用的二极管正钳位电路，分析它的工作原理：设 $t=0^-$ 时电容上的初始电压为零，$t=0^+$ 时，$U_i = U_m$，电容也被充上了大小为 U_m 的电压，极性如图。此刻 $U_o = 0$ 并且 $U_o = 0$ 将一直保持到 $t = t_1$，此后，U_i 突降到 $-U_m$，二极管截止，如果电阻和电容再足够大，RC 时间常数远大于输入信号周期，则 C 上的充电电压一直保持 U_m，于是输出电压为 $U_o = U_i - U_m = -2U_m$，并一直保持到 t_2，其输入输出波形如图 2-30(b)所示。显然，输出信号总不会是正值，所以称为正钳位电路。

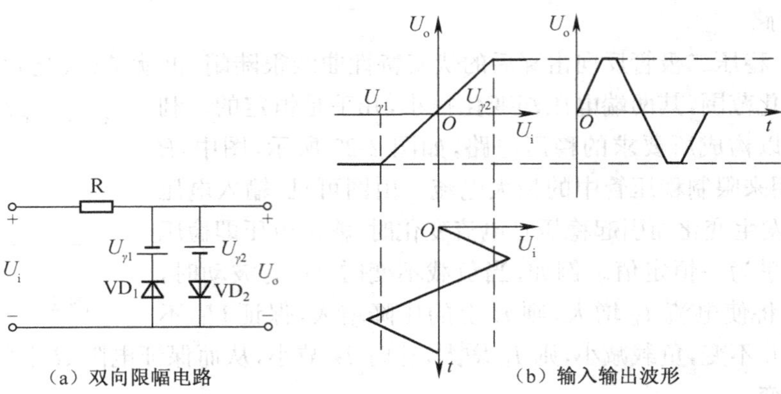

(a)双向限幅电路　　(b)输入输出波形

图 2-29　双向限幅电路及输入输出波形

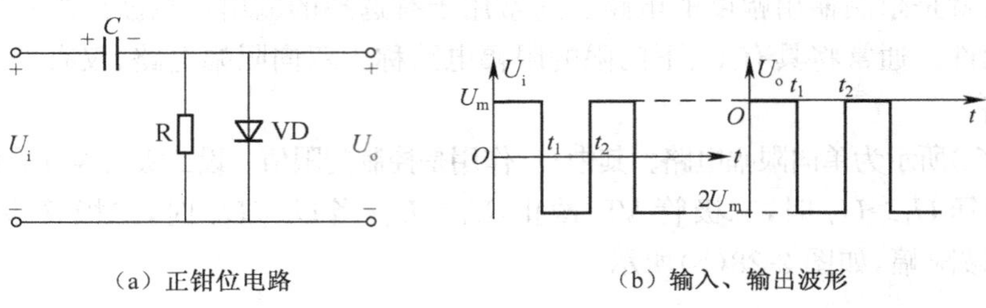

(a)正钳位电路　　(b)输入、输出波形

图 2-30　钳位电路

习　　题

1. 填空

(1)N 型半导体是在本征半导体中掺入________;P 型半导体是在本征半导体中掺入________。

(2)当温度升高时,二极管的反向饱和电流会________________。

(3)PN 结的结电容包括________________和________________。

2. 判断下列说法正确与否。

(1)本征半导体温度升高后,载流子浓度仍然相等。　(　　)

(2)P 型半导体带正电,N 型半导体带负电。　(　　)

(3)只要在稳压管两端加反向电压就能起稳压作用。　(　　)

(4)在 N 型半导体中如果掺入足够量的三价元素,可将其改型为 P 型半导体。　(　　)

(5)PN 结在无光照、无外加电压时,结电流为零。　(　　)

3. 怎样用万用表判断二极管的正、负极性及好坏?

4. 二极管电路如题 2-4 图所示,试判断图中的二极管是导通还是截止?输出电压是多少?

5. 电路如题 2-5 图所示,稳压管的稳定电压 $U_Z = 8$ V,设输入信号为峰值 15 V 的三角波,试画出输出U_o的波形。

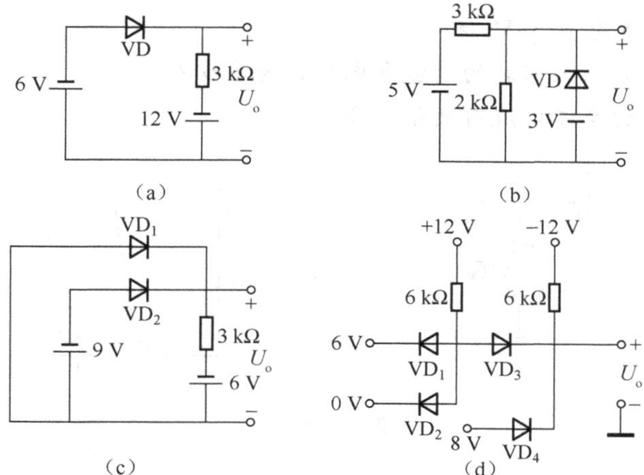

题 2-4 图

6. 如题2-6图所示，电路中两只稳压管完全相同，$U_Z=8$ V，$U_i=15\sin\omega t$，试画出输出U_o的波形。

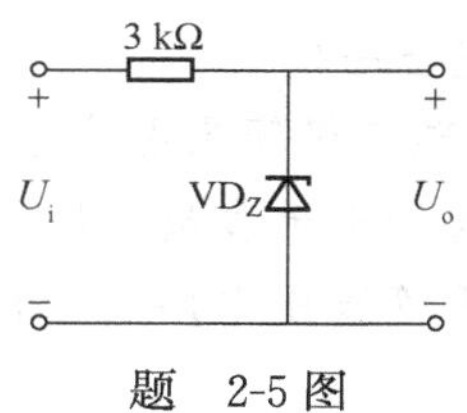

题 2-5 图

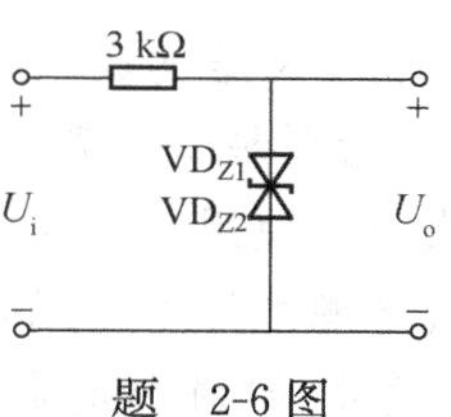

题 2-6 图

7. 电路如题2-7图所示，设二极管为理想二极管。输入信号为正弦波，试绘出负载R_L两端的电压波形。

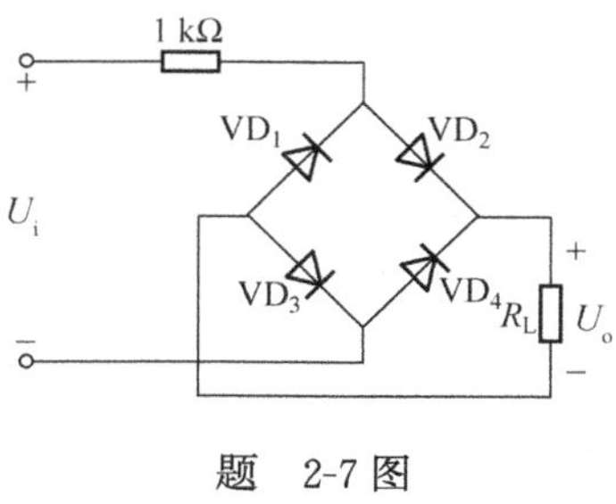

题 2-7 图

8. 二极管电路如题2-8图所示，$U_{REF}=5$ V，假设二极管为理想二极管。$U_i=10\sin\omega t$，画出输出电压U_o的波形。

9. 电路如题2-9图所示，图中二极管为硅二极管，当$U_i=5\sin\omega t$，分析输出电压U_o的波形。

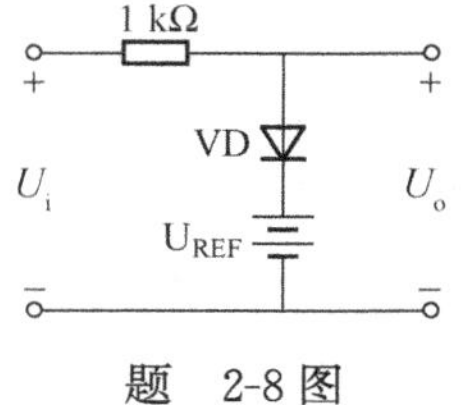

题 2-8 图

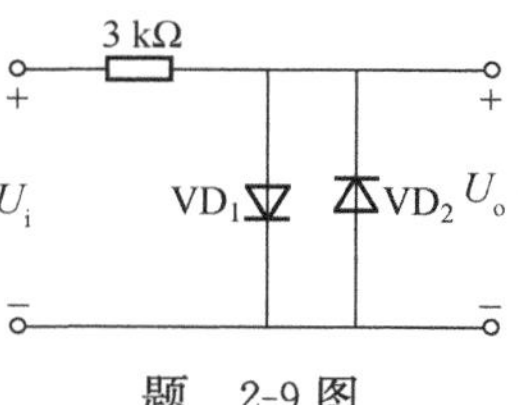

题 2-9 图

10. 电路及二极管伏安特性如图所示,常温下 $U_T \approx 26$ mV,电容 C 对交流信号可视为短路,U_i 为正弦波,有效值为 10 mV,问

(1)二极管在输入电压为零时的电流和电压各为多少?

(2)二极管中流过的交流电流有效值为多少?

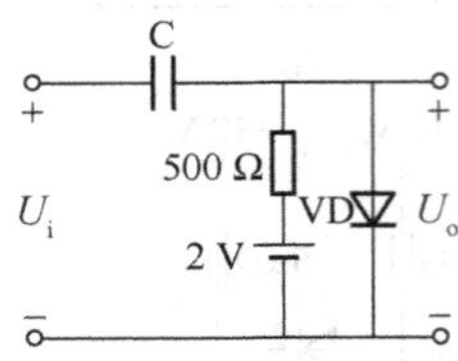

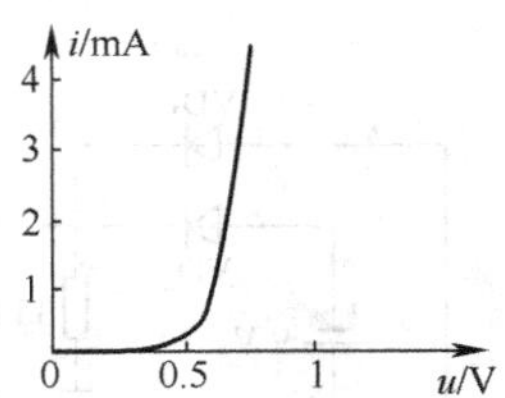

题 2-10 图

思 考 题

1. 如何用万用表的电阻挡来辨别一只二极管的阴、阳极?

2. 为什么 PN 结又称为空间电荷区、耗尽层、势垒区?

3. 二极管由 PN 结构成,二极管工作特性与 PN 结是否完全一样?

4. 比较硅、锗两种二极管的性能。在工程实践中,为什么硅二极管应用较为广泛?

5. 为什么说在使用二极管时,应特别注意不要超过最大整流电流和最高反向工作电压?

6. 当直流电源电压波动或外接负载电阻 R_L 变动时,稳压管稳压电路的输出电压能否保持稳定?若能稳定,这种稳定是否是绝对的?

第 3 章

晶体三极管及应用电路

【内容提要】 本章首先讨论双极型三极管(BJT)的结构、工作原理、特性曲线和主要参数,随后着重介绍了三极管的三种组态基本放大电路,即共发射极、共集电极和共基极放大电路。内容涉及电路组成原理、电路的分析方法和分析步骤、电路主要性能指标及各种组态放大电路的性能特点,为后续章节的晶体管应用电路的学习打下基础。

3.1 晶体三极管

双极型晶体三极管(BJT)又称为晶体三极管、半导体三极管,由两个背靠背的 PN 结构成。在工作过程中是由两种载流子共同参与导电,因此称之为双极型晶体三极管(Bipolar Junction Transistor,BJT),以下简称为晶体三极管。由于两个 PN 结之间的相互影响,使三极管表现出不同于单个 PN 结的特性(单向导电),而具有电流放大作用。

晶体三极管按照不同的方式可分为很多种类。如:按照频率分,可分为高频管、低频管;按照功率分,可分为小功率管、中功率管和大功率管;按照半导体的材料分,可分为硅管、锗管等;按照结构的不同,晶体三极管一般可分为两种类型:NPN 型和 PNP 型。

3.1.1 晶体三极管的结构及种类

在一个硅片上制造出三个掺杂区域,形成两个 PN 结。这三个区域的排列顺序如果是 N-P-N,则为 NPN 型三极管,如果三个区域的排列顺序是 P-N-P,则为 PNP 型三极管。如图 3-1 所示,分别是 NPN 型、PNP 型三极管示意图及符号。

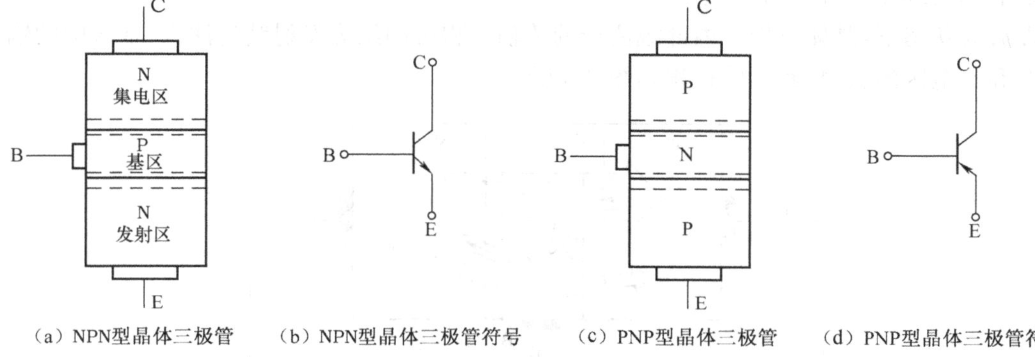

(a) NPN型晶体三极管　(b) NPN型晶体三极管符号　(c) PNP型晶体三极管　(d) PNP型晶体三极管符号

图 3-1 NPN 型、PNP 型晶体三极管示意图

以 NPN 型三极管为例,NPN 型三极管其两边各为一块 N 型半导体,中间为一块很薄的 P 型半导体,这三个区域分别称为集电区、基区和发射区,从三极管的三个区各引出一个电极,相

应的称为集电极、基极和发射极。发射区和基区之间的 PN 结称为发射结,集电区和基区之间的 PN 结称为集电结。

以 NPN 型为例,出于晶体管放大性能的要求,制作时有意使发射区的掺杂浓度远远高于基区和集电区;基区做得很薄(以微米计);集电结的面积大于发射结的面积。因此在使用时,E、C 两个电极虽然都是 N 型半导体,却不能交换。电路符号中 E 极的箭头,表示正向电流的方向。

如图 3-2 所示,为常见的晶体三极管的实物图。

(a) 低频小功率三极管

(b) 大功率三极管

(c) 大功率三极管

(d) 贴片三极管

图 3-2 几种常见的晶体三极管

3.1.2 晶体三极管的工作原理

由于晶体三极管有两个 PN 结,所以它有四种不同的运用状态。

(1)发射结正偏,集电结反偏时,称之为放大工作状态。

(2)发射结正偏,集电结也正偏时,称之为饱和工作状态。

(3)发射结反偏,集电结也反偏时,称之为截止工作状态。

(4)发射结反偏,集电结正偏时,称之为反向工作状态。

在放大电路中,主要应用其放大工作状态。而在数字电路中则是主要应用其饱和状态和截止状态。至于反向工作状态,从原理上讲与放大状态没有本质不同,但由于晶体管的实际结构不对称,发射结比集电结小得多,起不到放大作用,故这种工作状态基本不用。

本节就晶体三极管的放大条件以及晶体三极管在放大工作状态下内部载流子传输过程的分析来介绍三极管的电流控制作用——电流放大作用。下面以 NPN 型晶体三极管为例来介绍晶体三极管的放大原理。

1. 晶体三极管内部载流子传输过程

在放大状态下,晶体三极管内部载流子的传输过程可归纳为发射结的注入、基区中的输运与复合和集电区的收集,其具体过程如图 3-3 所示。

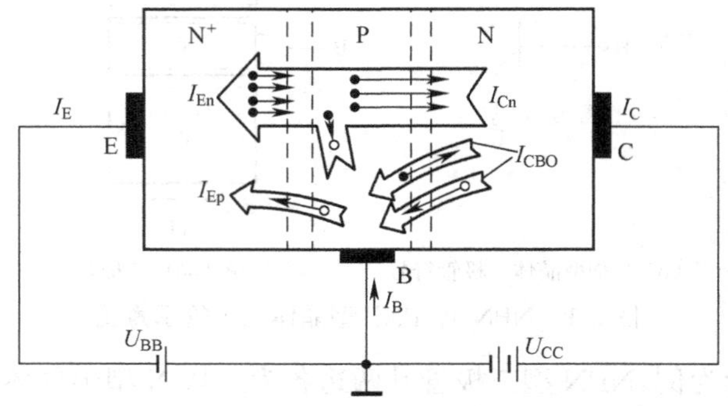

图 3-3 载流子传输过程

当晶体三极管发射结加上正向偏置电压时，由于发射结正偏，使发射结变窄，扩散运动占优势，高掺杂发射区的大量电子注入到基区，形成电子电流 I_{EN}。与此同时，基区中的空穴也向发射区注入，形成空穴电流 I_{EP}。I_{EN}和 I_{EP}电流方向一致，由基区指向发射区，构成发射极电流 I_E。

扩散到基区的自由电子与空穴的复合运动形成基极电流。通过发射结注入到基区的自由电子边扩散边复合，但由于基区很薄，因而在行进过程中仅有很小部分被基区中多子空穴复合，且集电结加了反向电压，故其余的电子作为基区中的非平衡少子，都到达集电结边界。

集电结所加电压为反向电压，集电区收集电子，集电极电流主要由漂移运动形成。集电结电流由三个部分组成，其中主要是基区中达到集电结边界的非平衡少子电子通过集电结而形成的电子电流 I_{CN}，另外的两部分一是集电区中热平衡少子空穴通过集电结而形成的空穴电流，二是基区中热平衡少子电子通过集电结而形成的电子电流，这两者组成 I_{CBO}。

通过以上的讨论，可以得到如下表达式。发射结流出的电流由发射区向基区注入电子流和基区扩散到发射区空穴流组成。即

$$I_E = I_{EN} + I_{EP} \tag{3-1}$$

集电极电流的则为

$$I_C = I_{CN} + I_{CBO} \tag{3-2}$$

式中 I_{CBO}是集电结的反向饱和电流。

基极电流 $I_B = I_{EP} + (I_{EN} - I_{CN}) - I_{CBO}$，其中$(I_{EN} - I_{CN})$是基区中非平衡少子在向集电结扩散过程中被复合而形成的复合电流。

通过以上的分析晶体三极管三个极的电流满足如下关系式

$$I_E = I_C + I_B \tag{3-3}$$

发射区将多子自由电子通过发射结注入基区，基区边扩散边复合，集电区收集载流子。构成晶体三极管的两个 PN 结不是彼此独立的，由基区使他们之间产生耦合作用。

在制造晶体管时必须满足下列条件。

(1)发射区的掺杂浓度远大于基区的掺杂浓度。

(2)基区宽度很窄；保证基区中非平衡少子自由电子在向集电结扩散过程中仅有小部分被复合，绝大部分都能到达集电结。

(3)集电结面积大于发射结，保证扩散到集电结边界处的非平衡少子全部漂移到集电区，形成受控的集电极电流。

2. 晶体三极管电流分配关系

晶体三极管是电流控制器件，即输入电流对输出电流有控制作用。晶体三极管的电流分配关系是指晶体三极管在上述载流子传输过程中形成的各极电流之间的关系式。

晶体三极管为三端器件，作为四端网络时，有一个极作为输入和输出端口的公共端点。如图 3-4 所示，有三种连接方式，也称为三种组态。根据不同的连接方式，电流分配关系有如下几种形式。

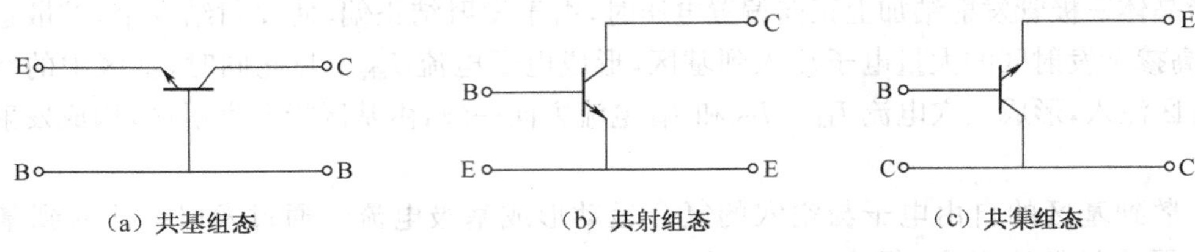

(a) 共基组态　(b) 共射组态　(c) 共集组态

图 3-4　晶体三极管的三种组态

1)共基组态电流分配关系

共基组态是以发射极为输入端、集电极为输出端、基极为输入电路和输出电路的公共端。对共基组态,电流传输关系是指集电极电流与发射极电流的关系。

$$\bar{\alpha}=\frac{I_{CN}}{I_E} \tag{3-4}$$

$\bar{\alpha}$ 称为共基极电流直流传输系数。它表示到达集电极的电子电流在总发射极电流中所占的比例。$\bar{\alpha}$ 数值通常为 0.95～0.99,其值越大表明电流传输效率越高。

由式(3-2)和式(3-4)有

$$I_C=\bar{\alpha}I_E+I_{CBO} \tag{3-5}$$

如果 $I_C \gg I_{CBO}$,则上式可近似为

$$I_C \approx \bar{\alpha}I_E \tag{3-6}$$

2)共射组态电流分配关系

共射组态是以基极作为输入端,集电极为输出端,发射极为输入电路和输出电路的公共端,共射组态的电流传输关系是指集电极电流和基极电流之间的关系。

将式(3-3)代入式(3-5),可得

$$I_C=\frac{\bar{\alpha}}{1-\bar{\alpha}}I_B+\frac{1}{1-\bar{\alpha}}I_{CBO} \tag{3-7}$$

设

$$\bar{\beta}=\frac{\bar{\alpha}}{1-\bar{\alpha}} \tag{3-8}$$

则式(3-7)可改写为

$$I_C=\bar{\beta}I_B+I_{CEO} \tag{3-9}$$

式中

$$I_{CEO}=\frac{1}{1-\bar{\alpha}}I_{CBO}=(1+\bar{\beta})I_{CBO} \tag{3-10}$$

$\bar{\beta}$ 称为共发射极直流电流放大系数,其数值一般为几十至几百。

I_{CEO}称为晶体管共发射极穿透电流,表示基极开路时发射极到集电极的直通电流。室温下,锗管的 I_{CEO}一般大于 μA 数量级,硅管的 I_{CEO}一般小于 μA 数量级。

如忽略 I_{CEO},则式(3-9)可写为

$$I_C \approx \bar{\beta}I_B \tag{3-11}$$

在直流偏置的基础上,若有输入电压 Δu_I 的作用,则晶体管的基极电流将在直流电流 I_B 的基础上叠加动态电流 Δi_B,导致集电极电流 I_C 也叠加动态电流 Δi_C,Δi_C 与 Δi_B 之比称为共射交流电流放大系数,记作 β

$$\beta=\frac{\Delta i_C}{\Delta i_B} \tag{3-12}$$

相应地,共基交流放大系数 α 为

$$\alpha = \frac{\Delta i_E}{\Delta i_C} \tag{3-13}$$

3)共集组态电流传输关系

共集组态是以基极作为输入端，发射极为输出端，集电极为输入电路和输出电路的公共端，共集组态的电流传输关系是指发射极电流和基极电流之间的关系。

将式(3-9)代入式(3-3)，可得

$$I_E = (1+\bar{\beta})I_B + I_{CEO} \tag{3-14}$$

3.1.3 晶体管的特性曲线

晶体管的输入特性和输出特性曲线描述三级管各电极之间电压、电流的关系，它是晶体管内部载流子运动的外部表现，也称为三极管的外特性。由于三极管连接时可接成三种组态，但无论那种组态，均可将三极管看成一对输入、一对输出的二端口网络。因此，要想完整地描述三极管的伏安特性，需要两组伏安特性，即输入、输出伏安特性来描述。下面主要以共射组态为例，来分析晶体管的输入、输出特性曲线。

1. 输入特性曲线

对于共射组态，输入特性曲线描述了在管子输出电压U_{CE}一定的情况下，基极电流I_B与发射结压降U_{BE}之间的函数关系，即$I_B = f(U_{BE})|_{U_{CE}} = C$。

当$U_{CE}=0$时，相当于集电极与发射极短路，即发射结与集电结并联。因此输入特性曲线与PN结的伏安特性相类似，成指数关系，如图3-5所示。

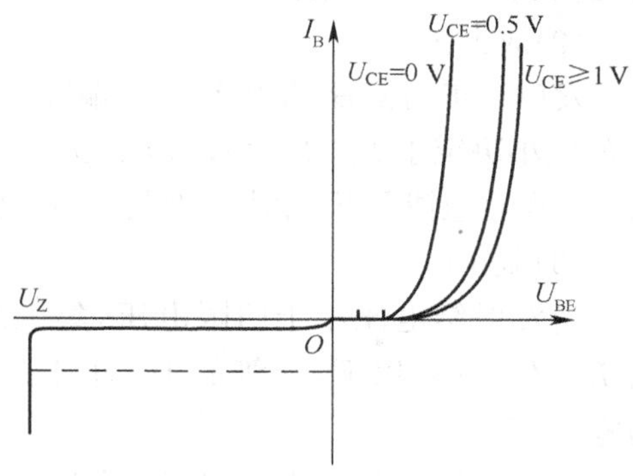

图3-5 晶体三级管输入特性曲线

当U_{CE}增大时，图3-5中曲线将右移。这是因为有发射区注入基区的非平衡少子有一部分越过基区和集电结形成集电极电流I_C，而另一部分在基区参与复合运动的非平衡少子将随U_{CE}的增大而减小。因此，要获得同样的I_B，就必须加大U_{BE}，使发射区向基区注入更多的电子。实际上，对于确定的发射结电压，当U_{CE}增大到一定值以后，集电结的电场已足够强，可以将发射区注入基区的绝大部分非平衡少子都收集到集电区，因而再增大U_{CE}，I_C也不可能明显增大，也就是说，I_B已基本不变。因此，U_{CE}增大到一定数值后，曲线已经不再明显右移而基本重合。对于小功率管，可以近似的用U_{CE}大于1 V的任何一条曲线来代表所有曲线。

2. 输出特性曲线

对于共射组态，输出特性曲线描述基极电流I_B为一常量时，集电极电流I_C与管子的输出电压U_{CE}之间的函数关系，即$I_C = f(U_{CE})|_{I_B=C}$。

对于每一个确定的I_B，都有一条曲线，所以改变I_B的值可得出一组曲线——输出特性曲线，如图3-6所示。对于每一条曲线，当U_{CE}从零逐渐增大时，集电结电场随之增强，收集基区非平衡少子的能力逐渐增强，因而I_C也就逐渐增大；而当U_{CE}增大到一定数值时，集电结电场足以将基区非平衡少子的绝大部分收集到集电区来，U_{CE}继续增大，收集能力已不能明显提高，表现为曲线几乎平行于横轴，在此区间内，I_C的大小仅由I_B的大小来决定。

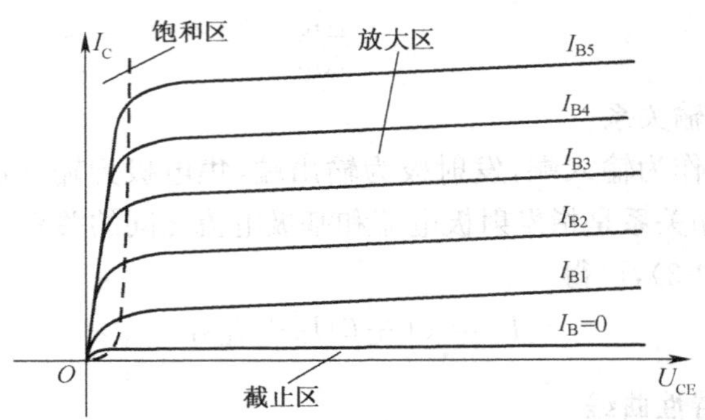

图 3-6 晶体三极管输出特性曲线

从输出特性曲线可以看到三极管有三个工作区域。

(1)饱和区

在这个区域内,发射结处于正向偏置,对于共射组态,由于 $U_{BE}>U_{ON}$,$U_{CE}<U_{BE}$此时集电结也处于正偏。I_C 主要是随 U_{CE}增大而增大,此时 I_B 对 I_C 的影响不明显,即在此范围内当 U_{BE}增大,U_B 随之增大,但 I_C 增大不多,或者说是基本不变,此时 I_C 小于 $\bar{\beta}I_B$。对于小功率管,可以认为当 $U_{CE}=U_{BE}$,即 $U_{CB}=0$ 时,晶体管处于临界饱和状态或称为临界放大状态。I_C 与 I_B 之间已不再满足晶体三极管的电流放大关系。

(2)放大区

发射结正向偏置,集电结反向偏置,且 $U_{CE}>1$ V,晶体管工作在放大区。在这个区域内,I_C 的大小决定于 I_B 的大小,与 U_{CE}无关。此时表现出 I_B 对 I_C 的控制作用,$I_C=\bar{\beta}I_B$,$\Delta i_C=\beta\Delta i_B$。在理想情况下,输出特性是一组与横轴平行的直线。

(3)截止区

当发射结电压小于门限电压,集电结反向偏置,此时 I_B 为零,$I_C\leqslant I_{CEO}$。小功率硅管的 I_{CEO}在 1 μA 以下,锗管的 I_{CEO}小于几十微安。在近似分析中,可认为晶体管截止时 I_C 为零。

实测的输出特性曲线 I_C 随着 U_{CE}增大略有上翘,如图 3-7 所示。若参变量 I_B 改为 U_{BE},并将输出特性曲线向负轴方向延伸,他们将相交于公共点 A,对应的电压用 U_A 表示,称为厄尔利电压(Early Voltage)。显然,其值大小可用来表示输出特性曲线的上翘程度。小功率管的绝对值$|U_A|$约为 50～100 V。从内部物理过程来说,其值与基区宽度有关,留在基区的载流子数量减少,使β增大,称为基区调制效应。基区宽度越小,基区宽度调制效应对 I_C 的影响就越大,$|U_A|$也就相应越小,曲线上翘程度越大。

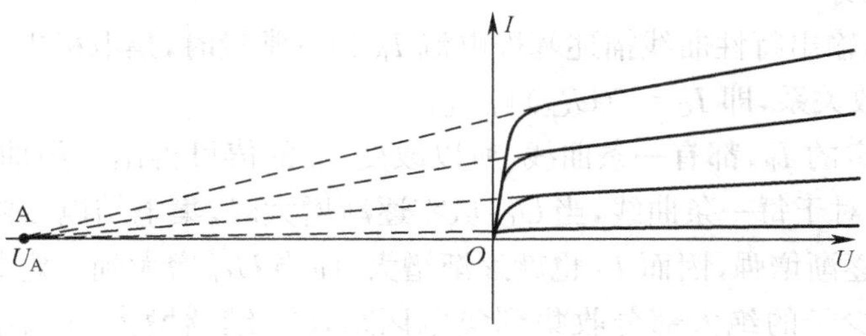

图 3-7 厄尔利电压

3.1.4　晶体三极管电路模型

前面讨论了放大工作状态下，晶体管各极之间的电流关系。但由于各极电流的数值取决于发射结电压和集电结电压，所以要分析晶体管电路的工作特性，还必须求得各极电流与结电压之间的定量关系。

1954 年 Ebers 和 moll 提出了一种简单的非线性模型，简称 EM_1 模型，在这种模型中，不考虑器件中的电荷存储特性和基区调宽效应等。EM 模型适用于所有的工作区域，即饱和区、放大区、截止区和反向工作区。下面，以 NPN 管为例介绍 EM_1 模型及其参数。

1. 电流注入型（EM_1 模型）

晶体管有两个 PN 结，但这两个 PN 结并不是独立的，而是相互之间有一定的影响。发射结对集电极电流的影响用受控电流源 $\alpha_F i_F$ 表示，集电结对发射极电流的影响用受控电流源 $\alpha_R i_R$ 表示，于是得到如图 3-8 所示的晶体管模型，此即注入型 EM_1 模型。

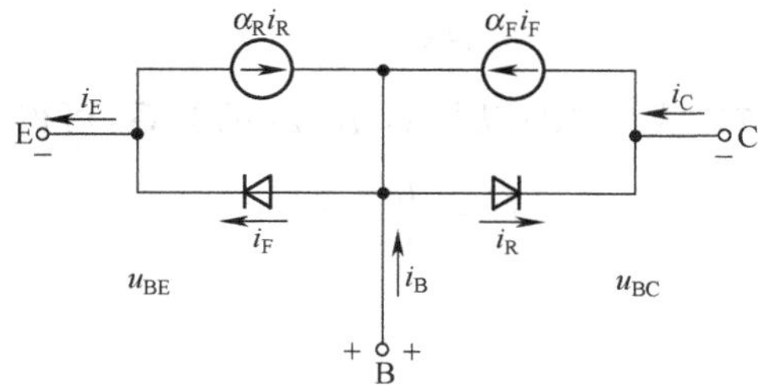

图 3-8　电流注入型 EM_1 模型

$$i_F = I_{ES}(e^{\frac{u_{BE}}{U_T}} - 1) \tag{3-15}$$

$$i_R = I_{CS}(e^{\frac{u_{BC}}{U_T}} - 1) \tag{3-16}$$

图中，i_F 为发射结电流，α_F 为共基极直流电流正向电流传输系数；i_R 为集电结电流，α_R 为共基极直流电流反向电流传输系数。

式(3-15)中的 I_{ES} 为集电结短路时，发射结的反向饱和电流；式(3-16)中的 I_{CS} 为发射结短路时，集电结的反向饱和电流。

由图 3-8 可知

$$i_E = i_F - \alpha_R i_R \tag{3-17}$$

$$i_C = \alpha_F i_F - i_R \tag{3-18}$$

将式(3-15)、式(3-16)代入式(3-17)、式(3-18)可得

$$i_E = I_{ES}(e^{\frac{u_{BE}}{U_T}} - 1) - \alpha_R I_{CS}(e^{\frac{u_{BC}}{U_T}} - 1) \tag{3-19}$$

$$i_C = \alpha_F I_{ES}(e^{\frac{u_{BE}}{U_T}} - 1) - I_{CS}(e^{\frac{u_{BC}}{U_T}} - 1) \tag{3-20}$$

式(3-19)、式(3-20)称为 EM 方程。它描述了晶体管发射极电流 i_E、集电极电流 i_C 和发射结电压 u_{BE}、集电结电压 u_{BC}之间的约束关系，是晶体管的数学模型。

EM 方程中，I_{CS}、I_{ES}、α_F、α_R 四个参量并不是完全独立的，它们满足如下关系

$$\alpha_F I_{ES} = \alpha_R I_{CS} = I_S \tag{3-21}$$

2. 电流传输型(EM_1 模型)

将式(3-21)代入式(3-15)、式(3-16)可得

$$i_F = \frac{I_S}{\alpha_F}(e^{\frac{u_{BE}}{U_T}}-1) \tag{3-22}$$

$$i_R = \frac{I_S}{\alpha_R}(e^{\frac{u_{BC}}{U_T}}-1) \tag{3-23}$$

若定义传输电流 i_{CC}、i_{EC} 为

$$i_{CC} = I_S(e^{\frac{u_{BE}}{U_T}}-1) \tag{3-24}$$

$$i_{EC} = I_S(e^{\frac{u_{BC}}{U_T}}-1) \tag{3-25}$$

则

$$\begin{cases} i_F = \dfrac{i_{CC}}{\alpha_F} \\ i_R = \dfrac{i_{EC}}{\alpha_R} \end{cases} \tag{3-26}$$

将式(3-26)代入式(3-17)、式(3-18)以及 i_B、i_E、i_C 的关系,可得

$$i_E = \frac{i_{CC}}{\alpha_F} - i_{EC} \tag{3-27}$$

$$i_C = i_{CC} - \frac{i_{EC}}{\alpha_R} \tag{3-28}$$

$$i_B = \left(\frac{1-\alpha_F}{\alpha_F}\right)i_{CC} + \left(\frac{1-\alpha_R}{\alpha_R}\right)i_{EC} \tag{3-29}$$

根据式(3-27)、式(3-28)、式(3-29)可以画出如图 3-9 所示等效电路,这一等效电路称电流传输型 EM_1 模型。

显然,电流传输型 EM_1 模型和电流注入型 EM_1 模型是完全等效的,区别只是在于所选用的参考电流不同。

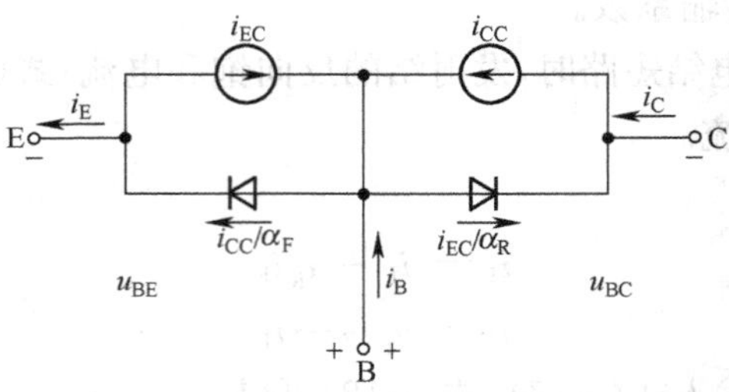

图 3-9 电流传输型 EM_1 模型

3. 非线性混合 π 型(EM_1 模型)

根据晶体管电流放大系数 β_F、β_R 与 α_F、α_R 的关系,式(3-27)至式(3-29)可表示为

$$i_E = \left(1+\frac{1}{\beta_F}\right)i_{CC} - i_{EC} = \frac{i_{CC}}{\beta_F} + i_{CT} \tag{3-30}$$

$$i_C = i_{CC} - \left(1+\frac{1}{\beta_R}\right)i_{EC} = -\frac{i_{EC}}{\beta_R} + i_{CT} \tag{3-31}$$

$$i_B = \frac{i_{CC}}{\beta_F} + \frac{i_{EC}}{\beta_R} \tag{3-32}$$

根据式(3-30)至式(3-32)可画出图 3-10 所示等效电路，这一等效电路称电流传输型 EM_1 模型。

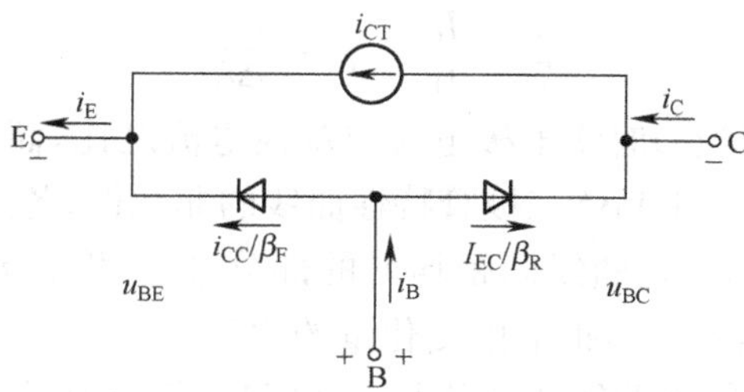

图 3-10　非线性混合 π 型 EM_1 模型

此模型与电流传输型 EM_1 模型的差别在于集电极和发射极之间用单一电流源 $i_{CT}=i_{CC}-i_{EC}$代替了 i_{CC}、i_{EC}两个电流源。此模型是电路分析中最常用的模型。

4. 晶体三极管的瞬态模型(EM_2 模型)

前面述及的 EM_1 模型是稳态工作下的模型。如果在此模型的基础上，考虑非线性电荷存储效应以及欧姆电阻的一阶效应，就构成了晶体管的瞬态模型(即 EM_2 模型)，如图 3-11 所示。EM_2 模型是计算机辅助分析(CAA)中常用的模型。

图中，E′、B′、C′为晶体管模型的内节点；$r_{BB'}$、$r_{EE'}$、$r_{CC'}$为三个区的体电阻；C_{TE}、C_{DE}分别为发射结的势垒电容和扩散电容；C_{TC}、C_{DC}分别为集电结的势垒电容和扩散电容。

在计算机辅助分析中，当要求模型精度非常高时，还可以采用 EM_3 模型或 GP 模型。EM_3 模型考虑了各种二阶效应，如 β 随电流的变化等。有关 EM_3 模型和 GP 模型的详细介绍，可参考有关书籍，这里不再赘述。

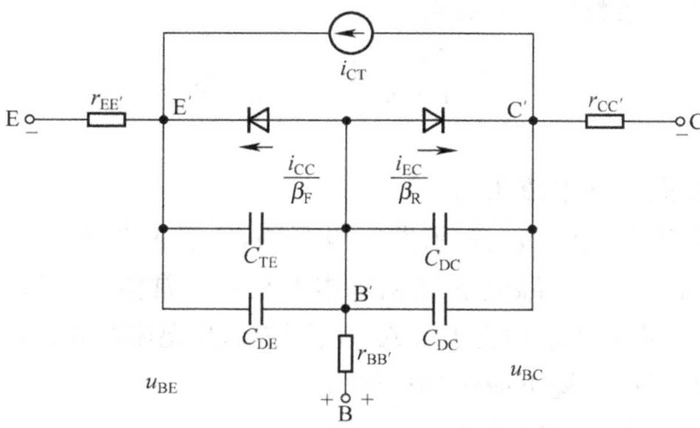

图 3-11　晶体三极管瞬态 EM_2 模型

3.1.5　晶体三极管的参数

晶体三极管的参数是用来表征管子性能优劣和适应范围的，也是选用器件的依据。了解这些参数，对于合理使用晶体三极管达到设计电路的经济性和可靠性是十分必要的。

1. 电流放大系数

1)共射直流电流系数$\bar{\beta}$、共射交流电流放大系数β

在共射组态下,电流放大系数根据工作状态的不同有直流和交流两种情况,用$\bar{\beta}$和β来表示。

$$\bar{\beta}=\frac{I_{\mathrm{C}}}{I_{\mathrm{B}}},\quad \beta=\frac{\Delta i_{\mathrm{C}}}{\Delta i_{\mathrm{B}}} \tag{3-33}$$

$\bar{\beta}$反映静态(直流工作状态)时集电极电流与基极电流之比,而β则是反映动态(交流工作状态)时的电流放大特性。由于晶体三极管特性曲线的非线性,各点的I_{C}和I_{B}的比值是不同的,只有在恒流特性比较好,并且曲线间距均匀的部分,$\bar{\beta}$才可以认为是基本不变的。交流电流放大系数β表示在工作点处I_{C}和I_{B}的变化量的比值。

同样,由于晶体三极管特性曲线的非线性,β也和工作点有关,只有在特性曲线的线性部分,β才可以认为是基本不变的。

在晶体三极管的输出特性曲线间距基本相等并忽略I_{CEO}的情况下,则$\bar{\beta}$和β是相等的。在一般工程估算中,可利用参数测试仪测出β,也可在特性曲线的线性范围内取一个Δi_{B}及相应的Δi_{C}来估算β,一般在工作电流不十分大的情况下,可以认为$\beta=\bar{\beta}$。

由于制造的工艺的分散性,即使同型号的晶体三极管,他们的β值也有差异,常用的晶体三极管的β值通常在10至100之间。β值太小放大作用差,β值太大也易使管子工作不稳定。

2)共基直流电流系数$\bar{\alpha}$、共基交流电流放大系数α

对共基极组态的电路,电流放大系数也分为直流放大系数$\bar{\alpha}$和交流放大系数α。

$$\bar{\alpha}=\frac{I_{\mathrm{C}}}{I_{\mathrm{E}}},\quad \alpha=\frac{\Delta i_{\mathrm{C}}}{\Delta i_{\mathrm{E}}} \tag{3-34}$$

由于$I_{\mathrm{E}}=I_{\mathrm{C}}+I_{\mathrm{B}}$,可以得到$\bar{\alpha}$与$\bar{\beta}$之间的关系

$$\bar{\beta}=\frac{\bar{\alpha}}{1-\bar{\alpha}}\text{或}\bar{\alpha}=\frac{\bar{\beta}}{1+\bar{\beta}} \tag{3-35}$$

相应可得到交流放大系数之间的关系

$$\beta=\frac{\alpha}{1-\alpha}\text{或}\alpha=\frac{\beta}{1+\beta} \tag{3-36}$$

2. 极间反向电流

1)集电极—基极反向饱和电流I_{CBO}

集电极—基极反向饱和电流I_{CBO}表示发射极开路,C、B间加上一定的反向电压时的反向电流,如图3-12(a)所示。在一定温度下,I_{CBO}基本上是一个常数。一般I_{CBO}很小,小功率硅管I_{CBO}小于1 μA,小功率锗管的I_{CBO}约为10 μA。由于I_{CBO}受温度影响,随着温度升高而增加,所以在温度变化范围大的工作环境下应选择硅管。

2)集电极—发射极反向饱和电流I_{CEO}

集电极—发射极间反向饱和电流I_{CEO}表示基极开路,C、E间加上一定反向电压时的集电极电流。同样,I_{CEO}随温度的增加而增大。测量电路如图3-12(b)所示。由于电流由集电区穿过基区流到发射区,所以又称为穿透电流。当将电压U_{cc}加到C、E之间,相当于发射结加上正向偏置,而集电结加上反向偏置。集电结在反向电压作用下,集电区的少数载流子空穴就要漂移到基区,数量为I_{CBO};另一方面发射结在正向电压作用下,发射区的多数载流子电子就要扩散到基区,由于基极开路,不能由基极外部电源补充电子,形成电流,集电区的空穴漂移到基区

后，只能与发射区注入基区的电子复合，由此可见由发射区注入基区的电子，为了与集电区到达基区的空穴复合而分出来的部分刚好是 I_{CBO}，其余大部分到达集电区。根据晶体三极管电流分配规律，即发射区每向基区提供一个复合用的载流子，就要向集电区供给 β 个载流子，因此到达集电极的电子数等于在基区复合数的 β 倍。于是发射极总的电流为

$$I_{CEO} = I_{CBO} + \beta I_{CBO} = (1+\beta) I_{CBO} \tag{3-37}$$

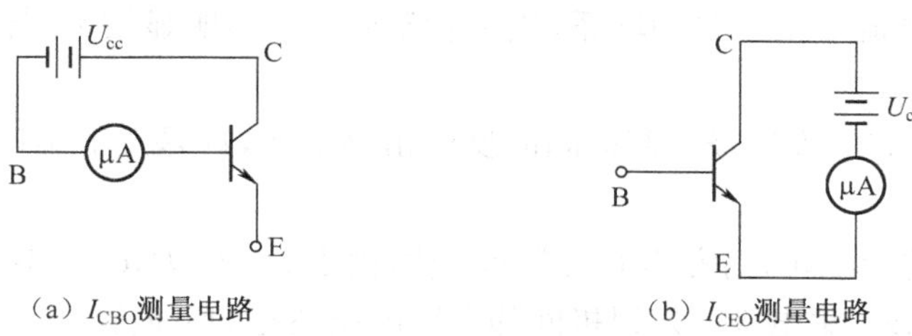

图 3-12　I_{CEO}与 I_{CBO}测量电路

I_{CEO}与 I_{CBO}都是衡量晶体三极管质量的重要参数，由于 I_{CEO}比 I_{CBO}大得多，测量起来比较容易，所以常常把测量 I_{CEO}作为判断管子质量的重要依据。小功率硅管 I_{CEO}在几微安以下，小功率锗管的 I_{CEO}则大得多，约为几十微安以上。

3. 特征频率 f_T

由于晶体管 PN 结结电容的存在，晶体管的交流电流放大系数是所加信号频率的函数。信号频率高到一定程度时，集电极电流与基极电流之比不但数值下降，而且产生相移。使 β 下降到 1 的信号频率称为特征频率 f_T。

4. 极限参数

1)集电极最大允许电流 I_{CM}

晶体三极管集电极允许的最大电流为 I_{CM}。当电流超过这个值时，管子的 β 将显著下降，甚至有烧坏管子的可能。

2)集电极最大允许功耗 P_{CM}

表示集电结上允许功率损耗的最大值。超过这个值时，管子性能变坏，甚至会烧毁。根据集电结功率的表达式：$P_{CM} = i_C u_{CE}$，可以在输出特性曲线上画出管子的允许功率损耗线，如图 3-13 所示。P_{CM}值与环境温度有关，温度愈高，则 P_{CM}值愈小。因此晶体三极管在使用时受到环境温度的限制，硅管的上限温度达 150℃，而锗管则低得多，约 70℃。

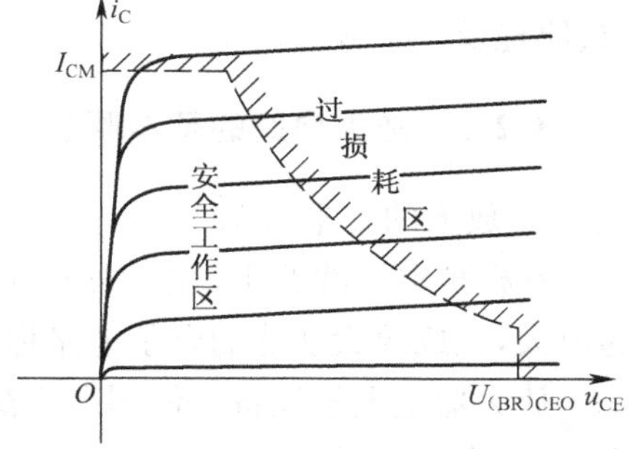

图 3-13　晶体管的极限参数

在晶体三极管中，两个结上消耗的功率分别等于通过结的电流与加在结上的电压的乘积。由于 u_{CE}中的绝大部分降在集电结上，因此加到集电极—射极间的功率主要消耗在集电结上，这个功率将导致集电结发热而使其结温升高。当结温超过最高工作温度时，管子性能下降，甚至被烧坏。P_{CM}就是在集电结最高工作温度限制下晶体三极管所能承受的最大集电极耗散功率。为保证管子安全工作，P_C 必须小于等于 P_{CM}。通常将图中三个参数限定的区域称为晶体三极管的安全工作区。实际工作时，为保证管子安全运行和不失真放大，晶体三极管的 u_{CE}和 i_C 应该限制在这个区域内。

3)极间反向击穿电压

晶体管的某一电极开路时,另外两个电极间所允许加的最高反向电压即为极间反向击穿电压,超过此值时管子会发生击穿现象。

U_{CBO}是发射极开路时集电极—基极间的反向击穿电压,这是集电结所允许加的最高反向电压。

U_{CEO}是基极开路时集电极—发射极间的反向击穿电压,此时集电结承受反向电压。这个电压的大小与穿透电流 I_{CEO} 直接相联系,当 u_{CE} 增加时,I_{CEO} 明显增大,导致集电结出现雪崩击穿。

U_{EBO}是集电极开路时发射极—基极间的反向击穿电压,这是发射结所允许加的最高反向电压。

对于不同型号的管子,U_{CBO}为几十伏至上千伏,由于 I_{CEO}较大,U_{CEO}小于U_{CBO},而U_{EBO}只有 1 V 以下至几伏。此外,集电极—发射极间的击穿电压还有如下内容。

(1)U_{CER}:B-E 间接电阻时集电极—发射极间的反向击穿电压。

(2)U_{CES}:B-E 间短路时集电极—发射极间的反向击穿电压。

(3)U_{CEX}:B-E 间接反向电压时的集电极—发射极间的反向击穿电压

上述各反向击穿电压满足如下关系式

$$U_{CBO} > U_{CES} > U_{CER} > U_{CEO}$$

在组成晶体管电路时,应根据工作条件选择管子的型号,为了防止晶体管在使用中损坏,必须使它工作在如图 3-13 所示的安全区,且 B-E 间的反向电压要小于 U_{EBO};对于功率管,还必须满足散热条件。对于工作频率较高的电路,应选用高频管或超高频管;在开关电路中,应选用开关管。

3.2 晶体三极管放大电路

放大电路在模拟电子线路中占有重要地位,除少数简单电器产品外,几乎所有电子系统均离不开放大器。早期的放大器均为分立元件构成,现多数采用集成运算放大器。但分立元件的放大器是集成放大器的基本单元,也是模拟电路的基础,因此本节将详细介绍放大电路的组成、原理及分析方法。

3.2.1 放大电路的基本概念

1. 放大的基本概念

在模拟电子线路中,往往需要将微弱的电信号增强到可以察觉或利用的程度,这种技术称为放大,完成放大功能的电子电路称为放大器。

放大器是电子设备中使用最广泛的电路之一。现实生活中,有许多时候需要将微弱的电信号进行放大,例如扩音机就是一例。送话器(话筒)的输出功率在微瓦以下,只有经过放大器进行功率放大才能带动扬声器,如图 3-14 所示。另外,我们希望扬声器发出的声音和人说话的声音在音质上是一样的。因此放大器应具有以下特点。

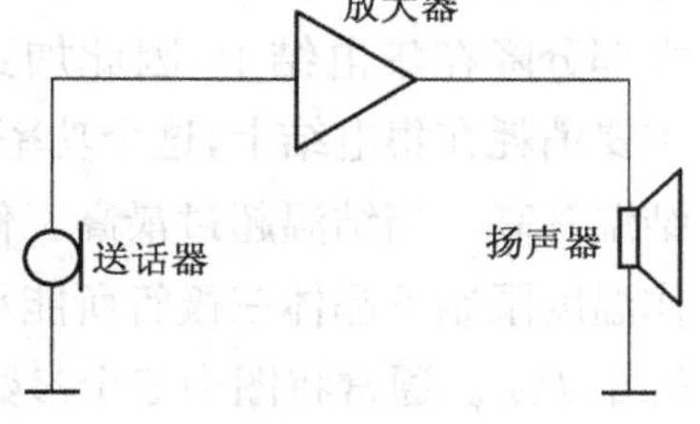

图 3-14 扩音机原理图

(1)输出功率 P_O 大于输入功率 P_i,即功率放大倍数 $A_P=P_O/P_i>1$. 应该指出,功率(能量)是不能凭空产生的,根据能量守恒定率,能量只能从一种形式转化为另一种形式,所以放大器实质上是一种能量(功率)转换器。它是以小功率的信号去控制电源的直流发出功率,将其转换为负载所需要的大的信号功率。显然,只有 $A_P>1$ 才能称其为放大器。

(2)理想放大器应该能进行不失真的放大,即输出电流、电压信号的变化规律与输入信号的变化规律相同,实际当中,需要将放大器的失真限制在工程允许的一定的范围内。

上述为一个具体的音频放大器,如果将放大器描述一般形式,如图3-15所示。由信号源、放大电路、直流电源、及负载四部分构成。

由信号源给放大器提供输入信号,输出信号驱动负载,输出信号的能量实际上是由直流电源提供的,只是经过放大器件的控制,使之转换成信号能量,提供给负载。

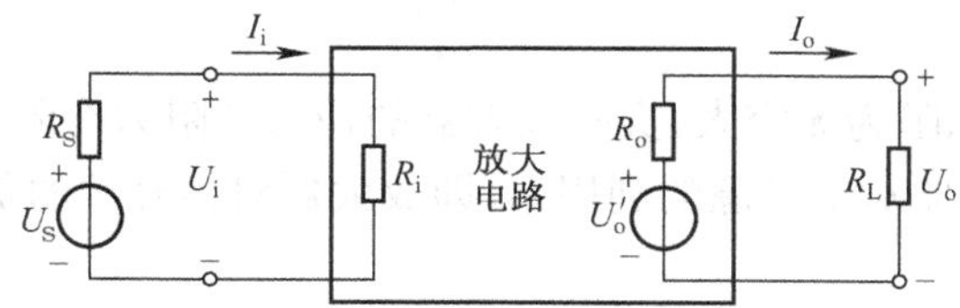

图3-15　放大电路示意图

2. 放大电路的性能指标

放大器性能的好坏必须用一些性能指标来衡量,这些指标主要是围绕放大能力和不失真等提出来的。放大器的性能指标主要包括放大特性、输入电阻、输出电阻、失真和信噪比等。实际当中,放大器往往是由多级构成的,如图3-16所示。

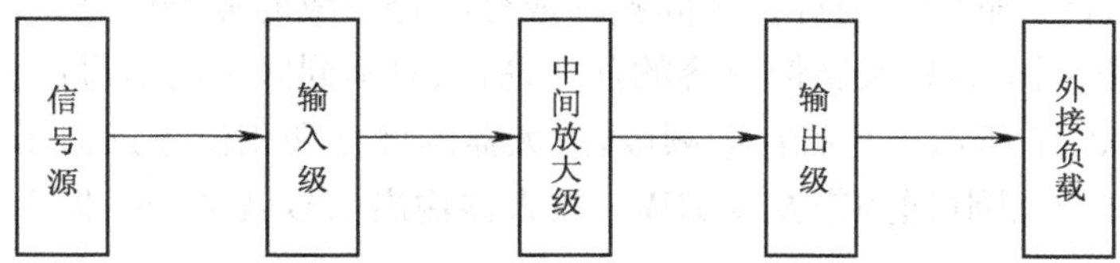

图3-16　多级放大器框图

输入级和中间级通常都是电压放大器或电流放大器;末级(也称输出级)通常都是功率放大器。放大器所处的地位不同,具体的性能指标也有所不同。

1)放大特性

如图3-15所示的电路清楚地描述了放大器的各参数的关系。放大器的基本功能是放大,反映放大器放大特性的参数称为放大倍数,但在放大倍数数值比较大时或某些特定场合下将放大倍数用dB表示,称之为增益,以下不再强调统称为增益,其表示形式有以下几种。

(1)电压增益 A_U:定义为输出电压 U_o 与输入电压 U_i 之比,即

$$A_U=\frac{U_o}{U_i} \tag{3-38}$$

(2)电流增益 A_I:定义为输出电流 I_o 与输入电流 I_i 之比,即

$$A_I=\frac{I_o}{I_i} \tag{3-39}$$

(3)功率增益 A_P:定义为输出功率 P_o 与输入功率 P_i 之比,即

$$A_P = \frac{P_o}{P_i} = \left|\frac{U_o I_o}{U_i I_i}\right| = |A_U A_I| \tag{3-40}$$

在工程上,增益的模量常用分贝(dB)表示,例如

电压增益定义为 $A_U(\text{dB}) = 20\lg|A_U|$

电流增益定义为 $A_I(\text{dB}) = 20\lg|A_I|$

功率增益定义为 $A_P(\text{dB}) = 10\lg|A_P|$

2)输入电阻 R_i

放大器从输入端看进去有一个等效电阻,这个等效电阻称为放大器的输入电阻,用 R_i 表示。有

$$R_i = \frac{U_i}{I_i}$$

理想放大器的输入电阻为无穷大;实际放大器的输入电阻为有限值。

R_i 的大小,表明放大器对信号源的利用率,即放大器对信号源的负载效应。

3)输出电阻 R_o

利用等效电源定理,放大器从输出端可等效为一个电压源和内阻相串联,即非理想电压源,这个等效内阻是从输出端看进去的放大器输出电阻,这个等效电阻称为放大器的输出电阻,用 R_o 表示。

理想电压放大器的输出电阻 R_o 为零;实际放大器的输出电阻 R_o 不为零。它的大小表明了放大器受后级电路影响的程度,是衡量放大器带负载能力大小的一个重要指标。

4)频率特性

放大器的输入信号通常是由许多不同频率成分组合而成的复杂信号。由于放大电路中电抗元件、放大器件极间电容以及杂散电容的存在,所以对不同频率的信号放大器增益的大小和相位都不同,如图 3-17 所示。只有在中频段,放大器的增益和相位才近似于固定值,基本不随频率变化。超出这个范围(通频带宽度 BW),放大器输出信号就会产生失真(频率失真和相位失真)。

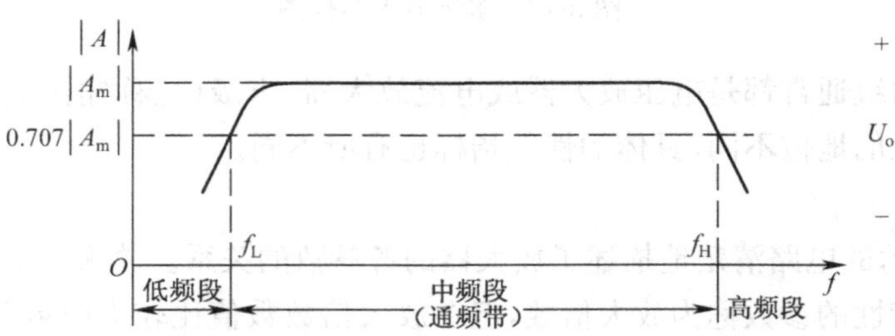

图 3-17 放大器的频率响应曲线

5)非线性失真

由晶体管非线性特性引起的波形失真,称为非线性失真。非线性失真的大小通常用谐波失真系数 D 衡量,D 的定义为

$$D = \frac{\sqrt{e_2{}^2 + \cdots + e_n{}^2}}{e_1} \tag{3-41}$$

其中，e_1 代表基波；e_2 代表二次谐波；e_n 代表 $n(n=3,4,\cdots)$ 次谐波。

显然，非线性失真的大小是放大器一个重要的质量指标。

应该指出，虽然频率失真和非线性失真都会引起输出信号波形失真，但两者具有本质的区别。频率失真仅使信号中各频率分量的相对大小发生变化，不会产生新的频率成分；而非线性失真则产生输入信号中本没有的新的频率分量。

6)效率

放大器实质上是一种能量转换装置，它在输入信号的控制下，将直流电源供给功率的一部分转换为交流功率输出，完成放大作用。能量转换的效率 η 定义为

$$\eta=\frac{P_o}{P_{dc}} \tag{3-42}$$

式中，P_o 为负载上得到的输出信号功率；P_{dc} 为直流电源供给的总功率。

3. 基本放大电路的构成原则

三极管具有放大作用，但无法单独使用，因为三极管的放大作用是有条件的，必须满足一定的条件才可以放大，因此需要将三极管及其他元器件按照一定的原则构成放大器，才能发挥三极管的放大作用。下面以单管共射放大电路为例来讲述放大电路的构成原则。

如图 3-18(a)所示为单管共射放大电路的原理图。按照双极型晶体三极管的工作原理，为了使三极管工作在放大状态，必须给发射结加正偏压，给集电结加反偏压。图中，在输入端，电源 U_{BB} 经电阻 R_B 给发射结提供正偏压；在输出端，电源 U_{CC} 经集电极电阻 R_C 向集电结提供反偏压，以便使三极管进入放大状态。电阻 R_C 的作用是将集电极电流的变化转换成集电极电压的变化，以使电路具有电压放大功能。

图 3-18(a)电路采用两组电源供电。当采用单电源供电时，常见的放大电路如图 3-18(b)所示，图中三级管发射结的正向偏压也由 U_{CC} 提供；由于 $U_{CC}>U_{BB}$，所以基极回路可增加 R_B 的阻值，以便调节基极偏流 I_B；U_S 为输入信号源电压，代表被放大信号，R_S 为信号源内阻；R_L 代表放大器的外接负载；C_1、C_2 称为耦合电容，它的作用是为了防止放大器的直流电流串入信号源和负载，而使交流信号顺利通过。由于输入信号 U_i 加在三极管的 B-E 端，输出信号 U_o 取自三极管的 C-E 端，发射极 E 成为输入、输出信号的公共端，所以这种电路称为共发射极放大电路，简称为 CE 放大电路。

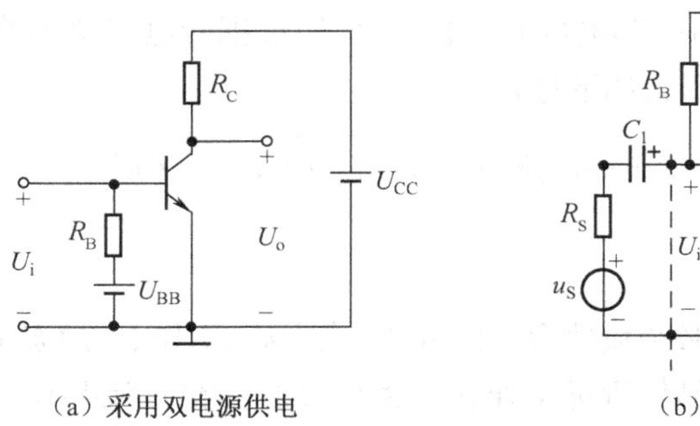

(a) 采用双电源供电

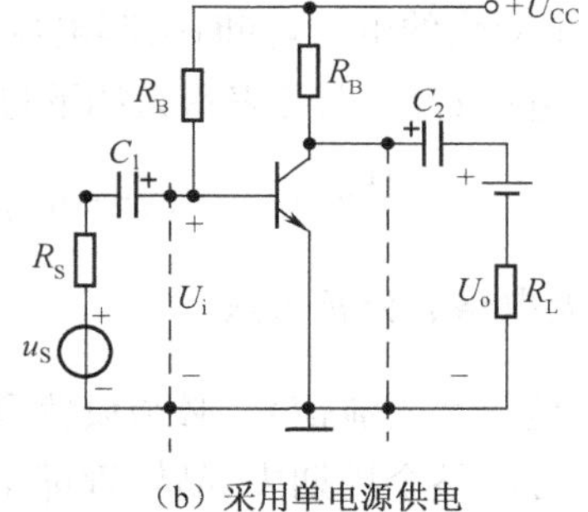

(b) 采用单电源供电

图 3-18　共射放大电路

通过以上分析，可以概括出组成放大电路的原则。

(1)有直流通路,且必须保证合适的直流偏置。对双极型晶体管放大器而言,即保证发射结正偏,集电结反偏,使三级管工作在放大区,以实现放大功能;对场效应管而言,直流偏置应使场效应管工作在恒流区,以实现放大功能。

(2)有交流通路,即待放大信号能有效地加到有源放大器件的输入端,放大后的信号能从电路中顺利取出。

(3)三级管正向运用,即只能将三级管的 B、E 作为放大电路的输入端,否则无放大功能。

【例 3-1】 判断图 3-19 所示电路是否具有电压放大作用。

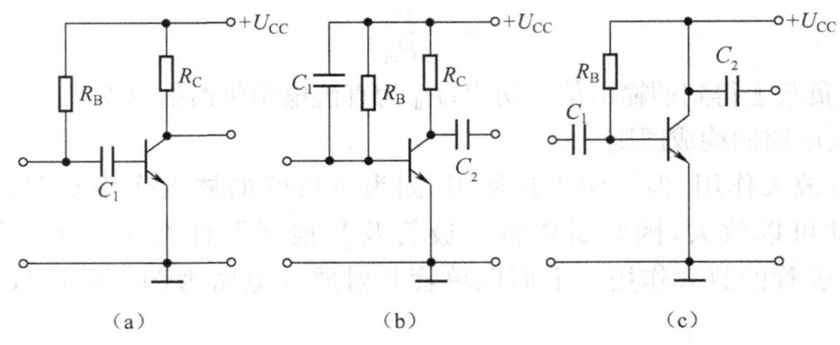

图 3-19 【例 3-1】电路

解:判断分两个步骤进行:首先将电容开路,看直流电路是否合理;第二将电容和直流电源短路,看交流信号通路是否合理。

图(a)由于 C_1 的隔直作用,发射结的正向偏置无法加入,故无放大作用。

图(b)由于 C_1 的旁路作用,输入交流信号无法加入,故无放大作用。

图(c)由于不存在 R_C,只有信号电流,而无信号电压输出,即输出信号电压无法取出,所以虽有电流放大作用,但无电压放大作用。

4. 三极管放大电路的放大原理

如图 3-18(b)所示的基本放大电路原理图,输入信号通过耦合电容加在三极管的发射结,于是有下列过程完成放大:输入信号 U_i 加在三极管的发射结原有的直流电压之上,使发射结上的电压 U_{BE}发生变化,以此产生变化的电流 i_B,由三极管的放大作用产生变化的 i_C,流过集电极电阻 R_C 产生变化的电压,同时引起电压 U_{CE}的变化,经过耦合电容滤掉直流部分产生输出的变化较大的电压 U_o。也可表示为如下过程

$$U_i \xrightarrow{c_1} U_{BE} \rightarrow i_B \rightarrow i_C(\beta i_B) \rightarrow i_C R_C \rightarrow U_{CE} \xrightarrow{c_2} U_o$$

3.2.2 放大电路的分析方法

为了不失真地放大交流信号,必须设置合适的静态(或直流)工作点,静态工作点的位置必须保证在交流信号的整个周期内,晶体管都工作在放大区,因此,交直流共存。交流信号叠加在直流工作点之上是放大电路的一个重要特点。分析计算时,通常是将直流(静态)和交流(动态)分开处理。因此,放大电路的分析应包含两个方面:一是静态分析(或直流分析),目的是求出静态工作点;二是动态分析(或交流分析),目的是计算放大电路的性能指标或分析电压、电

流波形。

1. 静态分析

放大器的静态是指交流输入信号 $u_i=0$ 时的直流工作状态。静态分析就是对这种状态进行分析，最终求出静态工作点，即晶体管的 I_{BQ}、I_{CQ}、U_{BEQ} 及 U_{CEQ}。

静态分析主要有两种方法：一是图解法，二是解析法。

1)图解分析法

图解分析法是利用三极管的伏安特性曲线及外部特性用作图的方法对放大电路进行分析。下面以图 3-18(b)所示共射放大电路为例，来介绍图解法的分析步骤。

(1)画出放大电路的直流通路

画直流通路的原则是：将电路中的电容视为开路。图 3-18(b) CE 放大电路的直流通路如图 3-20 所示。

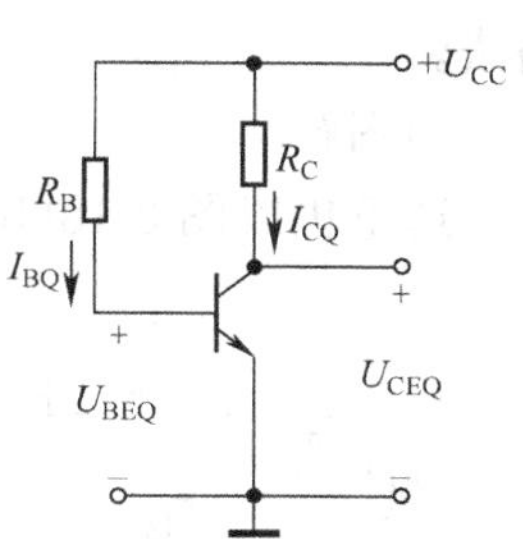

图 3-20 直流通路

(2)在输入特性曲线上做输入回路直流负载线，求出 I_{BQ}、U_{BEQ}

由图 3-20 可写出输入回路方程

$$I_B R_B + U_{BE} = U_{CC} \tag{3-43}$$

将此直线方程做于 $i_B \sim u_{BE}$ 坐标上，如图 3-21(a)所示。它与输入特性曲线的交点就是静态工作点 Q，这是因为该点同时满足三极管内、外 $i_B \sim u_{BE}$ 的关系。Q 点对应的坐标就是所求 I_{BQ} 和 U_{BEQ}。

(3)在输出特性曲线上做输出回路直流负载线，求出 I_{CQ}、U_{CEQ}

由图 3-20 可写出输出回路方程

$$U_{CE} = U_{CC} - I_C R_C \tag{3-44}$$

将此直线方程做于 $i_C \sim u_{CE}$ 坐标上，如图 3-21(b)所示。它与输出特性曲线簇中对应 $i_B = I_{BQ}$ 那一条曲线的交点就是静态工作点 Q，Q 点对应的坐标就是所求 I_{CQ} 和 U_{CEQ}。

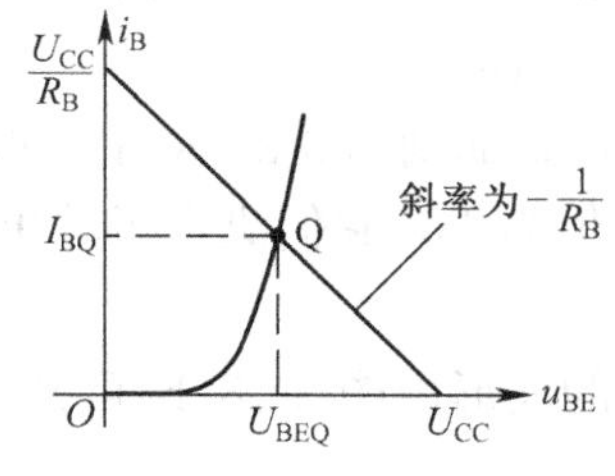

(a) 在输入特性曲线上定出工作点

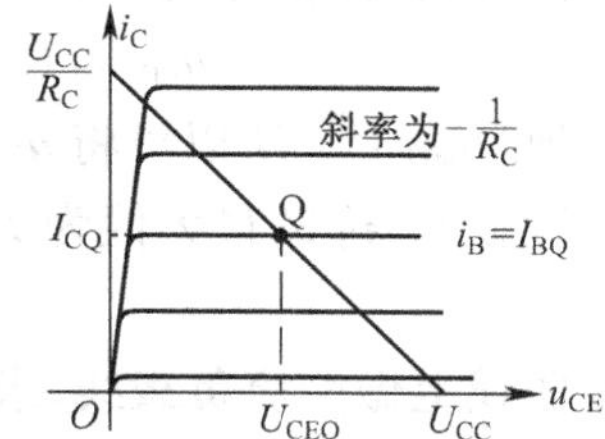

(b) 在输出特性曲线上定出工作点

图 3-21 图解法求工作点

2)解析法

解析法的步骤如下。

(1)画出直流通路(见图 3-20)。

(2)根据直流通路，解析出放大电路的静态工作点。

对图 3-20 直流通路来说，I_{BQ}、U_{BEQ} 应满足

$$I_{BQ} = \frac{U_{CC} - U_{BEQ}}{R_B} \tag{3-45}$$

通常,硅三极管的$U_{BEQ}\approx 0.6\sim 0.8$ V,常取0.7 V;锗三极管的$U_{BEQ}\approx 0.1\sim 0.3$ V,常取0.2 V。求出I_{BQ}后,就可计算出I_{CQ}和U_{CEQ}。

$$I_{CQ}=\bar{\beta}I_{BQ} \tag{3-46}$$

$$U_{CEQ}=U_{CC}-I_{CQ}R_C \tag{3-47}$$

2. 动态分析

放大器的动态是指输入信号$u_i\neq 0$时的交流工作状态。动态分析就是分析放大电路在交流信号作用下的动态特性。动态分析要基于放大电路的交流通路来分析,主要方法有图解法、等效电路法以及计算机辅助分析法(简称CAA)。前两种方法适合分析较简单的放大电路,最后一种方法则适合于分析复杂电路及集成电路。这里主要介绍图解法和等效电路法。

1)图解法

这里仍以图3-18(b)所示共射放大电路为例,来介绍图解法的分析步骤。

(1)画出放大电路的交流通路

为了分析放大电路各交流量之间的关系,通常首先画出放大电路的交流通路。画交流通路的原则如下。

①由于直流电压源的交流电阻很小(通常小于几欧),所以直流电压源可近似视为交流短路。

②电路中的耦合电容和旁路电容,因容量很大,对交流信号的容抗很小,所以,上述电容可近似视为交流短路。

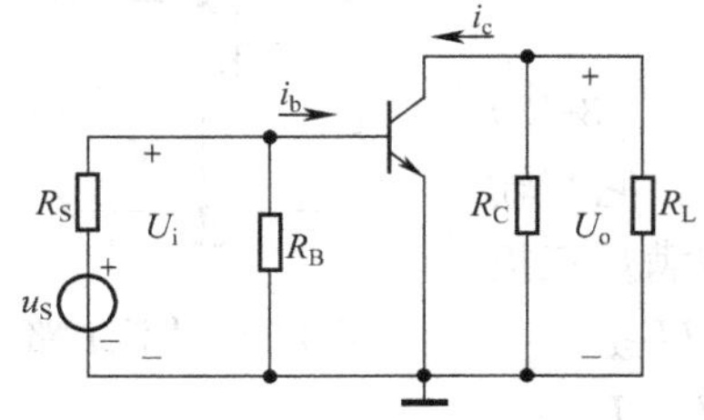

图3-22　共射放大电路的交流通路

按上述原则,可画出图3-18(b)CE放大电路的交流通路,如图3-22所示。

(2)根据输入信号求i_B的波形

设输入到放大电路的交流信号电压$U_i=U_{im}\sin\omega t$,由图3-18(b)可知

$$u_{BE}=U_{BEQ}+U_{im}\sin\omega t \tag{3-48}$$

即U_i电压叠加到U_{BEQ}上。所以可将u_i波形直接叠加到图3-21(a)上,并可由此画出i_B、i_b的波形,如图3-23(a)所示。i_B的最大值为I_{B1},最小值为I_{B2},它们决定了输出特性曲线上的工作范围。

(3)在输出特性曲线上做交流负载线,求i_C、u_{CE}的波形由图3-18(b)可知

$$u_{CE}=U_{CEQ}+u_{ce} \tag{3-49}$$

而

$$u_{ce}=-i_c(R_C\,/\!/\,R_L)=-(i_C-I_{CQ})R'_L \tag{3-50}$$

式中,$R'_L=R_C/\!/R_L$,有

$$u_{CE}=U_{CEQ}-(i_C-I_{CQ})R'_L \tag{3-51}$$

式(3-51)就是输出回路的交流负载线方程。由式(3-51)可以看到交流负载线通过静态工作点Q,其斜率$\mathrm{d}i_C/\mathrm{d}u_{CE}=-1/R'_L$。所以可以用过Q点做一条斜率为$-1/R'_L$的直线的方法,画出交流负载线,如图3-23(b)所示。

由图3-23(b),我们还可得到做交流负载线的一种简单方法。就是通过Q点做一斜线,使其在横轴上的截距等于电压降$I_{CQ}R'_L$,此斜线即为交流负载线,这是因为$\mathrm{d}i_C/\mathrm{d}u_{CE}=-1/R'_L=-I_{CQ}/I_{CQ}R'_L$。

基极电流在 $I_{B1} \sim I_{B2}$ 之间变化，它们同交流负载线一起决定 i_C 和 u_{CE} 的变化范围，由此可对应画出 i_C 和 u_{CE} 的波形。

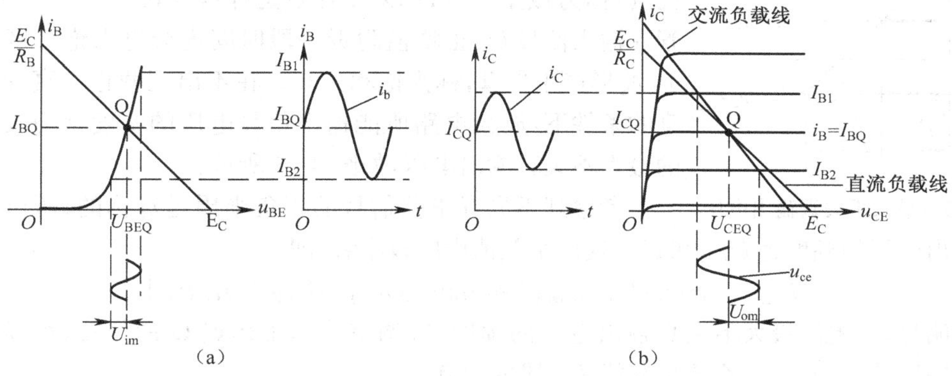

图 3-23　CE 放大电路动态图解法

当输入信号 U_i 为正弦波时，i_B、u_{BE}、i_C、u_{CE} 和 U_i 的对应关系如图 3-24 所示。

图 3-24 中，直流分量以大写字母和大写下标表示，如 I_{BQ}、I_{CQ} 等；交流分量以小写字母和小写下标表示，如 U_i，i_b 等；交流与直流叠加量以小写字母和大写下标表示，如 u_{BE}、u_{CE} 等。这些电流和电压的关系为

$$u_{BE} = U_{BEQ} + u_i$$

$$i_B = I_{BQ} + i_b \quad i_C = I_{CQ} + i_c = I_{CQ} + \beta i_b$$

$$u_{CE} = U_{CEQ} + u_{ce} = U_{CEQ} - i_c(R_L \mathbin{/\!/} R_C)$$

由上述可见如下内容。

(1)放大器中，三极管各极的电流和电压都是由静态直流分量与交流分量叠加而成的。

(2)为了无失真地放大交流信号，必须提供直流工作点，且直流分量的值必须大于相应交流分量的幅值。

(3)随着输入信号 U_i 的增加，集电极交流电流 i_c 也增加，然而，集电极电压 u_{CE} 将下降。输出电压 $U_o = -i_c(R_L \mathbin{/\!/} R_C)$，即共射放大电路的输出电压 U_o 与输入电压 U_i 的相位相反。

由图 3-23 中的 U_{om} 和 U_{im}，可求出 CE 放大电路的电压增益 $A_U = U_{om}/U_{im}$。

(4)最大不失真输出电压 U_{omax}

通过上述图解法分析可知，为使晶体管不进入饱和区和截止区，静态工作点的选择应满足如下条件

$$\left.\begin{aligned} I_{CQ} &> I_{cm} + I_{CEO} \\ U_{CEQ} &> U_{om} + U_{CES} \end{aligned}\right\} \tag{3-52}$$

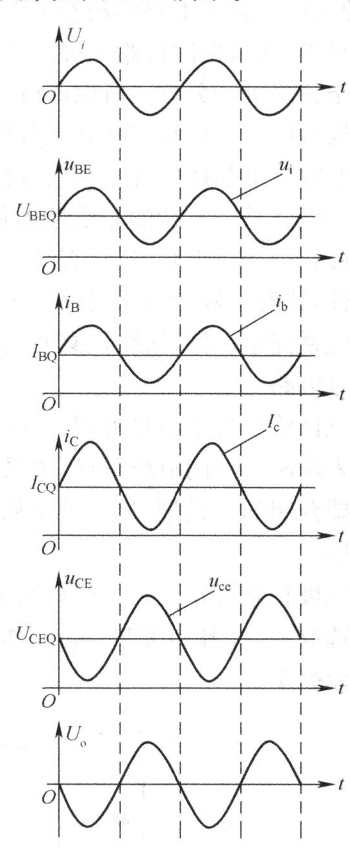

图 3-24　共射放大电路的工作波形

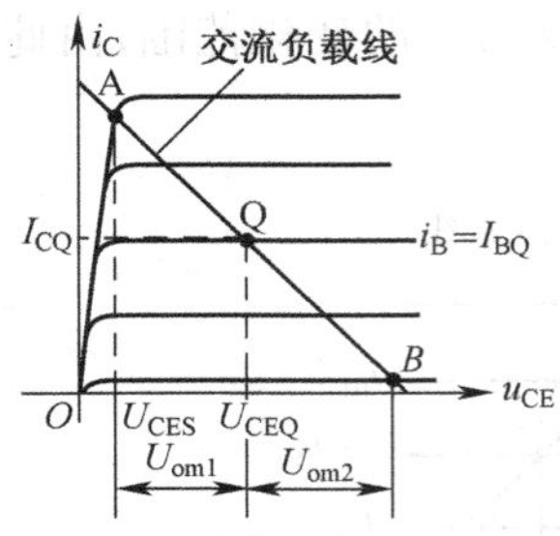

图 3-25 最大不失真输出电压

如果工作点选择偏低,U_{BEQ}、I_{BQ}较小,晶体管在输入信号 U_i 负峰值附近一段时间内会进入截止区,使 i_B、i_C 及 u_{CE}波形产生失真,称为截止失真;如果工作点选择偏高,U_{BEQ}、I_{BQ}较大,晶体管在输入信号 U_i 正峰值附近一段时间内会进入饱和区,使 i_C、u_{CE}波形产生失真,称为饱和失真。在不出现截止失真和饱和失真的条件下,放大电路所能输出信号电压的幅度称为放大电路的最大不失真输出电压,如图 3-25 所示。

考虑到不失真正弦信号的正负半周是对称的,所以最大不失真输出电压的幅度为 U_{om1} 和 U_{om2} 这两个数值中的较小者,即

$$U_{omax}=\min[U_{om1},U_{om2}]\approx\min[(U_{CEQ}-U_{CES}),I_{CQ}R'_L] \tag{3-53}$$

很明显,要提高最大不失真输出电压的幅度,应调整静态工作点 Q 的位置(可通过调整 I_{BQ}来实现),使 Q 点位于交流负载线 AB 段的中点。

用图解法分析,可以较直观地显示出在输入信号的作用下,放大电路各点电压、电流波形的大小和相位关系,可以确定放大电路的增益、非线性失真、最大不失真输出电压和功耗等指标,使人们对放大电路的动态工作情况有一个较全面的了解。但图解法存在一定的局限性,一是信号很小时,做图很难准确;二是它不能分析放大电路的频率特性;三是当电路复杂时,图解法甚至无法进行分析。所以图解法主要用来分析信号非线性失真和大信号工作状态。对于工作在线性区的小信号工作状态分析,一般采用等效电路法。

2)双极型晶体管交流小信号模型

三极管是一复杂的非线性器件,它的非线性模型(EM 模型)在本章第一节中已经介绍。当三极管处于放大状态,在直流工作点上叠加交流小信号时,晶体管对交流小信号具有线性传输特性,这时三极管可用线性有源网络来等效,此网络的端电压、电流关系与三极管的端电压、电流关系完全一样,该线性有源网络就是三极管的交流小信号模型,通常也称为三极管的交流小信号电路。

三极管交流小信号模型,可以从两种途径得到。一种是将晶体管看成一个二端口网络,根据输入输出端口的电压、电流关系求出相应的网络参数,从而得到它的网络参数模型,例如下面将要介绍的 h 模型;另一种是从晶体管的物理结构和数学模型出发得到它的模型,例如混合 π 模型。

三极管可看作一个二端口网络,如图 3-26 所示。从二端口网络外部观测,共有 4 个变量,如果选取 i_1、u_2 作自变量,u_1、i_2 作因变量,则可用式(3-54)两个方程表示该网络端口间的电压和电流关系

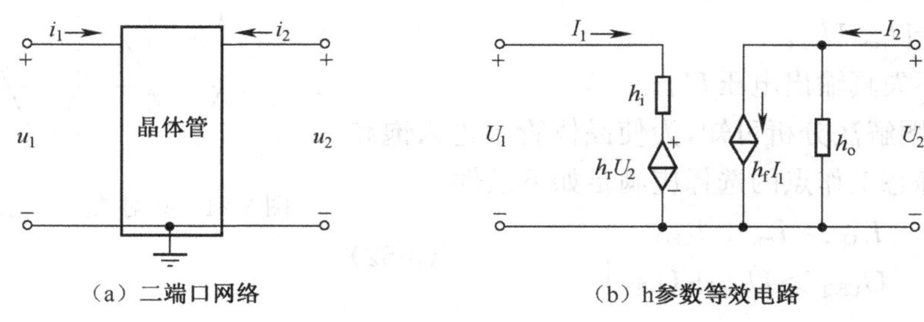

(a) 二端口网络　　(b) h参数等效电路

图 3-26 晶体管的 h 参数等效电路

$$\begin{cases}u_1 = f(i_1, u_2) \\ i_2 = g(i_1, u_2)\end{cases} \tag{3-54}$$

对上式取全微分，得

$$\begin{cases}\mathrm{d}u_1 = \dfrac{\partial u_1}{\partial i_1}\mathrm{d}i_1 + \dfrac{\partial u_1}{\partial u_2}\mathrm{d}u_2 \\ \mathrm{d}i_2 = \dfrac{\partial i_2}{\partial i_1}\mathrm{d}i_1 + \dfrac{\partial i_2}{\partial u_2}\mathrm{d}u_2\end{cases} \tag{3-55}$$

定义

$$h_i = \frac{\partial u_1}{\partial i_1} = \left.\frac{\mathrm{d}u_1}{\mathrm{d}i_1}\right|_{\mathrm{d}u_2=0} \quad \text{（单位为 Ω）}$$

$$h_r = \frac{\partial u_1}{\partial u_2} = \left.\frac{\mathrm{d}u_1}{\mathrm{d}u_2}\right|_{\mathrm{d}i_1=0} \quad \text{（无量纲）}$$

$$h_f = \frac{\partial i_2}{\partial i_1} = \left.\frac{\mathrm{d}i_2}{\mathrm{d}i_1}\right|_{\mathrm{d}u_2=0} \quad \text{（无量纲）}$$

$$h_o = \frac{\partial i_2}{\partial u_2} = \left.\frac{\mathrm{d}i_2}{\mathrm{d}u_2}\right|_{\mathrm{d}i_1=0} \quad \text{（单位为 S）}$$

h_{i} 称为输出端交流短路时网络的输入电阻；h_{r} 称为输入端交流开路时网络的反向电压传输系数；h_{f} 称为输出端交流短路时网络的正向电流传输系数；h_{o} 称为输入端交流开路时网络的输出电导。

对正弦交流信号输入，式(3-55)可写成

$$\begin{cases}u_1 = h_{\mathrm{i}} i_1 + h_{\mathrm{r}} u_2 \\ i_2 = h_{\mathrm{f}} i_1 + h_{\mathrm{o}} u_2\end{cases} \tag{3-56}$$

或写成

$$\begin{cases}U_1 = h_{\mathrm{i}} I_1 + h_{\mathrm{r}} U_2 \\ I_2 = h_{\mathrm{f}} I_1 + h_{\mathrm{o}} U_2\end{cases} \tag{3-57}$$

根据式(3-57)，可画出与图 3-26(a)相对应的 h 参数等效电路(模型)如图 3-26(b)所示。

图 3-26 中，输入输出端电压和电流的极性都是按规定方向标出的，电流以流入管子为正方向；电压都规定以公共端为地端。

h_{i}、h_{r}、h_{f}、h_{o} 称为 h 参数，又称混合(hybrid)参数，对晶体管的不同接法(也称组态)都适用。对共射组态，h 参数加下标 e，即 h_{ie}、h_{re}、h_{fe}、h_{oe}，对应的网络如图 3-27(a)所示；对共基组态，h 参数加下标 b，即 h_{ib}、h_{rb}、h_{fb}、h_{ob}，对应的网络如图 3-27(b)所示。

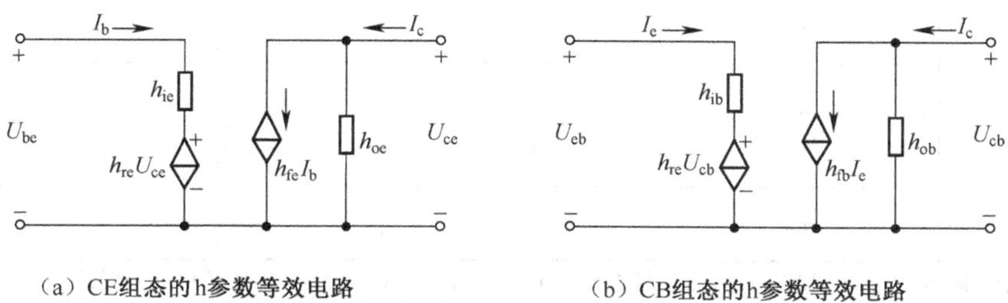

图 3-27　不同组态的 h 参数等效电路

实际上，由于 h_{r} 很小(一般为 10^{-4} 量级)，通常可忽略不计，而 h_{o} 在许多情况(如 $1/h_{\mathrm{o}} \gg R_{\mathrm{L}}'$)下也可忽略，所造成的误差在工程上往往是允许的。因此，使用简化等效电路，可使计算大大

简化。简化的 h 参数等效电路如图 3-28 所示。

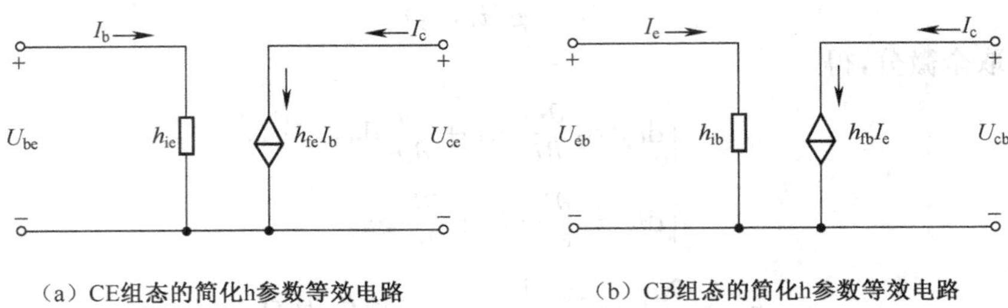

(a) CE组态的简化h参数等效电路　　(b) CB组态的简化h参数等效电路

图 3-28　简化的 h 参数等效电路

由于低频 h 参数容易测量,而且能直接从三极管的输入、输出特性曲线上作图求出,因而三极管手册上通常提供 h 参数值,h 参数等效电路是分析低频小信号放大电路最常用的电路模型。

三极管工作在三种不同的组态,是同一事物的不同表现形式,因此三种组态的 h 参数之间是相互联系、可以互相转换的。它们之间的转换关系见表 3-1。

表 3-1　《h_e》、《h_b》、《h_c》之间的换算关系

连接方式(组态)	《h》参数	用《h_e》表示	用《h_b》表示	用《h_c》表示
共射	h_{ie}	1.4 kΩ	$\frac{h_{ib}}{1+h_{fb}}$	h_{ic}
	h_{re}	3.37×10^{-4}	$\frac{h_{ib}-h_{ob}}{1+h_{fb}}-h_{rb}$	$1-h_{rc}$
	h_{fe}	44	$\frac{-h_{fb}}{1+h_{fb}}$	$-(1-h_{ic})$
	h_{oe}	27×10^{-6} S	$\frac{h_{ob}}{1+h_{fb}}$	h_{oc}
共基	h_{ib}	$\frac{h_{ie}}{1+h_{fe}}$	31 Ω	$\frac{-h_{ic}}{h_{fc}}$
	h_{rb}	$\frac{h_{ie}h_{oe}}{1+h_{fe}}-h_{re}$	5×10^{-4}	$h_{rc}-1-\frac{h_{ic}h_{oc}}{1+h_{fc}}$
	h_{fb}	$\frac{-h_{fe}}{1+h_{fe}}$	−0.978	$-\frac{1+h_{fc}}{h_{fc}}$
	h_{ob}	$\frac{h_{oe}}{1+h_{fe}}$	0.6×10^{-6} S	$\frac{-h_{oc}}{h_{fc}}$
共集	h_{ic}	h_{ie}	$\frac{h_{ib}}{1+h_{fb}}$	1.4 kΩ
	h_{rc}	$1-h_{re}$	1	1
	h_{fc}	$-(1+h_{fe})$	$\frac{-1}{1+h_{fb}}$	−45
	h_{oc}	h_{oe}	$\frac{h_{ob}}{1+h_{fb}}$	27×10^{-8} S

注:1. 表中实际数值是以 3AX21 晶体三极管在 $I_C=1$ mA,$U_{ce}=-6$ V,$f=1$ kHz 条件下测得的。
2. h参数换算公式推导参见[美]米尔曼,C·C霍凯斯著《集成电子学:模拟和数字电路及系统》人民教育出版社,1981。

其中,共射简化 h 参数等效电路的 h_{ie} 和 h_{fe} 可通过实测得到,h_{ie} 也可以进行估算,估算方法如下。

三极管的输入回路可用图 3-27(a)所示简化物理模型来表示。图中，$r_{BB'}$ 为基区体电阻；r_e 为发射结正向电阻；r_c 为集电结反向电阻。在室温下，r_e 可以估算为

$$r_e \approx \frac{26\ \text{mV}}{I_{EQ}\ \text{mA}}$$

根据输入电阻的定义

$$R_i = \frac{u_{be}}{i_b} = \frac{i_b r_{bb'} + (1+\beta) i_b r_e}{i_b} = r_{bb'} + (1+\beta) r_e \tag{3-58}$$

将式(3-58)用 h 参数表示，即得到

$$h_{ie} = r_{bb'} + r_{b'e} = r_{bb'} + (1+h_{fe}) r_e = r_{bb'} + (1+h_{fe}) \frac{26}{I_{EQ}} \tag{3-59}$$

式中

$$r_{b'e} = (1+h_{fe}) r_e = (1+h_{fe}) \frac{26}{I_{EQ}} = \frac{26}{I_{BQ}} \tag{3-60}$$

$r_{BB'}$ 对于不同类型的晶体管相差很大，一般低频小功率管的 $r_{BB'}$ 在数百欧(典型值 300 Ω)，而高频小功率管的 $r_{BB'}$ 在几欧至几十欧之间。

3)等效电路分析法

等效电路分析法的基本思路是将三极管用合适的模型(即等效电路)代替，与其他元件一起组成线性电路，用解电路的方法进行分析计算。三极管的模型有多种形式，它们的复杂程度和精度不尽相同，可根据不同的要求和场合选取不同的模型。对低频小信号放大器，通常采用 h 参数等效电路分析法。

下面仍以图 3-18(b)所示共射放大电路为例，来介绍等效电路法的分析步骤。

(1)画出放大电路的交流等效电路

为了方便，将图 3-23 所示共射放大电路的交流通路重画在图 3-29(a)，将图 3-29(a)中的三极管用简化的 h 模型来代替，就得到交流等效电路(h 参数等效电路)，如图 3-29(b)所示。

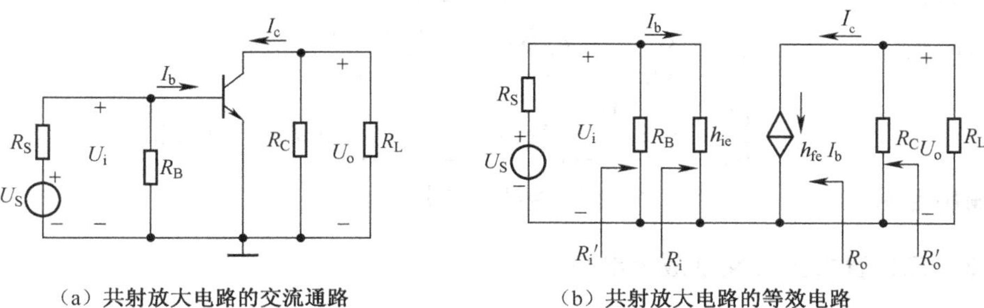

图 3-29　共射放大电路的等效电路分析

(2)确定三极管的动态参数值

如果参数已知，可直接代入，如果参数未知，需先求出静态工作点，然后求出三极管在静态工作点附近的动态参数值。简化 h 模型的动态参数值由下式决定

$$\left.\begin{aligned} h_{ie} &= r_{bb'} + r_{b'e} = r_{bb'} + (1+h_{fe}) \frac{26\ \text{mV}}{I_{EQ}\ \text{mA}} = r_{bb'} + \frac{26\ \text{mV}}{I_{BQ}\ \text{mA}} \\ h_{fe} &= \beta \end{aligned}\right\} \tag{3-61}$$

(3)由等效电路求出放大电路的输入电阻和增益

①输入电阻
$$R_i = h_{ie}$$
$$R'_i = h_{ie} // R_B \tag{3-62}$$

②电压增益
$$A_U = \frac{U_o}{U_i} = -\frac{h_{fe}R'_L}{h_{ie}} \tag{3-63}$$

③电流增益
$$A_I = \frac{I_c}{I_b} = h_{fe} \tag{3-64}$$

(4)根据求输出电阻的方法,画出相应的等效电路,求出输出电阻。

输出电阻
$$R_o = \frac{1}{h_{oe}}$$
$$R'_o = \frac{1}{h_{oe}} // R_c \approx R_c \tag{3-65}$$

【例 3-2】 图 3-18(b)所示电路由硅管组成,已知$U_{CC}=6\ V$,$R_C=R_L=4\ k\Omega$,$R_B=540\ k\Omega$,$R_S=100\ \Omega$,$\beta\approx h_{fe}=100$,$r_{bb'}=200\ \Omega$,求放大器的A_U、A_{US}、A_I、R'_i、R'_o。

解:(1)交流等效电路如图 3-29(b)所示。

(2)为了计算h_{ie},先求直流工作电流:
$$I_{BQ} = \frac{(U_{CC}-U_{BEQ})}{R_B} = (6-0.6)/540 = 10\ \mu A$$
$$h_{ie} = r_{bb'} + \frac{26\ mV}{I_{BQ}\ mA} = 200 + 26\times 10^{-3}/10\times 10^{-6} \approx 2.8\ k\Omega$$

(3)输入电阻:
$$R_i = h_{ie} = 2.8\ k\Omega$$
$$R'_i = R_B // h_{ie} = 540 // 2.8 \approx 2.8\ k\Omega$$

电流增益:
$$A_I = h_{fe} = 100$$

电压增益:
$$A_U = \frac{U_o}{U_i} = -\frac{h_{fe}R'_L}{h_{ie}} = -\frac{100\times 2}{2.8} = -71$$
$$A_{US} = \frac{U_o}{U_S} = -\frac{R'_i}{R'_i+R_S}A_U = -\frac{2.8}{2.8+0.1}\times 71 = -68.5$$

(4)输出电阻:
$$R'_o \approx R_C = 4\ k\Omega$$

3.2.3 三极管共集及共基放大电路

以上是以共射放大电路为例来讲述放大电路的分析方法,由于放大电路有三种组态,下面介绍共集和共基组态的放大电路的分析方法。

1. 共集放大电路

共集放大电路的原理电路和交流通路分别如图 3-30(a)、(b)所示。信号从基极输入,从发射极输出,输入回路与输出回路以集电极为公共端,故称为共集放大电路,简称 CC 放大电路。由于输出电压从发射极输出,所以又称为射极输出器。

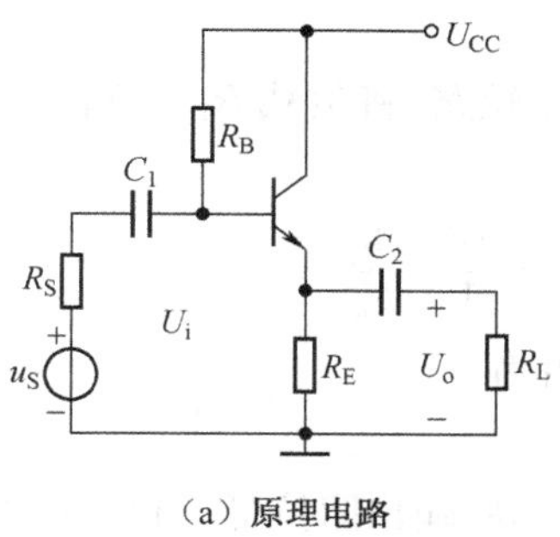

（a）原理电路

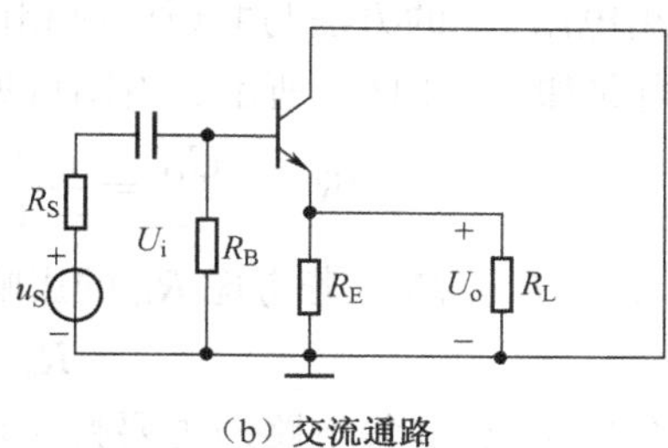

（b）交流通路

图 3-30　共集放大电路

共集放大电路的交流等效电路如图 3-31(a)所示。由等效电路可分析共集放大电路的主要中频特性。

(1)电压增益 A_U

由图 3-31(a)交流等效电路可得共集放大电路的交流等效电路(h 参数等效电路)。

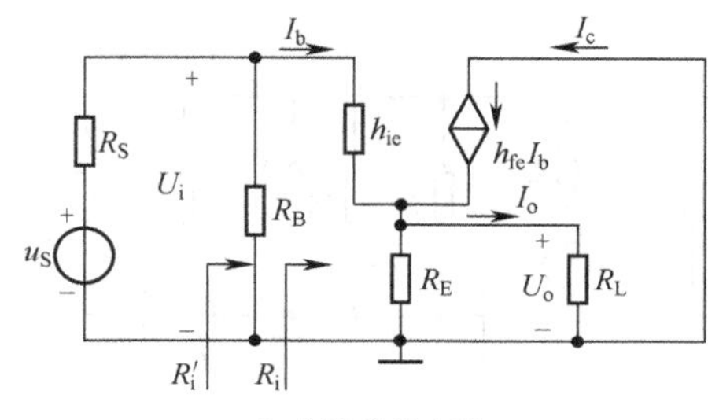

（a）交流等效电路

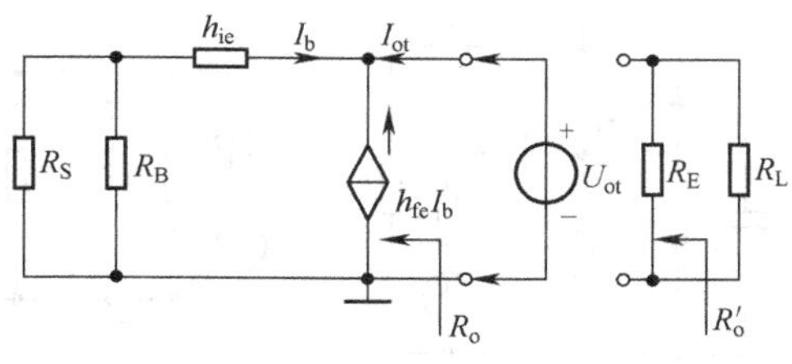

（b）求输出阻抗的等效电路

图 3-31　共集放大电路中频特性分析

$$U_o = (1+h_{fe})I_bR_L'$$
$$U_i = I_bh_{ie}+(1+h_{fe})I_bR_L'$$

所以

$$A_U = \frac{U_o}{U_i} = \frac{(1+h_{fe})R_L'}{h_{ie}+(1+h_{fe})R_L'} \tag{3-66}$$

上式中,通常$(1+h_{fe})R_L' \gg h_{ie}$,所以共集放大电路的电压增益小于但接近于 1,即 $U_o \approx U_i$,故共集电路又称射极跟随器。又因为 A_U 为正值,所以 U_o 与 U_i 同相位。

(2)增益 A_I

$$A_I = \frac{I_e}{I_b} = 1+h_{fe} \tag{3-67}$$

(3)输入电阻 R_i

$$R_i = \frac{U_i}{I_b} = \frac{h_{ie}I_b+(1+h_{fe})I_bR_L'}{I_b} = h_{ie}+(1+h_{fe})R_L' \tag{3-68}$$

显见,与共射电路相比,共集电路具有很高的输入电阻。若考虑 R_B 的影响,输入电阻为

$$R_i' = R_B \mathbin{/\!/} R_i \tag{3-69}$$

(4)输出电阻 R_o。

计算输出电阻 R_o 的方法与共射电路相同。即将 U_s 短路,将负载 R_L 开路,外加激励信号 U_{ot},其等效电路如图 3-31(b)所示。由图可见

$$R_o = \frac{U_{ot}}{I_{ot}} = \frac{-I_b(R'_S + h_{ie})}{-(I_b + h_{fe}I_b)} = \frac{R'_S + h_{ie}}{1 + h_{fe}} \tag{3-70}$$

上式中,$R'_s = R_s /\!/ R_B$。若考虑 R_E 的影响,输出电阻为

$$R'_o = R_o /\!/ R_E \tag{3-71}$$

由以上分析可见,共集电路的主要特点是:输入阻抗高,输出阻抗低,有很强的电流驱动能力,电压增益近似等于1,电流增益大。

2. 共基放大电路

共基放大电路的原理电路、交流通路和交流等效电路分别如图 3-32(a)、(b)、(c)所示。信号从发射极输入,从集电极输出,输入回路与输出回路以基极为公共端,故称为共基放大电路,简称 CB 放大电路。

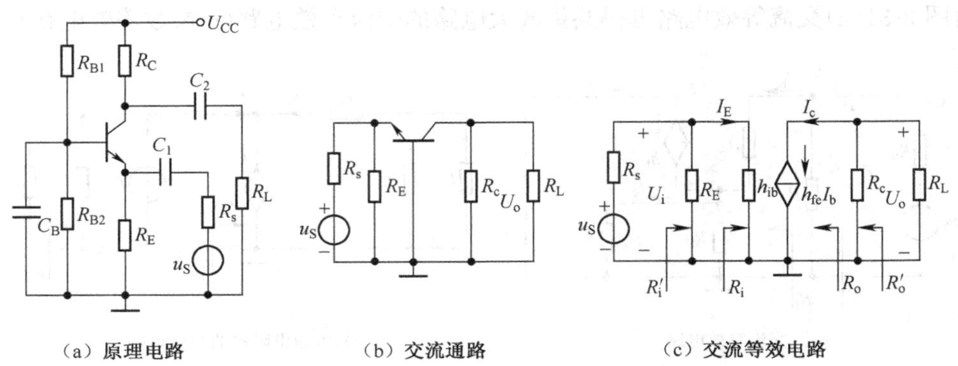

(a) 原理电路　　(b) 交流通路　　(c) 交流等效电路

图 3-32　共基放大电路

由共基放大电路的交流等效电路图 3-32(c),可以推导出 A_U、A_I、R_i、R_o 的关系式。

1)电压增益 A_U

$$A_U = \frac{U_o}{U_i} = \frac{-h_{fb}I_eR'_L}{I_bh_{ib}} = \frac{-h_{fb}R'_L}{h_{ib}} \tag{3-72}$$

由表 3-1 可查得共基与共射 h 参数的转换关系为

$$h_{ib} = \frac{h_{ie}}{1 + h_{fe}} \tag{3-73}$$

$$h_{fb} = -\frac{h_{fe}}{1 + h_{fe}} \tag{3-74}$$

将上述关系代入式(3-72)可得到用共射 h 参数表示的电压增益表达式

$$A_U = \frac{h_{fe}R'_L}{h_{ie}} \tag{3-75}$$

由上式可见,共基放大电路的电压增益与共射放大电路的电压增益相同,而且输出电压 U_o 与输入电压 U_i 是同相的。

2)电流增益 A_I

$$A_I = \frac{I_c}{I_e} = \frac{h_{fb}I_e}{I_e} = h_{fb} = -\frac{h_{fe}}{1 + h_{fe}} \tag{3-76}$$

由上式可见，由于 $h_{fe} \gg 1$，所以共基放大电路的电流增益小于、但近似等于 1。式中的负号表示实际输出电流方向与标定方向相反。

3）输入电阻 R_i

$$R_i = h_{ib} = \frac{h_{ie}}{1+h_{fe}} \tag{3-77}$$

所以

$$R_i' = R_E \mathbin{/\!/} \frac{h_{ie}}{1+h_{fe}} \tag{3-78}$$

由式（3-77）可见，与共射放大电路相比，共基放大电路具有很低的输入电阻。

4）输出电阻 R_o

由图 3-32（c）可知，若 $u_s=0$，则 $I_e=0$，$h_{fb}I_e=0$，所以有

$$R_o = \frac{1}{h_{ob}} = \frac{1+h_{fe}}{h_{oe}} \tag{3-79}$$

若考虑 R_C 的影响，则输出电阻 R_o' 为

$$R_o' = R_c \mathbin{/\!/} \frac{1+h_{fe}}{h_{oe}} \approx R_c \tag{3-80}$$

3.2.4　三极管三种组态放大电路的性能比较

以上分析了共射、共集及共基三种基本放大电路，这三种基本放大电路的特性各不相同。共射放大电路的电压、电流、功率增益都比较大，因而应用广泛。但在高频情况下，用共基放大电路比较适合，因为它的高频响应特性好。共集放大电路的突出优点则是输入阻抗高、输出阻抗低、驱动能力强。因此，共集电路在多级放大电路中通常用作高阻抗输入级或低阻输出级，也可以在中间级放大电路中做阻抗匹配或隔离级。

表 3-2 给出了共射、共集及共基三种基本放大电路的主要特性，以便读者比较和参考。

表 3-2　共射、共集及共基三种基本放大电路性能比较

类　　别	共射放大电路	共集放大电路	共基放大电路
电压增益 A_U	$A_U=\frac{-h_{fe}R_L'}{h_{ie}}$ 较大	$A_U=\frac{(1+h_{fe})R_L'}{h_{ie}+(1+h_{fe})R_L'}$ 小（≤1）	$A_U=\frac{h_{fe}R_L'}{h_{ie}}$ 较大
U_o 与 U_i 的相位关系	反相（相差 180°）	同相	同相
最大电流增益 A_I	h_{fe} 较大	$1+h_{fe}$ 较大	$\frac{-h_{fe}}{1+h_{fe}}=\alpha$ 小（≤1）
输入电阻 $R_i(R_i')$	$R_i=h_{ie}$ $R_i'=R_B/\!/h_{ie}$ 中等	$R_i=h_{ie}+(1+h_{fe})R_L'$ $R_i'=R_B/\!/[h_{ie}+(1+h_{fe})R_L']$ 高阻	$R_i=\frac{h_{ie}}{1+h_{fe}}$ $R_i'=R_B/\!/R_i$ 低阻
输出电阻 $R_o(R_o')$	$R_o=\frac{1}{h_{oe}}$ $R_o'=R_c/\!/R_o\approx R_c$ 中等	$R_o=\frac{h_{ie}+R_s'1}{1+h_{fe}}$ $R_o'=R_E/\!/Ro$ 低阻	$R_o=\frac{1+h_{fe}}{h_{oe}}$ $R_o'=R_c/\!/R_o\approx R_c$ 高阻
频响特性	较差	较好	好
用　　途	多级放大电路的中间级	输入级、中间缓冲级、输出级	高频或宽带放大电路及恒流源电路

3.2.5 多级放大电路

单级基本放大电路的电压增益往往不能满足实际要求，而且各项性能指标之间存在着矛盾。为了获得足够高的增益或考虑输入电阻、输出电阻的特殊要求，实用放大电路通常由几级基本放大单元级联成多级放大电路。各级间的连接方式称为耦合方式。

常见的耦合方式有：阻容耦合、变压器耦合、光电耦合和直接耦合等。阻容耦合就是前面介绍的以隔直电容作为耦合元件的电路，变压器耦合是以变压器作为耦合元件的电路。这两种耦合电路主要用于放大交流信号的分立元件电路。光电耦合是以光电耦合器件作为耦合元件的电路，它主要用于抗干扰电子电路中。直接耦合是将前后级直接相连的一种方式。这种耦合方式没有电抗元件，便于集成，其低频截止频率 $f_L=0$。所以集成电路几乎全部采用这种方式。

不管采用哪种方式都必须保证如下特点。

(1)各级都有合适的直流工作点。

(2)前级的输出信号能顺利地传递到后级的输入端。这里将重点讨论直接耦合放大电路的特点及计算方法。

1. 直接耦合放大电路的特殊问题

直接耦合放大电路不仅能放大交流信号，也能放大直流信号，而且具有便于集成的优点，但这种方式也带来了新的问题，即直流电位匹配与零点漂移问题。

1)级间直流电位匹配问题

直接耦合放大电路的前后级之间没有隔直元件，因而各级的静态工作点不能独立，相互影响，前级的静态输出电压就是后级输入的偏置电压，该电压既要保证前级晶体管 U_{CEQ} 合适，又要给后级提供合适的偏流。在集成电路中常采用如图 3-33 所示电路来解决级间直流电位匹配。

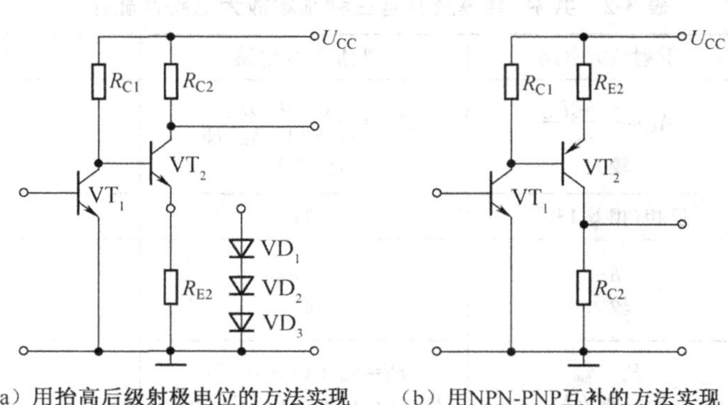

(a) 用抬高后级射极电位的方法实现　　(b) 用NPN-PNP互补的方法实现

图 3-33 级间直流电位匹配

在图 3-33(a)中，如果 U_{CE1} 直接加在 VT_2 管的基—射之间，将由于 $U_{CEQ1}=U_{BEQ2}\approx0.7$ V，而使 VT_1 管进入临界饱和状态，限制了 VT_1 管的动态范围。另一方面，U_{CEQ1} 降低以后，流过 R_{C1} 的电流将要增加，而增加的电流都将流入 VT_2 管的基极，如果参数配置不当，将会使 VT_2 管饱和。为了避免发生这种情况，可像图 3-33(a)那样，采用在 VT_2 管射极串接电阻 R_{E2} 或二

极管等方法来抬高 VT_2 管射极电压，使加在 VT_2 管 B-E 之间的直流电压不超过晶体管的放大区。由于二极管的动态电阻很小，因此对 VT_2 级的电压增益影响不大。接入电阻 R_{E2} 后，会使 VT_2 级的电压增益有明显下降。

图 3-33(b)是使用 NPN-PNP 互补管实现直流电平移动的电路。利用 PNP 管工作于放大区时 $V_C < V_B$ 的特点，将静态电位由 V_1 移至 V_2。这种电路简单，电平移动值可灵活设计，应用较多。

2)零点漂移问题

如果将直接耦合放大电路的输入端短路，其输出端应有一固定的直流电压，即静态输出电压。但实际上输出电压将随时间偏离初始值而缓慢地随机波动，这种现象称为零点漂移，简称为零漂。零漂就是工作点的漂移。在直接耦合放大电路中，前级的零漂将被逐级放大，以致在输出端有可能将有用信号"淹没"，严重时甚至使后级电路进入饱和状态或截止状态。显然，输入级的零漂影响最大，因为它传送到输出端所获得的增益最大。所以，应选择漂移很小的单元电路作输入级。这就是一般模拟集成电路均采用差分放大电路作输入级的主要原因之一。

2. 多级放大电路的分析

多级放大电路的中频性能指标与单级放大电路相同，即有电压增益、输入电阻、输出电阻。分析交流性能时，各级间是相互联系的，前一级的输出电压是后一级的输入电压，后一级的输入电阻又是前一级的负载电阻。我们只需要画出电路的微变等效电路，就可以引用单级放大电路的计算方法来求解了。

【例 3-3】 一个直接耦合放大电路如图 3-34 所示，已知 $h_{fe1}=25$，$h_{fe2}=100$，$r_{bb'}=200\ \Omega$，$U_{BE1}=0.7\ V$，$U_{BE2}=-0.3\ V$，$U_{CC}=9\ V$，$R_{B1}=5.8\ k\Omega$，$R_{B2}=500\ \Omega$，$R_{C1}=1\ k\Omega$，$R_{E2}=500\ \Omega$，$R_{C2}=5.1\ k\Omega$。试求(1)输入电阻 R_i'；(2)输出电阻 R_o'；(3)电压增益 A_U。

解：$I_{BQ1}=I_{RB1}-I_{RB2}=\dfrac{U_{CC}-U_{BE1}}{R_{B1}}-\dfrac{U_{BE1}}{R_{B2}}=\dfrac{9-0.7}{5.8}-\dfrac{0.7}{0.5}=0.03\ mA$

$$U_{CEQ1}=U_{CC}-I_{CQ1}R_{C1}=U_{CC}-h_{fe1}I_{BQ1}R_{C1}=9-25\times0.03\times1=8.25\ V$$

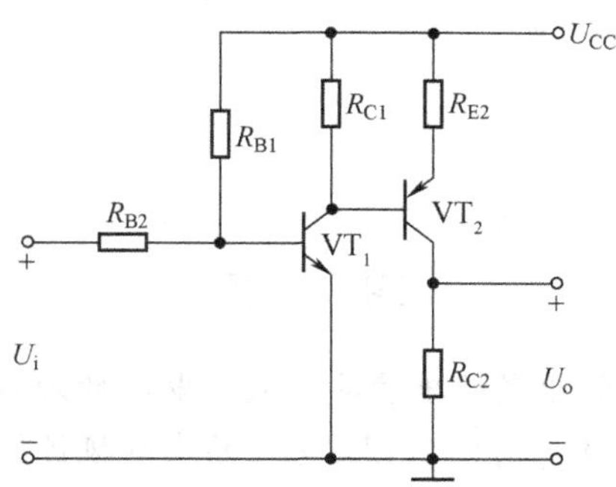

图 3-34　直接耦合放大电路

$$I_{E2Q}=\frac{U_{CC}-U_{CEQ1}+U_{BE2}}{R_{E2}}=\frac{9-8.25-0.3}{0.5}=0.9\ mA$$

$$h_{ie1}=r_{bb'1}+\frac{26}{I_{BQ1}}=200+\frac{26\ mV}{0.03\ mA}=1067\ \Omega\approx1.07\ k\Omega$$

$$h_{ie2}=r_{bb'1}+(1+h_{fe2})\frac{26}{I_{EQ2}}=200+(1+100)\times\frac{26\ mV}{0.9\ mA}\approx3.12\ k\Omega$$

画出图 3-34 电路的微变量等效电路如图 3-35 所示。

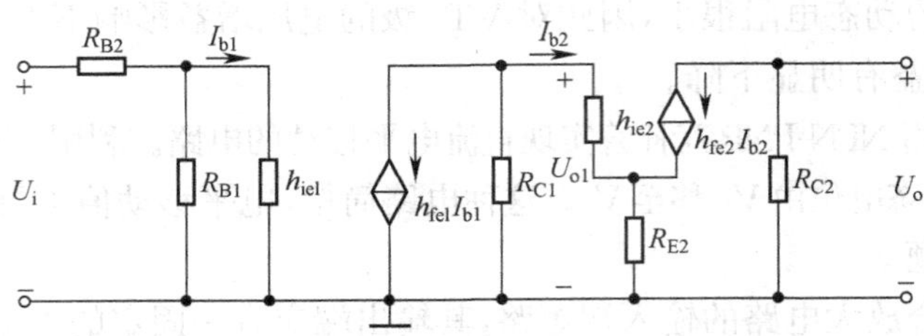

图 3-35　电路的微变等效电路

(1)输入电阻

$$R'_i = R_{i1} = R_{B2} + (R_{B1} \mathbin{/\!/} h_{ie1}) = 0.5 + \frac{5.8 \times 1.07}{5.8 + 1.07} = 1.4\ \text{k}\Omega$$

(2)输出电阻

$$R'_o \approx R_{C2} = 5.1\ \text{k}\Omega$$

(3)电压增益

$$R_{L1} = R_{i2} = h_{ie2} + (1 + h_{fe2})R_{E2} = 3.12 + (1 + 100) \times 0.5 = 53.6\ \text{k}\Omega$$

第一级电压增益

$$A_{U1} = \frac{U_{o1}}{U_i} = \frac{U_{be1}}{U_i} \cdot \frac{U_{o1}}{U_{be1}} = \frac{R_{B1} \mathbin{/\!/} h_{ie1}}{R_i} \cdot \frac{-h_{fe1}(R_{C1} \mathbin{/\!/} R_{L1})}{h_{ie1}} \approx \frac{0.9}{1.4} \cdot \frac{-25 \times 1}{1.07} = -15$$

第二级电压增益为

$$A_{U2} = \frac{U_o}{U_{i2}} = \frac{U_o}{U_{o1}} = -\frac{h_{fe2}R_{C2}}{R_{i2}} = -\frac{100 \times 5.1}{53.6} = -9.5$$

总电压增益为

$$A_U = \frac{U_o}{U_i} = \frac{U_{o1}}{U_i} \cdot \frac{U_o}{U_{o1}} = A_{U1} \cdot A_{U2} = (-15) \times (-9.5) = 142.5$$

习　题

1. 试画出用 PNP 型三极管组成的单管共射放大电路的原理图，标出电源电压的极性，静态工作电流 I_B、I_C 的实际方向及静态电压 U_{BE}、U_{CE} 的实际极性。

2. 电路如题 3-2 图所示，(1)说明这些电路能否对交流电压信号进行线性放大，为什么？(2)画出题图 3-2(d)、(e)电路的直流通路和交流通路。

3. 题 3-2 图(d)电路，已知 $U_{CC}=3$ V，$U_B=0.7$ V，$R_C=3$ kΩ，$R_{B'}=150$ kΩ，晶体管 VT 的输出特性曲线如题 3-3 图所示。试求：(1)放大电路的静态工作点 I_{CQ} 和 U_{CEQ}；(2)若 $R_L=\infty$，求输入电压 U_i 为正弦电压时输出最大不失真电压的幅值；(3)若 $R_L=7$ kΩ 时，输出最大不失真电压的幅值。

4. 已知晶体管的 $\bar{\beta}=50$，$U_{BE}=0.7$ V，求题 3-4 图电路的工作点。

5. 已知晶体管的 $\bar{\beta}_1=\bar{\beta}_2=50$，$U_{BE}=0.7$ V，$I_C \gg I_B$，求题 3-5 图放大电路的工作点。

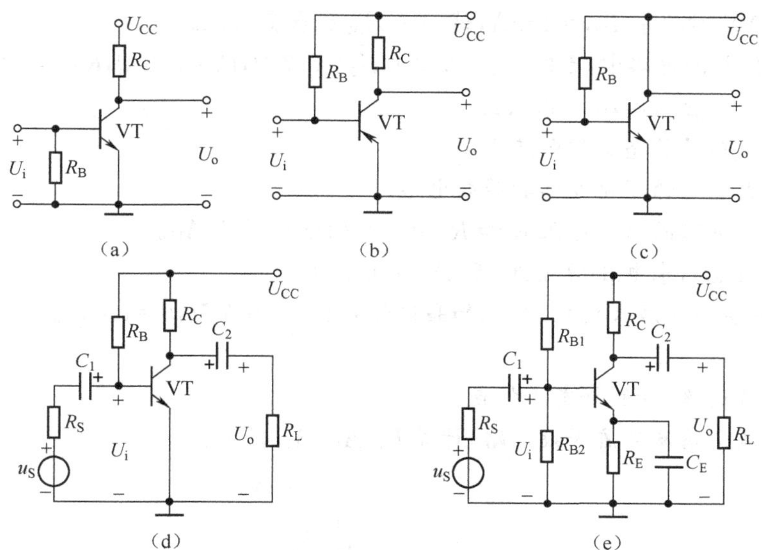

题　3-2 图

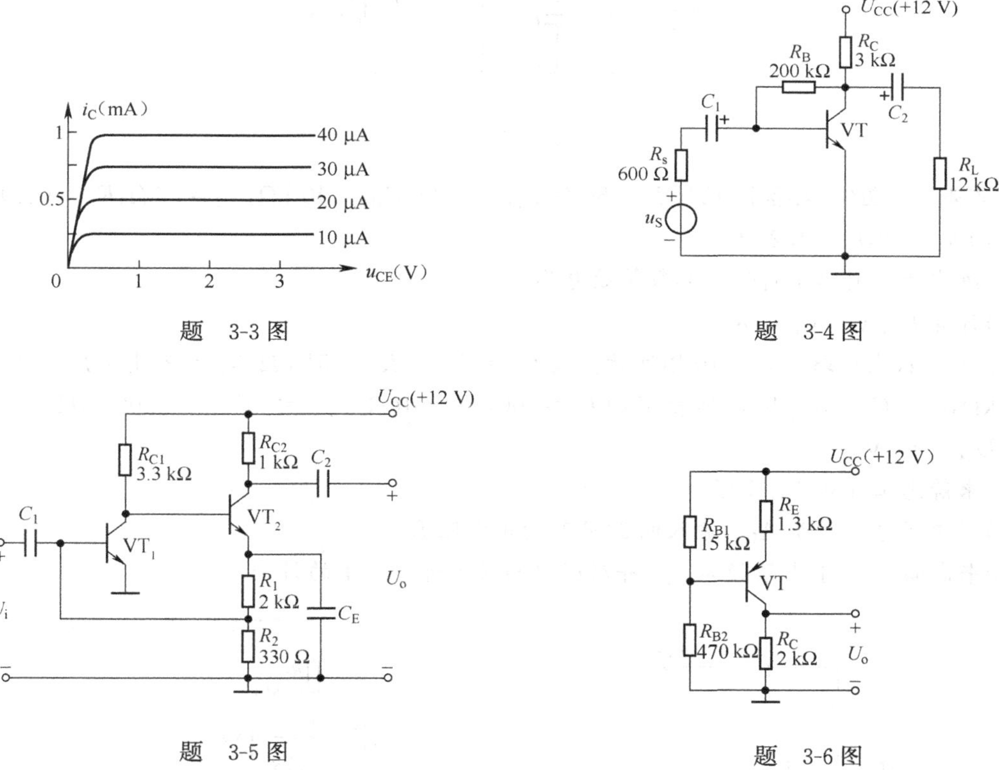

题　3-3 图

题　3-4 图

题　3-5 图

题　3-6 图

6. 在题 3-6 图所示放大电路中，已知晶体管的$\bar{\beta}=100$，$U_{BE}=-0.3$ V。

(1)估算直流工作点 I_{CQ}、U_{CEQ}。

(2)若偏置电阻 R_{B1}、R_{B2} 分别开路，试分别估算集电极电位 U_C 值，并说明各自的工作状态。

(3)若 R_{B1} 开路时要求 $I_{CQ}=2$ mA,试确定 R_{B2} 应取多大值。

7. 在题 3-2 图(d)电路中,已知 $U_{CC}=6$ V,$U_{BEQ}=0.7$ V,$R_s=500\ \Omega$,$R_C=4$ kΩ,$R_B=300$ kΩ,晶体管 T 的 $h_{fe}=50$,$\beta=50$,$r_{bb}=300\ \Omega$。

(1)求放大电路的静态工作电流 I_{CQ}。

(2)画出放大电路的简化 h 参数等效电路。

(3)估算放大电路的输入电阻 R_i'和 $R_L=\infty$时的电压增益 A_U。

(4)若 $R_L=4$ kΩ,求电压增益 A_U 和 $A_{US}=U_o/U_s$。

8. 在题 3-8 图所示放大电路中,已知晶体管的 $U_{BE}=0.7$ V,$\bar{\beta}=100$,$r'_{bb}=100\ \Omega$,各电容足够大。

(1)画出直流通路,计算静态工作点。

(2)画出交流通路及交流等效电路,计算 R_i'、A_U、A_{US}及 R_o'。

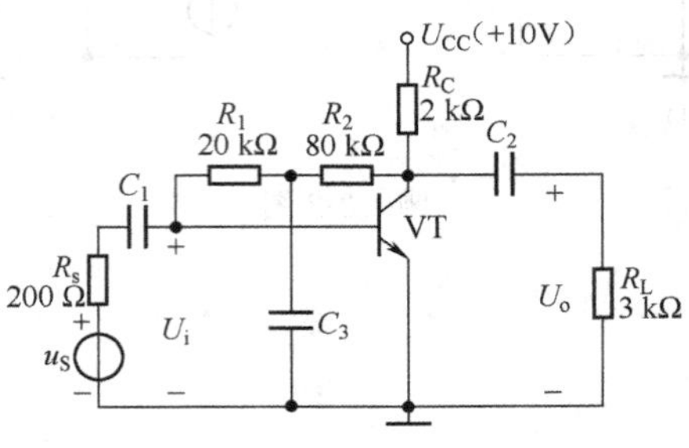

题 3-8 图

9. 在题 3-2 图(e)电路中,已知 $R_s=50\ \Omega$,$R_{B1}=33$ kΩ,$R_{B2}=10$ kΩ,$R_C=1$ kΩ,$R_L=1$ kΩ,晶体管 T 的 $h_{fe}=50$,$h_{ie}=1.2$ kΩ。

(1)画出交流通路及简化 h 参数等效电路。

(2)计算 R_i'、A_U、A_{US}及 R_o'。

10. 共集放大电路如题 3-10 图所示。设 $R_s=500\ \Omega$,$R_{B1}=51$ kΩ,$R_{B2}=20$ kΩ,$R_E=2$ kΩ,$R_L=2$ kΩ,$C_1=C_2=10\ \mu$F,晶体管 T 的 $h_{fe}=100$,$r'_{bb}=80\ \Omega$,$C_{b'c}=2$ pF,$f_T=200$ MHz,$U_{BE}=0.7$ V,$U_{CC}=12$ V。

(1)求静态工作点 I_{CQ}及 U_{CEQ}。

(2)求中频电压增益 A_{US}、输入电阻 R_i'及输出电阻 R_o'。

(3)若忽略 $C_{b'c}$,求上限频率 f_H,并对引起的误差进行简单的讨论。

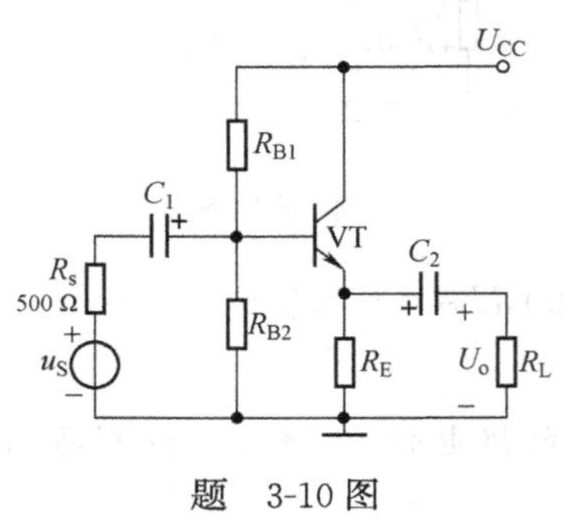

题 3-10 图

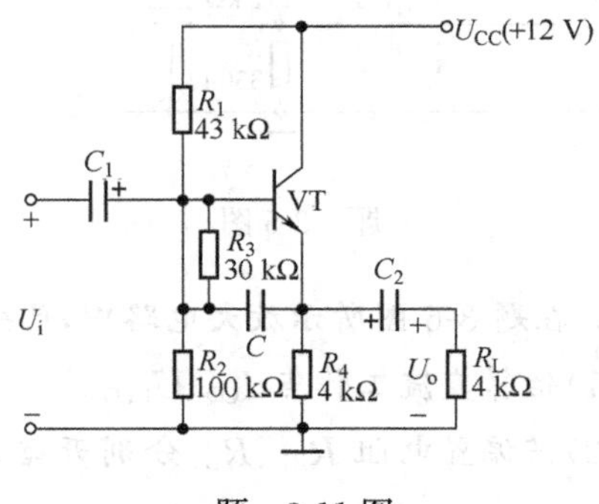

题 3-11 图

11. 采用自举电容 C 的共集放大电路如题 3-11 图所示。已知晶体管 T 的 $h_{fe}=100$，$r'_{bb}=100\ \Omega$，$U_{BE}=0.7$ V。

(1)求静态工作点 I_{CQ} 及 U_{CEQ}。

(2)求中频电压增益 A_U、输入电阻 R'_i 及输出电阻 R'_o。

(3)说明自举电容 C 对输入电阻的影响。

12. 在题 3-12 图所示电路中，设 $U_{CC}=U_{EE}=12$ V，$R_L=1$ kΩ，输入为正弦信号，静态时 $U_o=0$。

(1)为使输出电压的动态范围为 6 V，电阻 R_E 应取何值？

(2)在 R_E 取(1)中值的条件下，计算最大输出功率及最大效率。

(3)若输入电压为 $u_I=0.7+4\sin(2\pi\times10^3 t)$(V)，计算此时的功率和效率。

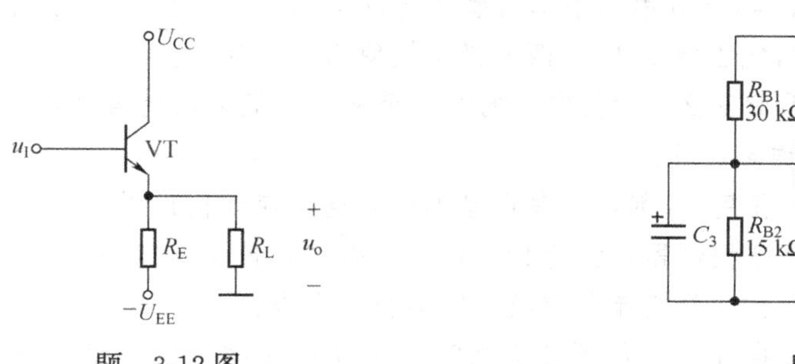

题　3-12 图

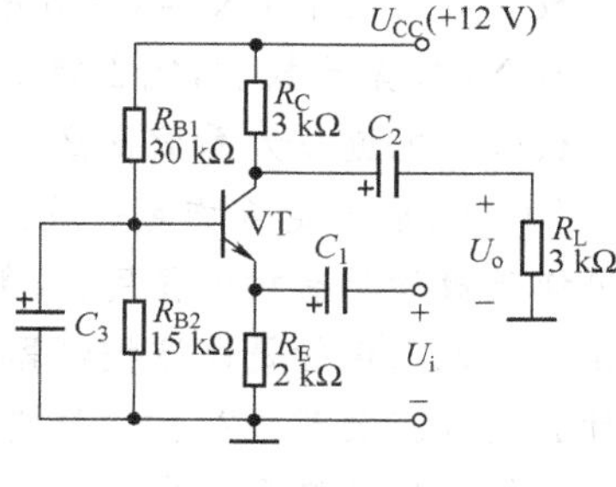

题　3-13 图

13. 共基放大电路如题 3-13 图所示。已知晶体管 T 的 $h_{fe}=50$，$r'_{bb}=50\ \Omega$，$U_{BEQ}=0.7$ V，电路中的电容对交流可视为短路。(1)求静态工作点。(2)画出 h 参数等效电路，求中频电压增益 A_U、输入电阻 R'_i 及输出电阻 R$'_o$。

14. 电路如题 3-14 图所示。已知两管参数相同，$h_{ie}=10^3\ \Omega$，$h_{fe}=50$，$h_{oe}=10^{-4}$ S。

(1)画出放大电路的 h 参数等效电路。

(2)求中频电压增益 A_U、输入电阻 R'_i 及输出电阻 R'_o。

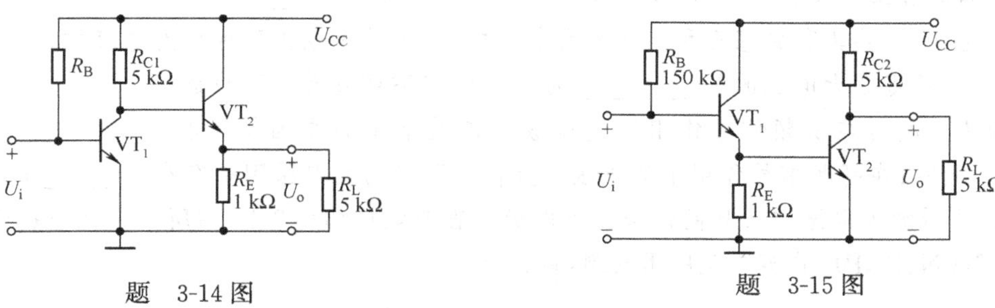

题　3-14 图

题　3-15 图

15. 电路如题 3-15 图所示。已知两管参数相同，$h_{ie}=10^3\ \Omega$，$h_{fe}=50$，$h_{oe}=10^{-4}$ S。

(1)画出放大电路的 h 参数等效电路。

(2)求中频电压增益 A_U、输入电阻 R'_i 及输出电阻 R'_o。

16. 电路如题 3-16 图所示。已知两管参数相同，$h_{fe}=100$，$r'_{bb}=100\ \Omega$，$|U_{BE}|\approx0.7$ V，二极管压降 $U_D\approx0.7$ V。试求：

(1)各级静态工作点 I_{CQ} 及 U_{CEQ}。

(2)电压增益 $A_U=U_o/U_i$、输入电阻 R'_i 及输出电阻 R'_o。

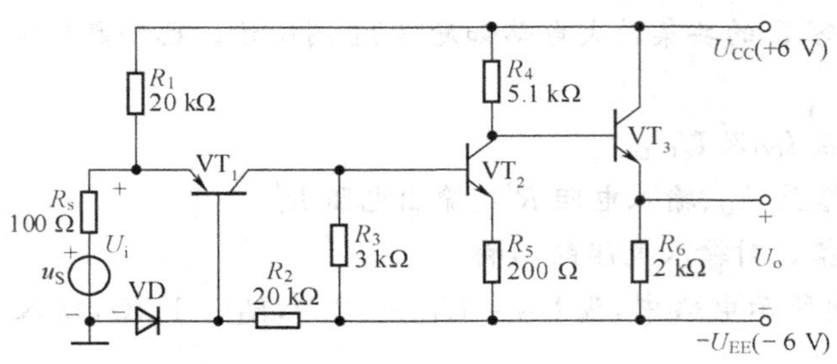

题 3-16 图

思 考 题

1. 三极管具有两个PN结,可否用两个二极管相连以构成一只三极管,说明理由。

2. 一只NPN型三极管,能否将E和C两电极交换使用?为什么?

3. 三极管的电流放大系数α、β是如何定义的?能否从共射极输出特性曲线上求得β?在整个输出特性中,取值是否均匀一致?

4. 要使三极管具有放大作用,发射结和集电结的偏置电压应如何设置?

5. 为什么说三极管是电流控制器件?为什么说三极管是能量控制部件?

6. 什么是直流负载线?什么是交流负载线?它们会重合吗?

7. 三极管小信号模型是在什么条件下建立的?图形分析法和小信号模型分析法分别适用于什么情况?

8. 放大电路的工作点不稳定是什么因素造成的?工作点不稳定会带来什么问题?

9. 填空题

(1)晶体管的三个工作区分别是________、________和________。在放大电路中,晶体管通常工作在________区。

(2)晶体管工作在饱和状态时发射极________(是否)有电流流过。

(3)晶体管工作在放大区时,发射结________,集电结________。

(4)在共射、共集和共基三种组态放大电路中,既可放大电压又可放大电流的是________,可放大电压不可放大电流的是________,可放大电流不可放大电压的是________。

(5)放大电路在低频信号作用下电压放大倍数下降的原因是存在__________电容和________电容;在高频信号作用下的电压放大倍数下降的主要原因是存在________电容。

10. 测得放大电路中三只晶体管三个电极的直流电位如题3-10图所示。试分别判断它们的管型(NPN、PNP)、管脚以及所用材料(硅或锗)。

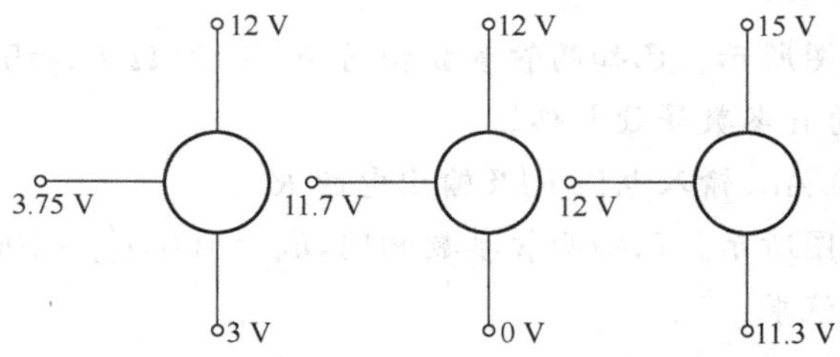

题 3-10 图

11. 测得某放大电路中四只三极管的三个电极对地电位数据分别如题 3-11 表所示，试分析四只三极管的类型，并将其工作状态也填入表中。

题　3-11 表

序　　号	U_B/V	U_C/V	U_E/V	管型	工作状态
VT_1	−0.2	−5	0		
VT_2	2.74	2.3	2		
VT_3	−3.5	−6	−3.5		
VT_4	10.73	15	10		

12. 测得某晶体管的电流 $I_E=2$ mA，$I_B=50$ μA，$I_{CBO}=1$ μA，试求 $\bar{\alpha}$、$\bar{\beta}$ 及 I_{CEO}。

13. 某放大电路中双极型晶体管 3 个电极的电流如题 3-13 图所示。已测出 $I_A=1.5$ mA，$I_B=0.03$ mA，$I_C=-1.53$ mA。试分析 A，B，C 中哪个是基极、发射极？该管的 β 为多大？

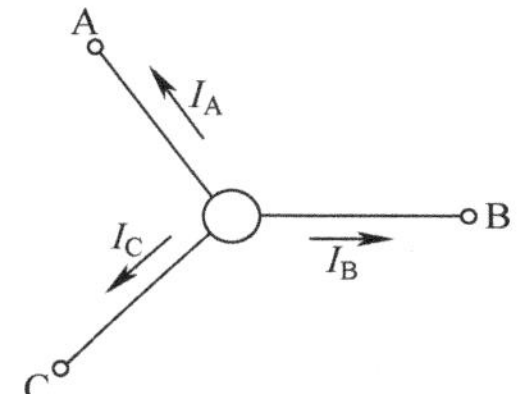

题　3-13 图

机辅分析题

1. 单级放大电路如机辅题 3-1 图所示。设晶体管 $\beta=100$，$U_{BE}=0.7$ V，求：

(1)晶体管的直流工作点 I_{BQ}、I_{CQ}及 U_{CEQ}。

(2)电压增益 A_U，输入电阻 R_i'输入电阻 R_o'。

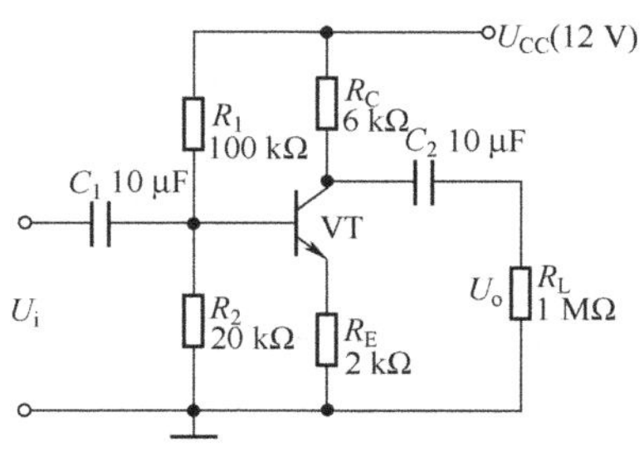

机辅题 3-1 图

2. 共基—共集组合放大电路如机辅题 3-2 图所示。设定晶体管 T_1 和 T_2 的 $\beta=100$，u_s：50 mv/5 kHz/0 Deg 试求：

(1)T_1 和 T_2 的静态工作点。

(2)第一级的输出电压 U_{c1}、第二级的输出电压 U_{c2} 以及 U_{c1}、U_{c2} 与输入信号之间的相移。

(3)分析电路特点。

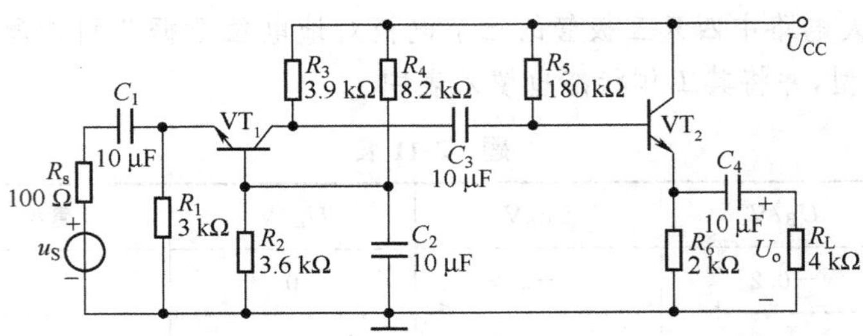
U_{CC}
R_3
3.9 kΩ
R_4
8.2 kΩ
R_5
180 kΩ
C_1
10 μF
VT_1
VT_2
C_3
10 μF
C_4
10 μF
R_s
100 Ω
R_1
3 kΩ
R_2
3.6 kΩ
C_2
10 μF
R_6
2 kΩ
U_o
R_L
4 kΩ
u_S

机辅题 3-2 图

第4章

场效应管及基本放大电路

【内容提要】 场效应管是单极型晶体管，由于具有体积小、重量轻、耗电小、寿命长，以及输入阻抗高、噪声低、热稳定性好、抗辐射能力强等优点，因而得到广泛的应用。本章首先介绍场效应管结构、分类及工作特性，在此基础上，以结型场效应管为例，介绍场效应管放大电路的基本单元电路的基本原理和基本分析方法。

4.1 场效应管概述

场效应管是一种利用电场效应来控制电流大小的半导体器件。这种器件具有体积小、耗电低、寿命长、输入阻抗高、噪声低、热稳定性好及抗辐射能力强等优点，因而得到广泛的应用。

在场效应管中，参与导电的只有一种载流子(多数载流子)，所以又称为单极型晶体管。

4.1.1 场效应管的结构和分类

根据结构和工作原理的不同，场效应管可分为两大类：绝缘栅型场效应管(IGFET)和结型场效应管(JFET)。

结型场效应管根据沟道的不同分为N沟道和P沟道两种类型。

绝缘栅型场效应管根据金属栅极与半导体之间的绝缘材料不同，有很多类型。其中常用的是以二氧化硅作为金属栅极与半导体之间的绝缘层，这种场效应管称为金属—氧化物—半导体场效应管(MOSFET)。

4.1.2 结型场效应管

结型场效应管有N沟道和P沟道两种类型。其结构示意图如图4-1和4-2所示。N沟道结型场效应管是在一块N型半导体材料两边制作两个高掺杂的P区，并将它们连接在一起，所引出的电极称为栅极G(Gate or Grid)，N型半导体的两端分别引出两个电极，一个称为漏极D(Drain)，一个称为源极S(Source)，P区和N区交界面形成空间电荷区，即耗尽层，源极与漏极之间N型区成为导电沟道。

1. 结型场效应管工作原理

以N沟道结型场效应管为例，如图4-1所示。为使N沟道结型场效应管正常工作，栅—源之间应加负向电压，以保证耗尽层承受反向电压，即PN结反偏，栅极电流为零，场效应管呈现高达$10^7\ \Omega$以上的输入电阻。在漏—源之间加一正电压，使N沟道中的多数载流子在电场作用下由源极向漏极运动，形成漏极电流。漏极电流的大小受u_{GS}的控制。所以，讨论场效应管的工作原理，主要就是讨论u_{GS}对漏极电流的控制作用和u_{DS}对漏极电流的影响。

P沟道结型场效应管原理性能均与N沟道结型场效应管基本相同,差别是P沟道由N型转成P型,基系结构及电压极性均作相应改变。

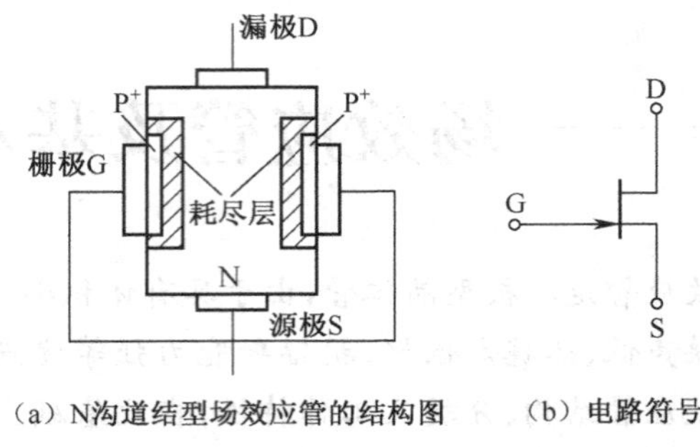

(a) N沟道结型场效应管的结构图 (b) 电路符号

图4-1 N沟道结型场效应管结构示意图及符号

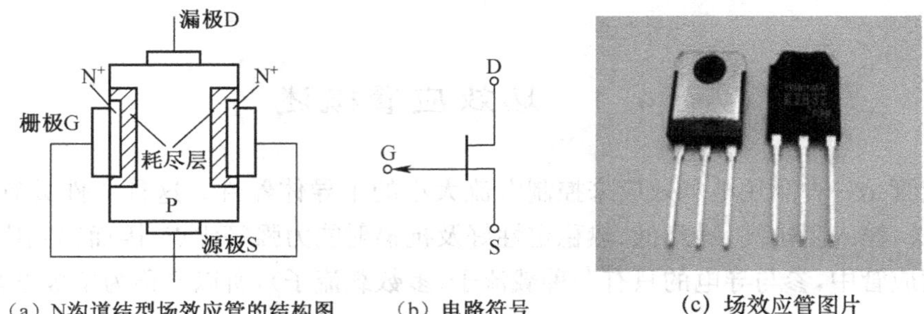

(a) N沟道结型场效应管的结构图 (b) 电路符号 (c) 场效应管图片

图4-2 P沟道结型场效应管结构图、电路符号及场效应管图片

u_{GS}对i_D的控制作用如下。

(1)设$u_{DS}=0$,当$u_{GS}=0$时,耗尽层很薄,导电沟道很宽。当$|u_{GS}|$增大时,耗尽层增厚,沟道变窄如图4-3所示,沟道电阻增大。当$|u_{GS}|$增大到一定数值时,耗尽层闭合,沟道消失,称此时当u_{GS}的值为夹断电压$U_{GS,off}$。

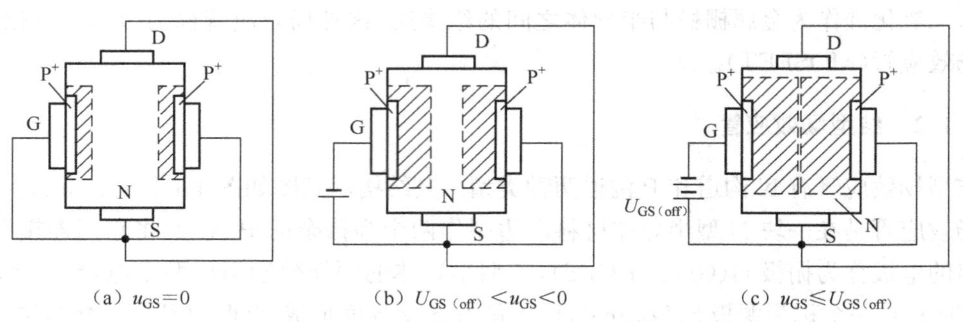

(a) $u_{GS}=0$ (b) $U_{GS(off)}<u_{GS}<0$ (c) $u_{GS}\leq U_{GS(off)}$

图4-3 $u_{GS}=0$时u_{GS}对导电沟道的控制作用

(2)当u_{GS}为$0\sim U_{GS,off}$中某一固定值时,u_{DS}对漏极电流的影响

当u_{GS}为$0\sim U_{GS,off}$中某一值时,$u_{DS}=0$,则虽然存在导电沟道,但没有漏极电流。若$u_{DS}>0$,则有电流从漏极流向源极,从而使沟道中各点与栅极间的电压不再相等,而是沿着沟道从源极到漏极逐渐增大,造成靠近漏极一边的耗尽层比靠近源极一端的宽,如图4-4(a)所示。

因为栅—漏电压$u_{GD}=u_{GS}-u_{DS}$,所以当u_{DS}从零逐渐增大时,u_{GD}逐渐减小,靠近漏极一端的导电沟道将随之变窄。但是,只要漏—源间不出现夹断区域,则沟道电阻仍将基本由栅—源电压所决定,因此,漏极电流将随 u_{DS} 的增大而线性增大。漏—源间呈现电阻特性。而一旦 u_{DS} 的增大使 $u_{GD}=U_{GS,off}$,则漏极一边的耗尽层就会出现夹断,如图 4-4(b)所示。称 $u_{GD}=U_{GS,off}$ 为预夹断。若 u_{DS} 继续增大,则 $u_{GD}<U_{GS,off}$,夹断区将沿沟道方向延伸,即夹断区加长,如图 4-4(c)所示。这时,一方面自由电子从漏极向源极定向移动所受阻力加大,从而导致 i_D 减小;另一方面随着 u_{DS} 的增大,使漏源间的电场增强,也必然导致 i_D 增大。实际上上述两种漏极电流的变化趋势相抵消,增加的 u_{DS} 几乎全部降落在夹断区,用于克服夹断区对 i_D 形成的阻力。因此从外部看,当 u_{DS} 的增大使 $u_{GD}<U_{GS,off}$,则 u_{DS} 继续增大 i_D 几乎不变,即 i_D 仅仅由 u_{GS} 所控制,从而显示出它的恒流特性。

(3)当 $u_{GD}<U_{GS,off}$ 时,u_{GS} 对 i_D 的控制作用

在 $u_{GD}=u_{GS}-u_{DS}<U_{GS,off}$,即 $u_{DS}>u_{GS}-U_{GS,off}$ 的情况下,当 u_{DS} 为一常量时,对应于确定 u_{GS},就有确定的 i_D。此时通过改变 u_{GS} 来改变 i_D 的大小。

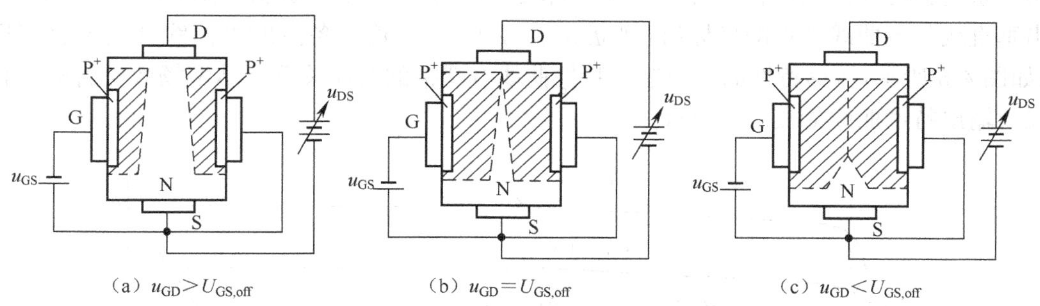

图 4-4 $U_{GS,off}<u_{GS}<0$,$u_{GS}>0$ 时导电沟道的变化

2. 结型场效应管的特性曲线

1)输出特性曲线

输出特性指的是当栅—源电压 u_{GS} 为常量时,漏极电流 i_D 与漏—源电压 u_{DS} 之间的函数关系,即:

$$i_D = f(u_{DS})\big|_{U_{GS}} = \text{常数}$$

对应于一个 u_{GS},就有一条曲线,因此输出特性为一组曲线如图 4-5 所示。图中管子的工作情况可分为三个区域,即可变电阻区、恒流区和击穿区。

①可变电阻区

图 4-5 中的左边虚线为预夹断轨迹,它是各条曲线上使 $u_{DS}=u_{GS}-U_{GS,off}$ 的点连接而成。预夹断轨迹左边的区域称为可变电阻区,在这个区域中,u_{DS} 较小,曲线近似为不同斜率的直线。当 u_{GS} 不变时,导电沟道大小基本是不变的,沟道电阻也是不变的,所以漏极电流 i_D 随 u_{DS} 线性变化。当 u_{GS} 负向增加时,沟道厚度减小,沟道电阻增大,因而在这个区域中,可以通过改变 u_{GS} 的大小来改变漏源电阻的阻值,所以称为可变电阻区。

②恒流区(饱和区)

图 4-5 中的预夹断轨迹右边为恒流区。在这个区域中,$u_{DS}>u_{GS}-U_{GS,off}$,i_D 基本不随 u_{DS} 变化而趋于恒定,特性曲线基本呈水平线(实际上略有增加),故称为恒流区。利用场效应管作为放大管时,应使其工作在恒流区。

在恒流区，根据半导体物理中对场效应管内部载流子的分析可以得到，在恒流区内，i_D 与 u_{GS} 的近似关系为

$$i_D = I_{DSS}\left(1 - \frac{u_{GS}}{U_{GS,off}}\right)^2 \tag{4-1}$$

③击穿区

当 u_{DS} 增加到一定程度时，漏极电流会骤然增大，管子被击穿。由于这种击穿是栅—漏间耗尽层破坏而造成的，因而当 u_{GS} 增大时，栅—漏间击穿电压将增大。

2)转移特性曲线

转移特性曲线描述的是当漏源电压 u_{DS} 为常量时，漏极电流 i_D 和栅源电压 u_{GS} 之间的函数关系，即

$$i_D = f(u_{GS})\big|_{U_{DS}} = \text{常数}$$

当场效应管工作在恒流区时，由于输出特性曲线可近似为平行于横轴的一组曲线，所以可以用一条转移特性曲线代替恒流区的所有曲线。在输出特性曲线的恒流区中作横轴的垂线，读出垂直线与各曲线交点的坐标值，建立 u_{GS}、i_D 坐标系，连接各点所得曲线就是转移特性曲线，如图 4-5 所示，转移特性曲线与输出特性曲线有严格的对应关系。结型场效应管转移特性曲线与输出特性曲线如表 4-1 所示。

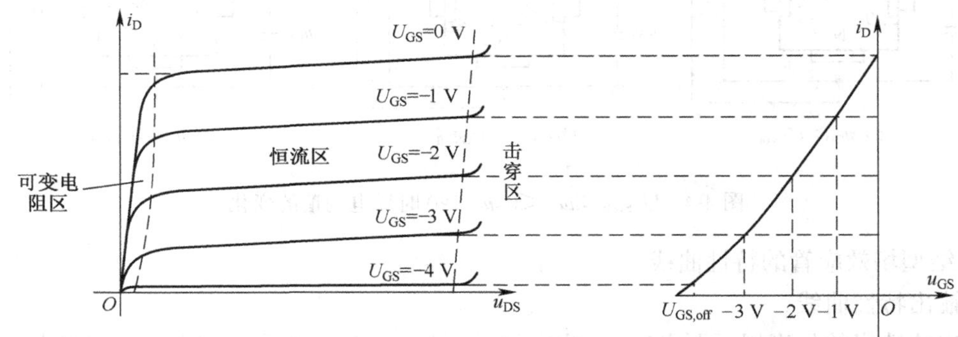

图 4-5 输出特性曲线及转移特性曲线

表 4-1 结型场效应管的转移特性和输出特性曲线

分类		符号	转移特性曲线	输出特性曲线
结型场效应管	N沟道	D, G, S	i_D, I_{DSS}, $U_{GS,off}$, O, u_{GS}	i_D, U_{GS}=0, O, $U_{GS,off}$, U_{DS}
	P沟道	D, G, S	i_D, O, $U_{GS,off}$, u_{GS}, I_{DSS}	$U_{GS,off}$, i_D, O, U_{DS}, U_{GS}=0

4.1.3　绝缘栅型场效应管

根据金属栅极与半导体之间的绝缘材料不同，绝缘栅型场效应管有很多类型。其中最常用的是以二氧化硅（SiO_2）作为金属栅极与半导体之间的绝缘层，所以称这种场效应管为金属—氧化物—半导体（Metal-Oxide-Semiconductor）场效应管，简称 MOSFET。

MOS 场效应管根据导电沟道的建立方式可分为有增强型（靠外电压建立沟道）和耗尽型（本身已有沟道）两大类。每一类又有 N 沟道和 P 沟道之分。它们的工作原理基本相同。本节将以 N 沟道增强型 MOS 为例来介绍工作原理，而后通过比较方式介绍其他类型的 MOS 管特点。

如图 4-6 所示，用 P 型硅片作为衬底，其间扩散两个高掺杂的 N 区，衬底表面覆盖一层二氧化硅绝缘层。在两个 N 区引出电极，分别称为源极 S（Source）和漏极 D（Drain），在两个 N 区之间的绝缘层上覆盖一层金属，其上引出的电极称为栅极 G（Gate or Grid）。另外将衬底通过引线区引出电极称为衬底极 B（Substrate or Body）。如图 4-6（b）所示是它的电路符号，衬底的箭头方向是 PN 结加正偏时的正向电流方向。

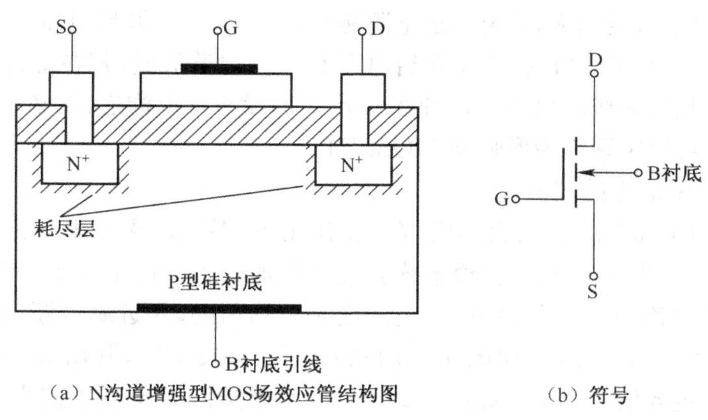

（a）N沟道增强型MOS场效应管结构图　　（b）符号

图 4-6　N 沟道增强型 MOS 场效应管

1. N 沟道增强型 MOSFET 工作原理

在正常工作时，源极一般都与衬底相连，即 $u_{BS}=0$。

1）沟道的形成

如图 4-7 所示当漏极与源极短接、源区和漏区的两个 N 区与衬底之间的 PN 结为零偏。同时栅源之间所加电压为零，即 $u_{GS}=0$，此时源区和漏区与衬底形成的 PN 结，是两只背靠背 PN 结，使两个区彼此隔离，此时没有沟道形成也就没有漏极电流。

当栅源之间加上正向电压 u_{GS}时，则栅极和 P 型硅片相当于以二氧化硅为介质的平板电容器。由于绝缘层 SiO_2 的存在，栅极电流为零。栅极金属层将聚集正电荷，形成指向衬底的电场，这个电场排斥 P 型衬底靠近栅极的空穴，吸引少子电子，剩下不能移动的负离子区，形成耗尽层，如图 4-7（a）所示，这个空间电荷区与两个 PN 结的空间电荷区相通。当 u_{GS}继续增大时，一方面耗尽层增宽，另一方面将衬底电子继续吸引到耗尽层和绝缘层之间，形成一个 N 型薄层，由于它是由原来的 P 型转换而来，称为反型层，这个反型层形成了漏源之间的导电沟道，称为 N 沟道。此时在漏源之间加上电压 u_{DS}则产生漏极电流。

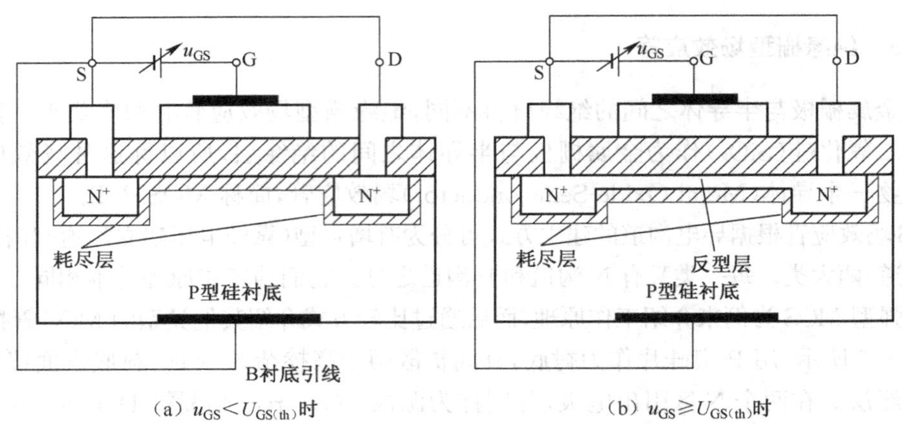

(a) $u_{GS}<U_{GS(th)}$时　　(b) $u_{GS}\geqslant U_{GS(th)}$时

图 4-7　N 沟道增强型 MOS 场效应管导电沟道的形成

使沟道刚刚形成的电压称为开启电压 $U_{GS,th}$，其值取决于场效应管的工艺参数。SiO_2 绝缘层越薄，两个 N 区的掺杂浓度越高，衬底掺杂浓度越低，$U_{GS,th}$ 就越小。显然 u_{GS} 越大，反型层越厚，反型层中电子浓度越大，导电沟道电阻越小。当 u_{GS} 小于开启电压 $U_{GS,th}$，沟道未形成，u_{DS} 作用下的漏极电流为零。当 u_{GS} 大于开启电压 $U_{GS,th}$，沟道形成，若在漏源之间加上正向电压 u_{DS}，产生自漏极流向源极的电流。这种在 $u_{GS}=0$ 时没有导电沟道，而必须依靠栅源电压的作用才形成沟道的场效应管称为增强型 MOSFET。

2) u_{DS} 对沟道导电能力的控制

当 u_{GS} 大于开启电压 $U_{GS,th}$，沟道形成，在 u_{DS} 作用下，源区的多子电子沿着沟道行进到漏区，形成漏极电流 i_D。由于 i_D 通过沟道形成自漏极到源极方向的电位差，因此栅极到沟道各点的电位差也将沿着沟道而变化，所以沟道厚度是不均匀的，靠近源端厚，靠近漏端薄，电压 u_{GD} 最小，其值为 $u_{GD}=u_{GS}-u_{DS}$。如图 4-8(a) 所示，当 u_{DS} 较小时，其增大时漏极电流线性增大，当 u_{DS} 增大到一定数值时 ($u_{GD}=u_{GS}-u_{DS}=U_{GS,th}$)，靠近漏端反型层消失，称为预夹断，$u_{DS}$ 继续增加，将形成一夹断区，如图 4-8(b) 所示。此时 u_{DS} 增大，增大的部分全部用于克服夹断区对漏极电流的阻力，所以 i_D 几乎不因 u_{DS} 的增大而增大，管子进入恒流区。当 $u_{DS}=u_{GS}-U_{GS,th}$，漏极反型层消失，称为预夹断，如图 4-8(b)。

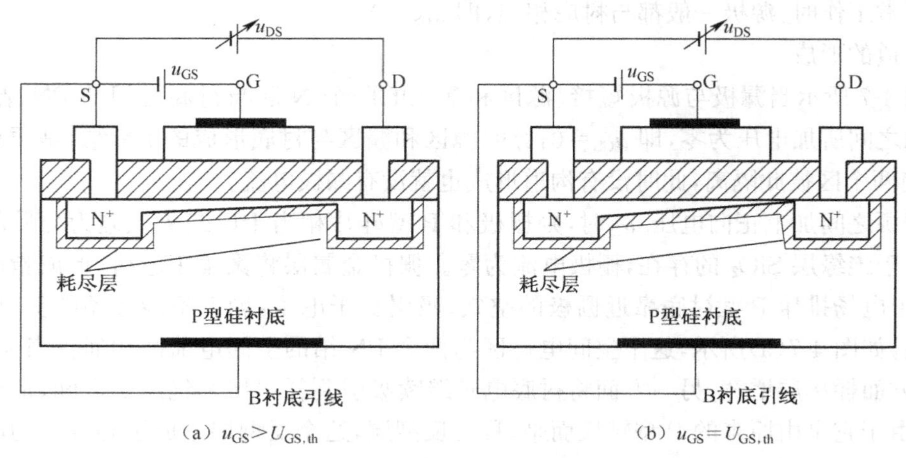

(a) $u_{GS}>U_{GS,th}$　　(b) $u_{GS}=U_{GS,th}$

图 4-8　$u_{GS}\geqslant U_{GS(th)}$ 时 U_{DS} 对 I_D 的影响

3)沟道长度调制效应

实际上，当出现预夹断后，继续增大 u_{DS}，夹断点会向源极方向移动，导致夹断点到源极之间沟道长度略有减小，如图 4-9 所示，相应的沟道电阻也就略有减小，从而有更多的电子自源极漂移到夹断点，结果是 i_D 略有增大，通常将这种效应称为沟道长度调制效应。在沟道较短的器件中，这种效应会比较明显。

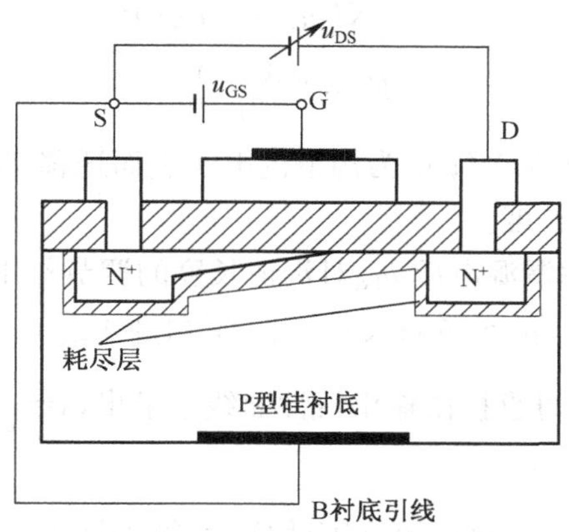

图 4-9　$u_{DS}>U_{GS}-U_{GS(th)}$ 时 U_{DS} 对 I_D 的影响

4)N 沟道增强型 MOSFET 特性曲线

在 MOS 管中，输入栅极电流是平板电容器的泄漏电流，其值近似为零，因此在这里主要讨论转移特性曲线和输出特性曲线。

N 沟道增强型 MOSFET 的输出特性曲线和转移特性曲线分别如图 4-10 和图 4-11 所示。输出特性曲线分为三个部分：可变电阻区、恒流区、击穿区。

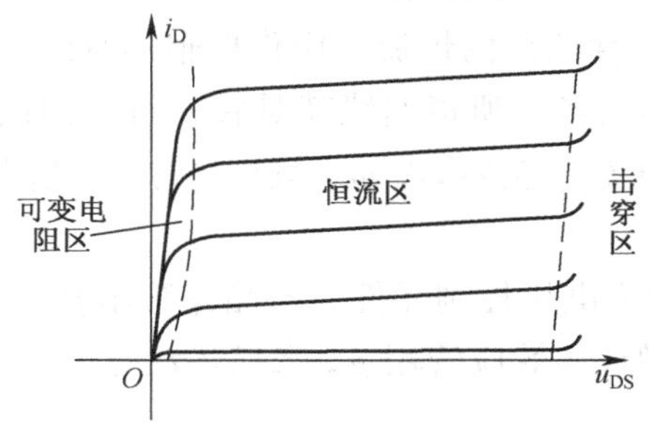

图 4-10　输出特性曲线

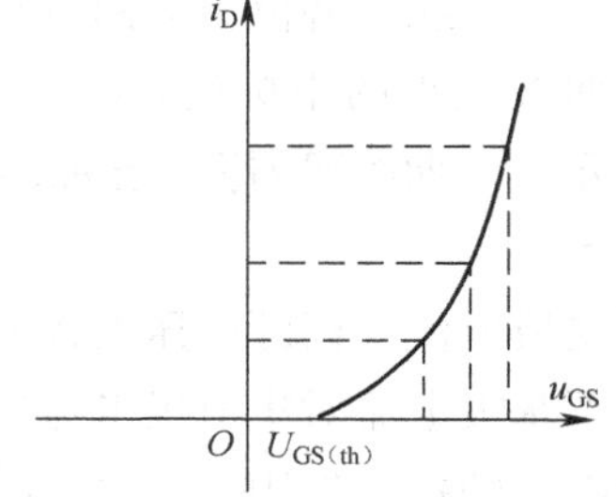

图 4-11　转移特性曲线

(1)输出特性曲线

①可变电阻区

图 4-10 中的左边虚线为预夹断轨迹，它是各条曲线上使 $u_{DS}=u_{GS}-U_{GS,th}$ 的点连接而成。预夹断轨迹左边的区域称为可变电阻区，在这个区域中，u_{DS} 较小。当 u_{GS} 不变时，导电沟道大小基本是不变的，沟道电阻也是不变的，所以漏极电流 i_D 随 u_{DS} 线性变化。当 u_{GS} 增大时，沟道厚度增加，沟道电阻减小，曲线斜率增大。因而在这个区域中，可以通过改变 u_{GS} 的大小来改变漏源电阻的阻值，所以称为可变电阻区。

②恒流区

图 4-10 中的预夹断轨迹右边为恒流区。在这个区域中，$u_{DS}>u_{GS}-U_{GS,th}$，i_D 基本不随 u_{DS} 变化而趋于恒定，特性曲线基本呈水平线(实际上略有增加)，故称为恒流区。利用场效应管作为放大管时，应使其工作在恒流区。

在恒流区，i_D 与 u_{GS}的近似关系为

$$i_D \approx K(u_{GS}-U_{GS,th})^2 \tag{4-2}$$

式中

$$K=\frac{\mu_n C_{OX} W}{2L}$$

K 为导电因子，单位为 mA/V^2；μ_n 为沟道内电子表面迁移率；C_{OX}为栅氧化层单位面积电容；W 为沟道宽度，L 为沟道长度。

当沟道较短时，需要考虑漏源电压 u_{DS}对沟道长度的调节作用，此时漏极电流 i_D 为

$$i_D \approx K(u_{GS}-U_{GS,th})^2(1+\lambda u_{DS}) \tag{4-3}$$

λ 为沟道调节系数，其值可直接由输出特性曲线上求出，$\lambda=\frac{1}{V_A}$，V_A 为厄尔利电压。

③击穿区

当 u_{DS}增加到一定程度时，漏极电流会骤然增大，管子被击穿。由于这种击穿是栅—漏间耗尽层破坏而造成的，因而当 u_{GS}增大时，栅—漏间击穿电压将增大。

(2)转移特性

场效应管为电压控制型器件，主要表现为 u_{GS}对 i_D 控制，可以用转移特性来描述。转移特性曲线描述当漏—源电压 U_{DS}为常量时，漏极电流 i_D 与栅—源电压 u_{GS}之间的函数关系，即

$$i_D = f(u_{GS})\big|_{U_{DS}} = 常数$$

当场效应管工作在恒流区时，由于输出特性曲线可近似为横轴的一组平行线，所以可以用一条转移特性曲线代替恒流区的所有曲线。在输出特性曲线的恒流区中作横轴的垂线，读出垂线与各曲线交点的坐标值，建立 u_{GS}、i_D 坐标系，连接各点所得曲线就是转移特性曲线，如图 4-11所示。从曲线可看到，当 $u_{GS}<U_{GS,th}$时，漏极电流 i_D 为零，当 $u_{GS}\geqslant U_{GS,th}$时，$u_{GS}$越大，$i_D$ 也随着增大。

由于漏极电流受栅源电压的控制，故称场效应管为电压控制元件。与晶体管用 β 来描述动态情况下基极电流对集电极电流的控制作用相类似，场效应管用 g_m 来描述动态的栅源电压对漏极电流的控制作用，g_m 称为低频跨导

$$g_m=\frac{\Delta i_D}{\Delta u_{GS}} \tag{4-4}$$

2. N 沟道耗尽型 MOSFET 工作原理

前面讨论增强型 MOSFET 工作原理时提到，只有栅源电压 $u_{GS}>U_{GS,th}$，才能形成导电沟道。如果在制造 MOS 管时，在 SiO_2 绝缘层中掺入大量正离子，那么即使 $u_{GS}=0$，在正离子作用下，P 型衬底表面也存在反型层，即存在导电沟道，只要在漏—源之间加上正向电压，就会产生漏极电流。这种 MOSFET 就称为耗尽型 MOSFET。如图 4-12 所示，当 $u_{GS}>0$ 时，反型层变宽，沟道电阻变小，漏极电流增大，反之，漏极电流减小。

当 $u_{GS}<0$，且从零减小到一定值时，反型层消失，漏源之间的导电沟道消失，漏极电流为

0。对此时的 u_{GS} 称为夹断电压 $U_{GS,off}$，这个夹断电压为负值。

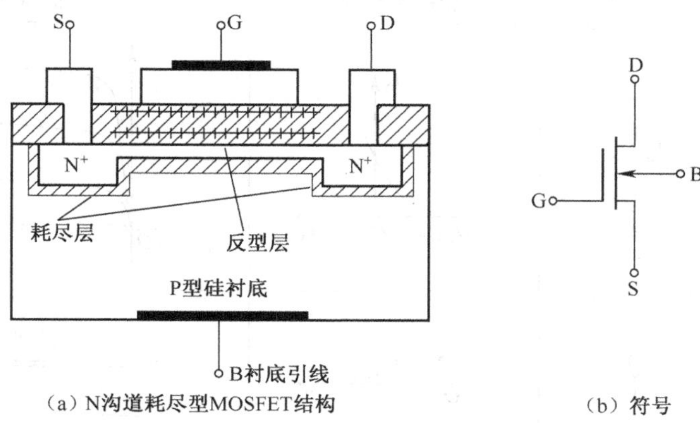

图 4-12　N 沟道耗尽型 MOSFET

耗尽型 MOSFET 可以在正栅源电压及负栅源电压下工作，实现对 i_D 的控制，且能保持栅—源间有非常大的绝缘电阻，基本上无栅极电流。

在恒流区，耗尽型 MOS 管 i_D 与 u_{GS} 的近似关系与式(4-2)相似，为

$$i_D \approx K(u_{GS} - U_{GS,off})^2 \tag{4-5}$$

也可表示为

$$i_D \approx I_{DSS}\left(1 - \frac{u_{GS}}{U_{GS,off}}\right)^2 \tag{4-6}$$

式中 I_{DSS} 称为 $u_{GS}=0$ 时的饱和漏电流，其值为

$$I_{DSS} \approx \frac{\mu_n C_{OX} W}{2L} U_{GS,off}^2 \tag{4-7}$$

各种 MOSFET 的转移特性和输出特性曲线如表 4-2 所示。

表 4-2　各种 MOSFET 的转移特性和输出特性曲线

分类		符号	转移特性曲线	输出特性曲线
增强型	N沟道	D, G, B, S	i_D, O, $U_{GS,th}$, u_{GS}	i_D, O, $U_{GS(th)}$, u_{DS}
增强型	P沟道	D, G, B, S	$U_{GS,th}$, i_D, O, u_{GS}	$U_{GS(th)}$, i_D, O, u_{DS}

续上表

分类		符号	转移特性曲线	输出特性曲线
耗尽型	N沟道	D G B S	i_D $U_{GS,off}$ O u_{GS}	i_D $U_{GS}=0$ O $U_{GS,off}$ u_{DS}
耗尽型	P沟道	D G B S	i_D $U_{GS,off}$ O u_{GS}	$U_{GS,off}$ i_D O u_{DS} $U_{GS}=0$

3. 衬底效应

上面讨论了衬底极与源极相连时的伏安特性曲线。在集成电路中，许多 MOS 管都制作在同一衬底上，为了保证衬底与源、漏区之间的 PN 结反偏，衬底必须接在电路的最低电位上。若某些 MOS 管的源极不能处在电路的最低电位上，则其源极与衬底极不能相连，其间就会作用着负值的电压 u_{BS}。

在负值衬底电压作用下，P 型硅衬底中的空间电荷区将向衬底底部扩展，空间电荷区中的负离子数增多。但是由于 u_{GS}不变，即栅极上的正电荷量不变，因而反型层中的自由电子数就必然减小，从而引起沟道电阻增大，i_D 减小。图 4-13 显示在不同的源—衬电压作用下的输出特性曲线和转移特性曲线的变化情况。从图 4-13 可看到，电压 u_{BS}和 u_{GS}一样，也具有对 i_D 的控制作用，故又称衬底电极为背栅极，不过它的控制作用远比 u_{GS}小。

实际上 u_{BS}对 i_D 的影响集中反映在对 $u_{GS(th)}$ 的影响上。u_{BS}向负值方向增大，$u_{GS(th)}$ 也就相应增大。因而在 U_{GS}一定时，i_D 就减小。

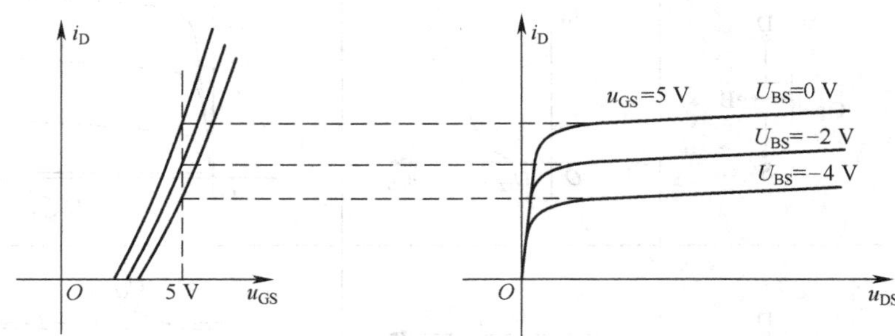

图 4-13　N 沟道增强型 MOSFET 背栅效应

4. VMOS 场效应管

普通的绝缘栅场效应管漏极电流 i_D 在衬底表面沟道内流过，其漏极面积受到限制，故而

漏极电流 i_D 不可能太大，耗散功率较小，故而多为小功率管。为了适用大功率的应用场合，于20 世纪 70 年代末研制出了具有垂直沟道的绝缘栅场效应管，称为 VMOS 场效应管。

VMOS 场效应管的结构剖面图如图 4-14(a)所示，电路符号图如图 4-14(b)所示。

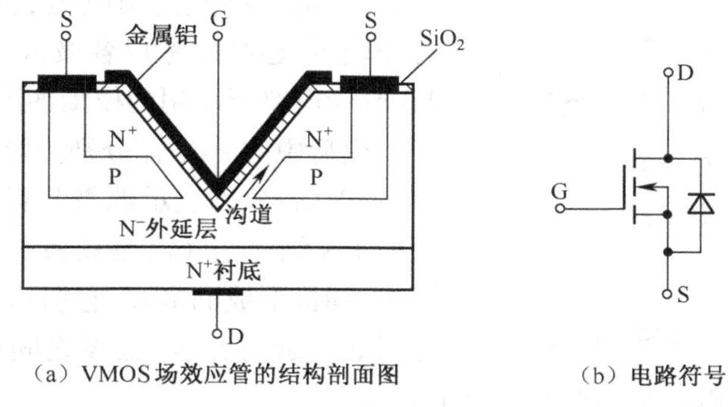

(a) VMOS 场效应管的结构剖面图　　(b) 电路符号

图 4-14　VMOS 管

VMOS 管以 N^+ 型硅构成漏极区，在 N^+ 上外延一层低浓度的 N^- 型硅，形成外延层。在外延层上利用光刻法沿垂直方向刻出一个 V 形槽，并在其表面生成一层 SiO_2 绝缘层，覆盖一层金属铝作为栅极。当 $u_{GS}>U_{GS,th}$时，在 V 形槽下面形成导电沟道。这是只要 $u_{DS}>0$，就会产生电流 i_D，其电流的流向是垂直于表面纵向流动。

VMOS 管独特的结构设计，与其他 MOS 管相比较使其具有如下优点。

①恒流特性好。由于 VMOS 管导电沟道的厚度由 u_{GS}控制，与 u_{DS}关系很小，所以沟道调制效应很小，故而恒流特性好。

②VMOS 管漏区面积大，散热面积大；沟道长度可以做得比较短，而且可利用集成工艺将多个沟道并联，所以允许流过的漏极电流很大，故而耗散功率可以达到数百瓦乃至上千瓦。

③因为低轻掺杂的外延层电场强度低，电阻率高，使 VMOS 管所能承受的反压可达上千伏。

④因金属栅极与低掺杂外延层相覆盖的部分很小，所以栅、漏极之间的电容很小，因而 VMOS 管的工作速度很快，允许的工作频率可高达数十兆赫。

4.1.4　场效应管的电路模型

场效应管作为非线性器件在不同的应用场合可表现为不同的电路特征，可用如下模型来表示。

1. 结型场效应管的模型

根据结型场效应管的结构和工作原理，很容易得出结型场效应管的物理模型，如图 4-15 所示。

结型场效应管是计算机辅助分析中最常用的模型。其中 r_{DD}、r_{SS}分别为漏区和源区的体电阻；VD_{GS}、VD_{GD}分别为栅漏、栅源间 PN 结构成的等效二极管，C_{GD}、C_{GS}分别为两个 PN 结的电荷存储效应造成的等效极间电容，由于 PN 工作在反偏，故这两个电容为势垒电容。i_D 为非线性受控电流源，它表明栅极电压对漏极电流的控制作用。

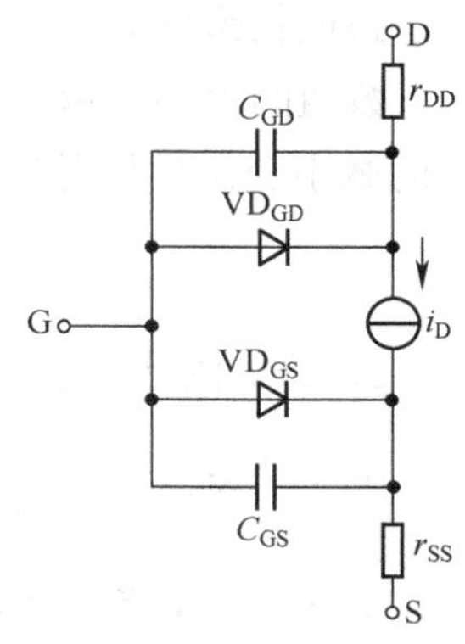

图 4-15　N 沟道 JFET 模型

2. MOS 场效应管的模型

对含有 MOSFET 的电路进行全面分析时，除了考虑漏极电流 i_D 受栅源电压 u_{GS} 和衬底电压 u_{BS} 的控制作用外，还必须考虑各极间电容的影响，这些电容将直接影响电路的频率特性；在大信号作用下，还必须考虑各极区体电阻的作用。分析 MOS 管电路所应用的模型如图 4-16 所示。

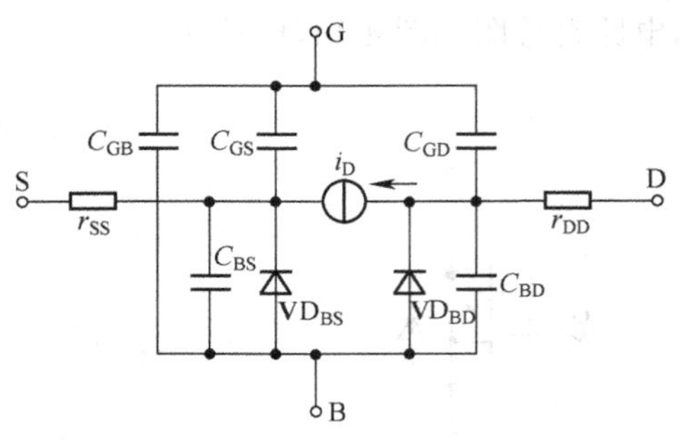

图 4-16 MOSFET 的瞬态模型

模型中的 r_{SS}、r_{DD} 分别为源区和漏区的体电阻；VD_{BS}、VD_{BD} 分别表示源极与衬底、漏极与衬底间的反向 PN 结；C_{GS}、C_{GD} 是栅极分别通过 SiO_2 介质与源极、漏极形成的电容，它们均为线性电容；C_{BS}、C_{BD} 是衬底分别与源极、漏极之间的势垒电容，它们均为非线性电容；C_{GD} 是栅极到衬底之间的沟道电容。

上述两个模型中的电流源 i_D 根据场效应管的类型不同或工作在不同工作区，分别由式(4-1)～式(4-7)中的相应表达式决定。它是非线性受控电流源，电流 i_D 受栅源电压 u_{GS} 和衬底电压 u_{BS} 的控制。

4.1.5 场效应管的主要参数及特点

1. 直流参数

①开启电压 $U_{GS,th}$：在 u_{DS} 为一常量时，增强型 MOS 管形成沟道、并有电流 i_D 的栅源电压值。手册中给出的是在 i_D 为规定的微小电流时的 u_{GS}。

②夹断电压 $U_{GS,off}$：在 u_{DS} 为常量情况下，使 i_D 为一个微小的电流时，栅源之间所加的电压称为夹断电压。从物理意义来讲，相当于夹断点延伸到源极，达到全夹断。这个参数主要用于结型场效应管和耗尽型 MOS 管。

③饱和漏极电流 I_{DSS}：对于耗尽型 MOS 管及结型场效应管，在 $u_{GS}=0$ 的情况下产生预夹断时的漏极电流。

④直流输入电阻：等于栅源电压与栅极电流之比。结型场效应管直流输入电阻大约 $10^7\ \Omega$，而 MOS 场效应管大于 $10^9\ \Omega$，手册中一般只给出栅极电流的大小。

2. 交流参数

1)低频跨导 g_m

数值的大小表示 u_{GS} 对 i_D 控制作用的强弱。在管子工作在恒流区且 u_{DS} 为常量的条件下，i_D 的微小变化量与引起它变化的 Δu_{GS} 之比，称为低频跨导，即

$$g_m = \left.\frac{\Delta i_D}{\Delta u_{GS}}\right|_{U_{DS}} = \text{常数}$$

g_m 的单位是 S 或 mS。g_m 是转移特性曲线上某一点的切线的斜率，可通过对式

$$i_D = I_{DSS}\left(1-\frac{u_{GS}}{U_{GS,off}}\right)^2 \text{（结型场效应管、耗尽型 MOS 场效应管）}$$

$$i_D = I_{DO}\left(\frac{u_{GS}}{U_{GS,th}}-1\right)^2 \text{（增强型场效应管，} I_{DO} \text{是 } u_{GS}=2U_{GS,th} \text{时的 } i_D\text{）}$$

求导而得。g_m 与切点的位置密切相关，因为转移特性的非线性，因而 i_D 越大，g_m 也越大。

2)极间电容

场效应管的三个极之间均存在极间电容。通常，栅源电容和栅漏电容约为 1～3 pF，而漏源电容约为 0.1～1 pF。在高频电路中，应该考虑极间电容的影响。管子的最高工作频率是综合考虑了三个极间电容的影响而却确定的工作频率的最大值。

3. 极限参数

①最大漏极电流：管子正常工作时的漏极电流上限值。

②击穿电压：管子进入恒流区后，使 i_D 骤然增大的 u_{DS} 称为漏源击穿电压，u_{DS} 超过此值会使管子烧坏。

③最大耗散功率。对于 MOS 管，栅—衬之间的电容容量很小，只要有少量的感应电荷就可产生很高的电压。而由于 R_{GS} 很大，感应电荷难以释放，以至于感应电荷所产生的高压会使很薄的绝缘层击穿，造成管子的损坏。因此，无论是在存放还是在工作电路中，都应为栅源之间提供直流通路，避免栅极悬空；同时在焊接时，要将电烙铁良好接地。

4.2　场效应管的基本放大电路

场效应管通过栅—源电压 u_{GS} 控制漏极电流 i_D，与双极性晶体管一样，可以实现能量的控制，构成放大电路。主要区别是三极管为电流控制器件，而场效应管是电压控制器件。场效应管的源极、栅极和漏极与晶体管的发射极、基极和集电极相对应，基于场效应管的基本放大电路也有三种方式(或三种组态)，分别为共源极(CS)、共漏极(CD)和共栅极(CG)放大电路，如图 4-17 所示。

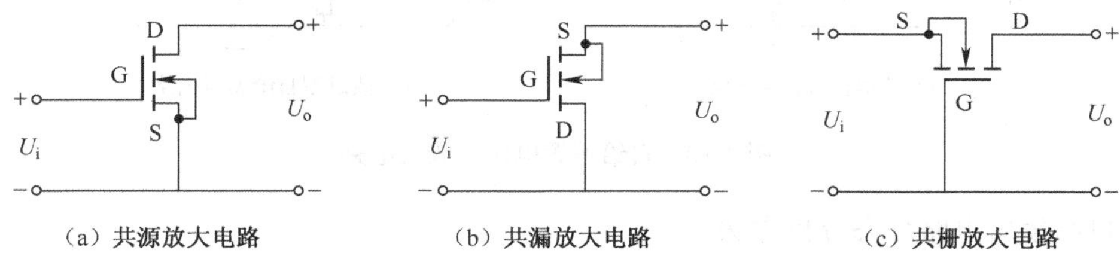

图 4-17　场效应管放大电路的三种连接方式

4.2.1　场效应管放大电路的静态设置

与第 3 章中介绍的晶体管放大电路工作原理一样，为了使场效应管放大电路正常放大，也需要设置合适的静态工作点，使场效应管工作在恒流区，才能保证对输入信号进行不失真的线性放大。

增强型 MOS 场效应管和耗尽型 MOS 管的简化直流模型如图 4-18 所示。

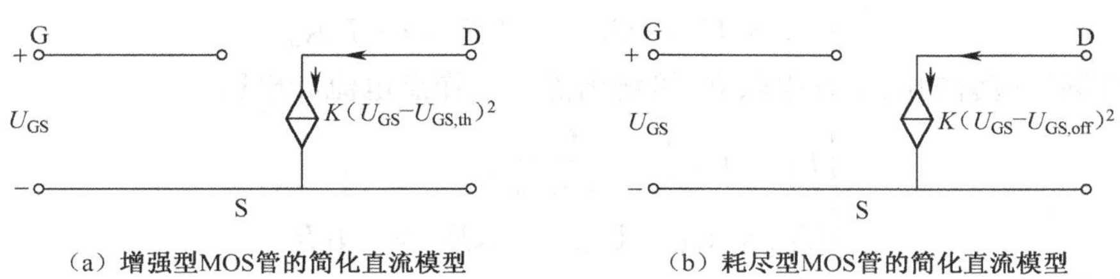

图 4-18　场效应管简化直流模型

如前面章节所介绍,增强型 MOS 管,漏极电流与栅源电压之间的控制关系为

$$I_D \approx K(U_{GS} - U_{GS,th})^2 \tag{4-8}$$

耗尽型 MOS 管及结型场效应管,漏极电流与栅源电压之间的控制关系为

$$I_D \approx K(U_{GS} - U_{GS,off})^2 = I_{DSS}\left(1 - \frac{U_{GS}}{U_{GS,off}}\right)^2 \tag{4-9}$$

其中 I_{DSS}是零栅压的漏极电流。

1. 直流偏置电路

常用的场效应管放大电路的直流偏置电路有两种形式,一是自给偏置电路,二是外加偏置电路。设置直流偏置电路主要是提供适当的栅源电压 U_{GS},使场效应管工作在恒流区。对于结型场效应管及耗尽型 MOS 场效应管,导电沟道预先存在,即 $U_{GS}=0$,$I_D\neq 0$,可以采用自给偏压电路。对于增强型 MOS 场效应管,栅源电压 U_{GS}首先需要形成沟道,外加偏压电路适合增强型 MOS 管。

如 4-19 图所示,为 N 沟道结型场效应管共源放大电路,4-19(a)为基本自给型偏置电路,4-19(b)为改进型自给型偏置电路。

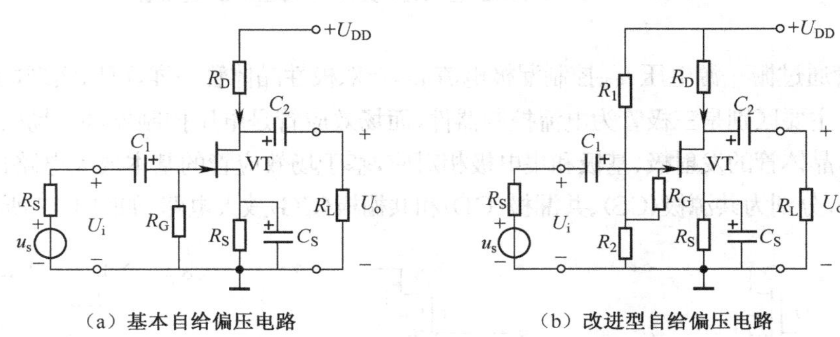

图 4-19 自给偏置电路的放大电路

2. 自给偏压电路静态分析方法

静态分析就是计算场效应管放大电路的栅源直流电压 U_{GSQ}、漏极直流电流 I_{DQ}和场效应管的管压降,即漏源极间压降 U_{DSQ}的过程。因为场效应管栅极电阻很大,因此栅极电流近似为零,无须计算。

场效应管放大电路的静态分析也有图解法和直接计算法。图解法的分析过程与三极管放大电路的类似。下面将主要介绍直接计算法。

自给偏压的工作原理是利用 $U_{GS}=0$ 时,源极电流 I_S 在源极电阻 R_S 两端产生一个电压降,形成源极电压 U_S。另外栅极经过电阻 R_G 接地,则得到

$$U_{GS} = U_G - U_S = -I_S R_S \approx -I_D R_S$$

上式与场效应管的电流方程联立,可解出静态工作点电流和电压。

$$\begin{cases} I_D = I_{DSS}\left(1 - \dfrac{U_{GS}}{U_{GS,off}}\right)^2 \\ U_{GS} = U_G - U_S = -I_S R_S \approx -I_D R_S \end{cases} \tag{4-10}$$

解方程组,得 U_{GSQ}和 I_{DQ},所以

$$U_{DSQ} = U_{DD} - I_D(R_S + R_D) \tag{4-11}$$

上述自给偏置电路是依靠 R_S 的直流负反馈起稳定工作点的作用，R_S 值越大，工作点越稳定，但 R_S 值大，工作点偏低，这样不仅使放大器的增益减小，而且由于接近夹断，放大器的非线性失真将明显增大。

采用如图 4-19(b)改进型偏置电路可以解决这一矛盾。电阻 R_1、R_2 分压经 R_G 提供栅极一个固定正偏压。接入大电阻 R_G 是为了减小偏置电路对放大器输入电阻的影响。接入固定正偏压的好处是可以将 R_S 选的比较大而不会导致工作点偏低。

对于结型场效应管，必须保证 $|U_S|>|U_G|$，才能保证放大器具有正确的偏压。

同样，可列写方程组求出静态工作点

$$\begin{cases} I_D = I_{DSS}\left(1-\dfrac{U_{GS}}{U_{GS,off}}\right)^2 \\ U_{GS} = \dfrac{U_{DD}R_2}{R_1+R_2} - I_D R_S \end{cases} \tag{4-12}$$

3. 外加偏置电路的静态分析

对于增强型 MOS 管，由于栅源为零时，漏极没有电流流过，即 $U_{GS}=0$，$I_D=0$，因此不能采用自给型偏置电路，应该采用外加偏置电路。

图 4-20(b)是外加偏压放大电路的直流通路。R_{G1} 和 R_{G2} 分压提供一个正偏栅压 U_G，大电阻 R_G(MΩ)对分压电路没有影响，目的是减小 R_{G1} 和 R_{G2} 对放大电路输入电阻的影响。

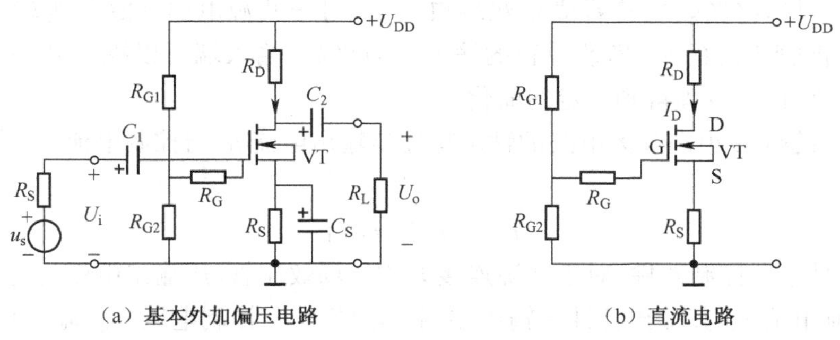

图 4-20　外加偏置电路共源放大器电路及其直流通路

根据场效应管的电流方程和直流通路，列出如下方程组

$$\begin{cases} I_D = K(U_{GS}-U_{GS,th})^2 \\ U_{GS} = U_G - U_S \approx \dfrac{R_{G2}}{R_{G1}+R_{G2}}U_{DD} - I_D R_S \end{cases} \tag{4-13}$$

解方程组，得 U_{GSQ} 和 I_{DQ}，所以

$$U_{DSQ} = V_{DD} - I_D(R_S+R_D) \tag{4-14}$$

【例 4-1】 场效应管放大电路如图 4-20(a)所示。已知 $R_{G1}=300\ \text{k}\Omega$，$R_{G2}=500\ \text{k}\Omega$，$R_G=1\ \text{M}\Omega$，$R_D=5\ \text{k}\Omega$，$R_S=0$，$U_{DD}=5\ \text{V}$，$U_{GS,th}=1\ \text{V}$，$K=0.5\ \text{mA/V}^2$。计算放大电路的静态工作点的值。

分析：例题中的直流通路如图 4-20(b)所示。解题思想是将电路参数带入方程组(4-13)，解非线性方程组得 U_{GSQ} 和 I_{DQ}，代入式(4-14)得到 U_{DSQ}。

解:根据放大电路,栅源直流电压为

$$\begin{cases} I_D = K(U_{GS} - U_{GS,th})^2 = 0.5(U_{GS} - 1)^2 \text{ mA} \\ U_{GS} = U_G - U_S \approx \dfrac{R_{G2}}{R_{G1} + R_{G2}} U_{DD} - I_D R_S = \dfrac{300}{300 + 500} \times 5 \text{ V} = 1.875 \text{ V} \end{cases}$$

假设 N 沟道增强型 MOS 管工作在恒流区,根据式(4−14)得到的漏极电流

$$I_D = K(U_{GS} - U_{GS,th})^2 = 0.5 \times (1.875 - 1)^2 \approx 0.383 \text{ mA}$$

$$U_{DS} = U_{DD} - I_D(R_S + R_D) = 5 - 0.383 \times (0 + 5) = 3.08 \text{ V}$$

因为 $U_{DS} > U_{GSQ} - U_{GS,th} = 0.875 V$,说明场效应管确实工作在恒流区,上面的分析是正确的,因此静态工作点是 $U_{GSQ} = 1.875$ V,$U_{DSQ} = 3.08$ V,$I_{DQ} = 0.383$ mA。

上述分析中,假设 $R_S \neq 0$,则可能解出两组数值,此时就需要分析哪一组数据符合场效应管工作的条件,那么这一组数据才是我们的解题结果。

4.2.2 场效应管放大电路的分析

场效应管的动态分析也可以采用图解法和交流等效电路法。图解法的分析过程与三极管放大电路的类似。本节主要介绍交流等效电路法。

根据电路的工作频段,场效应管的交流等效模型有低频小信号模型和高频小信号模型。

1. 场效应管的低频小信号模型

场效应管的低频小信号模型是假设输入信号幅值小、频率低、场效应管工作在恒流区的模型。和三极管一样,将场效应管看成是双端口网络,对于共源电路,GS 端为输入端,DS 间为输出端。与三极管不同的是,场效应管的输入电阻极高,输入端可以视为开路,GS 之间只有电压而没有电流,计算过程得到一定的简化。

双极型三极管 CE 组态放大电路的输出特性是输出电流 i_C 与控制电流 i_B、输出电压 u_{CE} 之间的关系。即

$$i_C = f[i_B, u_{CE}]$$

场效应管是电压控制器件,对于共源连接方式的场效应管,用输出电流 i_D 替代 i_C,控制电压 u_{GS} 替代控制电流 i_B,其输出特性是输出端漏极电流 i_D 与控制电压 u_{GS}、输出电压 u_{DS} 之间的关系。

输出特性
$$i_D = f[u_{GS}, u_{DS}] \tag{4-15}$$

对输出特性函数取全微分,得

$$di_D = \left.\frac{\partial i_D}{\partial u_{GS}}\right|_{u_{DS}} du_{GS} + \left.\frac{\partial i_D}{\partial i_{DS}}\right|_{u_{GS}} du_{DS} \tag{4-16}$$

di_D 表示 i_D 的增量部分,用 Δi_D 表示 di_D,其他微分变量同理,这样将式(4-16)整理为

$$\Delta i_D = g_m \Delta i_{GS} + g_{ds} \Delta i_{DS} \tag{4-17}$$

其中

低频跨导
$$g_m = \left.\frac{\Delta i_D}{\Delta u_{GS}}\right|_{u_{DS}=\text{常数}} \tag{4-18}$$

场效应管输出电导
$$g_{ds} = \left.\frac{\Delta i_D}{\Delta i_{DS}}\right|_{u_{GS}=\text{常数}} = \frac{1}{r_{ds}} \tag{4-19}$$

r_{ds} 就是场效应管的输出电阻。

当输入为低频小信号时,增量部分 Δi_D、Δi_{GS}、Δi_{DS} 可以用他们的交流分量 i_d、i_{gs}、i_{ds} 代替。

根据式(4-17),得到的低频小信号交流等效电路模型如图 4-21 所示。

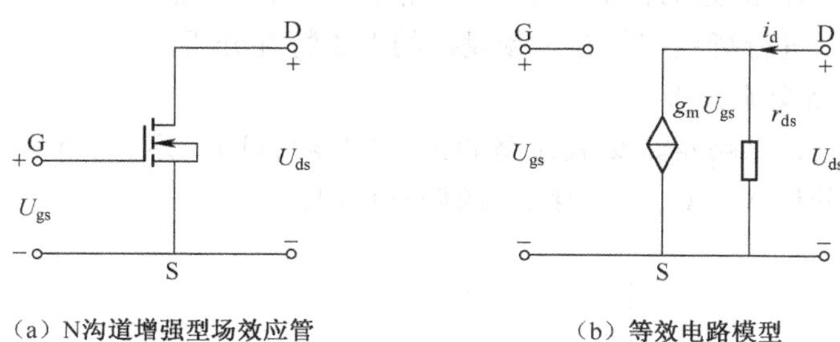

(a) N沟道增强型场效应管　　(b) 等效电路模型

图 4-21　MOS 管及其低频小信号等效电路模型

对于 N 沟道增强型 MOS 管,式(4-18)说明了漏极电流与栅源电压之间的控制关系,这样利用低频跨导的定义,有

$$g_m = \frac{\partial i_D}{\partial u_{GS}}\bigg|_{u_{DS}=\text{常数}} = 2K(U_{GS} - U_{GS,th}) \tag{4-20}$$

2. 场效应管的高频小信号模型

场效应管工作在高频状态时,与半导体三极管相似,其工作特性同样受到各极之间结电容的影响。和三极管分析过程相同,从场效应管的物理结构出发,得到的场效应管的高频小信号等效电路模型如图 4-22 所示。C_{gd}、C_{gs}、C_{ds}分别是栅漏电容、栅源电容、漏源电容。C_{db}是栅极和衬底间电容。

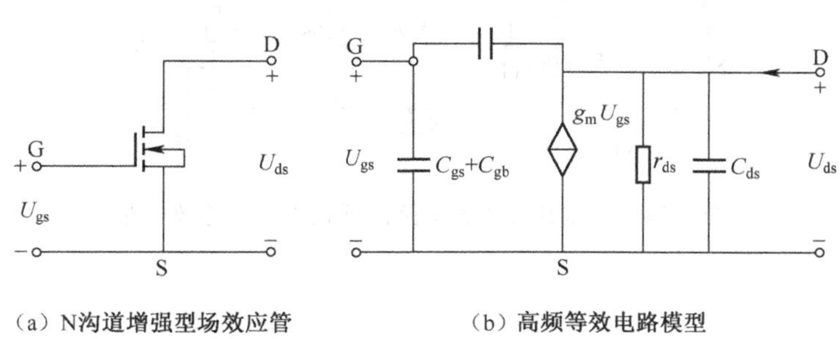

(a) N沟道增强型场效应管　　(b) 高频等效电路模型

图 4-22　MOS 管及其高频小信号等效电路模型

大多数场效应管的参数如表 4-3 所示。

表 4-3　场效应管的主要参数

参数 / 管子类型	g_m(mS)	r_{ds}(Ω)	r_{gs}(Ω)	C_{gs}(pF)	C_{gd}(pF)	C_{ds}(pF)
结　型	0.1～10	10^5	$>10^7$	1～10	1～10	0.1～1
绝缘栅型	0.1～20	10^4	$>10^9$	1～10	1～10	0.1～1

由于一般情况下,r_{ds}和 r_{gs}比外接电阻大得多,因此在近似分析时,可以认为它们是开路的。对于跨接在栅—漏之间的结电容 C_{gd},可以利用密勒定理进行等效变换,将其折合到输入回路和输出回路,使电路单向化。

如果场效应管工作在低频段,可以认为高频小信号模型中的结电容产生的容抗很大,这样在电路中的影响视为开路,这时的高频模型和低频模型相同。显然,从物理结构出发得到的高频等效电路模型可以进行场效应管在全频段内的电路特性分析。

3. 共源放大电路交流分析

共源场效应管放大电路及其交流通路如图 4-23(a)、(b)所示,其低频小信号等效电路如图 4-24所示。下面分析接入 C_S 和未接 C_S 的两种情况。

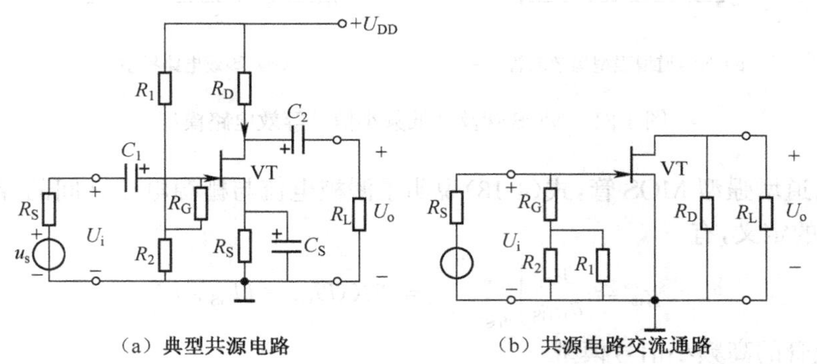

(a) 典型共源电路　　(b) 共源电路交流通路

图 4-23　典型共源放大电路及其交流通路

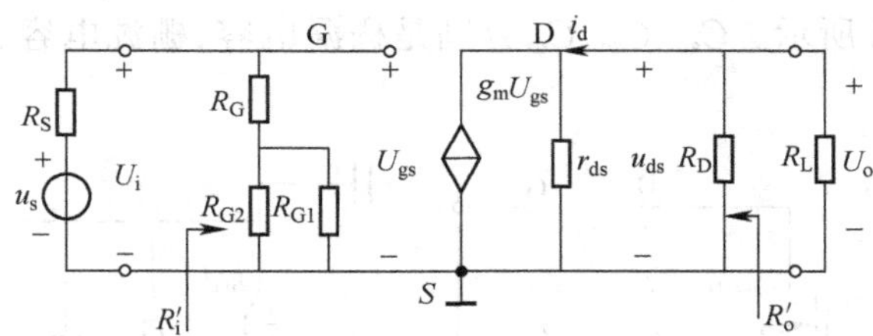

图 4-24　典型共源放大电路的低频小信号等效电路

1)接入 C_S

电压增益

$$A_U=\frac{U_o}{U_i}=-g_m(r_{ds}\ /\!/\ R_D\ /\!/\ R_L) \tag{4-21}$$

考虑信号源内阻时,电压增益为

$$A_{Us}=\frac{U_o}{U_s}=\frac{U_i}{U_s}\cdot\frac{U_o}{U_i}=-\frac{R_{G1}\ /\!/\ R_{G2}}{R_S+R_{G1}\ /\!/\ R_{G2}}\cdot g_m(r_{ds}\ /\!/\ R_D\ /\!/\ R_L) \tag{4-22}$$

输入电阻

$$R_i'=R_G+R_{G1}/\!/R_{G2} \tag{4-23}$$

输出电阻

$$R_o'=r_{ds}/\!/R_D \tag{4-24}$$

2)未接 C_S

如图 4-25 是共源放大电路未接 C_S 的交流通路,是其低频小信号等效电路。

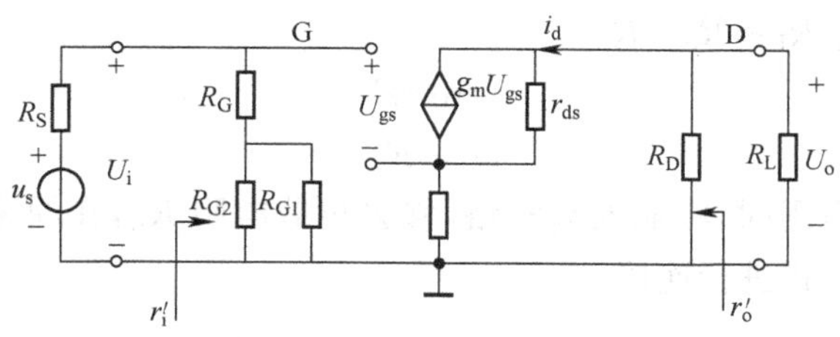

图 4-25 典型共源放大电路的未接电容 C_S 低频小信号等效电路

一般 $r_{ds} \gg R_D /\!/ R_L$，$r_{ds} \gg R_S$ 则得到

电压增益

$$A_U = \frac{u_o}{u_i} = \frac{-g_m U_{gs} R_D'}{U_{gs} + g_m U_{gs} R_S} = \frac{-g_m R_D'}{1 + g_m R_S} \tag{4-25}$$

输入电阻

$$r_i' = R_G + R_{G1} /\!/ R_{G2}$$

输出电阻

$$r_o' \approx R_D$$

4.2.3 场效应管的共漏放大电路

图 4-26(a)是共漏放大电路，共漏放大器又称源极输出器。图 4-26(b)是它的低频小信号等效电路。

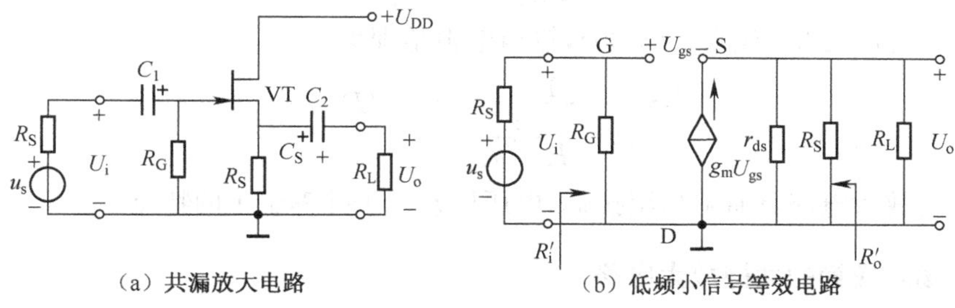

图 4-26 典型共漏放大电路及其低频小信号等效电路

1. 静态分析

图 4-26(a)共漏放大电路的静态工作点可以使用下列公式进行工程近似计算

$$\begin{cases} I_D = I_{DSS}\left(1 - \dfrac{U_{GS}}{U_{GS,off}}\right)^2 \\ U_{GS} = U_G - U_S = -I_D R_S \end{cases}$$

解方程组，得 U_{GSQ} 和 I_{DQ}，所以

$$U_{DSQ} = U_{DD} - I_D R_S \tag{4-26}$$

显然计算过程与共源放大器完全一样。

2. 动态分析

根据交流等效电路图 4-26(b)，可以直接计算共漏放大电路的动态特性。

电压增益

$$A_U = \frac{U_o}{U_i} = \frac{g_m U_{gs} R_s'}{U_{gs} + g_m U_{gs} R_s'} = \frac{g_m R_s'}{1 + g_m R_s'} < 1 \tag{4-27}$$

式中 $R'_S = r_{ds} // R_S // R_L \approx R_S // R_L$

当 $g_m R'_S \gg 1$ 时，
$$A_U \approx 1 \tag{4-28}$$

输入电阻
$$r'_i = R_G \tag{4-29}$$

在计算、测量输出电阻时，将输入端短路，移去负载电阻 R_L，在原来接负载的两端接电压源 U_{ot}，即按照图 4-27 方式进行连接。

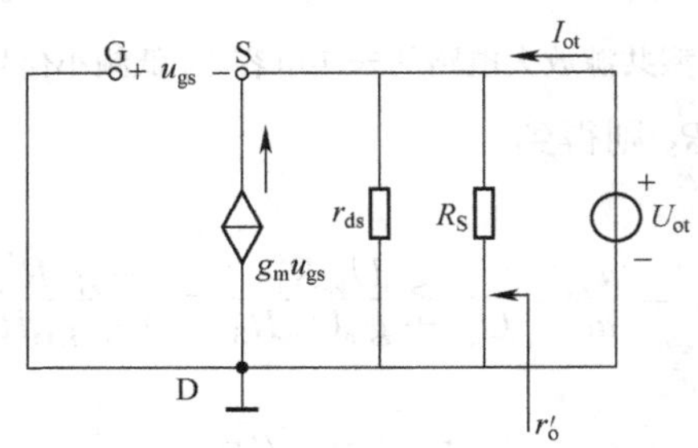

图 4-27 图 4-26 的输出电阻测试连接方法

输出电阻为

$$r'_o = \frac{U_{ot}}{I_{ot}} \tag{4-30}$$

$$\because I_{ot} = \frac{U_{ot}}{R_S // r_{ds}} - g_m U_{gs} \tag{4-31}$$

$$\because U_{gs} = -U_{ot} \tag{4-32}$$

将式(4-31)、式(4-32)代入式(4-30)，输出电阻整理得

$$r'_o = \frac{1}{g_m + \dfrac{1}{R_S // r_{ds}}} = g_m // R_S // r_{ds} \tag{4-33}$$

可见，共漏放大电路具有输出阻抗低，电压增益小于并等于 1 的特点。

4.2.4 场效应管的共栅放大电路

图 4-28(a)是一个共栅放大电路，图 4-28(b)是它的直流通路。

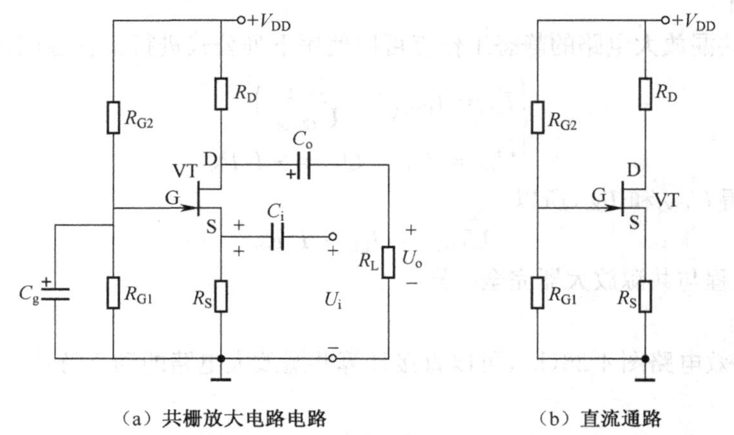

(a) 共栅放大电路电路　　(b) 直流通路

图 4-28 共栅放大电路电路及直流通路

1. 静态分析

如图 4-28(b)所示的共栅放大电路的静态工作点可以使用下列公式进行工程近似计算

$$\begin{cases} I_D = I_{DSS}\left(1-\dfrac{U_{GS}}{U_{GS,off}}\right)^2 \\ U_{GS} = U_G - U_S \approx \dfrac{R_{G2}}{R_{G1}+R_{G2}}U_{DD} - I_D R_S \end{cases} \tag{4-33}$$

解方程组(4-33)，得 U_{GSQ} 和 I_{DQ}，漏源间电压

$$U_{DSQ} = U_{DD} - I_D R_S \tag{4-34}$$

显然，分析计算过程与共源放大器完全一样。

2. 动态分析

图 4-29(a)共栅放大电路的交流通路及低频小信号等效电路如图 4-29(a)、(b)所示。

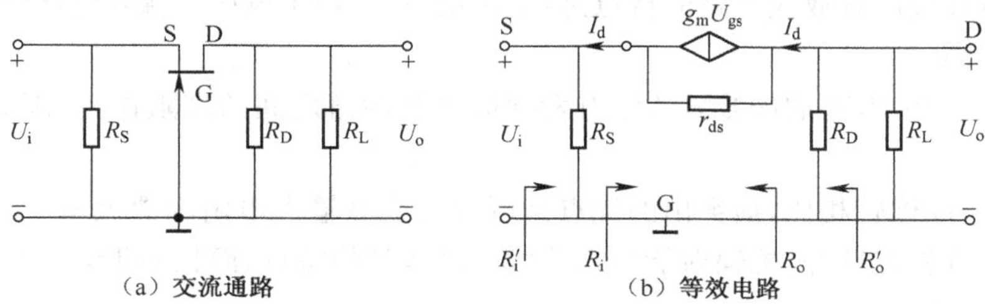

图 4-29　共栅放大电路的交流通路及等效电路

根据低频小信号等效电路图 4-29(b)，有

$$I_d = g_m U_{gs} + \frac{U_{ds}}{r_{ds}} \tag{4-35}$$

$$\begin{cases} U_{ds} = U_o - U_i = -I_d(R_D /\!/ R_L) - U_i \\ U_{gs} = -U_i \end{cases} \tag{4-36}$$

将式(4-36)代入式(4-35)整理得

$$I_d = -\frac{\left(g_m + \dfrac{1}{r_{ds}}\right)U_i}{1+\dfrac{(R_D /\!/ R_L)}{r_{ds}}} \tag{4-37}$$

电压增益

$$A_U = \frac{U_o}{U_i} = -\frac{I_d(R_D /\!/ R_L)}{U_i} = \frac{\left(g_m + \dfrac{1}{r_{ds}}\right)(R_D /\!/ R_L)}{1+\dfrac{(R_D /\!/ R_L)}{r_{ds}}} \tag{4-38}$$

当 $r_{ds} \gg R_D /\!/ R_L$ 时，电压增益简化为

$$A_U = g_m(R_D /\!/ R_L) \tag{4-39}$$

输入电阻

$$r_i = \frac{U_i}{-I_d} = \frac{1+\dfrac{(R_D /\!/ R_L)}{r_{ds}}}{g_m + \dfrac{1}{r_{ds}}} \tag{4-40}$$

当 $r_{ds} \gg R_D /\!/ R_L$，$g_m r_{ds} \gg 1$ 时，输入电阻可简化为

$$R_i \approx \frac{1}{g_m} \tag{4-41}$$

所以 $$R_i' \approx \frac{1}{g_m} /\!/ R_S \tag{4-42}$$

输出电阻 $$R_o = r_{ds} \tag{4-43}$$

当 $r_{ds} \gg R_D$ 时, $$R_o' = r_{ds} /\!/ R_D \approx R_D \tag{4-44}$$

4.2.5 场效应管三种组态放大电路性能的比较

通过对三种组态的场效应管放大电路的静态、动态分析后,得到如下结论。

(1)共源场效应管放大电路的特点是:电压增益值大,输入电压与输出电压反相;输入电阻很大,输出电阻主要由负载电阻决定。

(2)共漏极场效应管放大电路的特点是:电压增益值很小,输出电压与输入电压同相,输入电阻很大,输出电阻小,可以起到阻抗变换的作用。

(3)共栅极场效应管放大电路的特点是:电压增益高,输出电压与输入电压同相,输入电阻很低,输出电阻高。

由于共栅极放大电路的连接方法没有发挥栅极和沟道之间的高阻作用,因此实际电路中很少使用。

场效应管与晶体管相比,最突出的优点是可以组成高输入电阻的放大电路,此外,由于它还有噪声低、温度稳定性好、抗辐射能力强等优于晶体管的特点,而且便于集成化,所以广泛地用于各种电子电路中。

习 题

1. 填空题

(1)MOS 场效应管的全称是________________,分为________和________两种。

(2)结型场效应管工作在恒流区时,其栅—源间所加电压应该________。(正偏、反偏)

(3)耗尽型 N 沟道 MOS 场效应管的 U_{GS} 应________(大于/小于)零,以防止产生栅极电流。

2. 一个结型场效应管的转移特性曲线如题 4-2 图所示。试问:

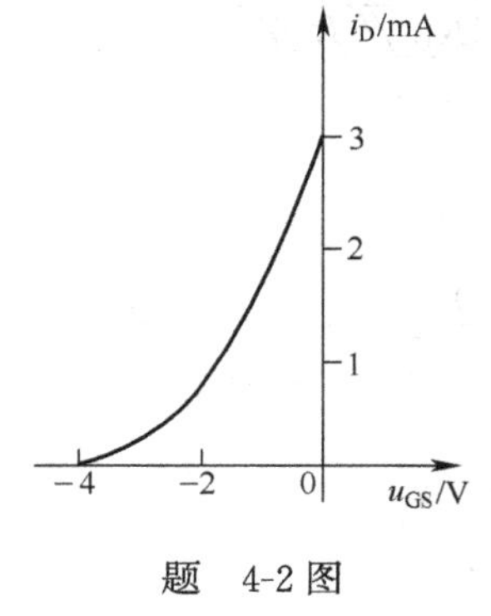

题 4-2 图

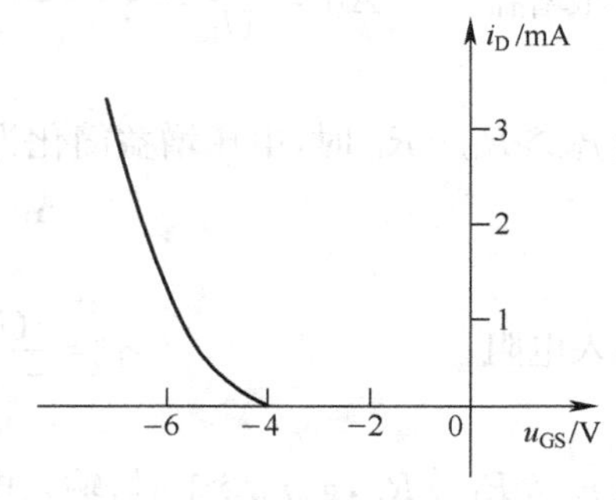

题 4-3 图

(1)它是N沟道还是P沟道的场效应管？

(2)它的夹断电压$U_{GS,off}$和饱和漏电流I_{DSS}各是多少？

3. 1个MOS场效应管的转移特性如题4-3图所示(其中漏电流i_D的方向是它的实际方向)，试问：

(1)该场效应管是耗尽型还是增强型？

(2)该场效应管是N沟道还是P沟道？

(3)从这个转移特性曲线上可求出该场效应管的什么参数？其值是多大？

4. 电路如题4-4图所示，管子T的输出特性曲线如图所示，$R_d=5\ \text{k}\Omega$，试分析输入U_I为0 V、8 V、10 V三种情况下，U_o分别是多少？

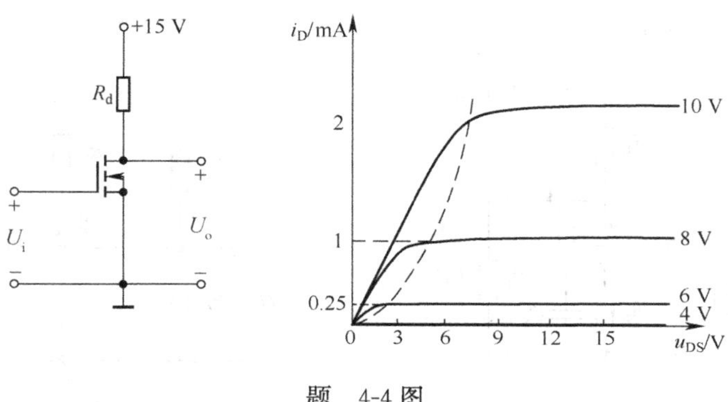

题　4-4图

5. 测得某放大电路中五只场效应管的三个电极电位分别，如题4-5表所示，阈值电压也在表中给出。试分析分别是何种场效应管，并将其工作状态也填入表中。

题4-5表

序　号	$U_{GS(th)}/U_{GS(off)}$	U_G/V	U_S/V	U_D/V	管　型	工作状态
结型T_1	3	1	3	−10		
结型T_2	−3	3	−1	10		
$MOST_3$	−4	5	0	−5		
$MOST_4$	4	−2	3	−1.2		
$MOST_5$	−3	0	0	10		

6. 电路如题4-6图所示，已知场效应管的低频跨导为g_m。

(1)写出静态工作点求解表达式。

(2)试写出A_u、R_i和R_o的表达式。

(3)若源极旁路电容C_S开路，写出A_u的表达式。

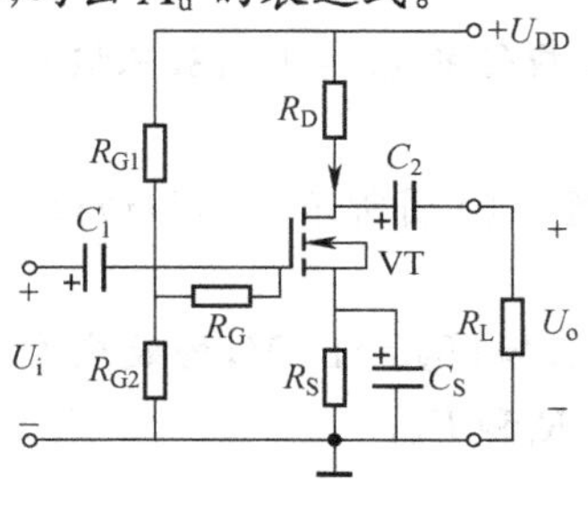

题　4-6图

7. 图 4-7 所示各电路是否能正常放大？若不能，请说明原因，并改正其错误，使其能正常放大信号。

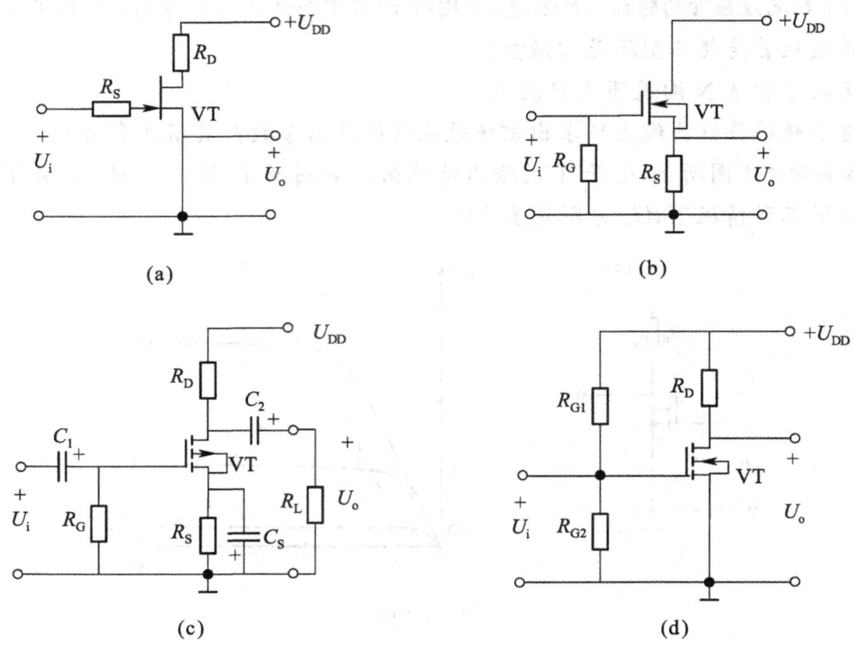

题　4-7 图

8. 电路参数如题 4-6 图所示，场效应管的 $U_{GS,off}=-1$ V，$I_{DSS}=0.5$ mA，试求静态工作点，并写出 A_u、R_i'和 R_o'的表达式。

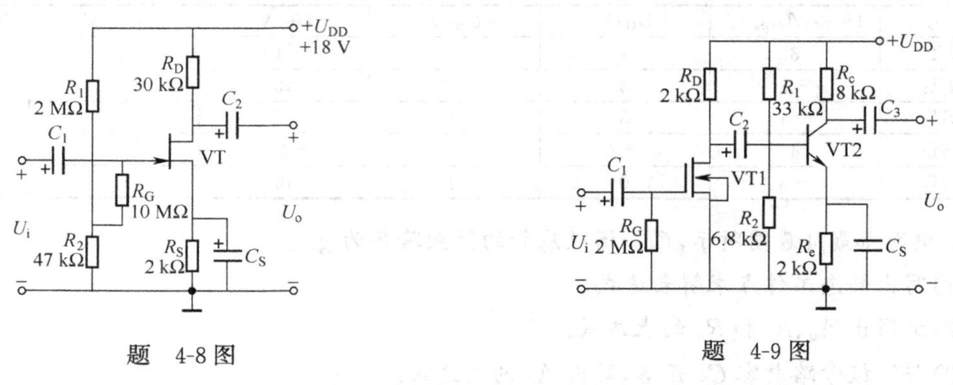

题　4-8 图　　　　题　4-9 图

9. 电路如题 4-9 图所示，场效应管的 $g_m=1$ mS，三极管 VT_2 的 $h_{fe}=60$，$h_{ie}=1.5$ kΩ。试求 A_u、R_i'和 R_o'。

10. 场效应管源极输出器如题 4-10 图所示。已知场效应管参数 $g_m=1$ mS，$U_{GS,off}=-0.8$ V，试求 A_u、R_i'和 R_o'。

11. 电路如题 4-11 图所示。已知 $U_{DD}=18$ V，场效应管跨导 $g_m=2$ mS。试求：

(1)当 R_L 断开时，电路的 A_u、R_i'和 R_o'；

(2)当接上 R_L 时，电路的 A_u；

(3)当源极电阻并接上旁路电容 C_S 时，则 A_u 为多少？

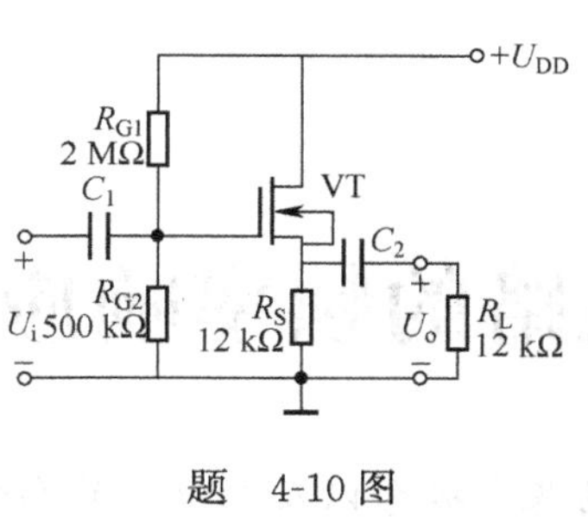

题　4-10 图

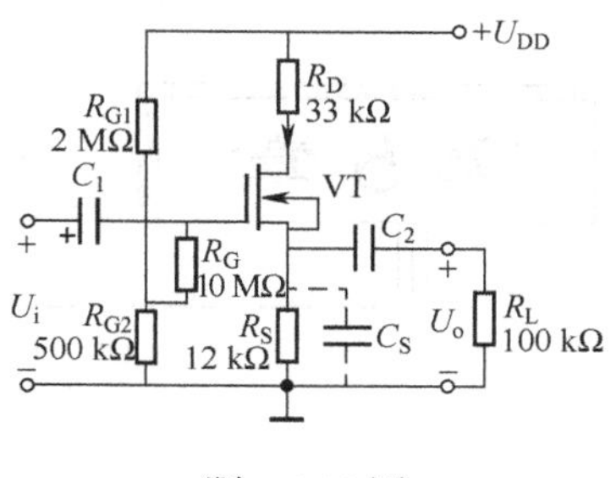

题　4-11 图

思　考　题

1. 为什么场效应管输入电阻比双极型晶体管高得多？

2. 分别讨论结型场效应管和增强型 MOS 管、耗尽型 MOS 管作放大器件时，其偏置电压应如何设置？为什么？

3. 为什么 MOS 管输入电阻比结型场效应管的输入电阻要高？

4. 增强型 MOS 管能否采用自给偏压的方法来设置静态工作点？为什么？

5. 为什么说场效应管是电压控制型器件？而晶体管是电流控制型器件？

6. 双极性三极管和场效应管相比较，各有什么优缺点？

第5章 放大电路的频率响应

【内容提要】 本章主要介绍放大器频率响应的基本概念以及三极管的高频运用。通过简单的实例总结出频率响应的基本分析方法，并由此推广到放大器的高频响应和低频响应的分析中。

5.1 频率响应的基本概念

前面在讨论放大电路的增益时，只是考虑了它的中频特性，即忽略了放大电路中电抗元件的影响，所求的指标没有涉及输入信号的频率。但实际上，放大电路中总是含有电抗元件，因而，它的增益和相移都与频率有关。即它能正常工作的频率范围是有限的，一旦超出了这个范围，输出信号将不能按原有增益放大，从而导致失真。我们把增益和相移随频率的变化特性分别称为幅频特性和相频特性，又统称为频率响应特性。

通过对频率响应特性的研究，可以知道一个给定的放大电路具有多大的带宽，并且知道其带宽与哪些因素有关，从而进一步研究如何展宽放大电路的频带。

5.1.1 幅频特性与相频特性

如图5-1所示是一个典型的阻容耦合共射放大电路的幅频特性和相频特性。其中图5-1(a)是放大电路的幅值$|A|$和频率f(或角频率ω)之间的关系曲线，称为幅频特性曲线。由于增益是频率的函数，因此增益用$A(jf)$或$A(j\omega)$来表示。由图可见，在中频段增益基本不随频率而变化，我们称中频段的增益为中频增益。实际上，前面讨论的放大电路增益就是指中频增益。

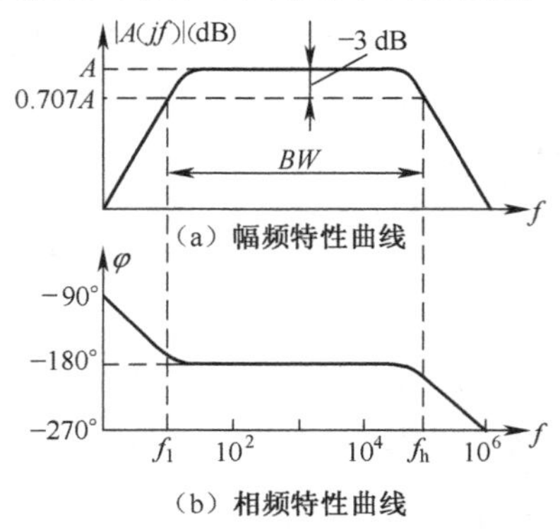

图5-1 典型单管共射放大电路频响特性

在中频增益段的左、右两边，随着频率的减小或增加，增益都要下降，分别称为低频增益段和高频增益段。通常把增益下降到中频增益的0.707倍(即3 dB)处所对应的频率称为放大电路的低频截频(也称下限频率)f_L和高频截频(也称上限频率)f_H，把$BW=f_H-f_L$称为放大器的带宽。

图5-1(b)是放大电路的相移φ和频率f(或角频率ω)之间的关系曲线，称为相频特性曲线。阻容耦合共射放大电路在中频段产生$-180°$的相移，而在低频段随着频率的降低，相移也减小，接近零频时相移趋近于$-90°$。在高频段随着频率的提高，相移也增加，相移趋近于$-270°$。

5.1.2 放大器的带宽

带宽是放大器的重要指标之一，根据放大器的用途，对带宽有不同的要求。例如音频放大器是用来放大语音、音乐信号，因此按照人们耳朵的灵敏度，一般要求音频放大器的频率范围在 20～20 000Hz；而视频放大器是用来放大视频信号的，要求一般视频放大器的带宽在几十兆赫以上，所以这种放大器又称宽带放大器。目前，这种宽带放大器已广泛地应用于通信、电视及各种电子仪器和设备中。

5.1.3　放大器产生截频的主要原因

引起放大器低频增益下降的主要原因是放大电路中耦合电容和旁路电容的影响，这些电容的容抗随着信号频率的降低而增加，对信号产生衰减作用，导致低频增益下降。

引起放大器高频增益下降的主要原因是晶体管结电容及分布电容的影响，这些电容的容抗随着信号频率的增加而减小，对信号产生分流作用，导致高频增益下降。另外，管子的 β 值随着信号频率的增加而减小，也可导致高频增益下降。

5.2　频率响应的分析方法

5.2.1　电路的传输函数

线性时不变系统的传输函数，定义为初始条件为零（零状态）时，输出量（响应函数）$y(t)$ 的拉式变换 $Y(s)$ 与输入量（激励函数）$f(t)$ 的拉式变换 $F(s)$ 之比。

图 5-2 的传输函数 $H(s)$ 为

$$H(s)=\frac{Y(s)}{F(s)}\bigg|_{\text{零状态响应}}$$

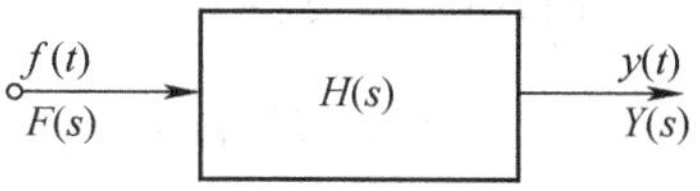

图 5-2　传输函数的定义

当系统的初始条件为零时，对所有的线性集总参数系统，$H(s)$ 可写成如下形式

$$H(s)=\frac{Y(s)}{F(s)}=\frac{a_0s^m+a_1s^{m-1}+\cdots+a_{m-1}s+a_m}{b_0s^n+b_1s^{n-1}+\cdots+b_{n-1}s+b_n}\tag{5-1}$$

式中，$m\leqslant n$，$a_0,\cdots,a_m$，$b_0,\cdots,b_n$ 均为常数，取决于系统结构及元件参数。

$H(s)$ 的分子等于零的特征方程的根 $Z_j(j=1,2,\cdots,m)$ 称为零点，因为这些 Z_j 值使传输函数为零；$H(s)$ 的分母等于零的特征方程的根 $p_i(i=1,2,\cdots,n)$ 称为极点，因为这些 p_i 值使传输函数为无穷大。零、极点可以是实数或复数。运用零、极点，传输函数可表示为

$$H(s)=K\frac{(s-Z_1)(s-Z_2)\cdots(s-Z_m)}{(s-p_1)(s-p_2)\cdots(s-p_n)}=K\frac{\prod\limits_{j=1}^{m}(s-Z_j)}{\prod\limits_{i=1}^{n}(S-p_i)}\tag{5-2}$$

式中，K 称为标尺因子。

将零、极点表示在以 σ 为实轴、ω 为虚轴的复平面（s 平面）上，其中用“×”表示极点、用“O”表示零点，如图 5-3 所示，称为系统的零、极点图。如果已知系统的零、极点图和标尺因子 K，则该系统的传输函数也就唯一地被确定。也就是说一个系统的特性，主要决定于零、极点在 s 平面上的位置。

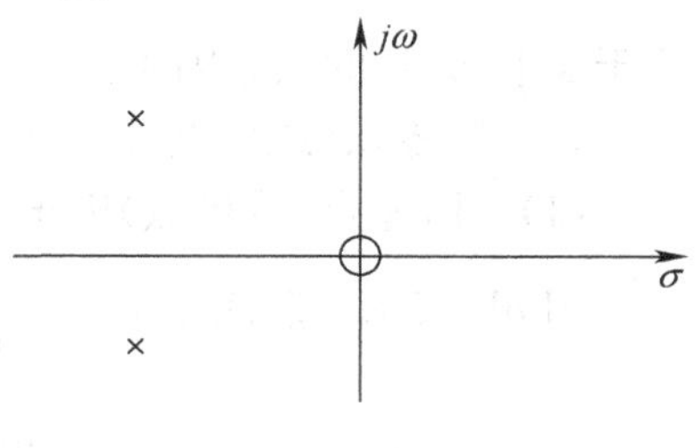

图 5-3　零、极点图

当激励信号是角频率为 ω 的正弦信号时，在稳态条件下，$H(s)$表示式可写成 $H(j\omega)$，即 $S=j\omega$。有

$$H(j\omega)=K\frac{\prod_{j=1}^{m}(j\omega-Z_j)}{\prod_{i=1}^{n}(j\omega-p_i)} \tag{5-3}$$

其幅频特性

$$|H(j\omega)|=K\sqrt{\frac{\prod_{j=1}^{m}(\omega^2+Z_j{}^2)}{\prod_{i=1}^{n}(\omega^2+p_i{}^2)}} \tag{5-4}$$

相频特性

$$\varphi(\omega)=\sum_{j=1}^{m}\arctan\left(-\frac{\omega}{Z_j}\right)-\sum_{i=1}^{n}\arctan\left(-\frac{\omega}{p_i}\right) \tag{5-5}$$

当零点、极点和 K 已知时，给出不同的 ω，即可求出相应的 $|H(j\omega)|$ 和 $\varphi(\omega)$，便可画出频响特性曲线。

5.2.2 频率响应的波特图绘制

在已知系统传输函数的零、极点的情况下，可用折线近似描述频响特性。为了压缩坐标，扩大视野，频率坐标采用对数刻度，而幅值和相角采用线性刻度，这种特性曲线称为波特图。

由式(5-4)可得

$$20\lg|H(j\omega)|=20\lg K'+\sum_{j=1}^{m}20\lg\sqrt{1+\left(\frac{\omega}{Z_j}\right)^2}-\sum_{i=1}^{m}20\lg\sqrt{1+\left(\frac{\omega}{p_i}\right)^2} \tag{5-6}$$

这说明传输函数幅值的分贝数等于常数项、各零点因子及极点因子幅值分贝数的代数和，因此幅频特性波特图为各因子幅频特性波特图的叠加。同样，由式(5-5)知，传输函数的相频特性也为各因子相频特性波特图的叠加。而且，我们还发现，零点因子的贡献总是正的；极点因子的贡献总是负的。所以只要分别画出各因子的波特图，再把它们相加，即可得到系统总的波特图。下面举例说明波特图的折线近似绘制方法。

若典型的传输函数为

$$A(j\omega)=\frac{Aj\omega\left(1+j\frac{\omega}{\omega_1}\right)}{\left(1+j\frac{\omega}{\omega_2}\right)\left(1+j\frac{\omega}{\omega_3}\right)\left(1+j\frac{\omega}{\omega_4}\right)} \tag{5-7}$$

式中，A 是常数项；分子项有两个零点，$j\omega$ 是位于 s 平面原点的微分因子，$\left(1+j\frac{\omega}{\omega_1}\right)$ 是位于 s 平面 ω_1 的微分因子。

1)一阶零点(或极点)因子的贡献

(1)一阶零点(或极点)因子对幅频特性的贡献

用 dB 表示一阶因子 $(1+j\frac{\omega}{\omega_1})$ 的幅值，有

$$20\lg\left|1+j\frac{\omega}{\omega_1}\right|=20\lg\sqrt{1+\left(\frac{\omega}{\omega_1}\right)^2}$$

将 ω 分成两段范围来近似描绘。

当 $\omega \ll \omega_1$ 时，有

$$20\lg\sqrt{1+\left(\frac{\omega}{\omega_1}\right)^2} \approx 20\lg 1 = 0\ \text{dB}$$

此时，幅值是一条 0 dB 的水平线。

当 $\omega \gg \omega_1$ 时，有

$$20\lg\sqrt{1+\left(\frac{\omega}{\omega_1}\right)^2} \approx 20\lg\frac{\omega}{\omega_1}$$

在半对数坐标系统画幅值 $20\lg\left(\frac{\omega}{\omega_1}\right)$ 是一条斜率为（+20 dB/十倍频）的直线。因为横轴（x 轴）是对数归一化坐标，即 $x=\lg\left(\frac{\omega}{\omega_1}\right)$，而纵轴（$y$ 轴）是用 dB 刻度的线性坐标，$y=20\lg\left(\frac{\omega}{\omega_1}\right)$，$y$ 与 x 的关系可表示为 $y=20x$。它是一个直线方程，即

①当 $\omega=\omega_1$ 时，$x=0$，$y=0$ dB。

②当 $\omega=10\omega_1$ 时，$x=1$，$y=20$ dB。

③当 $\omega=10^2\omega_1$ 时，$x=2$，$y=40$ dB。

可见，x 每增加 1，即频率每增加十倍频程，幅值 y 增加 20 dB，所以直线的斜率是 +20 dB/十倍频程。

将上述两条直线（渐近线）合成如图 5-4(a) 中折线①所示，即合成后，它在 $\omega \leqslant \omega_1$ 处，是一条 0 dB 水平线，在 $\omega \geqslant \omega_1$ 处，是一条线（+20 dB/十倍频）的斜线，转角点在频率 ω_1 处，所以又称 ω_1 为转角频率。

对相同类型的极点来说，只是贡献是负的，所以此类极点的幅频特性渐近线描绘如图 5-4(a) 中折线②所示。

上述幅频特性渐近线描绘存在误差，而且角频率 ω 越接近于转角频率 ω_1 误差越大。实际上在 $\omega=\omega_1$ 处，幅值 $\pm 20\lg\sqrt{1+\left(\frac{\omega}{\omega_1}\right)^2}=\pm 3.01\ \text{dB} \approx \pm 3\ \text{dB}$，所以应在 $\omega=\omega_1$ 处校正 3 dB，零点取"+"号，极点取"−"号如图 5-4(a) 中虚线所示。

(2) 一阶零点（或极点）因子对相频特性的贡献

一阶零点（或极点）因子的相频特性也可采用折线近似，下面仍以一阶零点为例，来讨论它对相频特性的贡献。

一阶零点的相角可表示为

$$\varphi(\omega) = \arctan\left(\frac{\omega}{\omega_1}\right)$$

①在 $\omega \leqslant 0.1\omega_1$ 处，$\varphi(\omega) \approx 0°$。

②在 $\omega=\omega_1$ 处，$\varphi(\omega)=45°$。

③在 $\omega \geqslant 10\omega_1$ 处，$\varphi(\omega) \approx 90°$。

用折线近似描绘，可作 3 条渐近线，即

①在 $\omega \leqslant 0.1\omega_1$ 处，做 0°水平线。

②在 $\omega \geqslant 10\omega_1$ 处，做 90°水平线。

③在 $0.1\omega_1 < \omega < 10\omega_1$ 处，做 45°/十倍频斜线。

按上述规则可画出一阶零点因子的相频特性如图 5-4(b)折线①所示。同理,考虑到一阶极点因子的贡献是负的,所以其相频特性渐近线描绘如图 5-4(b)中折线②所示。

上述相频特性渐近线描绘同样也存在误差,可在以下主要点进行校正。

①在$\frac{\omega}{\omega_1}=0.1$和$\frac{\omega}{\omega_1}=2$处,零点校正$+5.7°$,极点校正$-5.7°$。

②在$\frac{\omega}{\omega_1}=0.5$和$\frac{\omega}{\omega_1}=10$处,零点校正$-5.7°$,极点校正$+5.7°$。

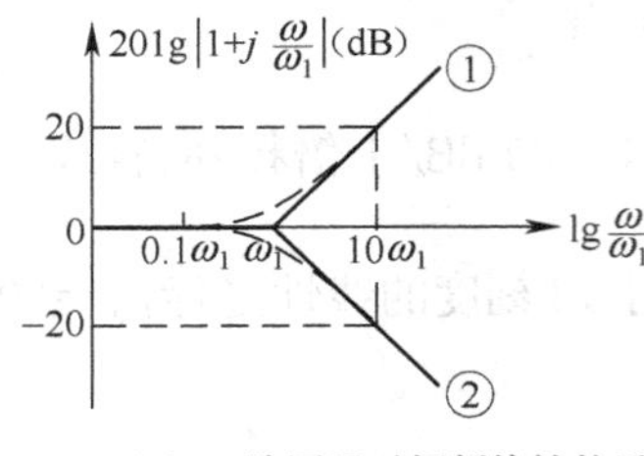

(a)一阶因子对幅频特性的贡献

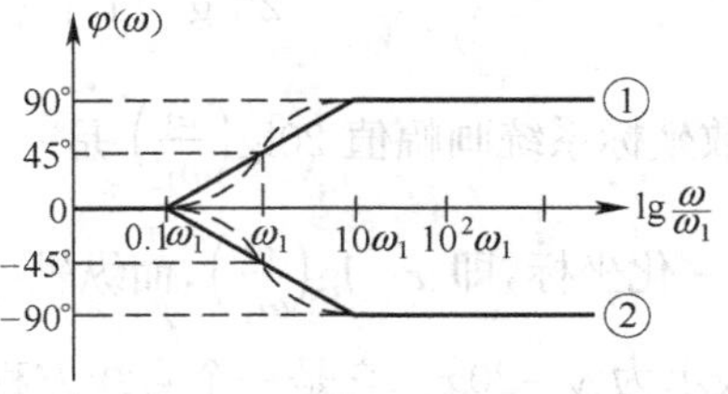

(b)一阶因子对相频特性的贡献

图 5-4 一阶因子对频响特性的贡献

2)零点(或极点)微分因子的贡献

(1)零点(或极点)微分因子对幅频特性的贡献

零点微分因子 $j\omega$ 在画图时可表示为

$$j\omega = j\frac{\omega}{\omega_0}\bigg|_{\omega_0=1}$$

用 dB 表示微分因子 $j\omega$ 的幅值,有

$$y(dB) = 20\lg\frac{\omega}{\omega_0} = 20x$$

即在$\omega=0.1\omega_0$,$\omega_0=1$处,$y=-20$ dB。

在$\omega=\omega_0=1$处,$y=0$ dB。

$\omega=10\omega_0$,$\omega_0=1$处,$y=20$ dB。

这是一条通过$\omega=\omega_0=1$,斜率为(+20 dB/十倍频)的直线,如图 5-5(a)中直线①所示;极点微分因子的贡献为一条通过$\omega=\omega_0=1$,斜率为(−20 dB/十倍频)的直线,如图 5-5(a)中直线②所示。

(2)零点(或极点)微分因子对相频特性的贡献

显然,零点微分因子 $j\omega$ 对相频特性的贡献为 90°;极点微分因子 $j\omega$ 对相频特性的贡献为 −90°,分别如图 5-5(b)中直线①、②所示。

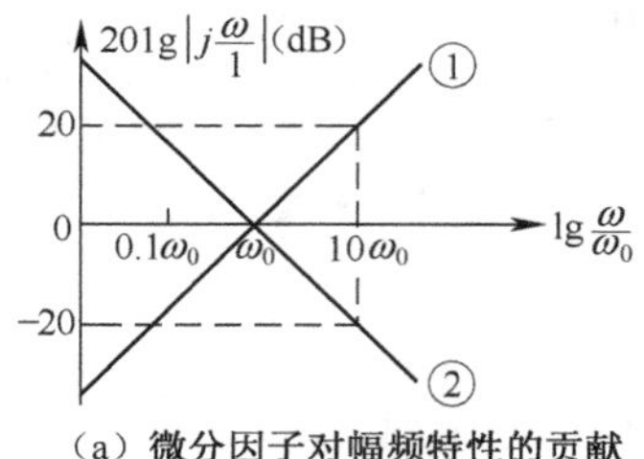

(a)微分因子对幅频特性的贡献

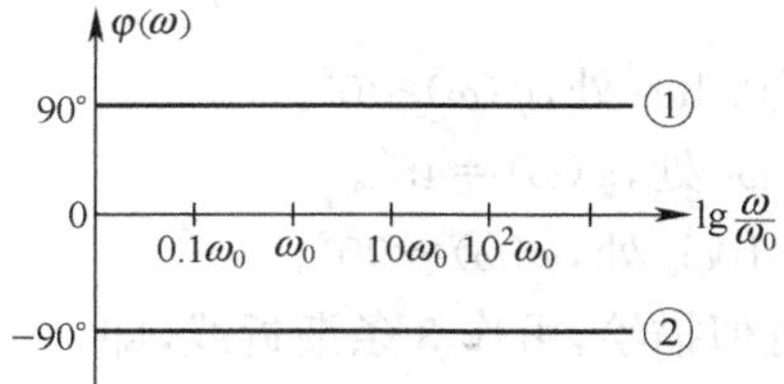

(b)微分因子对相频特性的贡献

图 5-5 微分因子对频响特性的贡献

由微分因子绘出的波特图无需校正。

【例 5-1】 已知某放大电路的传输函数为

$$A(j\omega)=\frac{20\times10^5 j\omega(j\omega+10)}{(j\omega+20)(j\omega+100)(j\omega+10^4)}$$

画出该放大电路的折线近似波特图。

解:将所给传输函数改写成归一化形式

$$A(j\omega)=\frac{Aj\omega\left(1+j\,\frac{\omega}{10}\right)}{\left(1+j\,\frac{\omega}{20}\right)\left(1+j\,\frac{\omega}{100}\right)\left(1+j\,\frac{\omega}{10^4}\right)}$$

式中,$A=(20\times10^5\times10)/(20\times100\times10^4)=1$

下面按做图步骤进行介绍。

第一步:先做常数项的贡献,$20\lg A=20\lg1=0$ dB,即起始于 0 dB。

第二步:画出各零、极点的贡献。

在 $\omega=1$ 处有微分因子 $j\omega$ 的贡献。它对幅频特性的贡献是一条通过 $\omega=1$ 点,斜率为(20 dB/十倍频)的直线,对相频特性的贡献是 90°的直线。

在 $\omega=10$ 处有一阶零点因子 $\left(1+j\,\frac{\omega}{10}\right)$ 的贡献。它对幅频特性的贡献是:在 $\omega\leqslant10$ 时,是一条 0 dB 水平线;在 $\omega\geqslant10$ 时,是一条斜率为(20 dB/十倍频)的直线。它对相频特性的贡献是:在 $\omega\leqslant1$ 时,是一条 0°的水平线;在 $\omega\geqslant100$ 时,是一条 90°的水平线;在 $1\leqslant\omega\leqslant100$ 时,是一条斜率为(45°/十倍频)的直线。

在 $\omega=20$、$\omega=100$ 和 $\omega=10^4$ 处有一阶极点因子 $\left(1+j\,\frac{\omega}{20}\right)$、$\left(1+j\,\frac{\omega}{100}\right)$ 和 $\left(1+j\,\frac{\omega}{10^4}\right)$ 的贡献。它们对幅频特性的贡献是:在 $\omega=20$、$\omega=100$ 和 $\omega=10^4$ 处,各有一条斜率为(−20 dB/十倍频)的直线。在 $\omega\leqslant2$、$\omega\leqslant10$ 和 $\omega\leqslant10^3$ 处,各有一条 0°的水平线;在在 $\omega\geqslant200$、$\omega\geqslant10^3$ 和 $\omega\geqslant10^5$ 处,各有一条 0°的水平线;在 $2\leqslant\omega\leqslant200$、$10\leqslant\omega\leqslant10^3$、$10^3\leqslant\omega\leqslant10^5$ 三段内,各有一条斜率为(45°/十倍频)的直线。各因子对幅频特性的贡献如图 5-6(a)中虚线所示;各因子对相频特性的贡献如图 5-6(b)中虚线所示。

第三步:将上述各零、极点的单独贡献逐段按斜率相加,得到总的波特图如图 5-6 实线所示。

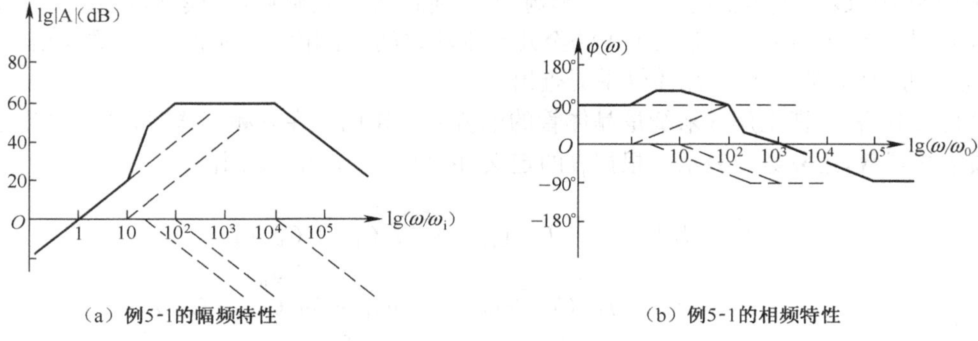

(a) 例5-1的幅频特性　　(b) 例5-1的相频特性

图 5-6　总的波特图

5.3 晶体三极管的高频运用

三极管是外线性组件,在交流分析时往往在一定条件下用线性模型来代替,在低频小信号时用h参数的导效电路(微变等数电路)来代替,而在高频小信号时将用混合π模型来代替,下面将具体介绍二种模型的异同。

1. 共射混合π模型

由式(3-59),可将共射h参数等效电路图3-28(a)表示为图5-7(b)所示形式。

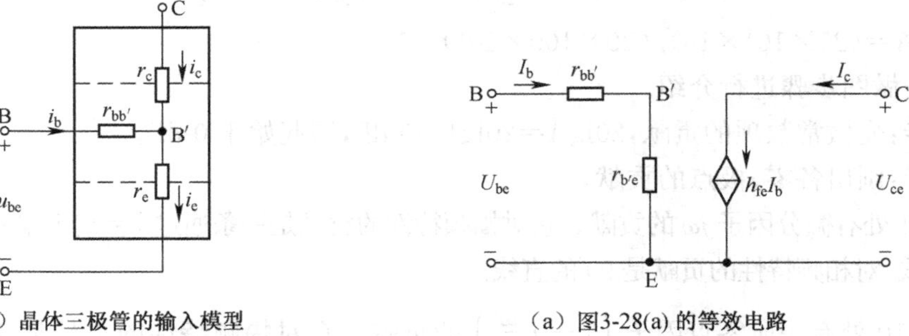

(a) 晶体三极管的输入模型　　(a) 图3-28(a)的等效电路

图 5-7

如果将上图中受电流I_b控制的电流源$h_{fe}I_b$改用受电压$U_{b'e}$控制的电流源$g_mU_{b'e}$表示,可得到共射组态简化的低频混合π模型,如图5-8(a)所示。

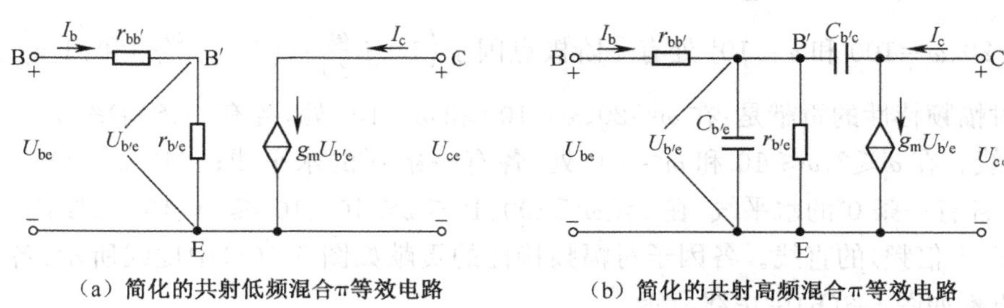

(a) 简化的共射低频混合π等效电路　　(b) 简化的共射高频混合π等效电路

图 5-8 简化的共射混合π等效电路

在高频工作情况下,管子结电容的影响不可忽略。因此,在简化的低频混合π模型基础上考虑进发射结电容$C_{b'e}$和集电结电容$C_{b'c}$的影响,即得到简化的高频混合π模型,如图5-8(b)所示。

图中,发射结电容$C_{b'e}$一般在十皮法至几十皮法之间,可由特征频率f_T公式求出;集电结电容$C_{b'C}$一般为几皮法,可由晶体管手册查出。

对共射电路,习惯上用β来衡量晶体管的电流放大作用。在高频工作时,共射电流放大系数是频率的函数,用复数$\dot{\beta}$表示。根据β的定义,由图5-8(b)可以求出

$$\dot{\beta}=\left.\frac{\dot{I}_c}{\dot{I}_b}\right|_{U_{ce}=0}=\frac{g_m\dot{U}_{b'e}}{\dot{U}_{b'e}[g_{b'e}+j\omega(C_{b'e}+C_{b'c})]}$$
$$=\frac{g_m}{g_{b'e}+j\omega(C_{b'e}+C_{b'c})}=\frac{\beta_o g_{b'e}}{g_{b'e}+j\omega(C_{b'e}+C_{b'c})}$$
$$=\frac{\beta_o}{1+j\omega r_{b'e}(C_{b'e}+C_{b'c})}=\frac{\beta_o}{1+j\dfrac{f}{f_\beta}} \tag{5-8}$$

式中，β_o 称为低频放大系数。有

$$f_\beta = \frac{\omega_\beta}{2\pi} = \frac{1}{2\pi r_{b'e}(C_{b'e}+C_{b'c})} \tag{5-9}$$

f_β 称为共射电流放大系数 $\dot{\beta}$ 的截止频率，其定义为 $|\dot{\beta}|$ 下降到 0.707 β_o 时所对应的频率。将 $|\dot{\beta}|=1$ 时对应的频率定义为特征频率 f_T，即令

$$|\dot{\beta}| = \frac{\beta_o}{\sqrt{1+\left(\frac{f_T}{f_\beta}\right)^2}}$$

由于 $f_T/f_\beta \gg 1$，故

$$f_T \approx \beta_o f_\beta \tag{5-10}$$

由式(5-9)和式(5-10)可求出

$$f_T = \frac{\beta_o}{2\pi r_{b'e}(C_{b'e}+C_{b'c})} \approx \frac{1}{2\pi r_e C_{b'e}} \tag{5-11}$$

同理，晶体管共基组态电流放大系数 α 也是频率的函数，用 $\dot{\alpha}$ 表示，低频时用 α_o 表示。由式 $\dot{\alpha}=\frac{\dot{\beta}}{1+\dot{\beta}}$ 及式(5-8)可求得

$$\dot{\alpha} = \frac{\alpha_o}{1+j\frac{f}{f_\alpha}}$$

$$f_\alpha = (\beta_o+1)f_\beta = \frac{\beta_o+1}{2\pi r_{b'e}(C_{b'e}+C_{b'c})} \tag{5-12}$$

f_α 称为共基电流放大系数 $\dot{\alpha}$ 的截止频率。其定义为 $|\dot{\alpha}|$ 下降到 $0.707\alpha_o$ 时所对应的频率。

f_β、f_T 及 f_α 是晶体管的频率参数，用来表征对不同频率信号的放大能力。其中，f_T 表示晶体管丧失电流放大能力时的极限频率。三者之间的关系为 $f_\alpha > f_T \gg f_\beta$，这说明共基组态的工作频率远大于共射组态的工作频率。

应该指出，f_α、f_T 的表达式都是由混合 π 模型推导出来的，而该模型使用的频率范围大约是 $f_T/3$。当 $f > f_T/3$ 时，用混合 π 模型分析将会产生较大的误差。

2. 单向近似模型

混合 π 模型中电容 $C_{b'c}$ 使电路成为双向传输，因而使分析计算复杂化。为了简化数学运算，可利用密勒定理将原来的双向传输模型变为单向化模型，称为单向近似模型。

(1)密勒定理

密勒(Miller)定理是分析线性有源网络时常用的网络定理，它可以将如图 5-9(a)所示跨接在网络输入端与输出端之间的阻抗 Z，分别等效为并接在输入端的阻抗 Z_1 与输出端的阻抗 Z_2，如图 5-9(b)所示。

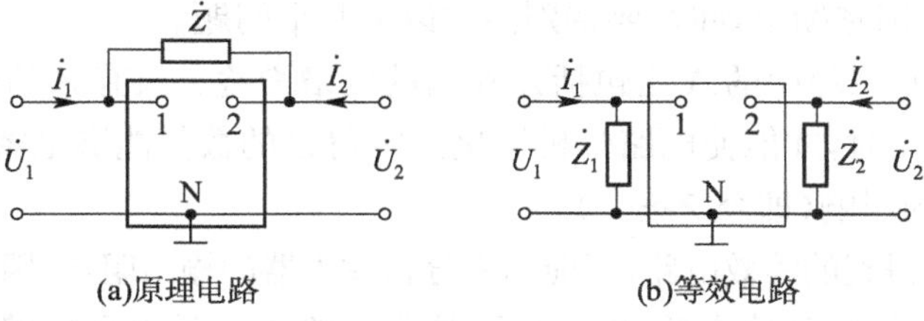

图 5-9　密勒定理

设图 5-9(a)为含有 N 个独立节点的线性网络，节点 N 为接地点或参考点，节点 1、2 对参考点的电压分别为 $\dot{U}_1$、$\dot{U}_2$，从节点 1、2 流出的电流分别为 $\dot{I}_1$、$\dot{I}_2$，阻抗 Z 接于节点 1、2 之间。

设两点之间的增益为

$$\dot{A}=\frac{\dot{U}_2}{\dot{U}_1} \tag{5-13}$$

“1”端电流

$$\dot{I}_1=\frac{\dot{U}_1-\dot{U}_2}{Z}=\frac{\dot{U}_1(1-\dot{A})}{Z}=\frac{\dot{U}_1}{Z/(1-\dot{A})} \tag{5-14}$$

“2”端电流

$$\dot{I}_2=\frac{\dot{U}_2-\dot{U}_1}{Z}=\frac{\dot{U}_2\left(1-\frac{1}{\dot{A}}\right)}{Z}=\frac{\dot{U}_2}{Z/\left(1-\frac{1}{\dot{A}}\right)} \tag{5-15}$$

由图 5-9(b)可知

$$\dot{I}_1=\frac{\dot{U}_1}{Z_1} \tag{5-16}$$

$$\dot{I}_2=\frac{\dot{U}_2}{Z_2} \tag{5-17}$$

对比式(5-14)和式(5-16)，得到

$$Z_1=\frac{Z}{1-\dot{A}} \tag{5-18}$$

对比式(5-15)和式(5-17)，得到

$$Z_2=\frac{Z}{1-\frac{1}{\dot{A}}} \tag{5-19}$$

若跨接在输入端“1”与输出端“2”之间的阻抗 Z 由电容 C 组成，即 $Z=\frac{1}{j\omega C}$，则折算到输入端的容抗为

$$\frac{1}{j\omega C_1}=\frac{\frac{1}{j\omega C}}{1-\dot{A}} \tag{5-20}$$

可求得折算到输入端的等效电容为

$$C_1=(1-\dot{A})C \tag{5-21}$$

同理，可求得折算到输出端的等效电容为

$$C_2=\frac{\dot{A}-1}{\dot{A}}C \tag{5-22}$$

在放大电路中应用密勒定理时，要特别注意以下几个问题。

①式(5-14)～式(5-22)中的 $\dot{A}$ 是包括 Z 在内的网络增益。只有 Z 的数值能满足密勒近似条件、并简单的定出 $\dot{A}$ 时，才能使电路分析简化。所谓 Z 的数值能满足密勒近似条件，是指当计算 $\dot{A}$ 时可忽略 Z 的影响(即令 $Z\approx\infty$)。

②利用密勒定理得到的等效电路，不能用来分析放大器的输出阻抗，因为式(5-18)、式(5-19)中的 $\dot{A}$ 是放大器正向传输时的增益，而输出阻抗则是输入信号电压短路时，由放大器的输出

端看进去的等效电阻。

③密勒等效电路是将双向化电路近似成单向化，去掉了反馈作用，因此不能用它来分析放大电路的稳定问题。

(2)单向近似模型

运用密勒定理，可将图 5-8(b)简化混合 π 模型中的电容 $C_{b'c}$ 分别折算到输入端与输出端，如图 5-10 所示，它就是共射电路的单向近似模型。

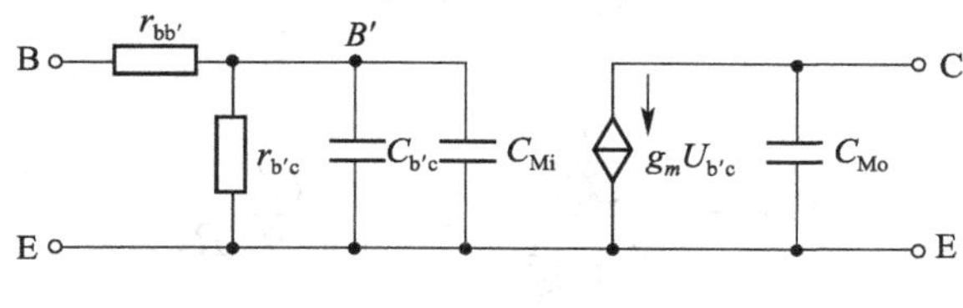

图 5-10　共射单向近似

模型中的 C_{Mi} 和 C_{Mo} 分别由式(5-21)和式(5-22)决定。

5.4　单管共射放大电路的频率响应

5.4.1　单管共射放大电路的高频响应

1. 高频增益函数

单管共射放大电路的交流通路和小信号高频等效电路分别如图 5-11(a)、(b)所示。其中晶体管用单向近似模型描述。

运用戴维南等效定理，将图 5-11(b)的输入回路简化为等效信号源和等效内阻，并将 $C_{b'e}$、C_{Mi} 电容合并，可得到简化的高频等效电路如图 5-12 所示。

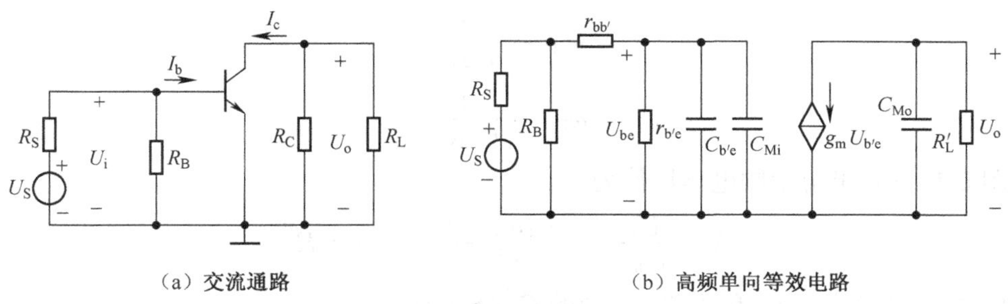

图 5-11　共射放大电路的高频等效电路

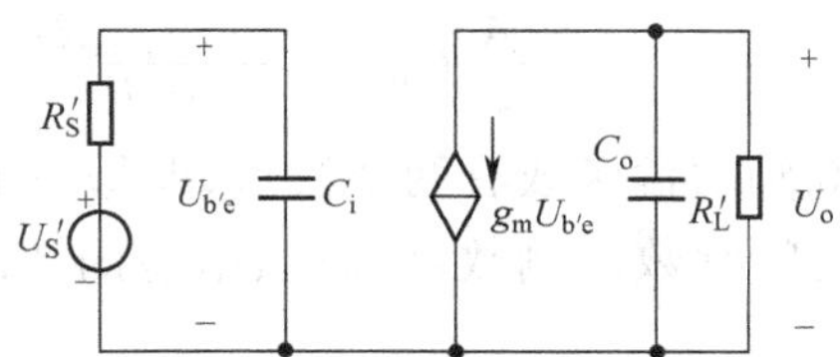

图 5-12　共射放大电路的简化高频等效电路

图 5-12 中,有

$$U'_S=\frac{R_B /\!/ (r_{bb'}+r_{b'e})}{R_S+[R_B /\!/ (r_{bb'}+r_{b'e})]}\cdot\frac{r_{b'e}}{r_{bb'}+r_{b'e}}\cdot U_S \tag{5-23}$$

$$R'_S=r_{b'e} /\!/ [r_{bb'}+(R_S /\!/ R_B)] \tag{5-24}$$

$$C_i=C_{b'e}+C_{Mi} \tag{5-25}$$

$$C_o=C_{Mo} \tag{5-26}$$

$$R'_L=R_C /\!/ R_L \tag{5-27}$$

由输入回路,可得

$$U_{b'e}=\frac{\frac{1}{SC_i}}{R'_S+\frac{1}{SC_i}}U'_S=\frac{U'_S}{1+SC_iR'_S} \tag{5-28}$$

由输出回路,可得

$$U_o=-g_mU_{b'e}\cdot\frac{R'_L\cdot\frac{1}{SC_o}}{R'_L+\frac{1}{SC_o}}=-\frac{g_mU_{b'e}R'_L}{1+SC_oR'_L} \tag{5-29}$$

将式(5-28)代入式(5-29)后经整理,并令 $S=j\omega$,可得图 5-11 所示共射放大电路的高频增益函数表达式为

$$A_{US}(j\omega)=\frac{U_o}{U_S}=\frac{A_{US}}{\left(1+j\frac{\omega}{\omega_{H1}}\right)\left(1+j\frac{\omega}{\omega_{H2}}\right)} \tag{5-30}$$

式中,中频电压增益为

$$A_{US}=-\frac{(r_{bb'}+r_{b'e}) /\!/ R_B}{R_S+[(r_{bb'}+r_{b'e}) /\!/ R_B]}\cdot\frac{r_{b'e}}{r_{bb'}+r_{b'e}}\cdot g_mR'_L \tag{5-31}$$

转角频率为

$$\omega_{H1}=\frac{1}{C_iR'_S} \tag{5-32}$$

$$\omega_{H2}=\frac{1}{C_oR'_L} \tag{5-33}$$

由图 5-11(b),求得中频电压比值为

$$A=\frac{U_o}{U_{b'e}}=\frac{-gmU_{b'e}R'_L}{U_{b'e}}=-g_mR'_L \tag{5-34}$$

所以,式(5-32)中的 C_i 和式(5-33)中的 C_o 分别为

$$C_i=C_{b'e}+C_{Mi}=C_{b'e}+(1-A)C_{b'C}=C_{b'e}+(1+g_mR'_L)C_{b'C} \tag{5-35}$$

$$C_o=C_{Mo}=\frac{(1-A)}{-A}C_{b'c}=\frac{(1+g_mR'_L)}{g_mR'_L}C_{b'c} \tag{5-36}$$

由式(5-30)可见,电路的高频增益函数有两个极点,即每一个独立电容构成一个极点,其极点的值为该独立电容回路时间常数的倒数,而高频增益函数的分子就是电路的中频电压增益。

2. 高频截频的计算

由高频增益函数就可以求解出放大电路的高频截频 f_H。求解方法有两种,一种是图解

法，另一种是解析法。

1)图解法

图解法是由高频增益函数做波特图渐近线幅频特性，然后进行校正。由幅频特性曲线对应增益 $A_{US}(j\omega)$ 下降 3 dB的频率点即为高频截频 f_H。如图 5-13 幅频特性所示，若 $\omega_{H2} \gg \omega_{H1}$，则经过校正后转角频率 ω_{H1} 处的增益比 A_U 减小 3 dB，故转角频率 ω_{H1} 就是单管共射放大电路的高频截频 ω_H，高频截频 $f_H = \omega_H/2\pi$。

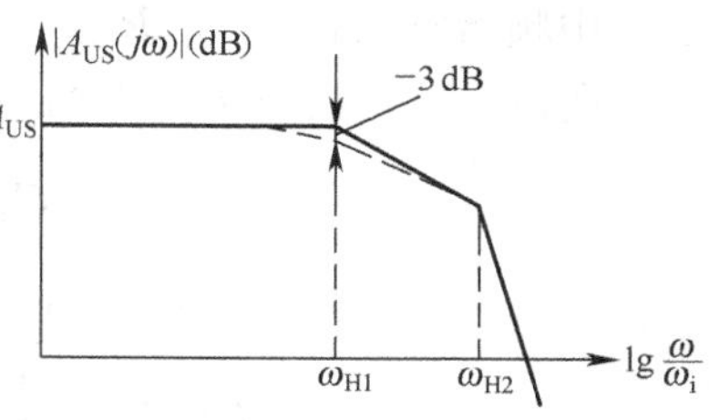

图 5-13　由幅频特性求高频截频

2)解析法

由高频增益函数表达式，式(5-30)可见，放大电路的高频响应是由分母项中的极点 ω_{H1} 和 ω_{H2} 决定，根据高频截频的定义，当频率 $\omega = \omega_H$ 时，电路的高频增益 $|A_{US}(j\omega)| = \frac{A_{US}}{\sqrt{2}}$，所以，只要令式(5-30)中分母项的幅值等于 $\sqrt{2}$，就可以求出放大电路的高频截频。为此可取分母项的幅值为

$$\left|\left(1+j\frac{\omega_H}{\omega_{H1}}\right)\left(1+j\frac{\omega_H}{\omega_{H2}}\right)\right| = \sqrt{\left[1+\left(\frac{\omega_H}{\omega_{H1}}\right)^2\right]\left[1+\left(\frac{\omega_H}{\omega_{H2}}\right)^2\right]} = \sqrt{2}$$

即

$$\left[1+\left(\frac{\omega_H}{\omega_{H1}}\right)^2\right]\left[1+\left(\frac{\omega_H}{\omega_{H2}}\right)^2\right] = 2 \tag{5-37}$$

由于高频截频 ω_H 小于任一高频极点，所以 ω/ω_{H1} 和 ω/ω_{H2} 均小于 1。若将式(5-37)展开后仅保留到二次方项而将其余高次方项忽略，就可将式(5-37)简化为

$$1+\omega_H^2\left(\frac{1}{\omega_{H1}^2}+\frac{1}{\omega_{H2}^2}\right)=2$$

由上式可得

$$\omega_H = \frac{1}{\sqrt{\left(\frac{1}{\omega_{H1}^2}+\frac{1}{\omega_{H2}^2}\right)}} \tag{5-38}$$

上式可推广到具有 n 个高频极点的电路系统，此时系统的高频截频 ω_H 可由下式计算

$$\omega_H = \frac{1}{\sqrt{\left(\frac{1}{\omega_{H1}^2}+\frac{1}{\omega_{H2}^2}+\cdots+\frac{1}{\omega_{Hn}^2}\right)}} \tag{5-39}$$

因此，采用解析法时，只要求得高频极点，就可以利用式(5-39)计算出高频截频 ω_h，最终求得 f_H。

【例 5-2】　在图 5-11(a)中，已知 $R_s = 40\ \Omega$，$R_B = 15\ \text{k}\Omega$，$R_L' = 1\ \text{k}\Omega$，晶体管的参数 $r_{bb'} = 60\ \Omega$，$\beta = 100$，$C_{b'c} = 1.5$ pF，$f_T = 1600$ MHz，静态工作电流 $I_{CQ} = 2.6$ mA，试求高频截频 f_H。

解：先求晶体管混合 π 模型参数

$$r_{b'e} = (1+\beta)\frac{U_T}{I_{EQ}} \approx (1+100)\frac{26}{2.6} \approx 1\ \text{k}\Omega$$

$$g_m = \frac{1}{r_e} \approx \frac{I_{CQ}}{U_T} = \frac{2.6}{26} = 0.1\ \text{S}$$

$$C_{b'e}=\frac{g_m}{2\pi f_T}-C_{b'c}=\frac{0.1}{2\pi\times1.6\times10^9}-1.5\times10^{-12}=8.5\ \text{pF}$$

中频增益：$A=-g_m R'_L=-0.1\times10^3=-100$

所以 $C_i=C_{b'e}+(1-A)C_{b'c}=8.5+(1+100)\times1.5=160\ \text{pF}$

$$C_o=\frac{A-1}{A}C_{b'c}\approx C_{b'c}=1.5\ \text{pF}$$

$$R'_S=r_{b'e}\ /\!/\ [r_{bb'}+(R_S\ /\!/\ R_B)]\approx10^3\ /\!/\ (60+40)\approx91\ \Omega$$

$$f_{H1}=\frac{1}{2\pi C_i R'_S}=\frac{1}{2\pi\times160\times10^{-12}\times91}\approx11\ \text{MHz}$$

$$f_{H2}=\frac{1}{2\pi C_o R'_L}=\frac{1}{2\pi\times1.5\times10^{-12}\times10^3}\approx106\ \text{MHz}$$

高频截频

$$f_H=\frac{1}{\sqrt{\frac{1}{f_{H1}^2}+\frac{1}{f_{H2}^2}}}=\frac{1}{\sqrt{\frac{1}{11^2}+\frac{1}{106^2}}}\approx11\ \text{MHz}$$

5.4.2 单管共射放大电路的低频响应

若单管共射放大电路中没有耦合电容和旁路电容，其中频段的幅频特性可以水平延伸到零频率，或者说 $f_L=0$，因而不必进行低频响应特性的分析。考虑到在分立器件电路中或在集成电路引出脚与外部电路之间常用阻容耦合方式，有必要对阻容耦合放大电路的低频响应特性加以简单的讨论。

1. 低频增益函数

阻容耦合共射放大电路的低频响应是由耦合电容 C_1、C_2 和旁路电容 C_E 引起的，如图 5-14(a)所示。

在低频范围内，由于 C_1、C_2 产生压降，使实际输入到晶体管基极和输出到负载 R_L 的信号电压随频率降低而下降。同时，由于 C_E 的容抗随频率降低而增大，电容 C_E 与 R_E 的并联阻抗 Z_e 也增加，引起交流负反馈，导致低频增益下降。

综上所述，放大电路的低频等效电路中要保留电容 C_1、C_2 和 C_E，而在低频范围内晶体管本身的电容效应非常小，通常可以不考虑，因此可用简化 h 模型来代替。考虑到偏置电阻 $R_B(R_{B1}\ /\!/\ R_{B2})$，可画出其低频等效电路如图 5-14(b)所示。

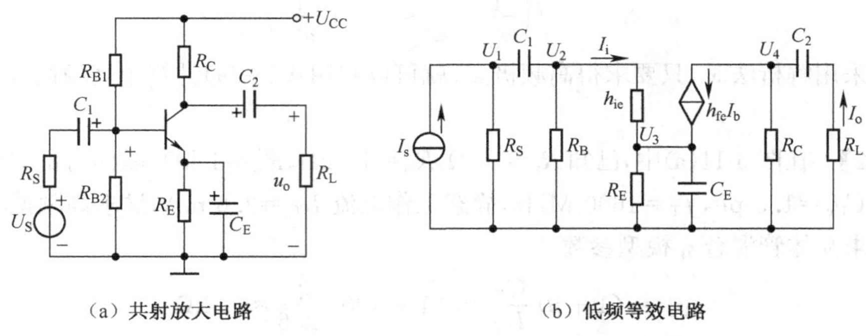

(a) 共射放大电路　　(b) 低频等效电路

图 5-14　共射放大电路的低频等效电路

根据低频等效电路图 5-14(b)，可推导出电路的低频电流增益函数 $A_{IS}(s)(=I_o/I_S)$。为了方便，将图 5-14(b)中的 R_S、R_B、R_E 和 R_C 用电导符号 G_S、G_B、G_E 和 G_C 来表示，然后列出各节点电压 U_1、U_2、U_3 和 U_4 的复频域电路方程

$$\begin{array}{ll} U_1\text{ 点：} & \\ U_2\text{ 点：} & \\ U_3\text{ 点：} & \\ U_4\text{ 点：} & \end{array}\left\{\begin{array}{l} I_s = U_1 G_S + (U_1 - U_2) sC_1 \\ (U_1 - U_2) sC_1 = U_2 G_B + (U_2 - U_3)\dfrac{1}{h_{ie}} \\ (U_2 - U_3)\dfrac{1}{h_{ie}} + h_{fe} I_i = U_3 (G_E + sC_E) \\ h_{fe} I_i + U_4 + U_4\left(\dfrac{sC_2}{R_L sC_2 + 1}\right) = 0 \end{array}\right. \tag{5-40}$$

另外，由图 5-14(b)等效电路可见，输出和输入电流可表示为

$$I_i = (U_2 - U_3)\frac{1}{h_{ie}}$$

$$I_o = U_4 \frac{sC_2}{R_L sC_2 + 1}$$

由以上方程可推导出低频电流增益函数为

$$A_{IS}(s) = \frac{I_o(s)}{I_S(s)} = \frac{-a_m s^2 (s + 1/R_E C_E)}{\left[s + \dfrac{1}{(R_c + R_L) C_2}\right](s^2 + a_2 s + a_1)} \tag{5-41}$$

式(5-41)中，系数 a_m、a_2 和 a_1 在满足 $R_B \gg h_{ie}$，R_S 的条件下，可近似表示如下

$$\left.\begin{array}{l} a_m \approx h_{fe}\left(\dfrac{R_S}{R_S + h_{ie}}\right)\left(\dfrac{R_c}{R_C + R_L}\right) \\ a_2 \approx \dfrac{1}{C_1 (R_S + h_{ie})} + \dfrac{h_{fe}}{C_E (R_S + h_{ie})} \\ a_1 \approx \dfrac{R_B + h_{fe} R_E}{R_B R_E (R_S + h_{ie}) C_E C_1} \end{array}\right\} \tag{5-42}$$

由以上公式可见以下方面。

(1)低频电流增益函数 $A_{IS}(s)$具有 3 个零点和 3 个极点。其中两个极点(p_1、p_2)可由二阶因式$(s^2+a_2s+a_1)$的根得到，由式(5-42)中系数 a_2 和 a_1 关系式可知。它们都含有 C_1、C_E 以及 R_B、R_E，也就是说这两个极点的值既与电路参数有关，又与发射极回路参数有关，因为 h_{ie}使两个电路之间相互关联。

(2)第三个极点 $p_3=-1/(R_c+R_L)C_2$ 是独立的，它的值只决定于输出耦合电路的参数，与输入耦合电路及发射极回路无关。

(3)由于零点和极点数相等，所以在 s 趋近于无限大时，零点和极点的贡献相抵消，低频电流增益函数 $A_{IS}(s)$的幅值趋近于常数 a_m，可见系数 a_m 就是中频电流增益。

(4)由 $A_{IS}(s)$可以导出 $A_{US}(s)$

$$A_{US}(s) = A_{IS}(s)\frac{R_L}{R_S}$$

由于电阻 R_S 与 R_L 是纯阻，与频率无关，故低频电压增益函数 $A_{US}(s)$的幅频特性与低频电流增益函数 $A_{IS}(s)$相同。

【例 5-3】 在图 5-14(a)电路中,设 $R_C=2\ \text{k}\Omega$,$R_S=R_E=R_L=1\ \text{k}\Omega$,$R_B=10\ \text{k}\Omega$,$C_1=5\ \mu\text{F}$,$C_2=10\ \mu\text{F}$,$C_E=100\ \mu\text{F}$,晶体管的 $h_{fe}=44$,$h_{ie}=1.4\ \text{k}\Omega$,试求低频电流增益函数$A_{IS}(s)$表达式。

解:将所给数值分别代入式(5-39),式(5-40),式(5-41),式(5-42),可得各系数和各零点的值

$$a_m=12.5$$
$$a_1=4\ 500$$
$$a_2=267$$
$$Z_1=Z_2=0$$
$$Z_3=-10\ \text{rad/s}$$

将系数 a_1 和 a_2 代入二阶因子式

$$(s^2+a_2s+a_1)=(s^2+267s+4\ 500)=(s+248.5)(s+18.5)$$

故极点的值为

$$p_1=-18.5\ \text{rad/s}$$
$$p_2=-248.5\ \text{rad/s}$$
$$p_3=-1/[(R_c+R_L)C_2]=-33\ \text{rad/s}$$

由以上零极点值及系数值可写出电路的低频电流增益函数

$$A_{IS}(j\omega)=\frac{-12.5j\omega j\omega(j\omega+10)}{(j\omega+18.5)(j\omega+248.5)(j\omega+33)}$$

2. 低频截频的计算

由传输函数求低频截频也可采用图解法或解析法。

1)图解法

有关图解法已在本节前面介绍过,现将[例 5-3]解所得低频电流增益函数 $A_{IS}(j\omega)$的结果绘制成幅频特性曲线,如图 5-15 所示。

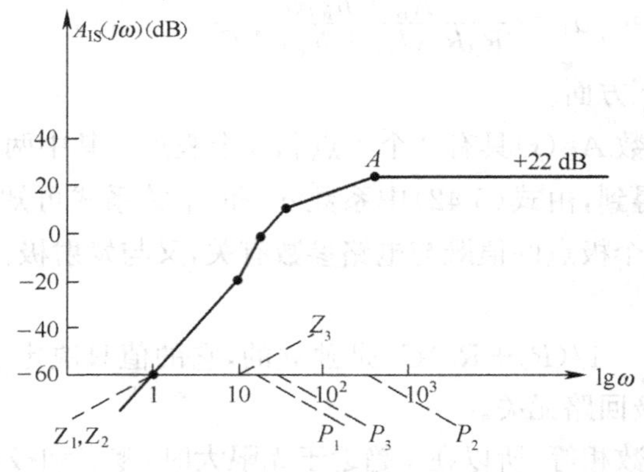

图 5-15 低频幅频特性

由图 5-15 低频渐进线幅频特性可知,A 点近似为阻容耦合共射放大器的-3 dB 低频截频,即低频截频 ω_L 及 f_L 为

$$\omega_L=|p_2|=248.5\ \text{rad/s}$$
$$f_L=\omega_L/2\pi=39.6\ \text{Hz}$$

2)解析法

解析法是由低频增益函数导出低频截频。下面,先推出计算公式。

具有 n 个低频极点的低频增益函数可写成如下一般形式

$$A_U(s)=\frac{A_U s^n}{(s-p_1)(s-p_2)\cdots(s-p_n)}=\frac{A_U}{s\left(1-\frac{p_1}{s}\right)\left(1-\frac{p_2}{s}\right)\cdots\left(1-\frac{p_n}{s}\right)} \tag{5-43}$$

当工作频率 $\omega=\omega_L$ 时,$A_U(j\omega)=\frac{A_U}{\sqrt{2}}$,即上式分母项可表示为模值

$$\left[1+\left(\frac{p_1}{\omega_L}\right)^2\right]\left[1+\left(\frac{p_2}{\omega_L}\right)^2\right]\cdots\left[1+\left(\frac{p_n}{\omega_L}\right)^2\right]=2 \tag{5-44}$$

由于多极点放大器的低频截频 ω_L 大于任一低频极点值,即

$$\omega_L>|p_1|、|p_2|、\cdots、|p_n|$$

故式(5-44)展开后,可以仅保留 ω_L 的二次方项而将其余高次方项忽略,简化成下式

$$1+\left(\frac{p_1}{\omega_1}\right)^2+\left(\frac{p_2}{\omega_2}\right)^2+\cdots+\left(\frac{p_n}{\omega_n}\right)^2\approx 2 \tag{5-45}$$

由上式可得

$$\omega_L\approx\sqrt{p_1^2+p_2^2+\cdots+P_n^2} \tag{5-46}$$

上式是由多个低频极点求低频截频的近似计算公式。可见低频截频 ω_L 大于任一低频极点。若采用[例 5-3]中所求得的极点数据,采用式(5-46)就可求得该电路的低频截频 f_L

$$f_L\approx\frac{1}{2\pi}\sqrt{p_1^2+p_2^2+p_3^2}=\frac{1}{2\pi}\sqrt{18.5^2+248.5^2+33^2}=40\ \text{Hz}$$

5.5　多级放大电路的频响

考虑到模拟集成电路各级之间均采用直接耦合方式,其下限频率(即低频截频)$f_L=0$,所以这里只重点讨论多级放大电路的高频响应。

设单级放大电路的高频增益表达式为

$$A_{Uk}(j\omega)=\frac{A_{UOk}}{1+j\frac{\omega}{\omega_{Hk}}}$$

式中,A_{UOk}为第 k 级的中频电压增益;ω_{Hk}为第 k 级的上限频率。

则多级放大电路的高频增益表达式为

$$A_U(j\omega)=\frac{A_{UO1}\cdot A_{UO2}\cdot\cdots\cdot A_{UOn}}{\left(1+j\frac{\omega}{\omega_{H1}}\right)\left(1+j\frac{\omega}{\omega_{H2}}\right)\cdots\left(1+j\frac{\omega}{\omega_{Hn}}\right)}$$

其幅频特性为

$$|A_U(j\omega)|=\frac{A_{UO}}{\sqrt{\left[1+\left(\frac{\omega}{\omega_{H1}}\right)^2\right]\left[1+\left(\frac{\omega}{\omega_{H2}}\right)^2\right]\cdots\left[1+\left(\frac{\omega}{\omega_{Hn}}\right)^2\right]}}$$

根据定义,当 $\omega=\omega_H$ 时,上式分母根号内的值等于 2,与推导式(5-38)类似,可得

$$\omega_H \approx \frac{1}{\sqrt{\left(\frac{1}{\omega_{H1}^2}+\frac{1}{\omega_{H2}^2}+\cdots+\frac{1}{\omega_{Hn}^2}\right)}} \tag{5-47}$$

由以上分析可以看出,多级放大电路的上限频率 ω_H 比任何一级的上限频率都低。因此,将几级放大电路级联起来,增益提高了,但通频带却变窄了,级数越多,增益越高,通频带越窄,这是多级放大电路的一个重要概念。

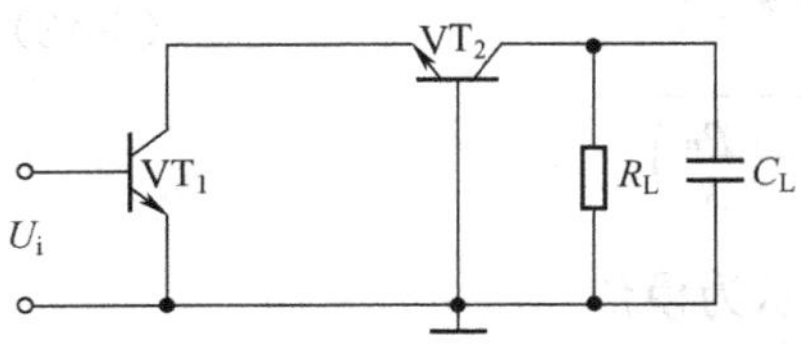

图 5-16　共射共基组合电

【例 5-4】 一共射—共基组合电路如图 5-16 所示。已知:VT_1 管和 VT_2 管参数相同,$I_{CQ}=2.5$ mA,$r_{bb'}=100\ \Omega$,$f_T=1.59$ GHz,$C_c=2$ pF,$\beta=100$,$R_s=0$,$R_L=1$ kΩ,$C_L=5$ pF。试求该放大电路的带宽 BW。

解:图 5-16 电路的混合 π 参数等效电路和对应的单向近似等效电路分别如图 5-17(a)和(b)所示。

图 5-17(a)中,混合 π 参数参数

$$r_{b'e} \approx (1+\beta)\frac{26}{I_{CQ}} = (1+100)\frac{26}{2.5} = 1\ 050\ \Omega$$

$$g_m = \frac{I_{CQ}}{26} = 0.096\ \text{S}$$

$$C_{b'e} = \frac{g_m}{2\pi f_T} - C_{b'c} = \frac{0.096}{2\pi\times1.59\times10^9} - 2\times10^{-12} = 7.6\ \text{pF}$$

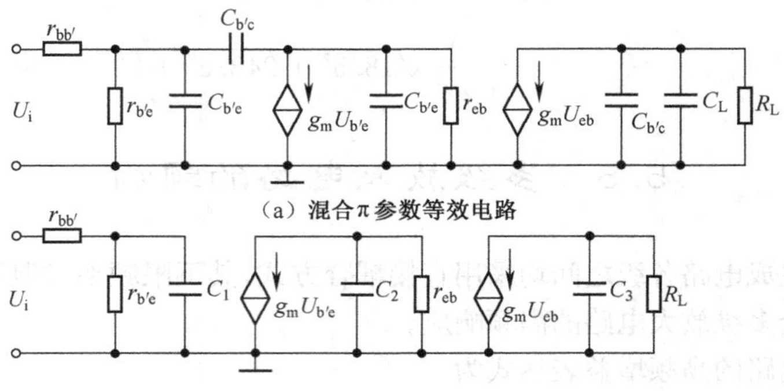

图 5-17　图 5-16 的高频等效电路

图 5-17(b)中,有:

$$C_1 = C_{b'e} + (1+g_m r_{eb})C_{b'c} = 7.6 + (1+1)\times 2 = 11.6\ \text{pF}$$

$$C_2 = C_{b'e} + \frac{1+g_m r_{eb}}{g_m r_{eb}}\cdot C_{b'c} = 7.6 + 2\times 2 = 11.6\ \text{pF}$$

$$C_3 = C_{b'C} + C_L = 2 + 5 = 7\ \text{pF}$$

所以,

$$f_{H1} = \frac{1}{2\pi(r_{bb'}\ /\!/\ r_{b'e})C_1} = 150.4\ \text{MHz}$$

$$f_{H2} = \frac{1}{2\pi r_{eb} C_2} = 1\ 317.8\ \text{MHz}$$

$$f_{H3}=\frac{1}{2\pi R_L C_3}=22.7\ \text{MHz}$$

上限频率：
$$f_H=\frac{1}{\sqrt{\frac{1}{f_{H1}^2}+\frac{1}{f_{H2}^2}+\frac{1}{f_{H3}^2}}}=22.44\ \text{MHz}$$

此电路的带宽为：
$$BW=f_H=22.44\ \text{MHz}$$

复习思考题

习　题

1. 若一个增益函数具有一个零点 ω_z 和一个极点 ω_p，试画出下列两种情况下的渐进线波特图。

(1) $\omega_p<\omega_z$。

(2) $\omega_p>\omega_z$。

2. 已知一个放大电路有三个极点，中频增益 $A_{US}=10^4$，三个极点对应的角频率均为 10^6 rad/s。

(1) 试写出该放大电路的传输函数，并画出它的渐进线波特图。

(2) 求上限频率 f_H。

3. 已知下列电压传输函数

(1) $A_U(j\omega)=\dfrac{100(j\omega+10)(j\omega+10)}{(j\omega+10^3)(j\omega+10^4)}$

(2) $A_U(j\omega)=\dfrac{10^3 j\omega j\omega}{(j\omega+10^2)(j\omega+5\times10^2)}$

(3) $A_U(j\omega)=\dfrac{10^{18}}{(j\omega+10^2)(j\omega+10^4)}$

(4) $A_U(j\omega)=\dfrac{4\times10^5}{(j\omega+10^2)(j\omega+4\times10^2)}$

(5) $A_U(j\omega)=\dfrac{10^{18}j\omega(j\omega+10)}{(j\omega+10^2)(j\omega+10^3)(j\omega+10^6)(j\omega+10^7)}$

试问：(1) 上述各增益函数属于低频或高频，还是高低频增益函数？

(2) 各增益函数的中频电压增益 A_U 是多少？

(3) 由各增益函数求下限频率 f_L 和上限频率 f_H 值是多少？

4. 放大电路如题 5-4 图(a)所示。设晶体管 T 的 $h_{fe}=100$，$r'_{bb}=100\ \Omega$，$r_{b'e}=2.6$ kΩ，$C_{b'e}=60$ pF，$C_{b'c}=4$ pF，$R_s=1$ kΩ，$R_B=100$ kΩ。它的幅频特性曲线如题 5-4 图(b)所示。

(1) 确定 R_C 的值。

(2) 确定 C_1 的值。

(3) 求上限频率 f_H。

5. 共集放大电路如题 5-5 图所示。设 $R_s=500\ \Omega$，$R_{B1}=51$ kΩ，$R_{B2}=20$ kΩ，$R_E=2$ kΩ，$R_L=2$ kΩ，$C_1=C_2=10\ \mu$F，晶体管 T 的 $h_{fe}=100$，$r'_{bb}=80\ \Omega$，$C_{b'c}=2$ pF，$f_T=200$ MHz，$U_{BE}=0.7$ V，$U_{CC}=12$ V。

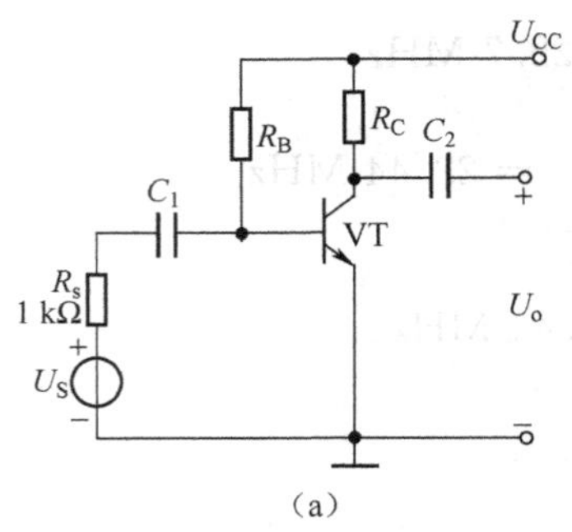

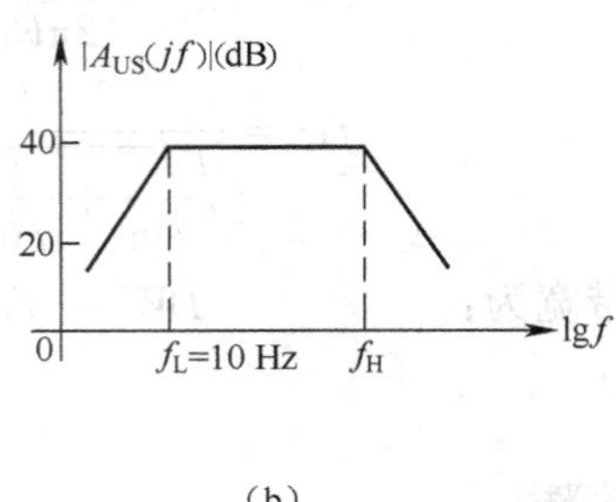

题 5-4 图

(1)求静态工作点 I_{CQ}及 U_{CEQ}。

(2)求中频电压增益 A_{US}、输入电阻 R_i'及输出电阻 R_o'。

(3)若忽略 $C_{b'c}$,求上限频率 f_H,并对引起的误差进行简单的讨论。

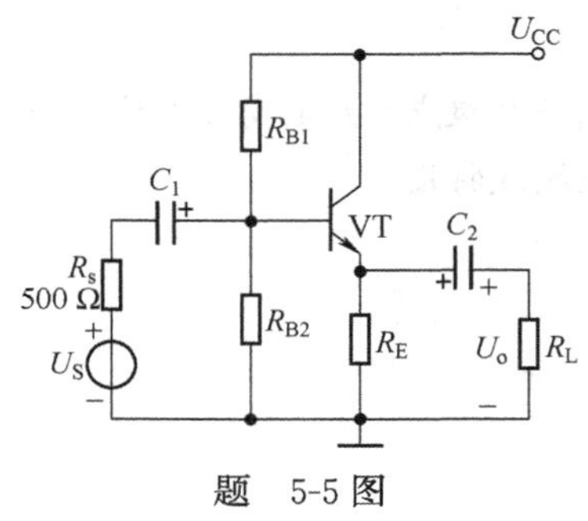

题 5-5 图

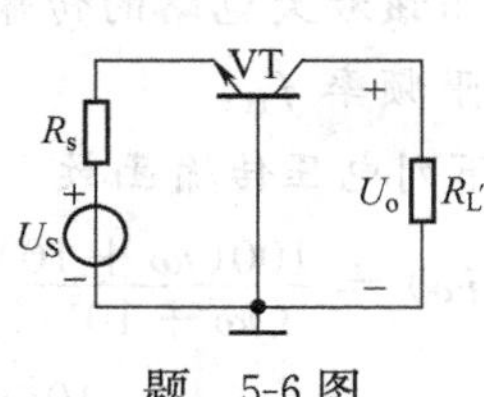

题 5-6 图

6. 共基放大电路的交流通路如题 5-6 图所示。晶体管在 $I_{CQ}=5$ mA 下的参数为 $r_{bb}'=30\ \Omega$, $r_{b'e}=500\ \Omega$,$C_{b'c}=2$ pF,$f_T=300$ MHz,负载电阻 $R_L'=3$ kΩ。

(1)忽略 r_{bb}',分别求 R_s 为 10 Ω、100 Ω 及 1 kΩ 三种情况下的上限截止频率。

(2)若负载电阻 $R_L'=200\ \Omega$,重复(1)中的计算。

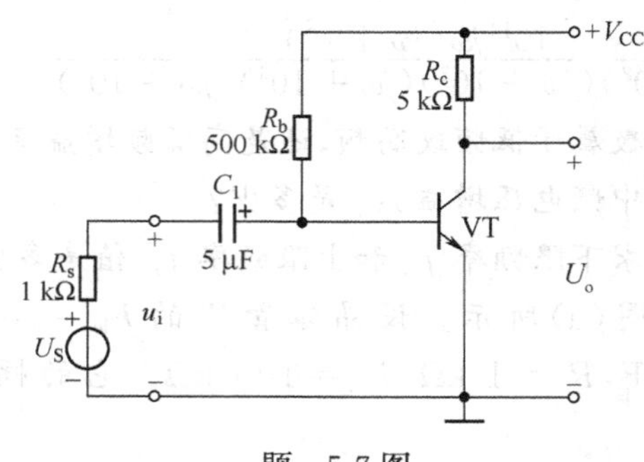

题 5-7 图

7. 电路如题 5-7 图所示。已知:$U_{CC}=12$ V;晶体管的 $C_\mu=4$ pF,$f_T=50$ MHz,$r_{bb'}=100\ \Omega$, $\beta_0=80$。试求解:

(1)中频电压增益 A_{US}。

(2)C_π'。

(3)f_H 和 f_L。

(4)画出波特图。

思　考　题

1. 选择题

(1)测试放大电路输出电压幅值与相位的变化,可以得到它的频率响应,条件是________。

A. 输入电压幅值不变,改变频率

B. 输入电压频率不变,改变幅值

C. 输入电压的幅值与频率同时变化

(2)放大电路在高频信号作用时放大倍数数值下降的原因是________,而低频信号作用时放大倍数数值下降的原因是________。

A. 耦合电容和旁路电容的存在

B. 半导体管极间电容和分布电容的存在

C. 半导体管的非线性特性

D. 放大电路的静态工作点不合适

(3)当信号频率等于放大电路的 f_L 或 f_H 时,放大倍数的值约下降到中频时的________。

A. 0.5倍　　B. 0.7倍　　C. 0.9倍

即增益下降________。

A. 3 dB　　B. 4 dB　　C. 5 dB

(4)对于单管共射放大电路,当 $f=f_L$ 时,U_o 与 U_i 相位关系是________。

A. +45°　　B. −90°　　C. −135°

当 $f=f_H$ 时,$\dot{U}_o$ 与 $\dot{U}_i$ 的相位关系是________。

A. −45°　　B. −135°　　C. −225°

2. 已知某放大电路的波特图如题5-2图所示,填空。

(1)电路的中频电压增益 $20\lg|A_{US}|$=________ dB,A_{US}=________。

(2)电路的下限频率 $f_L\approx$________ Hz,上限频率 $f_H\approx$________ kHz。

(3)电路的电压增益的表达式 A_U=________________。

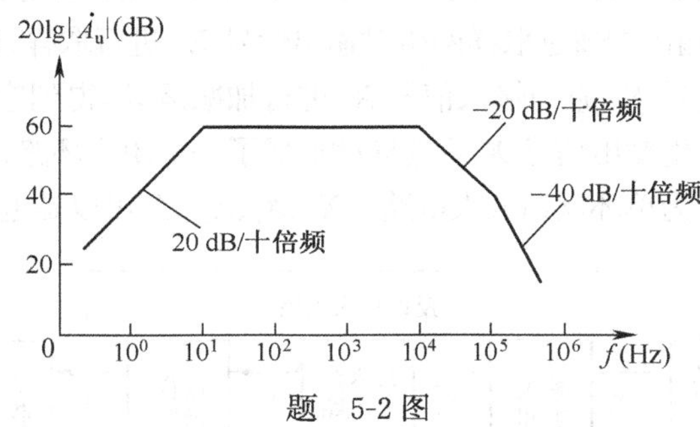

题　5-2图

机辅分析题

试设计一个阻容耦合放大电路,信号源内阻 R_S=200 Ω,负载电阻 R_L=10 kΩ,负载电容 C_L=10 pF,要求增益 $A_{US}\geqslant$20 dB,$f_L\leqslant$10 Hz,$f_H\geqslant$500 kHz。

利用仿真软件测出通频带。

第 6 章 负反馈放大电路

【内容提要】 本章主要讨论反馈的基本概念和负反馈放大电路的分析方法，包括反馈组态的判断方法、负反馈对放大电路性能的影响、负反馈放大电路参数的分析方法，其中特别强调了深负反馈条件下负反馈放大电路的近似分析。最后讨论多级负反馈放大电路的稳定性问题。

反馈在电子电路中有着极为广泛的应用。按照反馈极性的不同，反馈分为正反馈和负反馈，这两种反馈在电子电路中所起的作用是截然不同的。在放大电路中广泛引入负反馈，目的在于改善放大电路多方面的性能；而在某些振荡电路中，则要引入正反馈，以实现信号产生功能。

6.1 反馈的基本概念

6.1.1 反馈放大电路的构成

将放大电路输出信号（电压或电流）的一部分或全部，通过一定的网络（反馈网络）送回到输入回路，以调节输入信号（电压或电流）的过程，称为反馈。

引入反馈的放大电路称为反馈放大电路。实际上，在前面的章节中已经遇到过反馈放大电路，例如第 3 章讲述的单管共集放大电路中，实质上就是通过发射极电阻 R_E 引入的反馈来稳定输出电压、提高输入电阻、提高负载能力的。

反馈放大电路的组成框图如图 6-1 所示。它由基本放大电路、反馈网络、输出取样、输入求和 4 部分组成。在放大电路的输出端通过取样网络对输出信号 X_o 进行取样，通过反馈网络将取样信号反送到输入端，获得反馈信号 X_f，它与输入信号 X_i 进行加减运算，得到净输入信号 X_{di} 加至基本放大电路的输入端，放大后产生输出信号 X_o。这样就形成了一个闭合环路，称为反馈环路。由于图中只有一个反馈环路，所以称为单环反馈放大电路。X_o、X_f、X_i、X_{di} 可以是电压，也可以是电流。

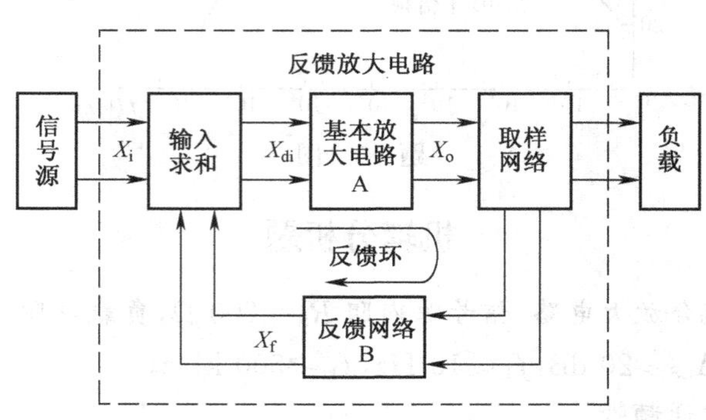

图 6-1 反馈放大电路的组成框图

为了简化分析，假设反馈环路中的信号是单向传输的，如图中箭头所示。信号从输入到输出的正向传输只经过基本放大电路A，而不经过反馈网络B；信号从输出到输入的反向传输只经过反馈网络B，而不经过基本放大电路A。这是利用方框图分析反馈放大电路的重要前提。

1. 基本放大电路

基本放大电路可以由单级或多级组成，其增益称为开环增益 A

$$A=\frac{X_o}{X_{di}} \tag{6-1}$$

由 X_o、X_{di}的不同，增益 A 可以有以下四种形式。

(1)电压增益　　$A_U=\frac{U_o}{U_{di}}$

(2)电流增益　　$A_I=\frac{I_o}{I_{di}}$

(3)互阻增益　　$A_R=\frac{U_o}{I_{di}}$

(4)互导增益　　$A_G=\frac{I_o}{U_{di}}$

2. 反馈网络

反馈网络通常是一个二端口网络，在一般放大电路中，多由纯电阻元件组成。反馈信号 X_f 与输出信号 X_o 之比称为反馈系数或反馈网络的传输系数，用 B 表示。

$$B=\frac{X_f}{X_o} \tag{6-2}$$

同样，反馈系数 B 也可以有以下四种形式。

(1)电压反馈系数　　$B_U=\frac{U_f}{U_o}$

(2)电流反馈系数　　$B_I=\frac{I_f}{I_o}$

(3)互阻反馈系数　　$B_R=\frac{U_f}{I_o}$

(4)互导反馈系数　　$B_G=\frac{I_f}{U_o}$

3. 取样方式

在输出端的取样方式有两种。

(1)电压取样(又称电压反馈)

电压取样方式的特点是在输出端反馈网络与基本放大电路并联，反馈信号 X_f 与输出电压 U_o 成正比。

(2)电流取样(又称电流反馈)

电流取样方式的特点是在输出端反馈网络与基本放大电路串联，反馈信号 X_f 与输出电流 I_o 成正比。

4. 输入求和

在输入端求和后，若使得净输入信号增加(即 $X_{di}>X_i$)，则为正反馈，若使得净输入信号减小(即 $X_{di}<X_i$)，则为负反馈。

在输入端的求和方式有两种。

(1)串联求和(也称串联反馈)

串联求和方式的特点是在输入端反馈网络、信号源及基本放大电路的输入串联，反馈信号、输入信号及净输入信号三者均以电压的形式出现。在串联负反馈时

$$U_{di}=U_i-U_f$$

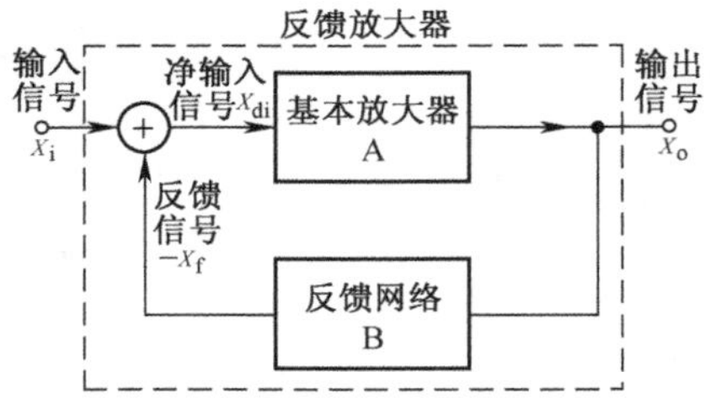

图 6-2　单环反馈放大电路方框图

(2)并联求和方式

并联求和方式的特点是在输入端反馈网络、信号源及基本放大电路的输入并联，反馈信号、输入信号及净输入信号三者均以电流的形式出现。并联负反馈时，有

$$I_{di}=I_i-I_f$$

由以上分析可知，取样和求和方式不同，只是电路连接的形式有差异，所以图 6-1 可简化为图 6-2 所示形式。图 6-2 为单环负反馈放大电路方框图，净输入信号为

$$X_{di}=X_i-X_f \tag{6-3}$$

6.1.2　基本反馈方程式

由图 6-2 可得反馈放大电路的增益(也称为闭环增益)为

$$A_f=\frac{X_o}{X_i} \tag{6-4}$$

由式(6-1)、式(6-2)、式(6-3)、式(6-4)可以推出

$$A_f=\frac{X_o}{X_i}=\frac{AX_{di}}{X_{di}+X_f}=\frac{AX_{di}}{X_{di}+ABX_{di}}=\frac{A}{1+AB} \tag{6-5}$$

上式称为负反馈放大电路的基本反馈方程式。它表明反馈放大电路闭环增益 A_f 与开环增益 A、反馈系数 B 之间的定量关系。显然，负反馈使得闭环增益 A_f 减小为开环增益 A 的 $1/(1+AB)$倍。$(1+AB)$越大，闭环增益减小的越多，$(1+AB)$的大小反映了反馈的程度，因此称它为反馈深度，用 F 表示，即

$$F=1+AB \tag{6-6}$$

上式中的 AB 称为环路增益。当反馈很深，即 $F\gg$或 $AB\gg1$ 时，式(6-5)可简化为

$$A_f\approx\frac{1}{B} \tag{6-7}$$

上式表明，在深度负反馈条件下，反馈放大电路的闭环增益只取决于反馈系数。

反馈深度下对反馈放大器起着重要作用，当 $F>1$ 时，$A_f<A$，因此引入的是负反馈；当 $F<1$时，$A_f>A$，则引入的是正反馈；当 $F=0$ 时，$A_f\to\infty$，则反馈放大器变为振荡 LD。

6.2　反馈放大器的分类及其判别方法

6.2.1　负反馈放大器的分类

根据输出端取样的物理量不同和在输入端的连接方式的不同，负反馈放大器分为四种不

同的组态，即电流串联负反馈、电压串联负反馈、电流并联负反馈和电压并联负反馈。下面分别讨论这四种组态负反馈放大器。

1. 判断反馈类型(或组态)的方法

对于给定的反馈放大电路要想判断负反馈放大器的组态，主要考虑如下几方面。

(1)判断是电流反馈还是电压反馈——用输出电压短路法。即，令输出电压 $U_o=0$，若 $X_f=0$，则为电压反馈；否则为电流反馈。

(2)判断是串联反馈还是并联反馈——用馈入信号连接方式法。即，若反馈信号 X_f 串入输入回路(反馈信号与输入信号以电压的形式相加减)，则为串联反馈；否则为并联反馈(反馈信号以电流的形式相加减)。

(3)判断是正反馈还是负反馈——用瞬时极性法。设定信号输入端的瞬时极性，沿反馈回路(A 入→A 出→B 入→B 出)标定瞬时极性，若 X_f 的极性使得净输入信号增大则为正反馈；否则为负反馈。

2. 反馈类型(或组态)的判断方法及方块图

1)电流串联负反馈放大器

电流串联负反馈放大器的电路图与方框图如图 6-3 所示。其中(a)为一个反馈放大电路，(b)为反馈放大电路的一般形式。

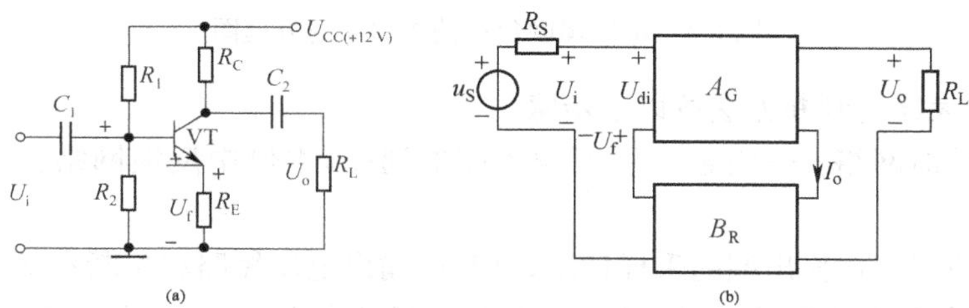

图 6-3 电流串联负反馈放大器的方框图

按照反馈放大器的判断方法按以下步骤。

(1)先找出反馈网络——将输出引回输入端的通路，本例中反馈网络为 R_E；反馈量为 U_f。

(2)判断反馈网络在输出端的采样情况，可利用输出电压短路法判断本例为电压反馈。

(3)判断与输入端的连接方式，即反馈信号与输入信号以电压的形式相加减，即，$U_{di}=U_i-U_f$，故为串联反馈。

(4)反馈极性的判断，利用瞬时极性法，即设定信号输入端的瞬时极性为＋，沿 A 入→A 出为＋→B 入→B 出＋，因为 $U_{di}=U_i-U_f$，U_f 增加使净输入信号 U_{di} 减小，故此电路为负反馈。

总结判断结果此电路为电流串联负反馈放大器。

可将电流串联负反馈总结为右图所示的方框图。图中在输出端是电流取样，在输入端是以串联求和的反馈形式来调节净输入电压 U_{di}。在研究这种反馈组态的传输特性时，从输出电流和输入电压的关系入手才能更明确地反映放大器的反馈性能。所以，基本放大器的增益用互导增益 A_G 表示

$$A_G=\frac{I_o}{U_{di}}$$

此时,反馈量为电压,放大器的输出量为电流,故反馈系数应为互阻反馈系数 B_R

$$B_R=\frac{U_f}{I_o}$$

因此,反馈放大器的互导增益 A_{Gf} 表示为

$$A_{Gf}=\frac{I_o}{U_i}=\frac{A_G}{1+A_G B_R} \tag{6-8}$$

当等效负载电阻 $R_L{}'$ 为定值时,求得了互导增益 A_{Gf},就可以导出电压增 A_{Uf}

$$A_{Uf}=\frac{U_o}{U_i}=\frac{I_o R_L{}'}{U_i}=-A_{Gf}R_L{}' \tag{6-9}$$

2)电压串联负反馈放大器

电压串联负反馈放大器的电路图与方框图如图 6-4 所示。

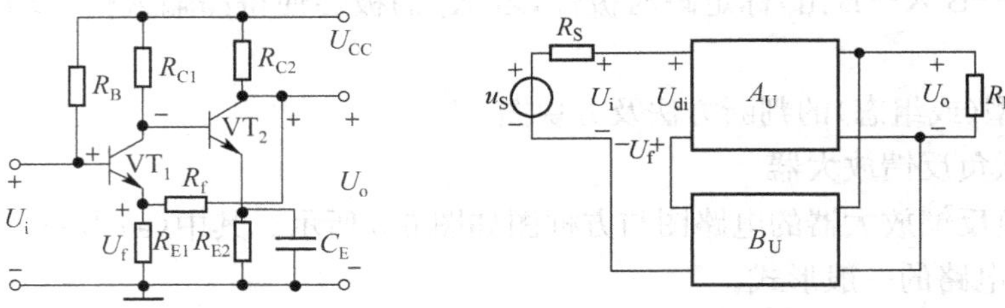

图 6-4 电压串联负反馈放大器的方框图

按照反馈放大器的判断方法按以下步骤。

(1)先找出反馈网络——将输出引回输入端的通路,本例中反馈网络为 R_f、R_{E1};反馈量为 U_f。

(2)判断反馈网络在输出端的采样情况,可利用输出电压短路法判断本例为电压反馈。

(3)判断与输入端的连接方式,即反馈信号与输入信号以电压的形式相加减,即,$U_{di}=U_i-U_f$,故为串联反馈。

(4)反馈极性的判断,利用瞬时极性法,即设定信号输入端的瞬时极性为+,沿 A 入→A 出+→B 入+→B 出+,因为 $U_{di}=U_i-U_f$,U_f 增加使净输入信号 U_{di} 减小,故此电路为负反馈。

总结判断结果此电路为电压串联负反馈放大器。

可将电压串联负反馈总结为右图所示的方框图。电压串联负反馈在输出端是电压取样,在输入端是以串联求和的反馈形式来调节净输入电压 U_{di}。在研究这种反馈组态的传输特性时,从输出电压和输入电压的关系入手才能更明确地反映放大器的反馈性能。所以,基本放大器的增益用电压增益 A_U 表示

$$A_U=\frac{U_o}{U_{di}}$$

此时,反馈量为电压,放大器的输出量为电压,故反馈系数应为电压反馈系数 B_U

$$B_U=\frac{U_f}{U_o}$$

因此,反馈放大器的电压增益 A_{uf} 表示为

$$A_{Uf}=\frac{U_o}{U_i}=\frac{A_U}{1+A_U B_U} \tag{6-10}$$

3)电流并联负反馈放大器

电流并联负反馈放大器的电路图与方框图如图6-5所示。

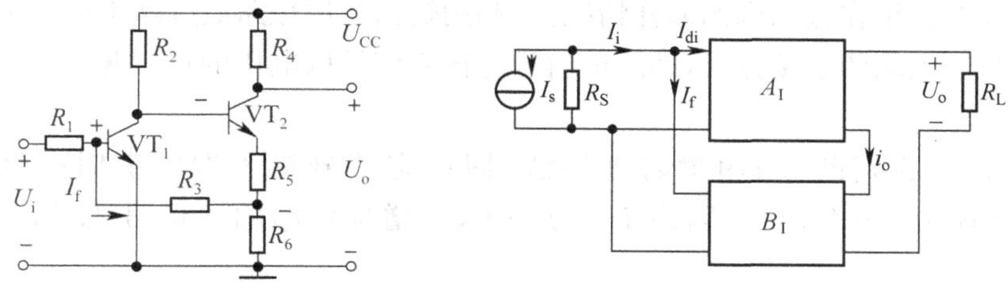

图6-5　电流并联负反馈放大器的方框图

按照反馈放大器的判断方法按以下步骤。

(1)先找出反馈网络——将输出引回输入端的通路,本例中反馈网络为R_f、R_6;反馈量为I_f。

(2)判断反馈网络在输出端的采样情况,可利用输出电压短路法判断本例为电流反馈。

(3)判断与输入端的连接方式,即反馈信号与输入信号以电压的形式相加减,即,$I_{di}=I_i-I_f$,故此电路为并联反馈。

(4)反馈极性的判断,利用瞬时极性法,即设定信号输入端的瞬时极性为+,沿A入→A出+→B入+→B出+,因为$I_{di}=I_i-I_f$,I_f增加使净输入信号I_{di}减小,故此电路为负反馈。

总结判断结果此电路为电流并联负反馈放大器。

可将电流并联负反馈总结为右图反示的方框图。图中电流并联负反馈在输出端是电流取样,在输入端是以并联求和的反馈形式来调节净输入电流I_{di}。在研究这种反馈组态的传输特性时,从输出电流和输入电流的关系入手才能更明确地反映放大器的反馈性能。所以,基本放大器用电流增益A_I表示

$$A_I=\frac{I_o}{I_{di}}$$

此时,反馈量为电流,放大器的输出量为电流,故反馈系数应为电流反馈系数B_I

$$B_I=\frac{I_f}{I_o}$$

因此,反馈放大器的电流增益A_{If}表示为

$$A_{If}=\frac{I_o}{I_i}=\frac{A_I}{1+A_IB_I} \tag{6-11}$$

4)电压并联负反馈放大器

电压并联负反馈放大器的电路图与方框图如图6-6所示。

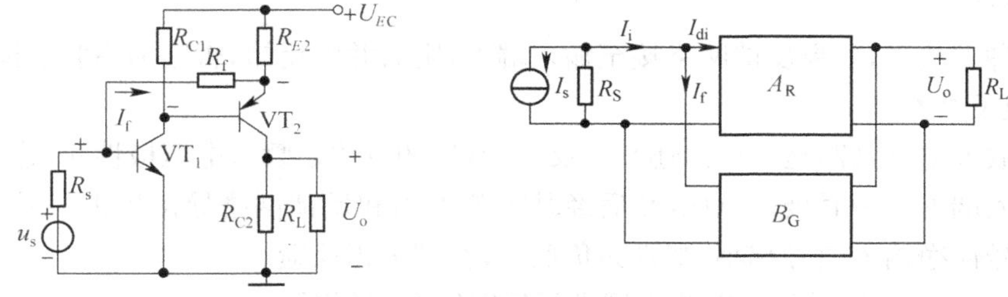

图6-6　电压并联负反馈放大器的方框图

按照反馈放大器的判断方法按以下步骤。

(1)先找出反馈网络——将输出引回输入端的通路,本例中反馈网络为 R_f;反馈量为 I_f。

(2)判断反馈网络在输出端的采样情况,可利用输出电压短路法判断本例为电压反馈。

(3)判断与输入端的连接方式,即反馈信号与输入信号以电压的形式相加减,即,$I_{di}=I_i-I_f$,故为并联反馈。

(4)反馈极性的判断,利用瞬时极性法,即设定信号输入端的瞬时极性为+,沿 A 入→A 出+→B 入+→B 出+,因为 $I_{di}=I_i-I_f$,I_f 增加使净输入信号 I_{di} 减小,故此电路为负反馈。

总结判断结果此电路为电压并联负反馈放大器。

可将电压并联负反馈总结为图 6—5 右图所示的方框图。图中电压并联负反馈在输出端是电压取样,在输入端是以并联求和的反馈形式来调节净输入电流 I_{di}。在研究这种反馈组态的传输特性时,从输出电压和输入电流的关系入手才能更明确地反映放大器的反馈性能。所以,基本放大器用互阻增益 A_R 表示

$$A_R=\frac{U_o}{I_{di}}$$

此时,反馈量为电流,放大器的输出量为电压,故反馈系数应为互导反馈系数 B_G

$$B_G=\frac{I_f}{U_o}$$

因此,反馈放大器的互阴增益 A_{Rf} 表示为

$$A_{Rf}=\frac{U_o}{I_i}=\frac{A_R}{1+A_RB_G} \tag{6-12}$$

6.2.2 反馈组态的综合判别

不同的反馈组态对放大器性能的影响是不同的,只有正确的判断反馈组态,才能得出正确的结论。

正确的判断反馈组态,可采用下列方法。

1)在放大器的输出端判断是电压反馈还是电流反馈

由于反馈信号的大小正比于输出信号,所以,当令输出端交流短路(即令 $U_o=0$)时,如果反馈信号为零,则可判为电压反馈;否则为电流反馈。

另外一种方法是,如果反馈网络接到输出端点,则为电压反馈,否则为电流反馈。

2)在放大器的输入端判断是串联反馈还是并联反馈

反馈信号与输入信号以电压形式求和,为串联反馈;反馈信号与输入信号以电流形式求和,为并联反馈。

另外一种方法是,如果反馈网络接至输入端点,则为并联反馈,否则为串联反馈。

3)正、负反馈判断

由整个放大电路判断是正反馈还是负反馈,常用的方法是瞬时电压极性法,这种方法首先在放大器输入端加一瞬时极性电压,然后经基本放大器和反馈网络导出反馈信号的极性。如果该反馈信号使净输入信号减小,则判为负反馈;否则为正反馈。

下面,以如图 6-7 所示放大电路为例进行反馈组态的判断。

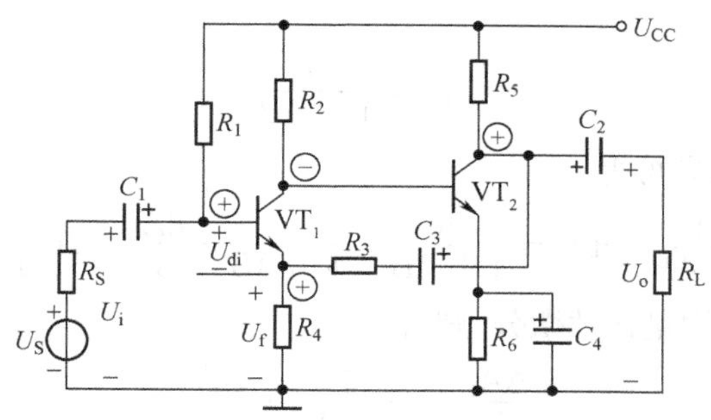

图 6-7 反馈放大器组态判别举例

电路中存在多种反馈，R_6 构成 VT_2 本级直流反馈；R_4 构成 VT_1 本级直、交流反馈；R_3、R_4 构成两级间的环路反馈。现只就两级间的环路反馈讨论如下。

(1)该反馈网络接到了放大器输出端点，所以为电压反馈。

(2)该反馈网络未接到放大器输入端点，所以为串联反馈。

(3)为了判断反馈极性，可在放大器的输入端加入瞬时极性电压"⊕"，由于第一、二级均为共射电路，输出电压与输入电压反相，所以 VT_1 集电极输出的相应电压为"⊖"，VT_2 集电极输出的相应电压为"⊕"，于是可推知反馈电压信号 U_f 的瞬时极性电压也为"⊕"，放大器的净输入电压

$$U_{di}=U_i-U_f<U_i$$

故为负反馈。

归纳以上讨论，该反馈环构成电压串联负反馈。

用同样的判别方法，可知 R_6 构成 VT_2 本级直流电流串联负反馈；R_4 构成 VT_1 本级的直、交流电流串联负反馈。

6.3 负反馈对放大器性能的影响

在放大器中引入负反馈，会使放大器的增益降低，但是，却使放大器的许多性能得到改善。例如，提高了增益的稳定性，减小了非线性失真，扩展了频带，以及根据实际需要灵活地改变放大电路的输入电阻和输出电阻等。下面就负反馈对放大器性能改善的一些共性问题加以讨论。

6.3.1 负反馈提高了增益的稳定性

由于电源电压波动、环境温度的变化以及晶体管参数的变化等原因会造成放大器增益的不稳定。引入负反馈可大大提高增益的稳定性。

放大器的稳定性通常用增益的相对变化量(即增益稳定度)来衡量。

开环增益稳定度为 $\dfrac{\Delta A}{A}$

闭环增益稳定度为 $\dfrac{\Delta A_f}{A_f}$

因为

$$A_f = \frac{A}{1+AB}$$

所以,将上式对 A 求导可得

$$dA_f = \frac{1}{(1+AB)^2}dA = \frac{A}{1+AB} \cdot \frac{1}{1+AB} \cdot \frac{dA}{A} = A_f \frac{1}{1+AB} \cdot \frac{dA}{A}$$

整理上式,并近似以增量代替微分,则有

$$\frac{\Delta A_f}{A_f} = \frac{1}{1+AB} \cdot \frac{\Delta A}{A} \tag{6-13}$$

上式表明,引入负反馈使放大器增益的相对变化量只有无反馈放大器增益相对变化量的 $1/(1+AB)$,即增益稳定度提高了$(1+AB)$倍。反馈越深,增益稳定度越高。当深负反馈(即 $AB \gg 1$)时,$A_f \approx 1/B$,因此,即使开环增益不稳定,只要保证 B 值的稳定,就可以保证 A_f 的稳定性,实际电路中常采用高稳定电阻组成反馈网络。

应该指出,负反馈稳定的对象与反馈信号的取样对象有关。如果取样对象是电压(即电压负反馈),则能稳定输出电压;如果取样对象是电流(即电流负反馈),则能稳定输出电流。

【例 6-1】 设计一个负反馈放大器,要求其闭环增益 $A_f=100$,当开环增益 A 变化 $\pm 10\%$ 时,闭环增益 A_f 的相对变化量在 $\pm 0.5\%$ 以内,试确定开环增益 A 及反馈系数 B 的值。

解:因为

$$\frac{\Delta A_f}{A_f} = \frac{1}{1+AB} \cdot \frac{\Delta A}{A}$$

所以,反馈深度 F 应满足

$$F = 1+AB \geqslant \frac{\Delta A/A}{\Delta A_f/A_f} = \frac{10\%}{0.5\%} = 20$$

于是,开环增益 A 为

$$A = F \cdot A_f \geqslant 20 \times 100 = 2\,000$$

反馈系数 B 为

$$B = \frac{F-1}{A} \geqslant \frac{20-1}{2\,000} = 0.009\,5$$

6.3.2 负反馈可展宽放大器的频带宽度

放大器引入负反馈后,对反馈环内任何原因引起的增益变动都能减小,所以对频率升高或降低而引起的增益下降也将得到改善,频率响应将变得平坦,体现在频带上将使频带展宽。下面我们以单极点系统为例,说明负反馈对频响特性的改善。

无反馈时,单极点系统的高频增益函数可表示为

$$A(jf) = \frac{A}{1+j\dfrac{f}{f_H}} \tag{6-14}$$

引入负反馈后,高频闭环增益函数可表示为

$$A_f(jf) = \frac{A(jf)}{1+A(jf)B} \tag{6-15}$$

将式(6-14)代入式(6-15)，得到

$$A_f(jf)=\frac{\frac{A}{1+AB}}{1+j\frac{f}{(1+AB)f_H}}=\frac{A_f}{1+j\frac{f}{f_{Hf}}} \tag{6-16}$$

式中，$A_f=\frac{A}{1+AB}$为闭环中频增益；$f_{Hf}=(1+AB)f_H$ 为闭环上限频率。

由式(6-16)可见，采用负反馈后，放大器的闭环中频增益 A_f 减小为开环中频增益的 $1/(1+AB)$倍，而闭环上限频率 f_{Hf}展宽为开环上限频率 f_H 的$(1+AB)$倍。定义增益带宽积为中频增益与上限频率的积，即有

$$|A_f\cdot f_{Hf}|=|A\cdot f_H| \tag{6-17}$$

可见，负反馈的频带展宽是以增益下降为代价的，负反馈并不能提高放大器的增益带宽积。负反馈展宽频带的示意图如图 6-8 所示。

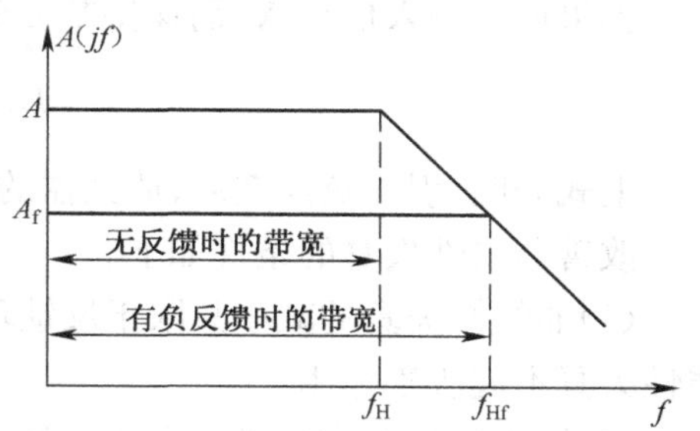

图 6-8 负反馈展宽放大器频带的示意图

6.3.3 负反馈可改善放大器的非线性失真

由于晶体管特性曲线的非线性，信号在被放大的同时会产生非线性失真。非线性失真的特征是输出信号中产生了输入信号 X_i 所没有的谐波分量。通常用非线性失真系数 D 来度量非线性失真的程度，它定义为

$$D=\frac{e_d}{e_1} \tag{6-18}$$

式中，e_1 是信号的基波(有效值)，e_d 是各次谐波的均方根值，即

$$e_d=\sqrt{e_2^2+e_3^2+\cdots+e_n^2}$$

假设标准的正弦波信号 X_i 经放大器 A 后变成了正半周大、负半周小的波形，如图 6-9(a)所示。引入反馈后，若反馈网络为纯阻无源网络，它不再引入失真，反馈信号 X_f 也应该是正半周大、负半周小的波形，X_i 与 X_f 相减(负反馈)后，使净输入信号 X_{di}变成了正半周小、负半周大的波形，即产生了“预失真”。预失真的信号经放大器 A 放大，使输出信号的失真波形得到纠正，接近正弦波，从而减小了非线性失真。其过程如图 6-9(b)所示。

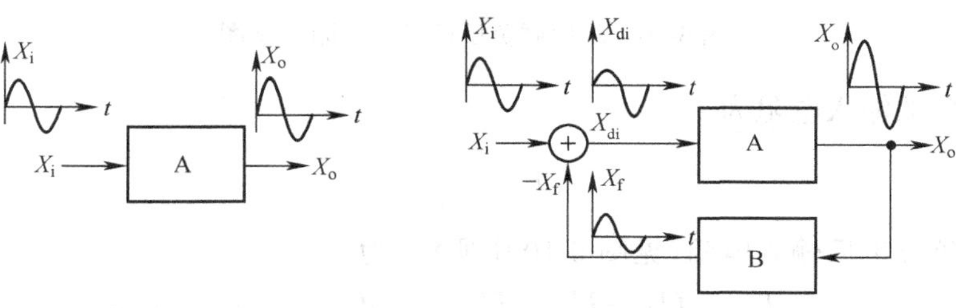

(a) 无反馈时的非线性失真　　(b) 有反馈时的非线性失真

图 6-9 负反馈改善放大器非线性失真工作原理示意图

那么，加入负反馈后，谐波分量减小了多少呢，先做一下定量分析。

假设未加入负反馈时的输出谐波分量为 e_n,加入负反馈后的输出谐波分量为 e_{nf},则有

$$e_{nf}=e_n-ABe_{nf} \tag{6-19}$$

上式中,Be_{nf}为经反馈网络回送到输入端的谐波分量,该分量再经 A 放大后变为 ABe_{nf},总的谐波输出应为原来的与反馈放大后的叠加。由式(6-19)可得

$$e_{nf}=\frac{e_n}{1+AB}=\frac{e_n}{F} \tag{6-20}$$

如果增大输入信号 X_i 而保持基波分量 e_1 不变,则有

$$D_f=\frac{D}{1+AB}=\frac{D}{F} \tag{6-21}$$

上式表明,引入负反馈后,放大器的非线性失真减小了 F 倍。

改善非线性失真的条件如下。

(1)非线性失真的减小只限于反馈环内放大器产生的非线性失真,对外来信号中已有的非线性失真不起改善作用。

(2)输入信号源本身必须有增大的余地,使 X_{di} 能增大到无反馈时的大小,式(6-21)才是正确的。

(3)非线性失真不能过于严重,即是说晶体管应工作在近似线性范围内。只有这样,由叠加原理得到的式(6-21)才是正确的。

6.3.4 负反馈对放大器输入阻抗的影响

1. 串联负反馈使输入电阻增加

加入串联负反馈时,反馈信号在输入端以电压 U_f 形式出现,用来调节输入信号,所以,求输入电阻可采用图 6-10 所示方框图电路。

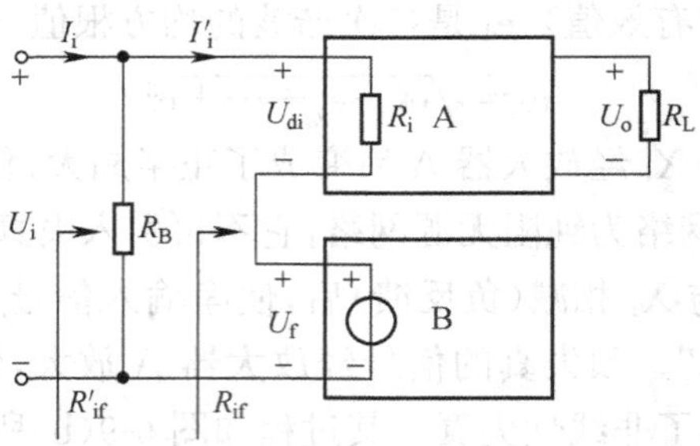

图 6-10 求串联负反馈输入电阻方框图

基本放大器的输入电阻为

$$R_i=\frac{U_{di}}{I'_i}$$

引入串联负反馈后输入电阻(见图 6-10 中所标)为

$$R_{if}=\frac{U_i}{I'_i}=\frac{U_{di}+U_f}{I'_i}=\frac{U_{di}+ABU_{di}}{I'_i}=(1+AB)R_i \tag{6-22}$$

上式表明,串联负反馈使输入电阻提高到 F 倍。

具体地讲,电压串联负反馈的输入电阻为

$$R_{if}=(1+A_UB_U)R_i \tag{6-23}$$

电流串联负反馈的输入电阻为

$$R_{if}=(1+A_G B_R)R_i \tag{6-24}$$

整个反馈放大器的输入电阻为

$$R'_{if}=R_B\ /\!/\ R_{if} \tag{6-25}$$

2. 并联负反馈使输入电阻减小

加入并联负反馈时，反馈信号在输入端以电流 I_f 形式出现，用来调节输入信号，所以，求输入电阻可采用如图 6-11 所示方框图电路。

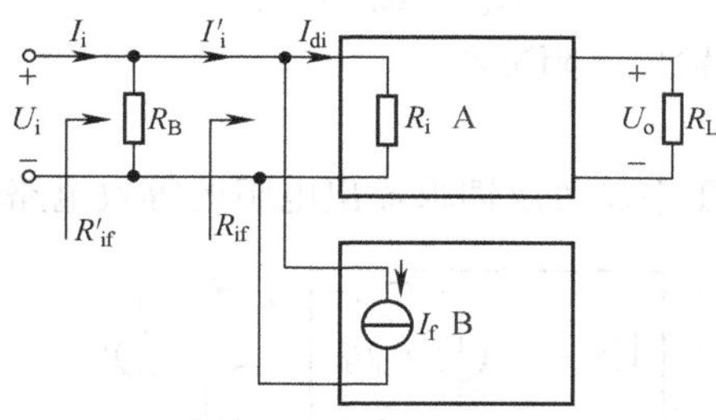

图 6-11　求并联负反馈输入电阻方框图

基本放大器的输入电阻为

$$R_i=\frac{U_i}{I_{di}}$$

引入负反馈后输入电阻(见图 6-11 中所标)为

$$R_{if}=\frac{U_i}{I'_i}=\frac{U_i}{I_{di}+I_f}=\frac{U_i}{I_{di}+ABI_{di}}=\frac{R_i}{1+AB} \tag{6-26}$$

上式表明，串联负反馈使输入电阻减小到 $1/F$ 倍。

具体地讲，电压并联负反馈的输入电阻为

$$R_{if}=\frac{R_i}{1+A_R B_G} \tag{6-27}$$

电流并联负反馈的输入电阻为

$$R_{if}=\frac{R_i}{1+A_I B_I} \tag{6-28}$$

整个反馈放大器的输入电阻为

$$R'_{if}=R_B\ /\!/\ R_{if} \tag{6-29}$$

综上所述，可归纳如下。

(1)放大器引入负反馈后，输入电阻的变化情况只取决于输入端的反馈接入方式，而与输出取样内容无直接关系，后者只改变 A 和 B 下标的内容。

(2)串联负反馈使输入电阻增大，而并联负反馈使输入电阻减小，增大或减小的倍数等于反馈深度 F。

6.3.5　负反馈对放大器输出电阻的影响

放大器的输出电阻为放大器输出端等效电源的内阻。放大器引入负反馈后输出电阻将发生变化，其变化情况与输出端取样内容有关。求输出电阻的方法已在第 3 章讨论过，可归纳如下。

(1)将输入压源 U_s 短路(或将输入流源 I_s 开路),并保留信号源内阻。

(2)断开负载 $R_L'(=R_C/\!/R_L)$,并在输出端加激励电压源 U_{os},求出由它产生的电流 I_{os}。

(3)输出电阻为

$$R_{of}=\frac{U_{os}}{I_{os}}。$$

(4)整个反馈放大器的输出电阻为包括 R_c 在内的值,即

$$R'_{of}=R_c /\!/ R_{of}。$$

1. 电压负反馈使放大器输出电阻减小

1)电压串联负反馈

根据以上方法可画出电压串联负反馈求输出电阻的等效电路,如图 6-12 所示。

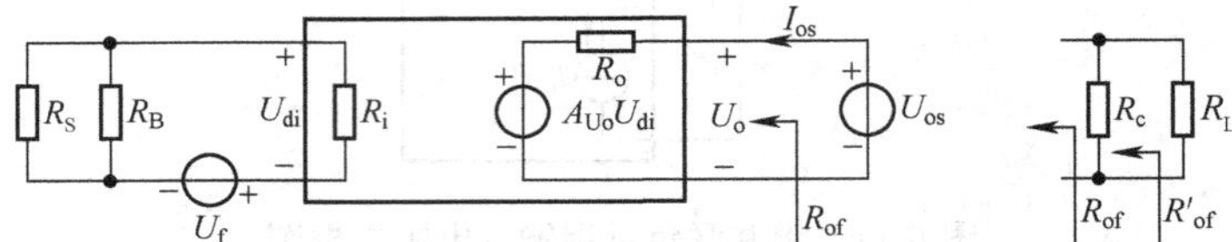

图 6-12 电压串联负反馈计算输出电阻的等效电路

图中 R_o 为基本放大器的输出电阻(不包括集电极负载电阻 R_C),A_{UO} 为负载($R_C/\!/R_L$)开路时基本放大器的电压增益。

从输入电路可见,虽然 $U_s=0$,但因为负反馈的加入,使 $U_{di}\neq 0$,U_{di} 为

$$U_{di}=-\frac{R_i}{R_i+R'_S}U_f \tag{6-30}$$

式中,$R'_s=R_s/\!/R_B$。

由图 6-12 可得

$$I_{os}=\frac{U_{os}-A_{Uo}U_{di}}{R_o} \tag{6-31}$$

将式(6-30)代入式(6-31)可得

$$I_{os}=\frac{U_{os}+\dfrac{R_iA_{Uo}}{R_i+R'_S}U_f}{R_o}=\frac{U_{os}+A_{USO}U_f}{R_o} \tag{6-32}$$

上式中

$$A_{USO}=\frac{R_iA_{Uo}}{R_i+R'_S}$$

A_{USO} 称为基本放大器负载开路时的源电压增益。

对电压串联负反馈,$U_f=B_UU_{os}$,代入式(6-32),经整理可得

$$R_{of}=\frac{R_o}{1+A_{USO}B_U} \tag{6-33}$$

包括电阻 R_C 的反馈放大器的输出电阻为

$$R'_{of}=R_C /\!/ R_{of} \tag{6-34}$$

2)电压并联负反馈

电压并联负反馈求输出电阻的等效电路,如图 6-13 所示。

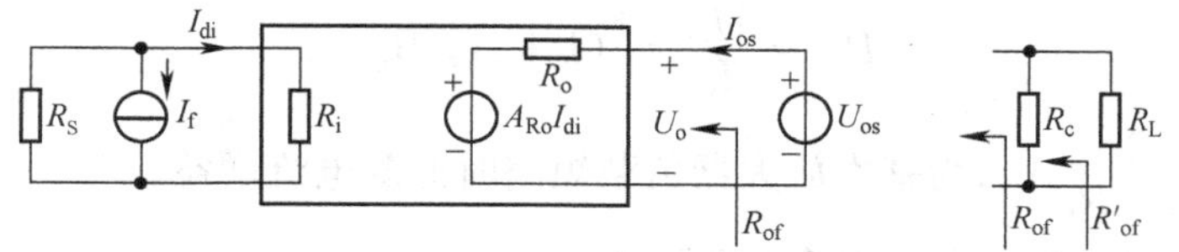

图 6-13　电压并联负反馈计算输出电阻的等效电路

图中，A_{RO}为负载($R_C // R_L$)开路时基本放大器的互阻增益。

从输入电路可见

$$I_{di} = -\frac{R_S}{R_i + R_S} I_f \tag{6-35}$$

由图 6-13 可得

$$I_{os} = \frac{U_{os} - A_{Ro} I_{di}}{R_o} \tag{6-36}$$

将式(6-35)代入式(6-36)可得

$$I_{os} = \frac{U_{os} + \dfrac{R_S A_{Ro}}{R_i + R_S} I_f}{R_o} = \frac{U_{os} + A_{RSO} I_f}{R_o} \tag{6-37}$$

式中

$$A_{RSO} = \frac{R_S A_{Ro}}{R_i + R_s}$$

A_{RSO}称为基本放大器负载开路时的源互阻增益。

对电压并联负反馈，$I_f = B_G U_{os}$，代入式(6-37)，经整理可得

$$R_{of} = \frac{R_o}{1 + A_{RSO} B_G} \tag{6-38}$$

包括电阻 R_C 的反馈放大器的输出电阻为

$$R'_{of} = R_C // R_{of} \tag{6-39}$$

2. 电流负反馈使放大器输出电阻增大

1)电流并联负反馈

电流并联负反馈求输出电阻的等效电路，如图 6-14 所示。

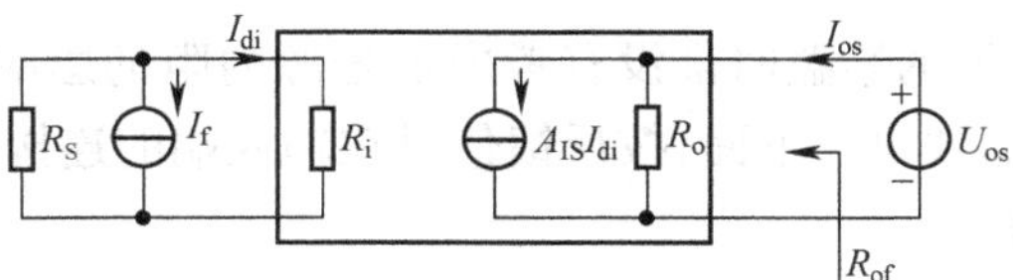

图 6-14　电流并联负反馈计算输出电阻的等效电路

图中，A_{IS}为负载短路时基本放大器的电流增益。

由图 6-14 电路可得

$$I_{di} = -\frac{R_S}{R_i + R_S} I_f = -\frac{R_S}{Ri + R_S} B_I I_{os} \tag{6-40}$$

$$I_{os} = \frac{U_{os}}{R_o} + A_{IS} I_{di} \tag{6-41}$$

由式(6-40)和式(6-41)可以解得输出电阻

$$R_{of}=\frac{U_{os}}{I_{os}}=(1+A_{ISS}B_I)R_o \tag{6-42}$$

式中 $A_{ISS}=\dfrac{R_S}{R_i+R_s}A_{IS}$，为基本放大器负载短路时的源电流增益。

包括电阻 R_C 的反馈放大器的输出电阻为

$$R'_{of}=R_C\ /\!/\ R_{of} \tag{6-43}$$

2)电流串联负反馈

电流串联负反馈求输出电阻的等效电路，如图 6-15 所示。

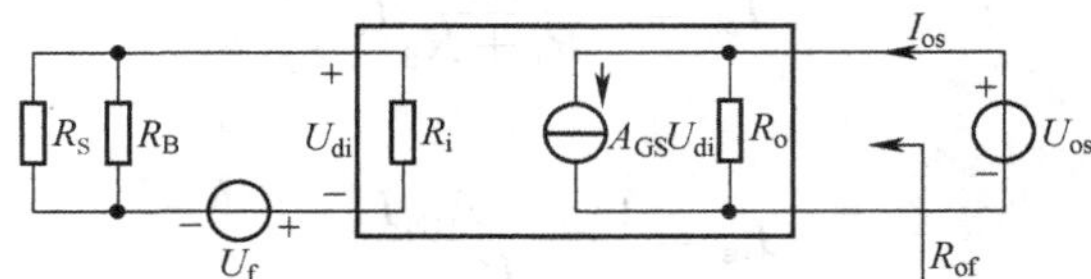

图 6-15 电流串联负反馈计算输出电阻的等效电路

图中，A_{GS}为负载短路时基本放大器的电流增益。

由图 6-15，用同样的方法可以推得(留给读者自己证明)输出电阻

$$R_{of}=(1+A_{GSS}B_R)R_o \tag{6-44}$$

$$R'_{of}=R_C\ /\!/\ R_{of} \tag{6-45}$$

式(6-40)中 $A_{GSS}=\dfrac{R'_S}{R_i+R'_S}A_{GS}$，为基本放大器负载短路时的源互导增益。其中 $R'_S=R_S/\!/R_B$。

综上所述，可归纳如下。

(1)负反馈对放大器输出阻抗的影响只取决于输出取样的内容是电压还是电流，而与输入端的连接方式无直接联系。

(2)电压负反馈使放大器的输出电阻减小，意味着放大器输出等效为一个低阻信号源。所以当负载电阻 R_L 变动时能稳定输出电压。

(3)电流负反馈使放大器的输出电阻增大，意味着放大器输出等效为一个高阻信号源。所以当负载电阻 R_L'变动时能稳定输出电流。

6.3.6 信号源内阻对负反馈放大器性能的影响

以上分析负反馈放大器的增益时都没有考虑信号源内阻的影响。实际上，如果信号源内阻不当，将会失去负反馈的效果。下面，按反馈信号在输入端的连接方式分别加以讨论。

1. 串联负反馈放大器

对串联负反馈放大器来说，输入应采用电压源 U_S，为了考虑信号源内阻 R_S 的影响，可将 R_S 归入基本放大器中，如图 6-16(a)所示。

以电压串联负反馈为例，将 R_S 归入基本放大器后，其开环电压增益为

$$A_{US}=\frac{U_o}{U_{sdi}}=\frac{R_i}{R_i+R_S}A_U \tag{6-46}$$

闭环电压增益为

$$A_{USf}=\frac{U_o}{U_S}=\frac{A_{US}}{1+A_{US}B_U} \tag{6-47}$$

由式(6-46)可知，若 $R_S\rightarrow\infty$，则 $A_{US}\rightarrow 0$，反馈深度 $F=(1+A_{US}B_U)\rightarrow 1$，从而有 $A_{USf}=$

A_{US}，就是说此时已失去了负反馈的效果。因此对串联反馈，只有采用低内阻信号源（即电压源）激励，才能得到反馈效果。

2. 并联负反馈放大器

对并联负反馈放大器来说，输入应采用电流源 I_S，为了考虑信号源内阻 R_S 的影响，可将 R_S 归入基本放大器中，如图 6-16(b)所示。

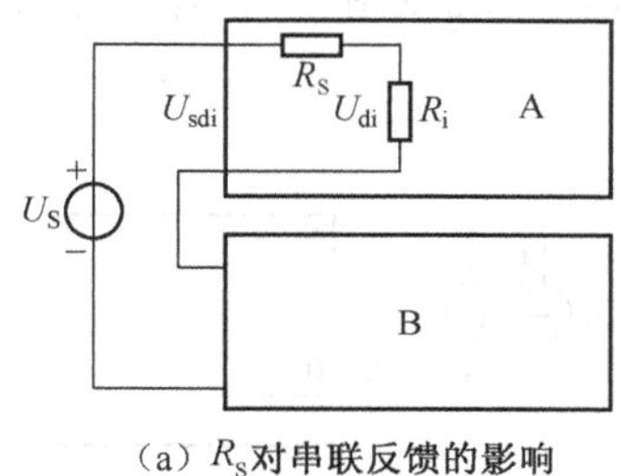

(a) R_S对串联反馈的影响

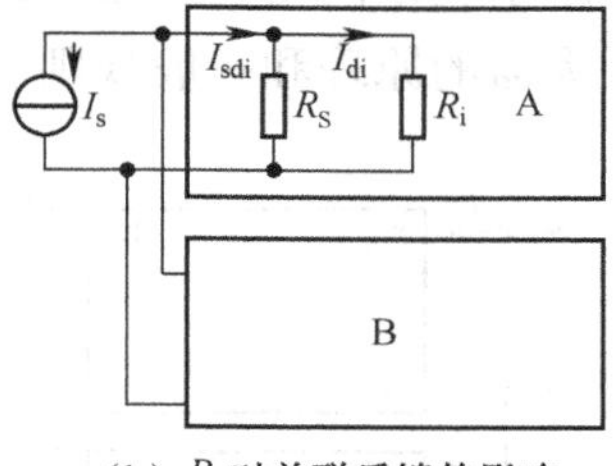

(b) R_S对并联反馈的影响

图 6-16　信号源对放大器性能的影响

以电流并联负反馈为例，将 R_S 归入基本放大器后，其开环电压增益为

$$A_{IS}=\frac{I_o}{I_{sdi}}=\frac{R_S}{R_i+R_S}A_I \tag{6-48}$$

闭环电流增益为

$$A_{ISf}=\frac{I_o}{I_S}=\frac{A_{IS}}{1+A_{IS}B_I} \tag{6-49}$$

由式(6-48)可知，若 $R_s\to 0$，则 $A_{IS}\to 0$，反馈深度 $F=(1+A_{IS}B_I)\to 1$，从而有 $A_{ISf}=A_{IS}$，就是说此时已失去了负反馈的效果。因此对并联反馈，只有采用高内阻信号源（即电流源）激励，才能得到反馈效果。

6.4　负反馈放大器的分析方法

负反馈放大电路的分析方法很多，各有特点，但常用的方法有以下三种。

6.4.1　等效电路法

等效电路法是不考虑反馈放大电路的组态和类型，直接画出电路的交流等效电路，列出电流电压方程，再用电路分析的方法求解负反馈放大电路的性能指标的一种方法。这种方法的优点是，不管电路多么复杂，只要等效电路正确，就能求出“精确的结果”。当然，电路复杂时，计算工作量很大，单凭手工计算是很难完成的，需要借助于计算机辅助分析工具进行。

6.4.2　方框图分析法

通过上一节的分析可以看出，如果能将实际负反馈放大电路分解为基本放大器 A 和反馈网络 B 两部分，且满足单向化条件，就能分别求出基本放大器的性能和反馈网络的反馈系数，并按上节导出的公式得到负反馈放大器的性能。这种分析方法称为方框图分析法。这种分析方法的优点是，物理概念清楚，可清楚地显示电路性能与反馈量之间的关系。这种分析方法的关键是,如何将负反馈放大电路正确地分解为基本放大器 A 和反馈网络 B 两部分。由于实际负反馈放大电路中的反馈网络与放大器是连在一起的,所以,反馈网络必然对基本放大器的输入、输出端起负载效应,它将成为基本放大器的一部分。因此在分出基本放大器时,不能简单地认为反馈网络元件不存在,而要将反馈网络对输入端的负载效应考虑在内,求出等效输入回路,将反馈网络对输出端的负载效应考虑在内,求出等效输出回路,然后将两者结合起来,组成去掉反馈但又考虑了反馈网络负载效应的基本放大器。现以图 6-17 电压并联负反馈为例,来说明分出基本放大器的原理和一般规则。

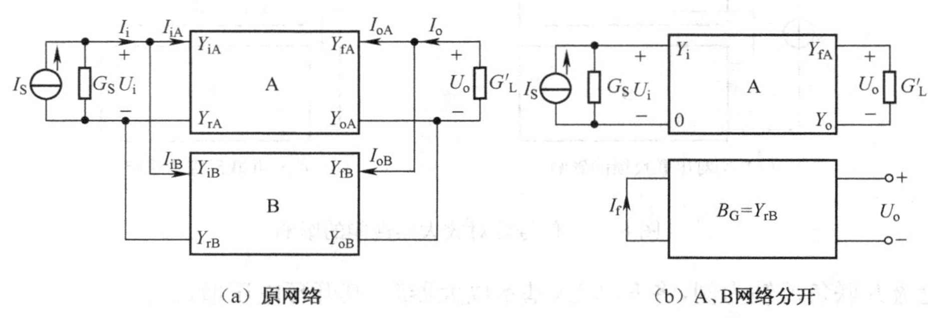

图 6-17　电压并联负反馈

从四端网络理论来看,电压并联负反馈组态用导纳(Y)参数来描述最为方便,因此,图 6-17 中将 A、B 网络用 Y 参数来表示,A 网络的 Y 参数定义为

$$Y_{iA}=\frac{I_{iA}}{U_i}\bigg|_{U_o=0}\quad \text{输出短路输入导纳}$$

$$Y_{rA}=\frac{I_{iA}}{U_o}\bigg|_{U_i=0}\quad \text{输入短路反向传输导纳}$$

$$Y_{fA}=\frac{I_{oA}}{U_i}\bigg|_{U_o=0}\quad \text{输出短路正向传输导纳}$$

$$Y_{oA}=\frac{I_{oA}}{U_o}\bigg|_{U_i=0}\quad \text{输入短路输出导纳}$$

B 网络的 Y 参数定义为

$$Y_{iB}=\frac{I_{iB}}{U_i}\bigg|_{U_o=0}$$

$$Y_{rB}=\frac{I_{iB}}{U_o}\bigg|_{U_i=0}$$

$$Y_{fB}=\frac{I_{oB}}{U_i}\bigg|_{U_o=0}$$

$$Y_{oB}=\frac{I_{oB}}{U_o}\bigg|_{U_i=0}$$

考虑 B 网络对 A 网络的负载作用,可将 Y_{iB}、Y_{oB} 归入 A 网络。则 A 网络的 $Y_i=Y_{iA}+Y_{iB}$ 和 $Y_o=Y_{oA}+Y_{oB}$。假设正向传输信号只经过基本放大电路 A,而不经过反馈网络 B;反向传输信号只经过反馈网络 B,而不经过基本放大电路 A;则 Y_{fB}、Y_{rA} 可忽略。由此得到新的基本放大器 A 和反馈网络 B,如图 6-17(b)所示,至此 A、B 网络已经分开,B 网络的负载效应已归入 A 网络中。

根据以上讨论，可归纳出得到考虑反馈网络负载作用的基本放大器 A 的一般规则。

求基本放大器的输入电路：对电压反馈，令 $U_o=0$；对电流反馈，令 $I_o=0$。这样处理后反馈量就不存在了，这时所得到的输入电路就是断开反馈又考虑反馈网络在输入端的负载效应时基本放大器的输入电路。

求基本放大器的输出电路：对并联反馈，令 $U_i=0$；对串联反馈，令 $I_i=0$。这样处理后反馈量就不起作用了，这时所得到的输出电路就是断开反馈又考虑反馈网络在输出端的负载效应时基本放大器的输入电路。

下面以图 6-18(a)所示负反馈放大电路为例，具体地说明方框图分析法。

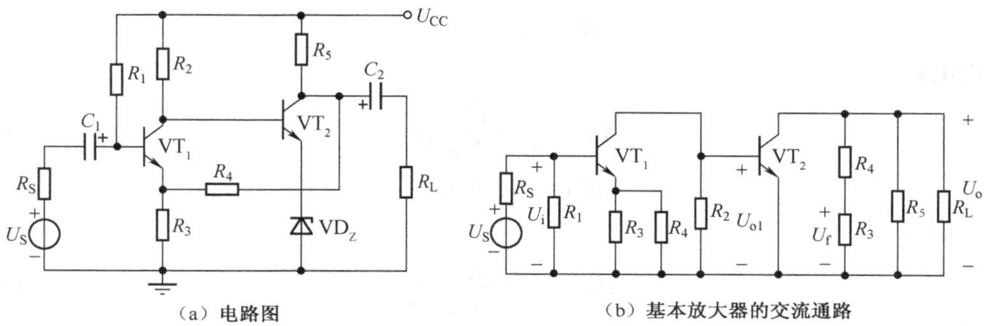

（a）电路图　　（b）基本放大器的交流通路

图 6-18　负反馈放大电路方框图分析法举例

(1)判断反馈组态

属电压串联负反馈。

(2)画基本放大器电路

考虑反馈网络对输入端的负载作用：因为是电压反馈，所以令 $U_o=0$，则 R_4 并接在 R_3 两端，构成基本放大器的输入电路。

考虑反馈网络对输出端的负载作用：因为是串联反馈，所以令 $I_i=0$，则 R_4 与 R_3 串接后并接在 R_5 两端，构成基本放大器的输出电路。

于是得到基本放大器电路如图 6-18(b)所示。

(3)基本放大器的计算

由图 6-18(b)可以求出基本放大器的参数。

开环电压增益

$$A_U=\frac{U_o}{U_i}=A_{U1}A_{U2}=\left(\frac{-h_{fe1}R'_{L1}}{h_{ie1}+(1+h_{fe1})(R_3 /\!/ R_4)}\right)\left(\frac{-h_{fe2}R'_{L2}}{h_{ie2}}\right) \tag{6-50}$$

式中，$R'_{L1}=R_2/\!/h_{ie2}$，$R'_{L2}=(R_3+R_4)/\!/R_5/\!/R_L$。

输入电阻

$$R_i=h_{ie1}+(1+h_{fe1})(R_3 /\!/ R_4) \tag{6-51}$$

输出电阻

$$R_o=(R_3+R_4) /\!/ \frac{1}{h_{oe2}} \tag{6-52}$$

反馈系数可以由基本放大器的输出回路求出

$$B_U=\frac{U_f}{U_o}=\frac{R_3}{R_3+R_4} \tag{6-53}$$

负载开路时基本放大器的电压增益

$$A_{UO} = A_U|_{R'_L=\infty} = \left(\frac{-h_{fe1}R'_{L1}}{h_{ie1}+(1+h_{fe1})(R_3 /\!/ R_4)}\right)\left(\frac{-h_{fe2}(R_3+R_4)}{h_{ie2}}\right) \tag{6-54}$$

负载开路时基本放大器的源电压增益

$$A_{USO} = \frac{R_i}{(R_1 /\!/ R_S)+R_i}A_{UO} \tag{6-55}$$

(4)负反馈放大电路的计算

输入电阻

$$R_{if} = (1+A_U B_U)R_i \tag{6-56}$$

$$R'_{if} = R_1 /\!/ R_{if} \tag{6-57}$$

输出电阻

$$R_{of} = \frac{R_o}{1+A_{USO}B_U} \tag{6-58}$$

$$R'_{of} = R_5 /\!/ R_{of} \tag{6-59}$$

电压增益

$$A_{Uf} = \frac{A_U}{1+A_U B_U} \tag{6-60}$$

源电压增益

$$A_{USf} = \frac{R'_{if}}{R_S+R'_{if}}A_{Uf} \tag{6-61}$$

应该指出,采用这种方法正确地判断反馈组态是至关重要的。只有正确地判断反馈组态,才能正确地选定 A 和 B 的表示式以及正确的考虑反馈对放大器性能参数的影响。

6.4.3 深负反馈条件下的近似计算

这种方法实际上是建立在方框图分析法基础之上的一种近似计算方法。在深负反馈的条件($|AB|\gg 1$)下,有$|X_{di}|\ll|X_i|$,因此有如下关系

$$\begin{cases} X_{di}\approx 0 \\ X_i \approx X_f \end{cases} \tag{6-62}$$

即在串联负反馈下,有

$$\begin{cases} U_{di}\approx 0 \\ U_i \approx U_f \end{cases} \tag{6-63}$$

在并联负反馈下,有

$$\begin{cases} I_{di}\approx 0 \\ I_i \approx I_f \end{cases} \tag{6-64}$$

此外,由基本反馈方程式,在深负反馈的条件($|AB|\ll 1$)下,有

$$A_f \approx \frac{1}{B} \tag{6-65}$$

利用式(6-63)、式(6-64)及式(6-65),可使负反馈放大电路的计算变得非常简单。这种近似方法,在后述的运算放大器计算中,计算精度很高;但在分立元件电路中,由于开环增益不可能做得很高,所以计算精度要差一些,在多数情况下不能定量的计算输入电阻和输出电阻,这

也是它的不足之处。下面举例说明这种方法。

【例 6-2】 负反馈放大电路如图 6-19(a)所示，设电路满足深负反馈的条件，求电路的源电压增益 A_{USf}、输入电阻 R'_{if} 及输出电阻 R'_{of}。

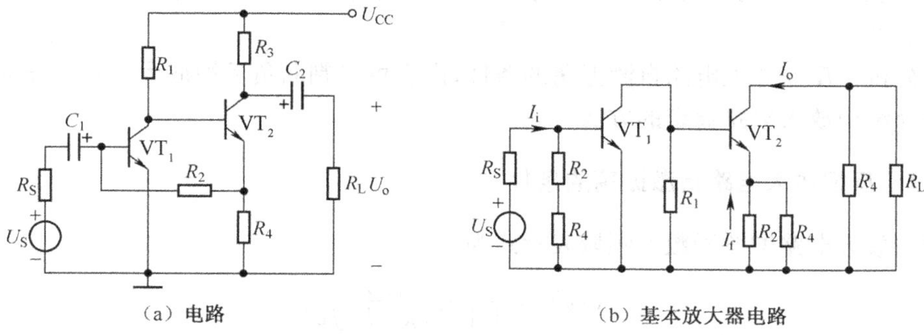

图 6-19　电流并联负反馈放大电路

解：图 6-19(a)所示负反馈放大电路为电流并联负反馈。其基本放大器电路如图 6-19(b)所示。据图 6-19(b)所示基本放大器电路，可得反馈系数

$$B_I = -\frac{R_4}{R_2 + R_4}$$

在深负反馈条件下，电流增益

$$A_{If} = \frac{I_o}{I_i} \approx \frac{1}{B_I} = -\frac{R_2 + R_4}{R_4}$$

输入电阻

$$R'_{if} = R_{if} = \frac{R_i}{1 + A_I B_I} \approx 0$$

故有

$$I_i = \frac{R_S}{R_S + R_{if}} I_S \approx I_S = \frac{U_S}{R_S}$$

所以，源电压增益

$$A_{USf} = \frac{U_o}{U_S} = -\frac{I_o R'_L}{I_S R_S} \approx -\frac{I_o R'_L}{I_i R_S} = -A_{If}\frac{R'_L}{R_S}$$

输出电阻

$$R'_{of} = R_3 /\!/ R_{of} = R_3 /\!/ [R_o(1 + A_I B_I)] \approx R_3$$

6.5　负反馈放大器的稳定性及其相位补偿

如前所述，负反馈对放大电路各项性能指标的改善程度与反馈深度 F 密切相关，反馈越深，改善的效果越显著。所以，一个实际放大电路往往设计成具有较深的反馈。反馈深度的提高，通常靠提高放大电路的增益来实现，即基本放大器为多级放大。这种多级放大器构成负反馈后，可能使放大电路工作不稳定。

在此之前，判断反馈放大电路是负反馈，是指工作在中频时的相位关系。但放大器的增益

是频率的函数,随着工作频率的变化,不仅增益的绝对值下降,而且也会出现附加相移 $\Delta\varphi(j\omega)$,由于这种附加相移的存在,将有可能在高频区(或低频区)的某个频率上,反馈信号与输入信号同相位,使负反馈变为正反馈。当正反馈信号幅度达到一定值时,放大电路输入端不加信号,输出端也会产生输出信号,这种现象称为自激振荡。自激振荡的出现,将破坏放大电路工作的稳定性。

下面分析负反馈放大电路自激振荡的条件,由它可以判断负反馈放大电路工作的稳定性,并简要地介绍使放大电路稳定的方法。

6.5.1 反馈放大电路自激振荡的条件

负反馈放大电路增益函数的频域表示式为

$$A_f(j\omega)=\frac{A(j\omega)}{1+A(j\omega)B(j\omega)} \tag{6-66}$$

上式中的 $A(j\omega)B(j\omega)$ 称为环路增益函数。当环路增益函数 $A(j\omega)B(j\omega)$ 为正实数时,构成负反馈电路;当环路增益函数 $A(j\omega)B(j\omega)$ 为负实数时,构成正反馈电路。

由式(6-66)显见,若在某一频率(设为 ω)上,$A(j\omega)B(j\omega)$ 为负实数,且其值等于-1,即

$$A(j\omega)B(j\omega)=-1 \tag{6-67}$$

则 $A_f(j\omega)=\infty$。这意味着反馈系统的输入端即使没有外加信号,也照样有角频率为 ω 的正弦输出信号输出。所以式(6-67)就是负反馈放大电路的自激条件。它包括幅值与相位两个方面的关系,即

$$|A(j\omega)B(j\omega)|=1 \tag{6-68}$$

$$\Delta\varphi_{AB}(j\omega)=\pm 180° \tag{6-69}$$

式(6-68)称为自激振荡的幅值条件;式(6-69)称为自激振荡的相位条件。当一个负反馈放大电路在某一频率上同时满足这两个条件时,该放大电路将产生自激振荡。

顺便指出,电路的振荡过程一开始,总要在 $A(j\omega)B(j\omega)\leqslant-1$ 时,振荡才能建立起来,所以 $A(j\omega)B(j\omega)\leqslant-1$ 称为负反馈放大电路的起振条件。用幅值条件和相位条件表示,即为

$$|A(j\omega)B(j\omega)|\geqslant 1 \tag{6-70}$$

$$\Delta\varphi_{AB}(j\omega)=\pm 180° \tag{6-71}$$

如果满足相位条件,但 $|A(j\omega)B(j\omega)|<1$,此时虽能构成正反馈,但由于反馈量不足,所以不会产生自激振荡,放大电路仍是稳定的。

6.5.2 负反馈放大电路稳定性的判别方法

1. 由环路增益特性判别稳定性

由式(6-67)自激条件可知,判断反馈系统是否稳定,可以只研究其环路增益函数的幅频、相频特性。

如果反馈放大电路在某一频率上同时满足式(6-68)和式(6-69),则该反馈放大电路是不稳定的。

如果反馈放大电路在任何频率上都不能同时满足式(6-68)和式(6-69),则该反馈放大电路是稳定的。于是,可得到反馈放大电路稳定的条件为:

当 $|A(j\omega)B(j\omega)|=1$(即 0 dB)时,$|\Delta\varphi_{AB}(j\omega)|<180°$

或当 $\Delta\varphi_{AB}(j\omega)=\pm180°$时，$|A(j\omega)B(j\omega)|<1$

在工程上，通常用环路增益的波特图来判断反馈放大电路的稳定性，如图 6-20 所示。

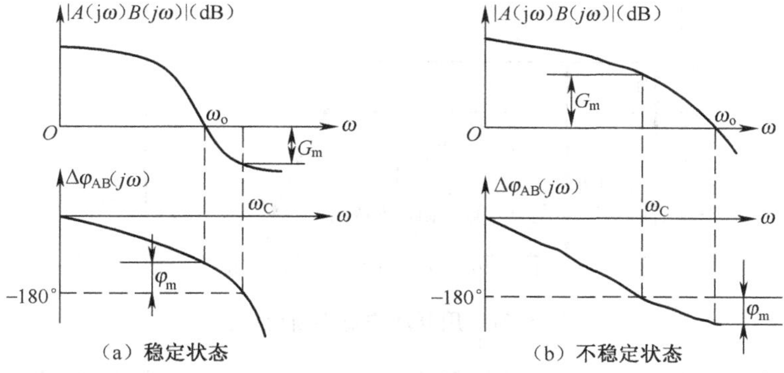

图 6-20 用环路增益的波特图判别反馈放大电路的稳定性

由图 6-20(a)可见，在环路增益$|A(j\omega)B(j\omega)|$等于 0 dB 的频率 ω_o(ω_o 称增益交界频率)上，相移$|\Delta\varphi_{AB}(j\omega)|<180°$；同样在 $\Delta\varphi_{AB}(j\omega)=-180°$的频率 ω_c(ω_c 称相位交界频率)上，环路增益$|A(j\omega)B(j\omega)|<1$。以上两种情况都满足稳定条件，所以该系统是稳定系统。

对于图 6-20(b)，在增益交界频率 ω_o 处，相移$|\Delta\varphi_{AB}(j\omega)|>180°$；同样在相位交界频率 ω_c 处，环路增益大于 0 dB，即$|A(j\omega)B(j\omega)|>1$。所以该系统是不稳定系统。

实际工作中，为了使一个反馈放大电路稳定可靠的工作，设计时都留有一个稳定裕量，通常可用增益裕量 G_m 和相位裕量 φ_m 来衡量。

1)增益裕量 G_m

当频率等于相位交界频率(即 $\omega=\omega_c$)时所对应的环路增益为增益裕量 G_m 即

$$G_m = 20\lg|A(j\omega)B(j\omega)|_{\omega=\omega_c} \tag{6-72}$$

由图 6-20 可见，一个稳定的负反馈电路，其增益裕量 G_m 为负值(即 $G_m<0$ dB)。工程上一般要求 $G_m\leqslant-10$ dB。

2)相位裕量 φ_m

当频率等于增益交界频率(即 $\omega=\omega_o$)时，所对应的相位为 $\varphi(\omega_o)$，则相位裕量 φ_m 为

$$\varphi_m = 180° - |\varphi(\omega_o)| \tag{6-73}$$

由图 6-20 可见，一个稳定的负反馈电路，其相位裕量 φ_m 为正值(即 $\varphi_m>0°$)。工程上一般要求 $\varphi_m\geqslant45°$。

2. 由开环增益幅频特性判别稳定性

如果反馈系数 B 为常数，可以利用开环增益 $A(j\omega)$直接判断负反馈放大电路的稳定性。下面举例说明这种方法。

设某反馈放大电路的开环增益函数为

$$\begin{aligned} A_U(jf) &= \frac{A_U}{\left(1+j\dfrac{f}{f_1}\right)\left(1+j\dfrac{f}{f_2}\right)\left(1+j\dfrac{f}{f_3}\right)} \\ &= \frac{10\ 000}{\left(1+j\dfrac{f}{10^6}\right)\left(1+j\dfrac{f}{10^7}\right)\left(1+j\dfrac{f}{10^8}\right)} \end{aligned} \tag{6-74}$$

由上式可画出它的开环幅频特性和相频特性,并将附加相移 $\Delta\varphi_{AB}(j\omega)$ 坐标与幅频画在同一图上,如图 6-21 所示。

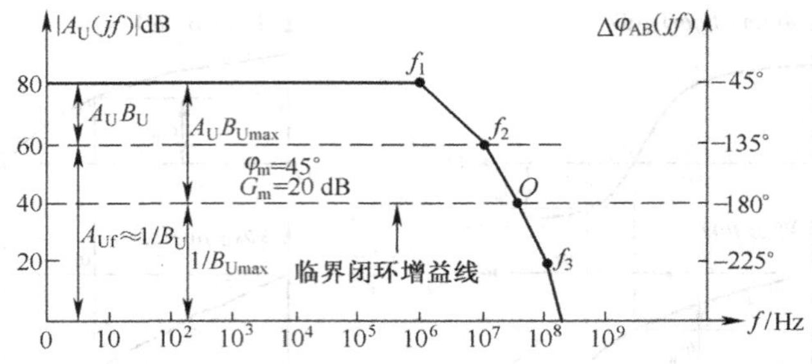

图 6-21　用开环增益判断稳定性

图 6-21 中,第一个拐点(f=1 MHz)为主导极点,附加相移为−45°;第二个拐点(f=10 MHz)附加相移为−135°(本身附加相移为−45°,再加上第一个极点在该点贡献的−90°,总附加相移为−135°);第三个拐点(f=100 MHz)附加相移为−225°(本身附加相移为−45°,再加上第一、二个极点在该点各自贡献的−90°,总附加相移为−225°)。−180°点就在第二、三拐点之间。

加入深负反馈后,放大电路的闭环增益可表示为

$$A_{Uf}(j\omega)=\frac{A_U(j\omega)}{1+A_U(j\omega)B_U}\approx\frac{A_U(j\omega)}{A_U(j\omega)B_U}=\frac{1}{B_U}\tag{6-75}$$

若用 dB 表示幅值,则为

$$20\lg|A_{Uf}(j\omega)|\approx 20\lg|A_U(j\omega)|-20\lg|A_U(j\omega)B_U|=20\lg\left|\frac{1}{B_U}\right|\tag{6-76}$$

上式 $A_{Uf}(j\omega)$、$A_U(j\omega)$、$A_U(j\omega)B_U$、$1/B_U$ 之间的关系可在开环增益幅频特性上表示出来,例如当 $A_{Uf}(j\omega)$=60 dB 时,可在 60 dB 处做一条水平线称闭环增益线。由图可见,此处环路增益 $A_U(j\omega)B_U$=20 dB,$A_{Uf}(j\omega)\approx 1/B_U$=60 dB。随着负反馈加深闭环增益线下降,$A_{Uf}(j\omega)$减小,环路增益 $A_U(j\omega)B_U$ 增加

若在 $\Delta\varphi_{AB}(j\omega)=-180°$点做一条水平线,则称为临界闭环增益线。临界闭环增益线是放大电路进入自激振荡状态时的闭环增益。因为在开环增益幅频特性与临界闭环增益线相交点 O 处,有

附加相移

$$\Delta\varphi_{AB}(j\omega)=-180\tag{6-77}$$

开环增益

$$20\lg|A_U(j\omega)|=40\text{ dB}\tag{6-78}$$

$$20\lg\left|\frac{1}{B_U}\right|=40\text{ dB}\tag{6-79}$$

所以由式(6-76),可知环路增益

$$20\lg|A_U(j\omega)B_U|=0\text{ dB}\tag{6-80}$$

即满足自激条件

$$|A(j\omega)B(j\omega)|=1$$

$$\Delta\varphi AB(j\omega)=-180°$$

由此可见,加入负反馈后,$A_{Uf}(j\omega)$在临界闭环增益线以上是稳定工作区,临界闭环增益线以下

是不稳定工作区，当 $A_{Uf}(j\omega)\approx 1/B_{Umax}$ 时，进入自激状态，B_{Umax} 称进入临界状态的最大反馈系数。

如果考虑留有 45°的相位裕量，可将闭环增益线设在 $\Delta\varphi_{AB}(j\omega)=-135°$ 处（如图 6-21 中所示），此时 $A_{Uf}(j\omega)=60$ dB。

6.5.3　防止负反馈放大电路自激的方法

防止负反馈放大电路自激的方法，一般有如下三种。

(1)如无特殊需要，尽可能不用多级放大电路组成的反馈环。

(2)限制反馈深度，使之不满足自激条件。

(3)采用相位补偿的方法，破坏自激条件。

显然，采用前两种方法来防止负反馈放大电路自激，都是一种避开自激条件的消极方法。所以，实际中人们常采用比较主动的第三种方法，即采用相位补偿法。这里主要介绍这种方法。

相位补偿法是在反馈环内增加一些含电抗元件（如 RC）的电路，以此来修正放大电路的开环频率特性，破坏自激条件，以保证闭环系统的稳定。下面介绍几种常用的相位补偿方法。

1. 滞后补偿

接入补偿元件后，使放大电路的附加相位更加滞后的补偿称为滞后补偿。这种方法是以牺牲放大电路的带宽为代价来换取放大电路的稳定，因此适用于对频带宽度要求不太高的场合。

1)电容滞后补偿

这种方法是把放大电路的开环增益幅频特性的第一个极点强制性地移到低频区，使开环增益幅频特性呈单极点系统，因为单极点系统的最大附加相移为 90°，因而是稳定系统。

下面，仍以前面的实例来说明电容滞后补偿的原理。开环增益函数 $A_U(j\omega)$ 的表达式见式(6-69)。其幅频特性重画于图 6-22 中。补偿电路如图 6-23(a)所示，补偿电容 C 接在放大电路 A_1、A_2 之间。其相应的等效电路如图 6-23(b)所示。

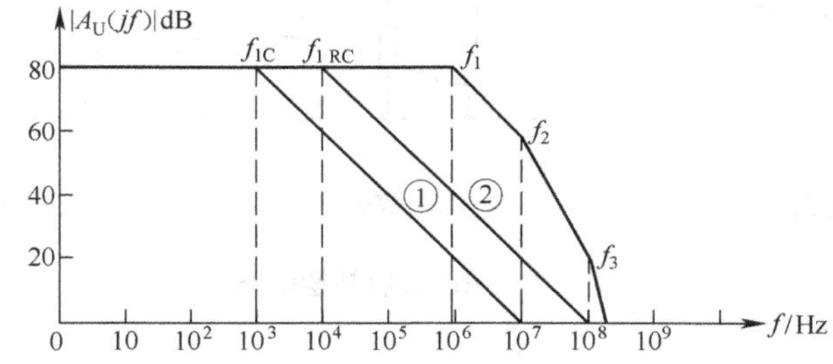

图 6-22　滞后补偿的幅频特性

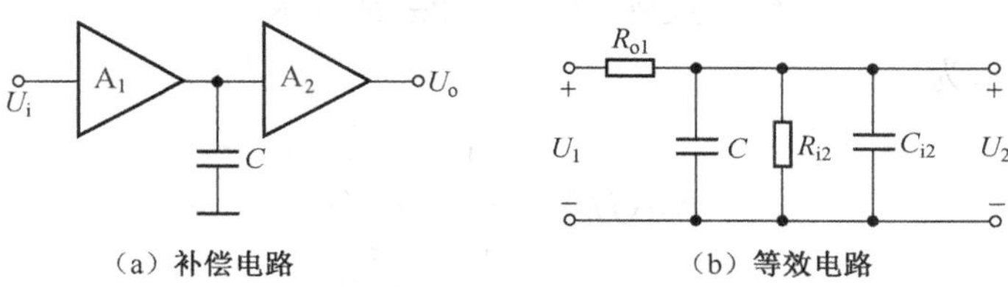

图 6-23　电容滞后补偿电路

图 6-23(b)中,R_{o1} 为第一级的输出电阻;R_{i2}、C_{i2} 分别为第二级的输入电阻和输入电容;C 为补偿电容。

补偿前,主导极点 f_1 为

$$f_1 = \frac{1}{2\pi(R_{o1} /\!/ R_{i2})C_{i2}}$$

补偿后,原来的 f_1 变为 f_{1C}

$$f_{1C} = \frac{1}{2\pi(R_{o1} /\!/ R_{i2})(C_{i2}+C)}$$

若选择补偿电容 C 的值使 $f_{1C}=1\ \text{kHz}$,则补偿后的幅频特性如图 6-22 中的粗实线①所示,补偿后的系统由原来的三极点系统变成了一个单极点系统,这种补偿称为“全补偿”。这种单极点系统在任何情况下都是稳定的。

这种补偿方法是以更低的主导极点来代替原来的极点。这种补偿方法的优点是简单,加一个电容即可达到系统稳定的目的,缺点是系统的带宽变得很窄。由图 6-22 可知,补偿后,系统的带宽由原来的 1 MHz 变为 1 kHz。

2)*RC* 滞后补偿

RC 滞后补偿的基本思想就是设法在 $A_U(j\omega)$ 中引入一个零点,该零点与 $A_U(j\omega)$ 中的一个极点相消,从而使放大电路补偿后的带宽损失较小。具体做法是:在产生极点最低的一级放大电路的输出端并接一个 *RC* 串联补偿网络,补偿电路如图 6-24(a)所示。它的等效电路如图 6-24(b)所示。令 $C \gg C_{i2}$,则等效电路可简化为图 6-24(c)的形式。

图 6-24(c)中,$U_1' = \frac{R_{i2}}{R_{o1}+R_{i2}}U_1$,$R' = R_{o1} /\!/ R_{i2}$。它的电压传输函数为

$$K_U(j\omega) = \frac{U_2(j\omega)}{U_1'(j\omega)} = \frac{1+j\omega RC}{1+j\omega(R'+R)C} \tag{6-81}$$

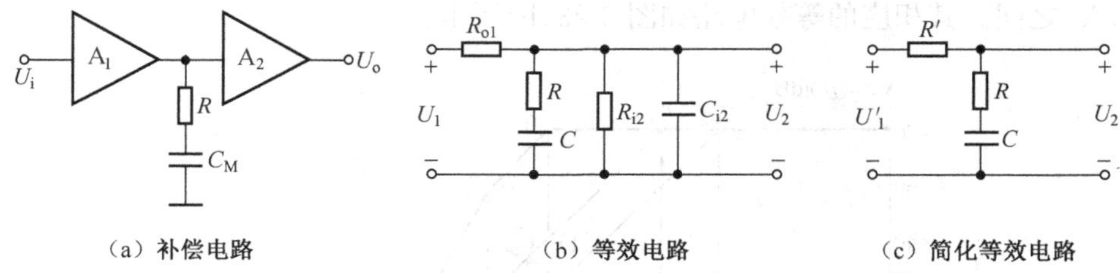

(a) 补偿电路　　(b) 等效电路　　(c) 简化等效电路

图 6-24　*RC* 滞后补偿电路

令

$$f_z = \frac{1}{2\pi RC},\ f_{1RC} = \frac{1}{2\pi(R'+R)C}$$

式(6-81)可表示为

$$K_U(jf) = \frac{1+j\dfrac{f}{f_z}}{1+j\dfrac{f}{f_{1RC}}} \tag{6-82}$$

由上式可见,原来的极点 f_1 变为 f_{1RC},并引进了一个零点 f_z,且有 $f_z > f_{1RC}$。所以如果设原来的开环增益函数仍为式(6-74),则补偿后的开环增益函数为

$$A'_U(jf)=\frac{A_U\left(1+j\frac{f}{f_z}\right)}{\left(1+j\frac{f}{f_{1RC}}\right)\left(1+j\frac{f}{f_2}\right)\left(1+j\frac{f}{f_3}\right)}$$
$$=\frac{10\ 000\left(1+j\frac{f}{f_z}\right)}{\left(1+j\frac{f}{f_{1RC}}\right)\left(1+j\frac{f}{10^7}\right)\left(1+j\frac{f}{10^8}\right)} \tag{6-83}$$

选择R、C值使$f_z=f_2=10^7$ Hz，即新产生的零点与原来的第二个极点相消，则上式可表示为

$$A'_U(jf)=\frac{10\ 000}{\left(1+j\frac{f}{f_{1RC}}\right)\left(1+j\frac{f}{10^8}\right)} \tag{6-84}$$

f_{1RC}的选择一般应使$A'_U(jf)$的幅频特性以-20 dB/十倍频斜率下降段与横轴交点恰好等于f_3处，如图6-22中的粗实线②所示。在f_3处，$A'_U(jf)$的附加相移为$-135°$，使得相位裕量$\varphi_m=45°$，满足稳定性要求。对比图6-22中的粗实线①和②，可以发现RC滞后补偿比电容滞后补偿的带宽要宽一些。

3）密勒效应补偿

上述两种相位补偿所需的电容较大，这在集成电路中较难实现。利用密勒效应补偿，可大大减小补偿电容的容量。密勒效应补偿是将补偿电容跨接在某级放大电路的输入与输出之间，如图6-25所示。补偿电容C_φ等效到A_2输入端的电容C_M增大为

$$C_M=(1+|A_2|)C_\varphi \tag{6-85}$$

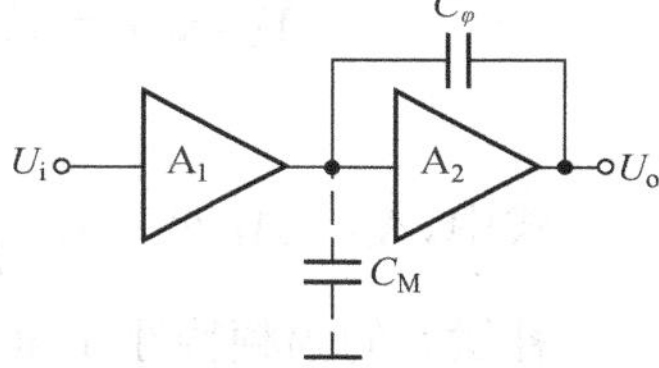

图6-25　密勒效应补偿电路

这样，用很小的电容（几皮法至几十皮法）就可获得令人满意的补偿效果。这种补偿在集成电路中有广泛的应用。

2. 超前补偿

当要求补偿后不仅工作稳定，而且还能扩展频带时，需要采用超前补偿电路。超前补偿是设法在易于产生自激振荡的频率点附近引入一个超前相移的零点，利用该零点产生的超前相移来抵消原来的滞后相移，以获得需要的闭环稳定性。

1）超前补偿电路

超前补偿电路如图6-26(a)所示。它的正弦传输函数为

$$A_\varphi(j\omega)=\frac{R_2}{R_1+R_2}\frac{1+j\omega R_1C}{1+j\omega\left(\frac{R_1R_2}{R_1+R_2}\right)C}=A_\varphi\frac{1+j\frac{f}{f_z}}{1+j\frac{f}{f_p}} \tag{6-86}$$

式中，$A_\varphi=\frac{R_2}{R_1+R_2}$；$f_z=\frac{1}{2\pi R_1C}$；$f_p=\frac{1}{2\pi(R_1/\!/R_2)C}$。

显见极点频率f_p大于零点频率f_z，即$f_p>f_z$。若取$f_p=100f_z$，可画出图6-26(b)所示的波特图。

由图6-26(b)可见，补偿电路的输出电压相位超前于输入电压相位，即电路产生了正的相移，在$f=10f_z$处，提供了最大值为$+90°$的相移。

2）超前补偿原理

设某放大电路的开环电压增益函数为

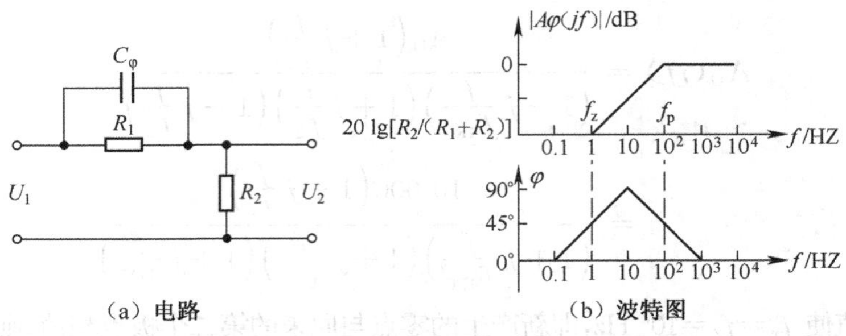

图 6-26 相位超前补偿电路及其波特图

$$A_U(j\omega)=\frac{A_U}{\left(1+j\frac{f}{f_1}\right)\left(1+j\frac{f}{f_2}\right)\left(1+j\frac{f}{f_3}\right)}$$

它的幅频特性如图 6-27 中细实线所示。

如果在放大电路中串入如图 6-26(a)所示的超前补偿电路,并使其产生的零点频率 f_z 与 $A_U(j\omega)$的极点频率 f_2 相等,即 $f_z=f_2$,则补偿后的增益函数为

$$A'_U(j\omega)=A_U(j\omega)A_\varphi(j\omega)=\frac{A'_U}{\left(1+j\frac{f}{f_1}\right)\left(1+j\frac{f}{f_3}\right)\left(1+j\frac{f}{f_p}\right)}$$

式中,$A'_U=A_UA_\varphi=A_U\dfrac{R_2}{R_1+R_2}$。

补偿后的幅频特性如图 6-27 中粗实线所示。由图可见,补偿后第一个极点频率 f_1 未变,第二个极点频率提高为 f_3,而第三个极点频率 f_p 已在 0 dB 线(自激振荡的幅值条件)以下,在 0 dB 线以上只存在两个极点,因而引起自激振荡的可能性大大减小。所以,只要闭环后的反馈深度不过深,这种补偿在保证带宽不减小的条件下,可确保放大电路稳定地工作。

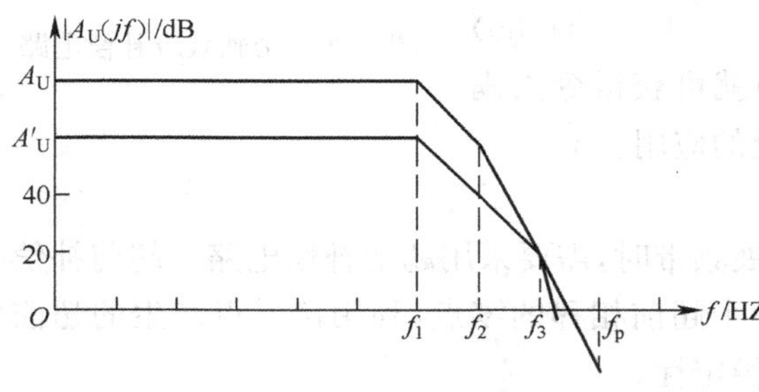

图 6-27 滞后补偿的幅频特性

6.6 负反馈放大器实例

为了使读者进一步加深对负反馈放大电路的认识与理解,这里以 MC1553 集成宽带放大电路作为实例,来介绍它的电路构成、引入的反馈类型及所采用的相位补偿。

集成宽带放大电路 MC1553 是摩托罗拉公司生产的典型产品之一,其内部电路如图 6-28 所示。它的电压增益约为 50 dB,带宽可达 50 MHz。

由图可知,电路共有四级:为了获得足够高的增益,VT_1、VT_2、VT_3 采用三级共射放大电路,VT_4 为射极输出级,目的是为了提高电路的驱动能力。VT_5~VT_8 构成多路恒流源,为电路提供了合理的偏置电流,其中参考电流为

$$I_R=\frac{U_{CC}-2U_{BE}}{R_9}\approx\frac{6-1.2}{6}=0.8\ \text{mA}$$

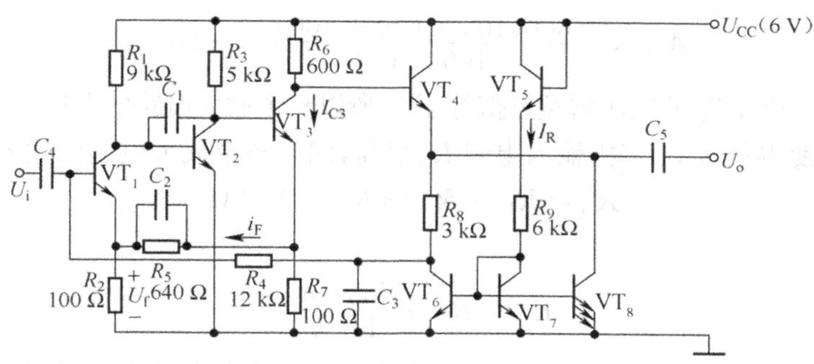

图 6-28 集成宽带放大电路 MC1553

$VT_5 \sim VT_8$ 是输出级 VT_4 的射极偏置电流源，$I_{E4} \approx I_{C6}+I_{C8}=4I_R \approx 3.2$ mA。VT_1 管的基极静态电流是由 VT_6 集电极电压通过 R_4 提供的，这样 R_4 的阻值可以小一些，以利于工艺实现。C_1、C_2 是制作在硅片上的小电容，容量为几皮法。其中 C_1 为密勒效应补偿，由于 VT_2 输入电阻较小，该补偿电路产生的极点频率较高；C_2 与 R_5、R_2 一起构成超前补偿电路。外接电容 C_3 为旁路电容，C_4、C_5 为耦合电容，它们对交流可视为短路。

下面讨论一下电路中的反馈及其作用。

(1)R_8、C_3、R_4 构成四级(VT_4—VT_1)级间电压并联直流负反馈，其作用是稳定整个电路的直流工作点，特别是稳定输出端的直流电压，以确保输出电压有足够大的动态范围。

(2)R_7、C_2、R_5、R_2 构成三级(VT_3—VT_1)级间电流串联交、直流负反馈，其作用是稳定三级的直流工作点，稳定 VT_3 发射极电流，提高整个放大电路的输入电阻。

(3)电阻 R_2 构成 VT_1 本级的电流串联负反馈，其作用是提高本级输入电阻，稳定本级电流。

(4)电阻 R_7 构成 VT_3 本级的电流串联负反馈，其作用是提高 VT_2 放大级的电压增益，稳定本级电流。

(5)电流源 VT_8、电阻 R_8 并联构成 VT_4 本级的电压串联负反馈，其作用是提高 VT_3 放大级的电压增益和整个电路的负载能力。

一般说来，级间反馈的基本放大电路级数多，开环增益大，易于做到深负反馈。所以，放大电路的性能主要由级间反馈决定。对本例来说，起主要作用的是第二个级间反馈环路。下面按此反馈环路来近似估算闭环增益。

由图 6-28 可得，反馈电压

$$U_f=(I_{e1}+I_f)R_2 \approx I_f R_2=\frac{R_7}{R_2+R_5+R_7}I_{e3}R_2$$

所以互阻反馈系数

$$B_R \approx \frac{U_f}{I_{e3}}=\frac{R_2R_7}{R_2+R_5+R_7}$$

在满足深负反馈的条件下，闭环互导增益

$$A_{Gf}=\frac{I_{e3}}{U_i} \approx \frac{1}{B_R} \approx \frac{R_2+R_5+R_7}{R_2R_7}$$

闭环电压增益

$$A_{Uf}=\frac{U_{c3}}{U_i} \approx \frac{-I_{c3}R_6}{U_i} \approx -A_{Gf}R_6=-\frac{R_6(R_2+R_5+R_7)}{R_2R_7}$$

将元件数值代入上式可得

$$A_{Uf} \approx -\frac{600(100+640+100)}{100\times 100} \approx -50.4$$

因为射极输出器 VT_4 的电压增益近似等于1,所以整个放大电路的电压增益近似等于50。串联负反馈使得从 VT_1 基极输入电阻 R_{if} 很高,因而整个放大电路的输入电阻

$$R'_{if} = R_4 \mathbin{/\mkern-6mu/} R_{if} \approx R_4 = 12\ \text{k}\Omega$$

输出电阻

$$R_o \approx R_8 \mathbin{/\mkern-6mu/} \frac{R_6 + h_{ie4}}{1+h_{fe4}}$$

设晶体管的 $h_{fe}=150$,$r'_{bb}=60\ \Omega$,则 $h_{ie4}=1\ 290\ \Omega$,因此输出电阻 $R_o \approx 12.5\ \Omega$。可见其输出电阻是很低的。

习　题

1. 在题6-1图所示各电路中,试指明反馈网络是由哪些元件组成的,并判断所引入的反馈类型(正或负反馈、直流或交流反馈、电压或电流反馈)。

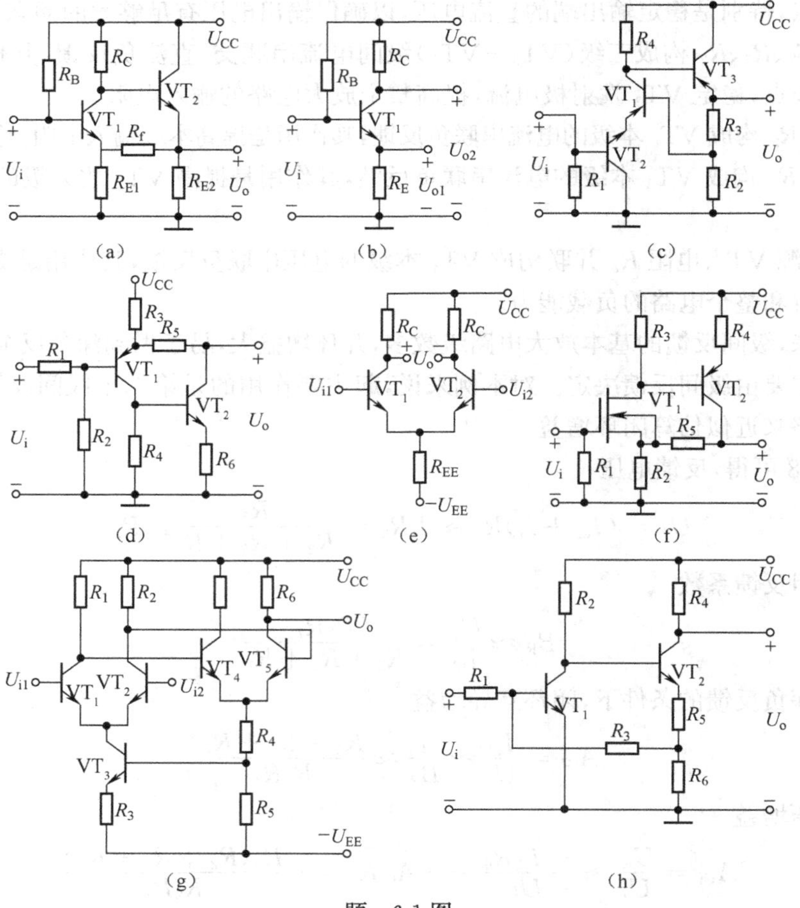

题　6-1图

2. 判断题 6-2 图所示电路的反馈组态。

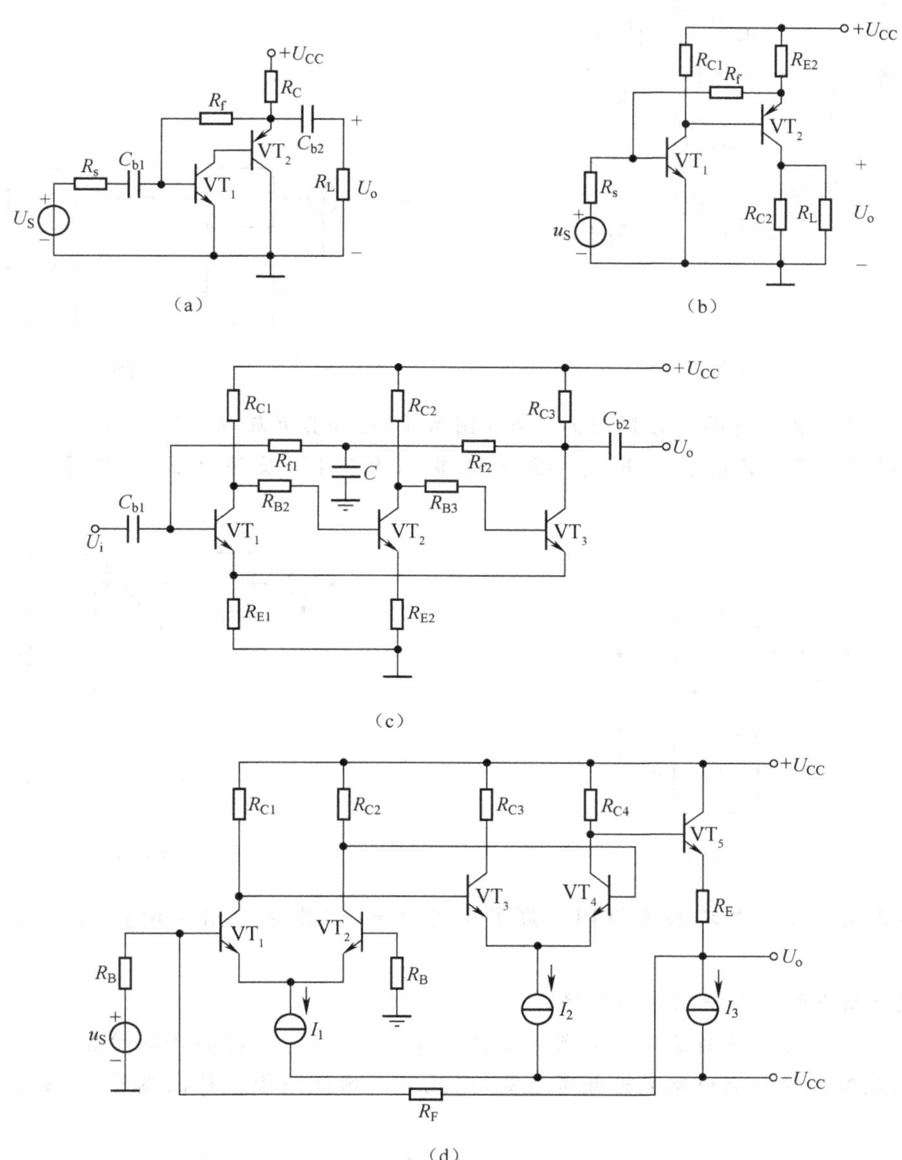

题　6-2 图

3. 某半导体收音机的输入级如题 6-3 图所示。试判断该电路中有没有反馈？如果有反馈，属于何种反馈组态？

4. 题 6-4 图所示电路由两个负反馈放大电路（分别用①、②表示）串联而成。

(1)若①是电压并联负反馈，则②应采用什么负反馈为宜？

(2)若②是电压并联负反馈，则①应采用什么负反馈为宜？

(提示：从信号源内阻对负反馈效果的影响考虑。)

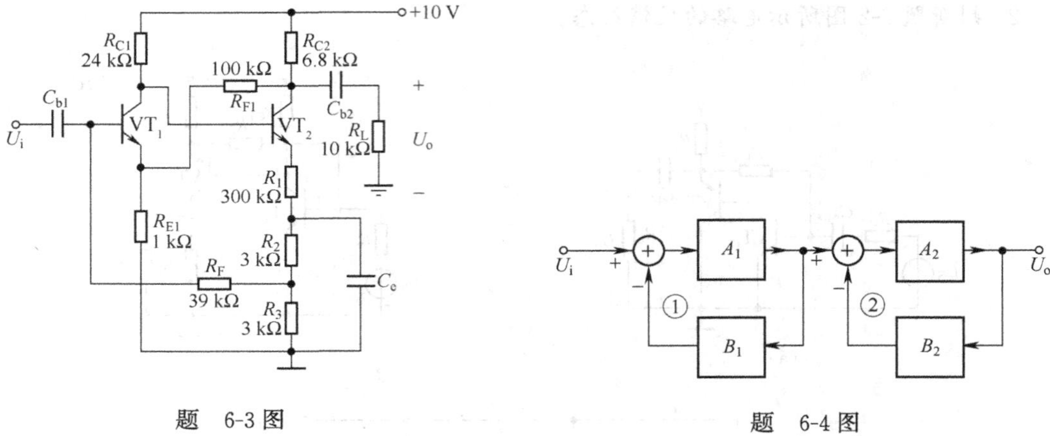

题 6-3 图　　题 6-4 图

5. 某负反馈放大电路的方框图如题 6-5 图所示，已知其开环电压增益为 $A_U=2\ 000$，反馈系数 $B_U=0.049\ 5$。若输出电压 $U_o=2$ V，求输入电压 U_i、反馈电压 U_f 及净输入电压 U_{di} 的值。

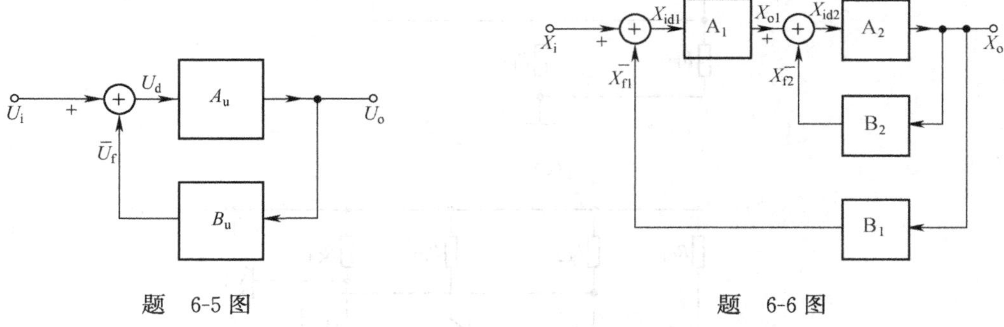

题 6-5 图　　题 6-6 图

6. 某负反馈放大电路的方框图如题 6-6 图所示，试推导其闭环增益 $A_f=X_o/X_i$ 的表达式。

7. 试判断下面一些讲法是否正确。

(1) 为了提高多级深负反馈放大器的闭环增益 A_f，必须尽量提高开环增益 A。

(2) 负反馈能使放大电路的通频带展宽，因此可以用低频管代替高频管，只要反馈深度 F 足够大。

(3) 只要放大器的负载恒定，不管哪种反馈都能使电压增益得到稳定。

(4) 负反馈放大器的反馈效果与信号源内阻 R_S 有关，串联反馈使放大器输入阻抗增高，因而要采用高内阻 R_S 的信号源，才能得到反馈效果；并联反馈使放大器输入阻抗减小，因而要采用低内阻 R_S 的信号源，才能得到反馈效果。

(5) 在深度负反馈的条件下，$A_f\approx 1/B$。因此，不需选择稳定的电路参数。

(6) 当输入信号是一个失真的正弦波时，加入负反馈后能使失真得到改善。

(7) 共集电极(或共漏极)放大电路，由于 $A_f\leqslant 1$，故没有反馈。

(8) 无论放大电路出现何种噪声输出，加入负反馈后即可以减小其噪声输出电压。

8. 题 6-2 图所示电路中，哪些电路能够稳定输出电压？哪些电路能够稳定输出电流？

9. 在深负反馈($|1+AB|\gg 1$)条件下，计算题 6-2 图所示电路的电压增益 A_{Uf}。

10. 在题6-10图所示电路中，引入适当的负反馈，以满足提高输入电阻和带负载能力的要求。引入该负反馈后，当 $R_B=1\ k\Omega$ 时，$A_{Uf}=U_o/U_i=40$，试计算 R_f 的值。

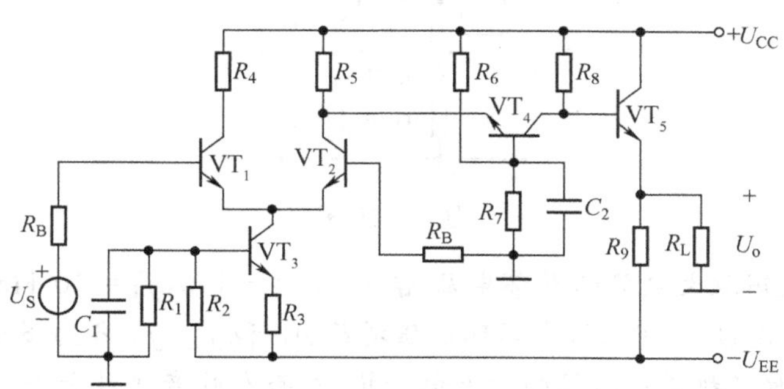

题　6-10图

11. 已知一反馈放大器的闭环增益 $A_{Rf}=50\ k\Omega$，如果开环增益 A_R 增加4倍，则闭环增益变化为 $A_{Rf}=51\ k\Omega$，求开环增益 A_R 和反馈系数 B_G 值。

12. 一个多级放大电路如题6-12图所示。试说明为了实现以下要求，应该分别引入什么反馈组态，分别画出加入反馈后的电路图。

(1)要求进一步稳定各直流工作点。

(2)要求负载电阻 R_L 变动时，输出电压 U_o 基本不变，而且输入级向信号源索取的电流较小。

(3)要求负载电阻 R_L 变动时，输出电流 I_o 基本不变。

13. 题6-13图所示电路中采用了哪些反馈类型？证明该电路的闭环电压增益 $A_{Uf}\approx R_f/R_E$。

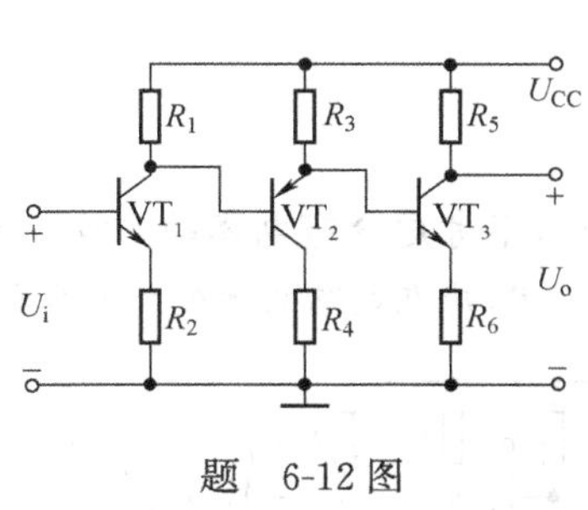

题　6-12图

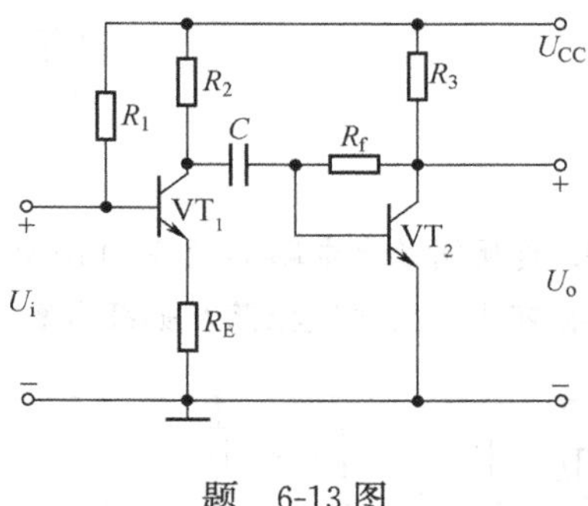

题　6-13图

14. 已知负反馈放大电路如题6-2图(b)所示，图中 $R_{C1}=20\ k\Omega$，$R_{C2}=4.3\ k\Omega$，$R_{E2}=0.62\ k\Omega$，$R_L=5\ k\Omega$，$R_s=500\ k\Omega$，$R_f=100\ k\Omega$，晶体管参数 $h_{fe1}=h_{fe2}=100$，$h_{ie1}=6.7\ k\Omega$，$h_{ie2}=2.7\ k\Omega$，h_{oe}、h_{re} 可忽略不计。用方框图法求 A_{If}，R'_{if}，R'_{of}。

15. 某放大电路如题6-15图所示。

(1)画出基本放大器电路。

(2)求深度反馈时放大电路的闭环电压增益 A_{Uf}，反馈系数 B_U 及输入电阻 R'_{if} 的表达式。

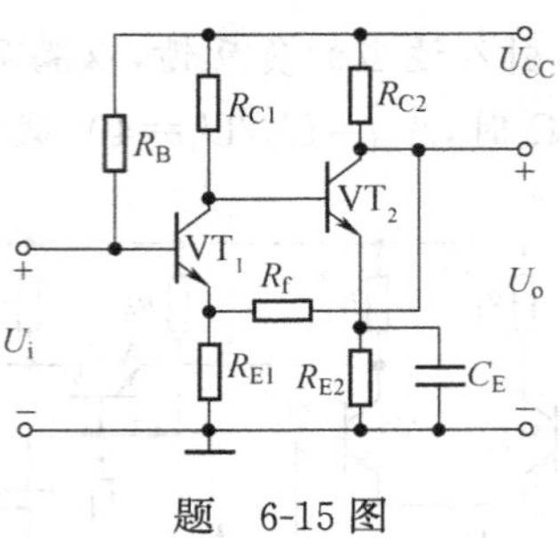

题 6-15图

16. 阻容耦合反馈放大电路的开环电压增益 $A_U=-100$，$f_L=10$ Hz，$f_H=30$ kHz；引入负反馈后，取反馈系数 $B=-0.05$，求闭环电压增益 A_{Uf} 和 f_{Lf}、f_{Hf} 各为多少？

17. 在雷雨时，收音机常出现较强的天电干扰，能否在收音机放大电路中引入负反馈来减少这种干扰？为什么？

18. 一负反馈放大电路的高频区波特图如题6-18图所示。已知 $20\lg|A|=100$ dB，$20\lg|1/B|=40$ dB。试判断该电路是否会产生自激振荡？如果自激，反馈系数 B 应如何改变才会消除自激振荡？

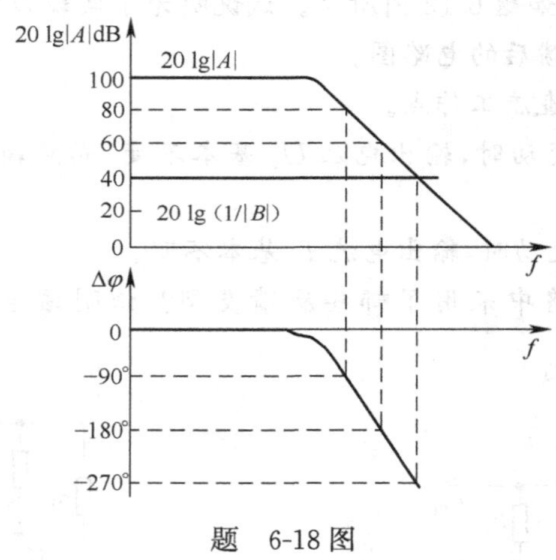

题 6-18图

19. 负反馈放大电路如题6-19图所示。设各管参数相同，不考虑分布电容的影响。试分析该电路是否可能产生自激振荡？如果自激，为了保持输出电压稳定，应在电路的何处加电容补偿？

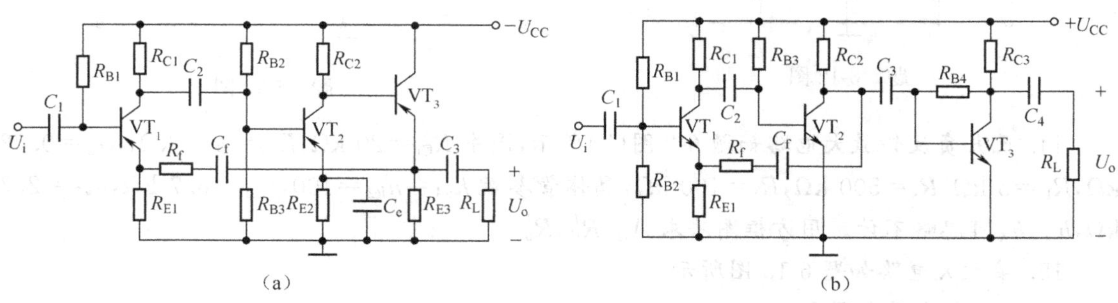

题 6-19图

20. 试分别计算一个三极无零系统在下列两种情况下，反馈系数为多大时会产生自激振荡。

(1)开环中频增益 $A=200$，三个开环极点对应的频率分别为 $f_{p1}=1$ MHz，$f_{p2}=4$ MHz，

$f_{p3}=10$ MHz。

(2)开环中频增益 $A=1\,000$,三个开环极点重合,频率为 10 MHz。

思　考　题

1. 在括号内填入"√"或"×",表明下列说法是否正确。

(1)若放大电路的增益为负,则引入的反馈一定是负反馈。　（　　）

(2)负反馈放大电路的增益与组成它的基本放大电路的放大倍数量纲相同。　（　　）

(3)若放大电路引入负反馈,则负载电阻变化时,输出电压基本不变。　（　　）

(4)阻容耦合放大电路的耦合电容、旁路电容越多,引入负反馈后,越容易产生低频振荡。　（　　）

2. 已知交流负反馈有四种组态:

A. 电压串联负反馈

B. 电压并联负反馈

C. 电流串联负反馈

D. 电流并联负反馈

选择合适的答案填入下列空格内,只填入 A、B、C 或 D。

(1)欲得到电流一电压转换电路,应在放大电路中引入________。

(2)欲将电压信号转换成与之成比例的电流信号,应在放大电路中引入________。

(3)欲减小电路从信号源索取的电流,增大带负载能力,应在放大电路中引入________。

(4)欲从信号源获得更大的电流,并稳定输出电流,应在放大电路中引入________。

机辅分析题

1. 如机辅分析题 6-1 图所示,MOS 负反馈放大电路,已知:$U_{DD}=15$ V,$R_S=250\ \Omega$,$R_1=1.4$ MΩ,$R_2=1$ MΩ,$R_D=15$ kΩ,$R_{S1}=100$ kΩ,$R_{S2}=15$ kΩ,$R_3=15$ kΩ,$R_4=5$ kΩ,$C_1=1\ \mu$F,$C_2=0.1\ \mu$F,$C_3=20\ \mu$F。NMOS 管模型参数 $V_{TO}=1$,$K_P=6.5E-3$,$C_{BD}=5$ PF,$C_{BS}=2$ PF,$R_D=5$,$R_S=2$,$R_B=R_G=0$,$R_{DS}=1$ MΩ,$C_{GSO}=1$ PF,$C_{GDO}=1$ PF,$C_{GBD}=1$ PF。求:

(1)场效应管工作点 U_G,U_S,U_D,I_D。

(2)交流分析,$U_i=100$ mV(幅值),频率为 10 Hz～100 MHz,每十倍频 10 个点。

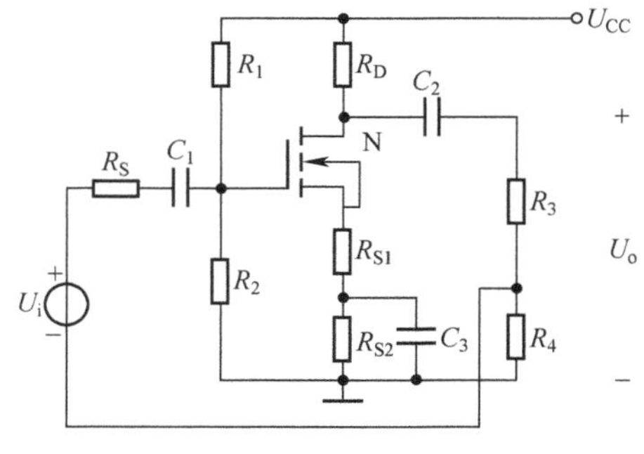

机辅分析题 6-1 图

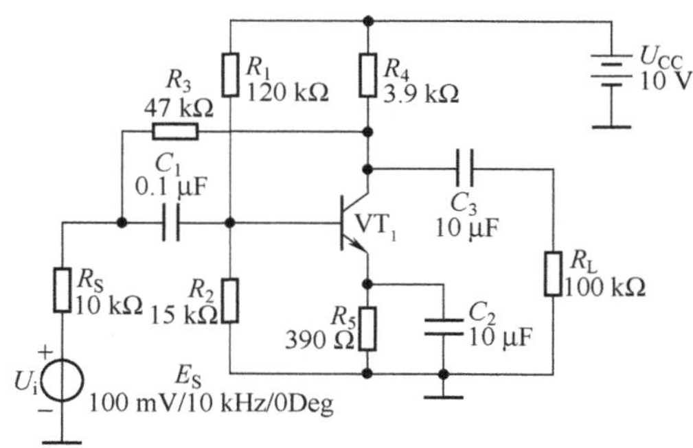

机辅分析题 6-2 图

2. 并联反馈放大电路如机辅分析题 6-2 图。

(1)根据上图所示电路,估算电路中晶体管的工作点,并用电压表和电流表进行验证。

(2)分析电路的反馈形式,是交流反馈还是直流反馈?指出反馈元件。

(3)求出电路在深度负反馈条件下的增益 $A_f = U_o/E_S$,并计算输出电压 U_o,用示波器测试输入和输出波形进行验证。

(4)计算值和测试结果是否相同?若不完全相同,请分析原因。

(5)分析电路的工作原理,指出该电路的特点和适用场合。

第7章 双极型模拟集成电路

【内容提要】 本章主要讨论集成运放的基本构成原则，基本的工艺流程及工艺特点；详细讲述模拟集成运放的单元电路(电流源、差分放大、功率放大)的基本原理及分析方法；介绍典型通用型模拟集成电路的构成及原理，为后续集成电路应用的学习打下基础。

7.1 集成化元器件的工艺特点

集成电路是60年代出发展起来的，它采用一定的工艺将有源器件(晶体管、场效应管)、电阻、电容以及电路连接线等都集成在一块半导体基片上，封装在一个"管壳"内，构成一个完整的电路和系统，这就是集成电路组件。由于它具有密度高、体积小、重量轻、耗电量少、可靠性高、性能好、成本低等一系列优点，所以得到了飞速的发展。

本节将简单介绍集成化元件的结构及其特点。

7.1.1 集成晶体三极管

1. 集成NPN晶体三极管

在双极型线性集成电路中NPN晶体三极管的用量最多，所以它的质量对电路性能的影响最大。集成NPN晶体管的结构示意图如图7-1所示。它是在P型衬底上扩散高掺杂的N^+型掩埋层，生长N型外延层，扩散P型基区、N^+型发射区和集电区而制成的。其中N^+型掩埋层的作用是为了减小集电区的体电阻。

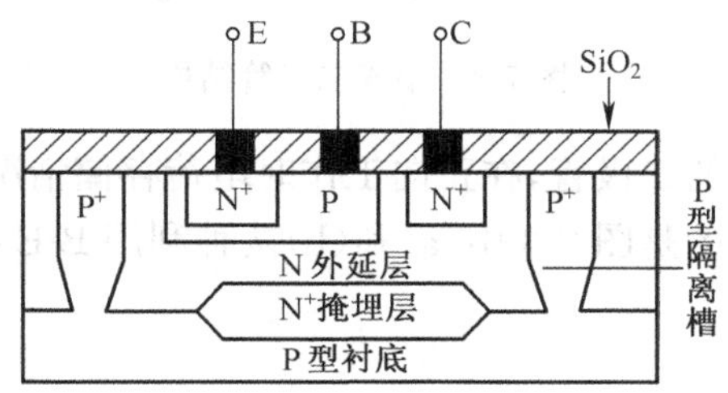

图7-1 集成NPN晶体管

2. 集成PNP晶体三极管

集成PNP晶体三极管有纵向和横向两种结构形式。

1)纵向PNP管

纵向PNP管结构如图7-2左半边所示，它是以P型衬底作为集电极，因此只有集成元器件之间采用PN结隔离槽的集成电路才能制作这种结构的管子。由于这种结构管子的载流子是沿着晶体管断面的垂直方向运动的,故称为纵向 PNP 管。这种管子的基区可准确地控制使其很薄,因此它的电流放大系数 β 较大。由于纵向 PNP 管的集电极必须接到电路中电位的最低点,因而限制了它的应用。在电路中它通常作为射极跟随器使用。

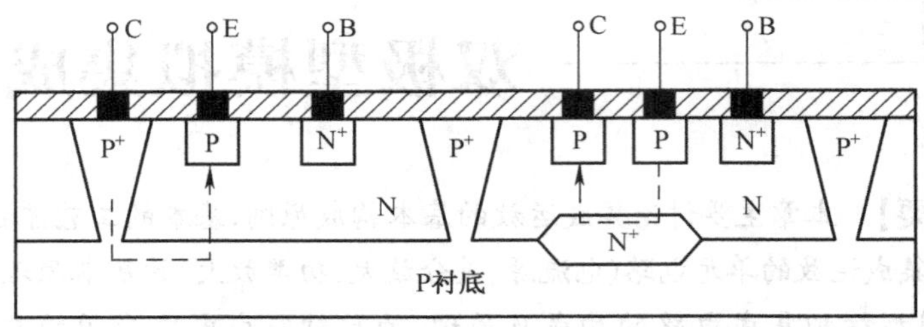

图 7-2　纵向和横向 PNP 管

2)横向 PNP 管

横向 PNP 管结构如图 7-2 右半边所示,这种结构管子的载流子是沿着晶体管断面的水平方向运动的,故称为横向 PNP 管。由于受工艺限制,基区宽度不可能很小,所以它的 β 值相对较低,一般为十几倍到二、三十倍。横向 PNP 管的优点是:发射结和集电结都有较高的反向击穿电压,所以它的发射结允许施加较高的反压;另外它在电路中的连接方式不受任何限制,所以比纵向 PNP 管有更多的用途。它的缺点是结电容较大,特征频率 f_T 较低,一般为几至几十兆赫。

7.1.2　集成晶体二极管

晶体管的任何一个 PN 结原则上都可作为二极管使用,因此在制造 NPN 晶体管的工艺流程中只要开路或短路某一个 PN 结,就可以得到一个二极管,如图 7-3 所示。

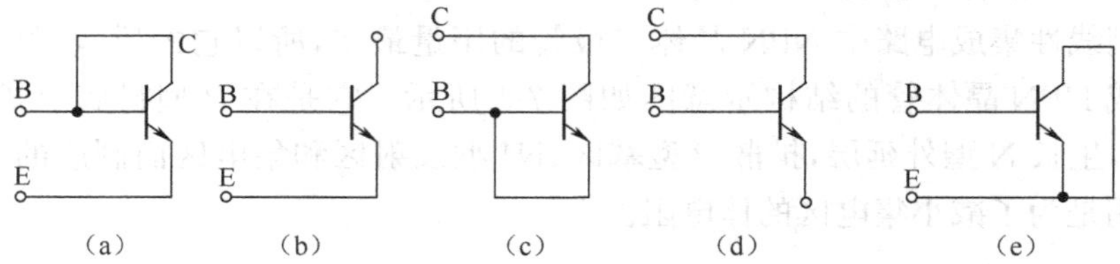

图 7-3　集成二极管结构

图中所示不同连接方式的二极管,在正向工作时电荷存储情况不同,击穿电压和漏电流等情况也不同。目前普遍使用的是图 7-3 中(a)和(b)两种利用 B-E 结的二极管。

7.1.3　集成 MOS 管

MOS 器件每个单元所占芯片面积小,功耗低,输入阻抗高,电压输入范围宽,MOS 工艺也较双极型工艺简单,成本低,因而在集成电路中,特别在大规模、超大规模集成电路中,得到了广泛的应用。

MOS 工艺简单主要表现在两个方面,一是不需要双极型电路所采用的隔离技术;二是便于采用多层布线。对此,简要说明如下。

在 MOS 集成电路中,尽管所有 MOS 管都制作在同一衬底硅片上,但 MOS 管的电流并不流过衬底,而是借助于衬底表面反型层构成的导电沟道。漏区、沟道和源区均与衬底构成 PN 结,只要使这些 PN 结处于反偏状态,就可使各 MOS 管自然隔开,而无需再附加其他的隔离措施。对于N沟道MOS电路，只要衬底接在电路的最低电位上，就可以保证PN结处于反偏状态。

对于复杂的集成电路，为了避免同一平面上导线相互交叉，需采用复杂的多层布线，这在MOS工艺中很容易实现。它利用MOS管结构特点，在SiO_2层上面以金属铝膜布线，而在SiO_2层下面采用扩散区作为连线，它可以在制作MOS管的源、漏扩散区时同时完成。SiO_2层上面和下面的布线，在适当的地方按电路要求进行连接，即可完成整体电路的布线连接。由于MOS集成电路省去了双极型工艺中掩埋扩散、外延、隔离扩散等工艺，所以MOS工艺要比双极型工艺简单得多。

7.1.4　集成电阻

常见的集成电阻包括两大类，一是扩散电阻，二是金属膜电阻。

集成电路中的电阻多是采用基区或发射区形成的扩散电阻，即利用扩散区所具有的电阻来实现。它可以在制作晶体管的同时制出，不需要增加额外的工序。图7-4示出了这两种电阻的结构示意图。扩散电阻阻值的大小决定于掺杂浓度和扩散区的几何尺寸，一般基区扩散电阻阻值范围为几十欧至几十千欧，发射区扩散电阻阻值范围为十几欧至一千欧。集成电阻的阻值误差很大，但集成电路是在同一块硅片上制作的，因此具有同相偏差，即相邻电阻的比值误差很小（或称为匹配性好），比值误差可小于3%。

金属膜电阻是利用薄膜淀积技术，在SiO_2表面淀积一层金属膜而构成的电阻。它的特点是具有较好的温度特性，它的温度系数约为−0.01%/℃，而且比扩散电阻具有更好的匹配性能。

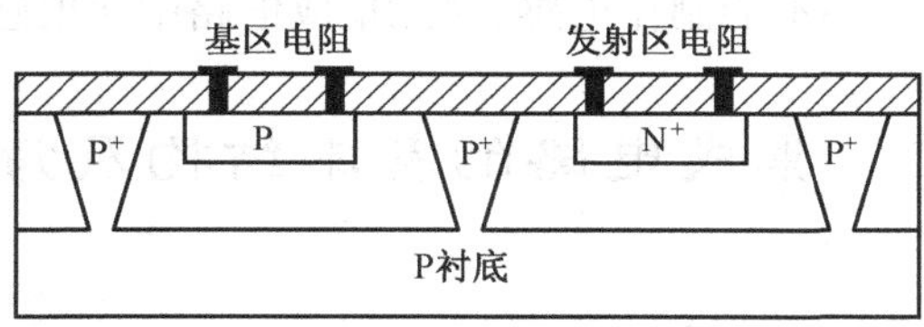

图7-4　集成电阻结构示意图

7.1.5　集成电容

集成电容通常有两种结构，一种是利用PN结反向偏置时的结电容，另一种是MOS电容。其结构如图7-5所示。

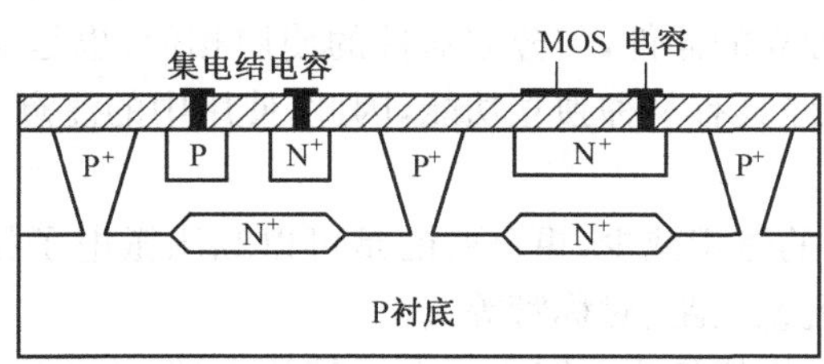

图7-5　集成电容结构示意图

PN结反向偏置时，结电容与PN结面积及偏置电压的大小有关，当偏置电压变化时，其电容量也随之改变。

MOS 电容是以 SiO_2 薄膜作为绝缘介质的平行板电容,其容量大小与电极面积成正比,与 SiO_2 薄膜厚度成反比。

与 PN 结电容相比,MOS 电容具有以下优点。

(1)它的两个电极可根据需要加正电压或负电压,应用比较灵活。

(2)MOS 电容值比较稳定,与外加电压大小无关。

7.1.6 集成化元器件的特点

集成电路的设计与集成元、器件的工艺密切相关,因此,在进行集成电路设计时,应考虑集成化元、器件的如下特点。

(1)集成电路中的电容(PN 结电容和 MOS 电容)一般不超过 100 PF。为了提高集成度,电路中应尽量少用电容或不用电容,这也是集成电路中级间连接方式都采用直接耦合,而不采用阻容耦合的原因。

(2)集成电阻占用硅片面积与阻值有关,阻值越大,占用的面积越大。受芯片面积限制,电阻值不宜过大,一般不超过几十千欧。所以在集成电路中要避免使用大电阻,应尽量用有源器件来代替电阻、电容等无源器件。

(3)集成化元件的参数精度不高,且温度特性较差,但是同一块集成电路硅片上相邻元件具有同向偏差,温度特性也比较一致,它们的比值误差小,匹配性和对称性都较好,所以集成电路中大量采用对称电路和比值电路。

(4)目前,集成电路工艺还不能制作电感,因此集成电路中无电感元件。

7.2 集成电路的基本结构及特性

7.2.1 集成电路概述

放大器是电子、控制与通信系统的主要电路部件。随着微电子技术的不断发展,集成放大器的功能、种类以及特性都发生了极大的变化,各种新型集成放大器不断出现。例如功率运算放大器、精密仪器用差分运算放大器、可控运算放大器等。本章着重讨论现代电子系统中的基本器件——运算放大器。

模拟集成电路是由基本单元电路组成的具有某个专门功能的电子器件。对于模拟集成电路,可以将其看成是一个独立的器件,与分立器件的使用相似,也是需要了解其基本特性和参数等。但由于集成电路已经具有某种独立功能,因此,使用中的注意力则集中在如何能正确利用集成电路的功能。

集成电路不仅把电路的体积减少,更重要的是可以利用微电子技术实现分立电路所不能达到的技术目标(例如电流镜电路、对称管等)。

根据工程实际的需要,模拟集成电路主要有运算放大器、模拟乘法器(除法器)、对数放大器、函数发生器、滤波器、压控振荡器、有效值电路、峰值检测电路、集成功率放大器、集成稳压电源等。

在工业工程应用领域,可以把模拟集成电路分成通用集成电路、模拟信号处理电路、控制

系统专用集成电路(如电机控制电路、可控硅控制电路等)、通信系统专用集成电路(如电话电路、无线通信电路、交换专用电路等)、测试系统专用集成电路(ATE电路、信号变换和处理电路等)、仪器专用电路等。

7.2.2 集成电路的基本结构

在实际应用中根据用途不同集成电路的种类很多,构成也千差万别。但就通用型运放来讲,总体结构的形式却是有章可循的,下面将具体讲述集成电路的结构特点。

1. 模拟集成电路的基本结构

模拟通用集成电路的基本结构均可以分为输入模块、功能模块、控制/补偿模块、电源模块、保护模块、输出模块等,如图7-6所示。

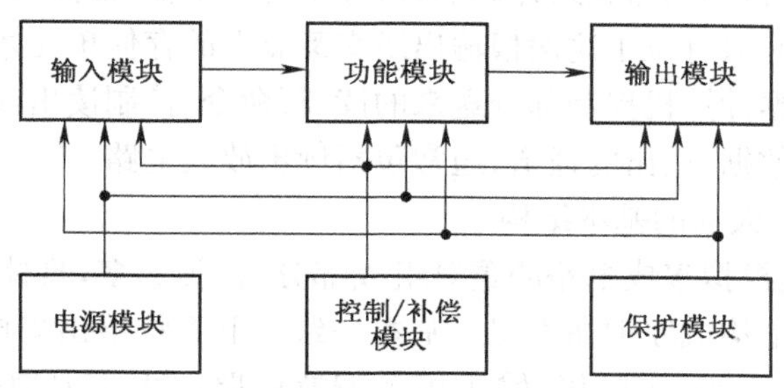

图7-6 集成电路的基本组成结构

1)基本电路结构

输入模块:根据电路需要,提供高输入电阻,降低输入噪声(包括对共模信号的抑制)。

功能模块:实现电路的基本功能(例如放大、乘法、信号变换等)。

控制/补偿模块:为提高系统的技术性能而加入的电路,如温度补偿、非线性补偿、电源控制电路等。

电源模块:电源电路的作用除了提供主要功能模块的电源以外,还要实现电源电压的转换、电源波动的抑制以及器件的电源保护等。以使整个器件不会因电源而发生问题。

保护模块:为电路的输入和输出提供保护。

输出模块:提供满足一定技术指标的输出电阻、电路等。

2)基本工艺

模拟集成电路的基本制造工艺有晶体管和场效应管两种。晶体管工艺的电路工艺复杂,温度特性不好,集成电路的集成度不易提高。目前大规模及超大规模的集成电路基本以场效应管为主,如本书第9章中介绍的MOS集成电路。

2. 数字集成电路的基本结构

数字集成电路也可划分为通用型和专用型,通用型集成电路是指现已被定型的标准化、系列化的产品,它们可以批量生产、价格便宜,在各种不同的数字设备中均可使用。专用型是针对某种设备或某种特殊用途而专门设计、制作的产品,只能在少数设备中使用。

典型的通用数字集成电路有存储器和可编程逻辑器件,现以随机存取存储器的组成为例来了解数字集成电路的基本组成,如图7-7所示。

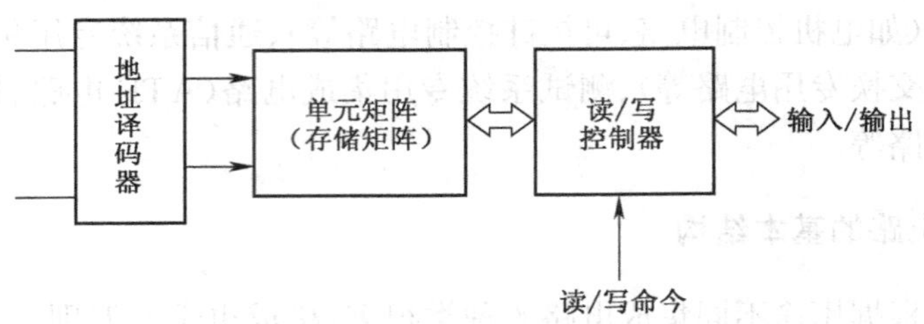

图 7-7 随机存取存储器的结构图

单元矩阵是存储器的核心部分。它是由很多相同的存储单元组成的二维矩阵，每一存储单元可存放一位二进制数。

地址译码器包括有行译码器和列译码器，对应于每一组输入地址码，行和列译码器各有一根输出线为 1 电平，此时只有位于这两根输出线交叉点上的存储单元才被选中。

读/写控制器是根据计算机控制部分送来的读/写命令，控制读出或写入电路工作。

输入/输出电路是数据进、出的通道，通常包括读出放大电路。

3. 模拟集成运算放大器的基本结构

集成运算放大器是模拟集成电路的重要组成部分，种类繁多，具体的电路结构千差万别，但其基本组成结构、基本构成原则在宏观上基本一致。下面将给出集成运放的基本的结构形式。集成运放电路由输入级、中间级、输出级及偏置电路四大主要部分组成。结构如图 7-8 所示。

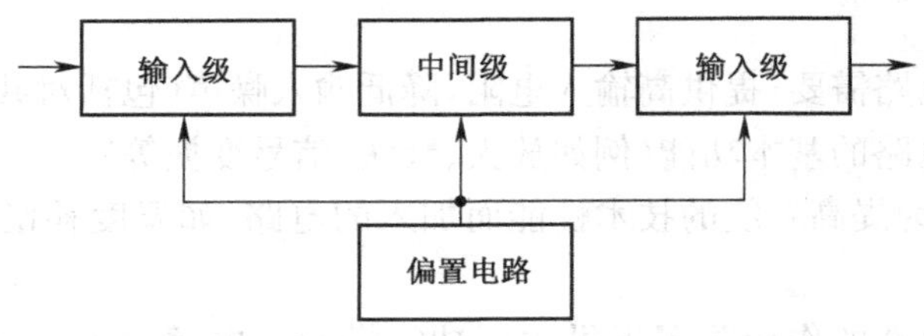

图 7-8 集成运放的基本组成部分

1)偏置电路

偏置电路的作用是向各放大级提供合适的偏置电流，确定各级静态工作点。放大电路中，各级要完成的功能不同，因此对偏置电流的要求各不相同。对于输入级，通常要求提供一个比较小(一般为微安级)的偏置电流，而且应该非常稳定，以便提高集成运放的输入电阻，降低输入偏置电流、输入失调电流及其温漂等。

在集成运放中，常用的偏置电路有镜像电流源、比例电流源、微电流源等。这些单元电路在后面章节中将详细讲述。

2)输入级

集成运放输入级的主要目的是抑制共模信号，且其性能对集成运放的其他性能指标起决定性作用，是提高集成运放质量的关键。为达到上述目标，输入级常采用差分放大电路的形式。

差分电路形式主要有：基本形式、长尾式和恒流源式。这些单元电路在前面章节中已详细讲述。根据集成电路的工艺特点，集成电路中常用恒流源式差分电路作为输入级。

3)中间级

中间级的主要任务是提供足够大的电压增益。从这个目标出发,不仅要求中间级本身具有较高的电压增益,同时为了减少对前级的影响,还应具有较高的输入电阻。尤其当输入级采用有源负载时,输入电阻问题更为重要,否则将使输入级的电压增益大为下降,失去了有源负载的优点。另外,中间级还应向输出级提供较大的推动电流,并能根据需要实现单端输入至差分输出,或差分输入至单端输出的转换。

为了提高电压增益,集成运放的中间级经常利用有源负载。另外,中间级的放大管有时采用复合管的结构形式。

4)输出级

集成运放输出级的主要作用是提供足够的输出功率以满足负载的需要,同时还应具有较低的输出电阻以便增强带负载能力,也应有较高的输入电阻,以免影响前级的电压增益。由于输出级工作在大信号状态,应设法尽可能减小输出波形的失真。此外,输出级应有过载保护措施,以防输出端短路或负载电流过大而烧毁功率管。

根据上述要求输出级一般采用功率放大电路。集成运放中常采用互补对称电路的形式。

7.3　电流源电路及基本应用

电流源电路是模拟集成电路中应用十分广泛的单元电路。对电流源的主要要求如下。

(1)能输出符合要求的直流电流。

(2)输出电阻尽可能大。

(3)温度稳定性好。

(4)受电源电压等因素的影响小。

7.3.1　常用的电流源电路

1. 基本镜像电流源

基本镜像电流源电路如图7-9(a)所示。它由两个完全对称的NPN管(或PNP管)组成。图中,流过R上的电流 I_R 称为基准电流,若管子特性一致,即

$$I_{B1}=I_{B2}=I_B$$

$$I_{C1}=I_{C2}=I_C$$

$$\overline{\beta_1}=\overline{\beta_2}=\overline{\beta}$$

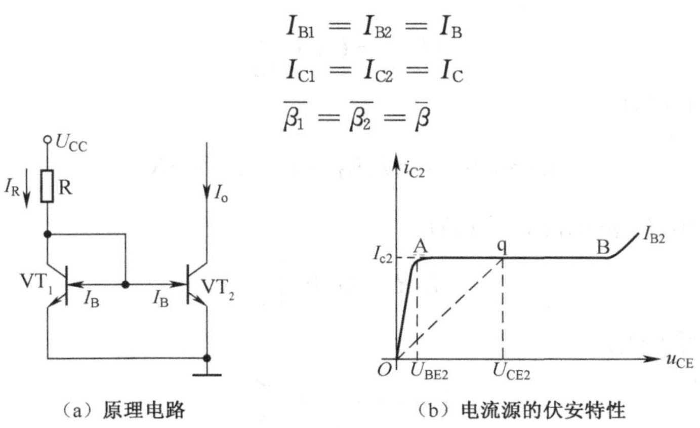

(a) 原理电路　　(b) 电流源的伏安特性

图7-9　基本镜像电流源电路

则由图 7-9(a)可知

$$I_R = I_{C1} + 2I_B = I_{C1}\left(1+\frac{2}{\beta}\right) = I_O\left(1+\frac{2}{\beta}\right)$$

$$I_R = \frac{U_{CC} - U_{BE}}{R}$$

若$\beta \gg 1$,则 $I_O \approx I_R$,I_O 犹如是 I_R 的镜像,所以此电路称为镜像电流源或电流镜。

图 7-9(a)所示电流源的伏安特性如图 7-9(b)所示。为了保证电流源具有恒流特性,VT_2 管必须工作在放大区,即 $U_{CE2} > U_{BE2} \approx 0.7$ V(在图中 A、B 两点之间)。设 VT_2 工作在 q 点,电流源输出端对地之间的直流等效电阻 $R_{DC} = U_{CE2}/I_{C2}$,其值很小,而动态电阻 R_o 的值则很大。可见,直流电阻小、动态电阻大是电流源的突出特点。正是这一特点,使电流源得到广泛的应用。

2. 比例电流源

若在基本镜像电流源的 VT_1、VT_2 接入发射极电阻 R_1 和 R_2,如图 7-10(a)所示,就构成了比例电流源。

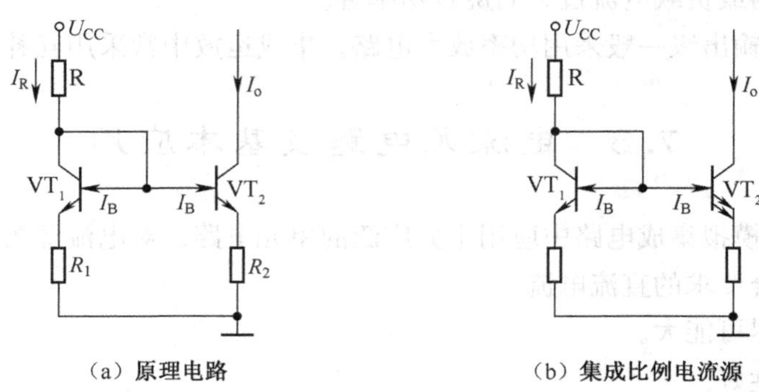

(a) 原理电路　　(b) 集成比例电流源

图 7-10　比例电流源电路

由图 7-10(a)可见

$$U_{BE2} + I_{E2}R_2 = U_{BE1} + I_{E1}R_1 \approx U_{BE1} + I_R R_1 \tag{7-1}$$

又因为

$$\begin{cases} U_{BE1} = U_T \ln \dfrac{I_{C1}}{I_{ES1}} \\ U_{BE2} = U_T \ln \dfrac{I_{C2}}{I_{ES2}} \end{cases} \tag{7-2}$$

所以式(7-1)可写成

$$I_{C2} \approx I_{E2} = (I_R R_1 + U_T \ln \frac{I_{C1}}{I_{C2}})/R_2 \tag{7-3}$$

在 $I_{C1} = (5 \sim 10) I_{C2}$范围内,一般满足

$$I_R R_1 \rangle\rangle U_T \ln \frac{I_{C1}}{I_{C2}}$$

所以式(7-3)可近似为

$$I_o = I_{C2} \approx I_R \frac{R_1}{R_2} \tag{7-4}$$

可见,改变 R_1 与 R_2 的比值,就可改变 I 与 I_R 的比值,故称这种电路为比例电流源。

在集成电路中，实现比例电流源的方法可通过改变 VT_1、VT_2 管的发射区面积比来实现，而无需另外制作电阻 R_1 和 R_2，如图 7-10(b)所示。

因为晶体管发射极电流与发射区面积成正比，即晶体管发射极电流可表示为

$$I_E = I_{ES}e^{U_{BE}/U_T}$$

$$I_{ES} \propto \frac{S_E}{WN}$$

式中，W 是基区宽度；N 是基区杂质浓度；S_E 是发射区面积。若 VT_1、VT_2 管的 W、N 相等，管子的 β 足够大，则有

$$\frac{I_R}{I_O} \approx \frac{I_{E1}}{I_{E2}} \approx \frac{I_{ES1}}{I_{ES2}} \approx \frac{S_{E1}}{S_{E2}}$$

若取 $S_{E2}=2S_{E1}$（图中用双发射极表示），则

$$I_o=2I_R$$

3. 微电流源（Widlar 电流源）

在集成电路中，为了提供微安量级的恒定偏流，常采用图 7-11 所示的微电流源电路。

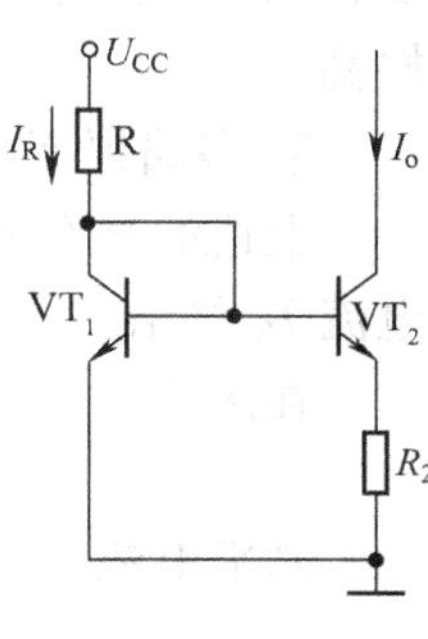

图 7-11　微电流源电路

显见，将图 7-10(a)中的电阻 R_1 短路，便构成了微电流源。由图可知

$$U_{BE1} = U_{BE2} + I_{E2}R_2$$

由式(7-2)，并考虑到两管参数一致，即 $I_{ES1}=I_{ES2}$，所以

$$I_{E2}R_2 = U_{BE1} - U_{BE2} = U_T \ln \frac{I_{E1}}{I_{E2}}$$

上式可近似表示为

$$I_o = \frac{1}{R_2}U_T \ln \frac{I_R}{I_o} \tag{7-5}$$

上式是一个超越方程，可用图解法或试探法求解。

【例 7-1】　在图 7-11 电路中，已知 $I_R=1\ mA$，$R_2=5\ k\Omega$，基极电流可忽略不计，求 I_o。

解：用试探法求解。由式(7-5)得

$$26\ln(1/I_o)-5I_o=0$$

设 $I_o=15\ \mu A=0.015\ mA$，代入上式

$$109.2-75\neq 0$$

说明对数项过大。再试，设 $I_o=20\ \mu A=0.02\ mA$，得

$$101.7-100=1.7\ mA$$

可见 $I_o=20\ \mu A$，精确的结果是 $I_o=20.27\ \mu A$。

4. 威尔逊电流源

为了提高电流源的传输精度，可采用图 7-12 所示的威尔逊电流源。威尔逊电流源是利用负反馈原理构成的，因而具有良好的温度特性和很高的输出电阻。假定由于温度或负载的变化使 $I_O=I_{C3}$ 加大，则 I_{E3} 也随之增加，它的镜像电流 I_{C1} 跟着增加，使 $U_{C1}=U_{B3}$ 下降，I_{B3} 减小，使 I_O 基本保持不变。

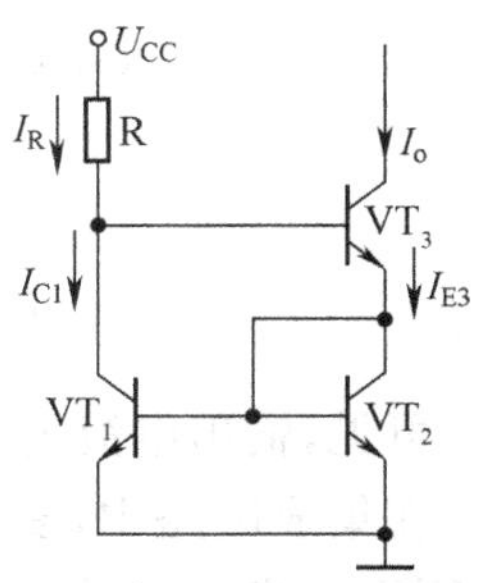

图 7-12　威尔逊电流源电路

由图 7-12，可列出晶体管 VT_1、VT_2 及 VT_3 之间的电流关系

$$\begin{cases} I_R = I_{C1} + I_{B3} = I_{C1} + \dfrac{I_{C3}}{\overline{\beta_3}} \\ I_{C1} = I_{C2} \\ I_{C3} = \dfrac{\overline{\beta_3} I_{E3}}{1 + \overline{\beta_3}} \\ I_{E3} = I_{C2} + \dfrac{I_{C1}}{\overline{\beta_1}} + \dfrac{I_{C2}}{\overline{\beta_2}} \end{cases}$$

若晶体管 VT_1、VT_2 及 VT_3 的特性一致,即$\overline{\beta_1}=\overline{\beta_2}=\overline{\beta_3}=\bar{\beta}$,则由上述方程可解得

$$I_R = I_{C3}\left(1 + \frac{2}{\bar{\beta}^2 + 2\bar{\beta}}\right) \tag{7-6}$$

由上式可见,与基本电流源相比,威尔逊电流源中的 I_{C3} 更接近等于 I_R,即管子 $\bar{\beta}$ 值的变化(包括温度对 $\bar{\beta}$ 的影响)对输出电流 $I_o(=I_{C3}\approx I_R)$ 的影响较小,即传输精度有明显的提高。

5. 多路恒流源电路

上述的基本电流源和比例电流源都可以连接成多路恒流源,多路恒流源是采用一个基准电流 I_R 供给多个恒流输出,其电路如图 7-13(a)所示。

在图 7-13(a)中,若管子特性一致,则各路输出电流相等。即

$$I_C = I_{o1} = I_{o2} = \cdots = I_{on} = I_o$$

基准电流 I_R 与各级输出电流的关系为

$$I_R = I_o + (n+1) I_B$$

由于所有各管的基极电流均由基准电流 I_R 提供,因此输出电流 I_o 与基准电流 I_R 的偏差为 $(n+1)I_B$,n 值越大,偏差越大。为了使 I_o 与 I_R 尽量接近相等,可采用图 7-13(b)所示电路。电路中,采用了晶体管 VT_o 作为缓冲级,此时基准电流 I_R 与各级输出电流的关系为

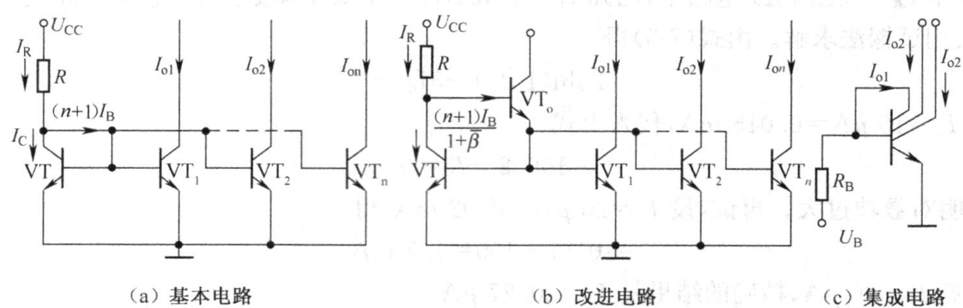

(a) 基本电路　　(b) 改进电路　　(c) 集成电路

图 7-13　多路恒流源

$$I_R = I_o + \frac{(n+1)I_B}{1+\bar{\beta}}$$

可见,输出电流 I_o 与基准电流 I_R 的偏差值比图 7-13(a)电路减小了 $(1+\bar{\beta})$ 倍。

在集成电路中,多路恒流源可采用多个集电极晶体管来实现,如两路电流源可用图 7-13(c)所示电路来实现。可以推得,它的电路功能与图 7-13(a)电路 $n=2$ 时是一致的。

7.3.2　电流源的主要应用

在集成电路中，电流源的应用十分广泛，最主要的应用是作直流偏置电路和取代电阻作有源负载。

1. 作直流偏置电路

用电流源作直流偏置的共集放大电路原理图如图 7-14 所示。

图 7-14 电路中，VT_1、VT_2 组成的镜像电流源为放大管 VT_3 提供了稳定的偏置电流 I_o，该电流不受 VT_3 基极直流偏压波动所影响。

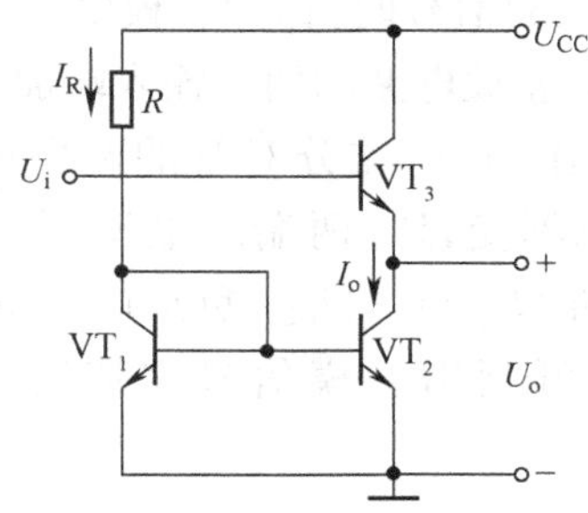

图 7-14　用电流源作直流偏置电路的共集放大电路

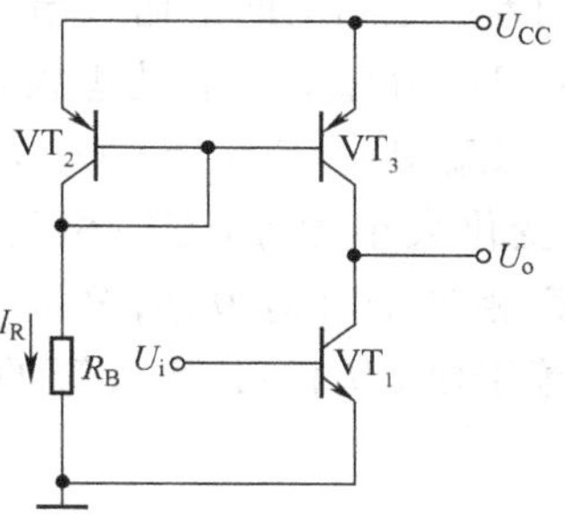

图 7-15　采用有源负载的共射放大电路

2. 作有源负载

为了提高模拟集成电路的集成度，提高放大电路的电压增益以及动态范围，通常以具有直流电阻小、交流电阻大特性的电流源取代电阻作放大电路的负载，称为有源负载。在集成电路中多采用有源负载。

采用有源负载的共射放大电路的原理图如图 7-15 所示。其中，NPN 管 VT_1 为放大管，VT_2、VT_3 组成 PNP 管镜像电流源作为放大电路的集电极负载。通过采用有源负载，可使单级共射放大电路的电压增益达到 10^3 以上。

在模拟集成电路中，电流源除了以上两种主要应用外，还常用来作为电流的传输与放大，有关这方面的应用将在更深层次的现代集成电路设计中学到。

7.4　差分放大电路

差分放大电路，也称为差动放大电路（简称差放），由于它具有放大有用信号、抑制漂移、利于集成等一系列优点，所以它被广泛地应用于电压比较器、运算放大器、稳压电源、视频放大器以及调制、解调器等各种类型的模拟集成电路。

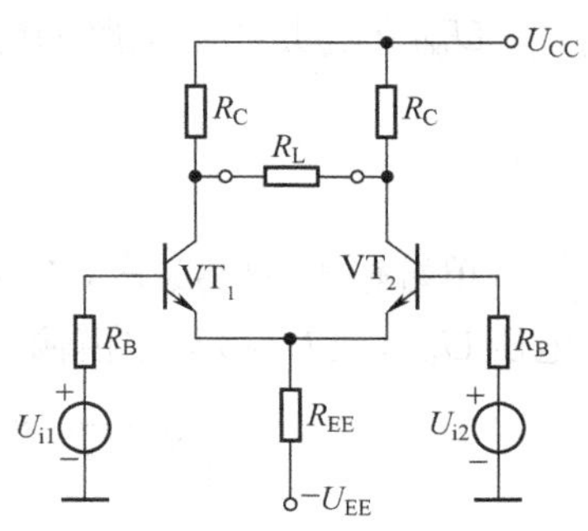

图 7-16　差分放大电路

7.4.1　典型差分放大电路的工作原理及性能分析

1. 差分放大电路的组成

典型的差分放大电路如图 7-16 所示，它由两个完全对称的共射放大电路组成，输入信号 U_{i1} 和 U_{i2} 从差分对管的两个基极加入(称为双端输入),输出信号从差分对管的两个集电极取出(称为双端输出)。或从其中任一个集电极输出(称为单端输出)。

在静态情况下,$U_{i1}=U_{i2}=0$,因为电路结构对称、管子特性一致,所以两管的静态工作电流相等,即 $I_{BQ1}=I_{BQ2}$,$I_{CQ1}=I_{CQ2}$,两管的集电极电压相等,即 $U_{C1}=U_{C2}$。

若是双端输出,则静态输出电压 $U_o=U_{C1}-U_{C2}=0$。即输入信号为零时,输出信号也为零。当温度 T 变化时,由于电路的对称性,使两管集电极电流变化相等。因此,输出电压总为零,即对称差分放大电路的温度漂移在理想情况下等于零。

2. 差模特性分析

当差放电路的两个输入端加入大小相等、极性相反的信号时,称为差模输入方式。此时,$U_{id1}=-U_{id2}$,U_{id1}、U_{id2} 称为差模输入信号。若给图 7-16 差放电路的两个输入端加入差模信号,即 $U_{i1}=U_{id1}$,$U_{i2}=U_{id2}=-U_{id1}$,则在差模输入信号的作用下,差分对管的两发射极电流 i_{E1} 和 i_{E2} 变化大小相等,方向相反,流过 R_{EE} 上的总电流不变,R_{EE} 两端的电压不变,对差模信号而言相当于对地短路;又因为 $U_{id1}=-U_{id2}$,所以有 $U_{od1}=-U_{od2}$,负载电阻 R_L 的中点电位总等于零,从而使得每管的负载为 $R_L/2$。于是可画出差模信号交流通路如图 7-17 所示。

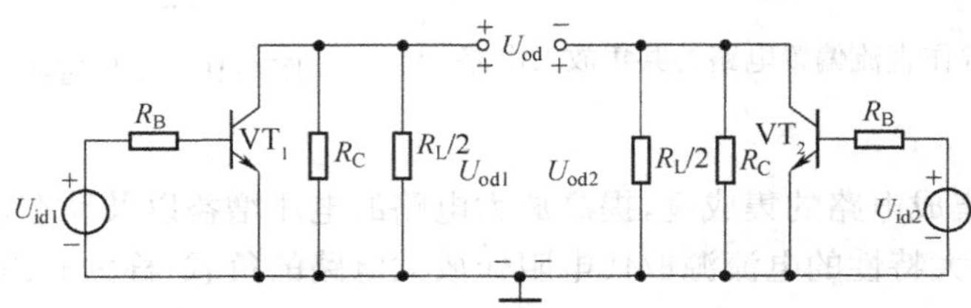

图 7-17　差模输入交流通路

由图 7-17 交流通路,可求出差放的差模电压增益 A_{Ud}、差模输入电阻 R_{id} 和差模输出电阻 R_{od}。

1)差模电压增益 A_{Ud}

双端输出时,差模电压增益 A_{Ud} 是指差模输出电压 U_{od} 与差模输入电压 $U_{id}(U_{id1}-U_{id2})$ 之比,即

$$A_{Ud}=\frac{U_{od}}{U_{id}}=\frac{U_{od1}-U_{od2}}{U_{id1}-U_{id2}}=\frac{2U_{od1}}{2U_{id1}}=\frac{U_{od1}}{U_{id1}}$$

U_{od1}/U_{id2} 是半边电路的电压增益,所以

$$A_{Ud}=\frac{U_{od}}{U_{id}}=-\frac{hfe\left(R_C\,/\!/\,\frac{R_L}{2}\right)}{R_B+h_{ie}} \tag{7-7}$$

单端输出(R_L 接于 VT_1 或 VT_2 的集电极与地之间)时,差模电压增益 A_{Ud} 是指单端输出电压 U_{od1}(或 U_{od2})与差模输入电压 U_{id} 之比。所以,单端输出的差模电压增益为

$$\begin{cases}\text{从 VT}_1\text{ 集电极输出:}A_{Ud}=\dfrac{U_{od1}}{U_{id}}=-\dfrac{1}{2}\cdot\dfrac{h_{fe}(R_C\,/\!/\,R_L)}{R_B+h_{ie}}\\ \text{从 VT}_2\text{ 集电极输出:}A_{Ud}=\dfrac{U_{od2}}{U_{id}}=-\dfrac{1}{2}\cdot\dfrac{h_{fe}(R_C\,/\!/\,R_L)}{R_B+h_{ie}}\end{cases} \tag{7-8}$$

2)差模输入电阻 R_{id}

差模输入电阻 R_{id} 是从两输入端看进去的交流等效电阻,故为两个半边电路差模输入电阻之和,即

$$R_{id}=2(R_B+h_{ie}) \tag{7-9}$$

3)差模输出电阻 R_{od}

差模输出电阻 R_{od} 是 $R_L=\infty$ 情况下从输出端看进去的交流等效电阻。因此双端输出时,可得

$$R_{od}=2\left[R_C\ /\!/\ \left(\frac{1}{h_{oe}}\right)\right]\approx 2R_C \tag{7-10}$$

单端输出时,可得

$$R_{od}\approx R_C \tag{7-11}$$

4)差放的高频响应

由图 7-17 可知,双端输入、双端输出的差放可分成两个共射放大电路,差模输入时的高频响应特性可以用一个共射放大电路来分析。所以,有关单管共射放大电路高频响应特性的分析方法及结果对此同样适用。

需要说明的是:单端输入、单端输出的差放,若信号源内阻 R_s 不为零,其输出端不同,高频响应特性也不一样。假如输入信号加至 VT_1 管的基极,输出电压取自 VT_2 管的集电极(同相放大),其高频截频 f_H 比输出电压取自 VT_1 管集电极(反相放大)时要高,因为前者是共集—共基组合放大电路(将在下一节讨论),有良好的高频响应特性。而后者属于共射放大电路。

3. 共模特性分析

当差放电路的两个输入端加入大小相等、极性相同的信号时,称为共模输入方式。此时,$U_{ic1}=U_{ic2}=U_{ic}$,U_{ic} 称为共模输入信号。折合到输入端的漂移电压,以及伴随输入信号一起引入到两管基极相同的干扰信号均属共模信号。在共模输入信号的作用下,差分对管的两发射极电流 i_{E1} 和 i_{E2} 变化大小相等,方向相同,流过 R_{EE} 上的总电流为 $2i_{E1}$(或 $2i_{E2}$),R_{EE} 两端的电压为 $2i_{E1}R_{EE}$(或 $2i_{E2}R_{EE}$),从电压等效的观点看,相当于每个管子的发射极串接了 $2R_{EE}$ 的电阻;又因为电路对称,差放电路两管集电极电位总是相等的,因此,负载电阻 R_L 中的共模信号电流等于零,从而 R_L 可视为开路。于是可画出共模信号交流通路如图 7-18 所示。

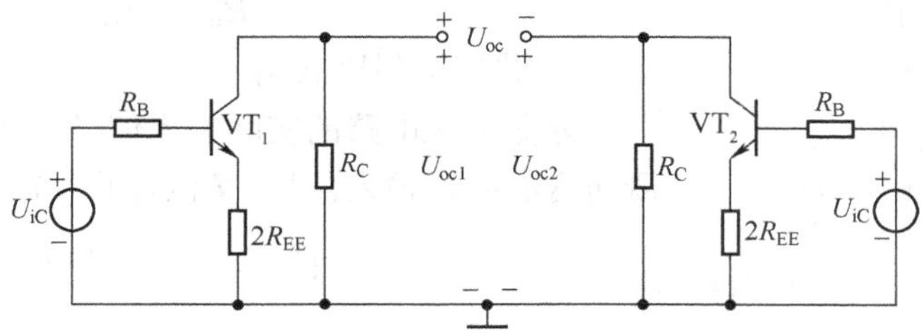

图 7-18　共模输入交流通路

由图 7-18 交流通路,可求出差放的共模电压增益 A_{Uc}、共模输入电阻 R_{ic} 和共模输出电阻 R_{oc}。

1)共模电压增益 A_{Uc}

双端输出时,共模电压增益 A_{Uc} 是指共模输出电压 U_{oc} 与共模输入电压 U_{ic} 之比,即

$$A_{Uc}=\frac{U_{oc}}{U_{ic}}=\frac{U_{oc1}-U_{oc2}}{U_{ic}}$$

若电路及参数完全对称，则有$U_{oc1}=U_{oc2}$。所以，共模电压增益

$$A_{Uc}=\frac{U_{oc}}{U_{ic}}=0 \tag{7-12}$$

上式表明，双端输出时，利用电路及参数的对称性，可将共模信号完全抑制，使共模输出电压$U_{oc}=0$，因而共模电压增益为零。

单端输出时，共模电压增益A_{UC}是指单端输出电压U_{oc1}（或U_{oc2}）与共模输入电压U_{ic}之比。所以，单端输出的共模电压增益为

$$A_{Uc}=\frac{U_{oc1}}{U_{ic}}=\frac{U_{oc2}}{U_{ic}}=-\frac{h_{fe}R'_L}{R_B+h_{ie}+(1+h_{fe})2R_{EE}} \tag{7-13}$$

其中，$R'_L=R_C/\!/R_L$。一般情况下，满足$(1+h_{fe})2R_{EE}\gg(R_B+h_{ie})$，所以式(7-13)可简化为

$$A_{Uc}\approx-\frac{R'_L}{2R_{EE}} \tag{7-14}$$

通常$2R_{EE}>R'_L$，所以$A_{Uc}<1$。就是说，即使是单端输出，差放对共模信号也有很强的抑制能力，R_{EE}越大，A_{Uc}越小，对共模信号的抑制能力越强。

差放对共模信号的抑制作用具有重要的实际意义。实际中，温度变化或电源波动，可以等效地视为在输入端加入共模信号，依靠差放对共模信号的抑制作用，可以消除或削弱温度变化或电源波动造成的影响。

2)共模输入电阻R_{ic}

从两输入端看进去的共模输入电阻R_{ic}为两个半边电路共模输入电阻的并联值，即

$$R_{ic}=\frac{1}{2}[R_B+h_{ie}+(1+h_{fe})2R_{EE}] \tag{7-15}$$

通常R_{EE}很大（在几千欧以上），因此共模输入电阻R_{ic}要比差模输入电阻R_{id}大得多。

3)共模输出电阻R_{oc}

双端输出时，可得

$$R_{od}\approx 2R_C \tag{7-16}$$

单端输出时，可得

$$R_{od}\approx R_C \tag{7-17}$$

4. 共模抑制比K_{CMR}

差分放大电路的实际输入信号一般如图7-19所示，它既包含有差模输入信号，又包含共模输入信号，即

$$U_{i1}=U_{ic}+\frac{1}{2}U_{id} \tag{7-18}$$

$$U_{i2}=U_{ic}-\frac{1}{2}U_{id} \tag{7-19}$$

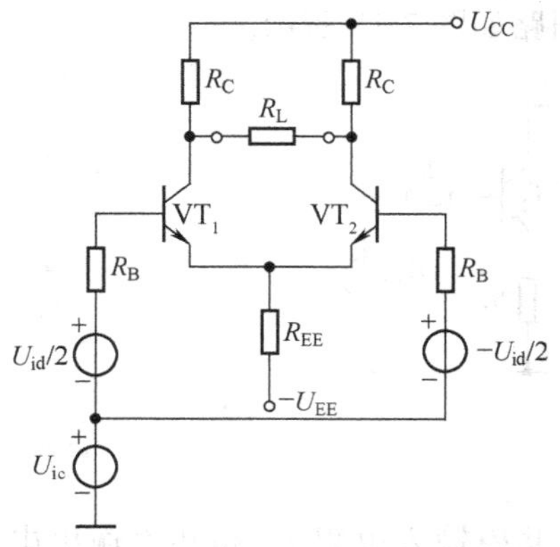

图7-19　差分放大电路的输入信号

所以，在差放的输出端，共模输出电压和差模输出电压混在一起，为了保证差放对差模信号的线性放大作用，希望共模输出分量比差模输出分量小得越多越好，也就是说$|A_{Ud}/A_{Uc}|$越大越好，把这个比值称为共模抑制比，用K_{CMR}表示，即

$$K_{CMR}=\left|\frac{A_{Ud}}{A_{Uc}}\right| \tag{7-20}$$

或用分贝(dB)表示为

$$K_{CMR}(dB)=20\lg\left|\frac{A_{Ud}}{A_{Uc}}\right| \tag{7-21}$$

在电路和参数完全对称时，双端输出的共模增益 $A_{Uc}=0$，所以共模抑制比 K_{CMR} 趋于无限大。

单端输出时，根据式(7-8)、式(7-13)可得

$$K_{CMR}=\left|\frac{A_{Ud}}{A_{Uc}}\right|\approx\frac{h_{fe}R_{EE}}{R_B+h_{ie}} \tag{7-22}$$

由上式可见，为了提高差放对共模信号的抑制能力，必须选用大的 R_{EE}，因此，常采用直流电阻小、交流电阻大的电流源代替 R_{EE}，具体电路将在后面介绍。

5. 对任意输入信号的分析

前面我们分析了差放的输入信号是一对差模信号或一对共模信号的情况，而实际工作时，还可能是输入一对任意数值和任意极性的信号。下面，我们就来分析这种输入一对任意数值和任意极性的信号时的工作情况。

一对任意数值的输入信号都可以看成是一对共模信号和一对差模信号组成的，即

$$\begin{cases}U_{i1}=U_{ic}+U_{id1}\\U_{i2}=U_{ic}+U_{id2}\end{cases} \tag{7-23}$$

其中，差放的共模输入信号电压为

$$U_{ic}=\frac{U_{i1}+U_{i2}}{2} \tag{7-24}$$

差放每一端的差模输入信号电压为

$$U_{id1}=-U_{id2}=\frac{U_{i1}-U_{i2}}{2} \tag{7-25}$$

根据定义，差放的差模输入信号电压为

$$U_{id}=U_{id1}-U_{id2}=U_{i1}-U_{i2}$$

例如，$U_{i1}=5\ \text{mV}$，$U_{i2}=-2\ \text{mV}$，可看成是由

$$U_{ic}=\frac{5-2}{2}=1.5\ \text{mV}$$

$$U_{id1}=-U_{id2}=\frac{5-(-2)}{2}=3.5\ \text{mV}$$

组成，即 $U_{i1}=(1.5+3.5)\ \text{mV}$，$U_{i2}=(1.5-3.5)\ \text{mV}$。

输入信号作如上处理后，输出信号便可很方便地确定。由于差分放大电路工作在小信号线性状态，满足叠加原理，因此，输出信号为共模输出信号和差模输出信号的代数和。即

$$U_o=A_{Ud}(U_{id1}-U_{id2})+A_{Uc}U_{ic} \tag{7-26}$$

6. 单端输入特性

实际电路中常采用的单端输入方式是指信号从差分对管的一管基极输入，另一管基极接地，如图7-20(a)所示。即 $U_{i1}=U_i$，$U_{i2}=0$，它实际是双端输入方式的一个特例。由式(7-24)和式(7-25)可得差模输入电压为

$$U_{id1}=-U_{id2}=\frac{U_{i1}-U_{i2}}{2}=\frac{1}{2}U_i$$

共模输入电压为

$$U_{ic}=\frac{U_{i1}+U_{i2}}{2}=\frac{1}{2}U_i$$

所以,U_{i1}和U_{i2}可用一对差模信号和共模信号来表示,即

$$U_{i1}=U_{ic}+U_{id1}=\frac{1}{2}U_i+\frac{1}{2}U_i \tag{7-27}$$

$$U_{i2}=U_{ic}+U_{id2}=\frac{1}{2}U_i-\frac{1}{2}U_i \tag{7-28}$$

于是,可将单端输入方式改画为双端输入方式,如图7-20(b)所示。这说明单端输入时电路的工作状态与双端输入时基本一致,因此,前述的双端输入的各种计算公式都适用于单端输入。所不同的是,在单端输入时,增加了一对共模信号,其值为$U_{ic}=U_i/2$。

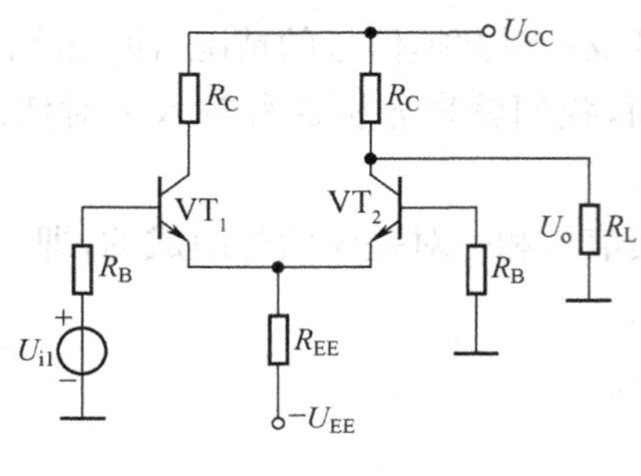

(a) 单端输入差放电路

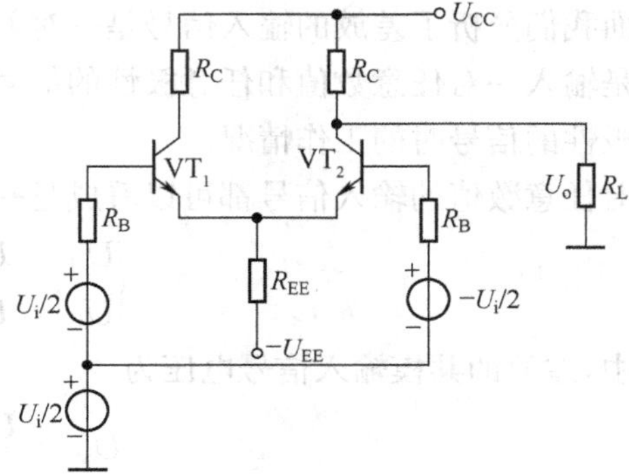

(b) 等效电路

图7-20 单端输入特性

【例7-2】 图7-20(a)电路由硅管构成,已知$U_{CC}=12$ V,$U_{EE}=6$ V,$\beta=h_{fe}=60$,$r'_{bb}=100\ \Omega$,$R_C=R_B=R_{EE}=R_L=10$ kΩ,输入电压$U_i=5$ mV。求:(1)输入差模电压U_{id1}、U_{id2}和共模电压U_{ic};(2)输出电压U_o;(3)共模抑制比K_{CMR}。

解:(1)由式(7-24)、式(7-25),可求得

输入差模电压:$U_{id1}=-U_{id2}=\dfrac{U_{i1}-U_{i2}}{2}=\dfrac{U_i}{2}=2.5$ mV

输入共模电压:$U_{ic}=\dfrac{U_{i1}+U_{i2}}{2}=\dfrac{U_i}{2}=2.5$ mV

(2)为求h_{ie},首先进行静态计算。由输入回路可列出直流电压方程

$$R_BI_{BQ}+U_{BE}+(1+\beta)I_{BQ}2R_{EE}-U_{EE}=0$$

将已知数据代入上式,可解得

$$I_{BQ}=9.18\ \mu\text{A}$$

所以

$$h_{ie}=r_{bb'}+\frac{26}{I_{BQ}}=2.93\ \text{k}\Omega$$

可求得

差模增益：
$$A_{Ud}=\frac{1}{2}\cdot\frac{h_{fe}(R_C\,/\!/\,R_L)}{R_B+h_{ie}}=11.6$$

共模增益：
$$A_{Uc}\approx-\frac{R_L'}{2R_{EE}}=0.24$$

于是，输出电压

$$U_o=A_{Ud}(U_{id1}-U_{id2})+A_{Uc}U_{ic}=11.6\times(2.5+2.5)-0.24\times2.5=57.4\text{ mV}$$

(3)共模抑制比 K_{CMR}

$$K_{CMR}=\left|\frac{A_{Ud}}{A_{Uc}}\right|=48.3\text{(约为 33.7 dB)}$$

由以上分析可知，差放电路按输入、输出方式不同组成四种典型电路(或称组态)，其性能指标列于表 7-1 中。

表 7-1　四种典型差放电路的性能指标

输出方式	双端输出		单端输出	
输入方式	双端输入	单端输入	双端输入	单端输入
电　路	R_C R_L R_C U_{CC} U_o VT_1 VT_2 R_B R_B R_{EE} U_{i1} U_{i2} $-U_{EE}$	R_C R_L R_C U_{CC} U_o VT_1 VT_2 R_B R_B R_{EE} U_{i1} $-U_{EE}$	R_C R_C U_{CC} U_o R_L VT_1 VT_2 R_B R_B R_{EE} U_{i1} U_{i2} $-U_{EE}$	R_C R_C U_{CC} U_o R_L VT_1 VT_2 R_B R_B R_{EE} U_{i1} $-U_{EE}$
差模电压增益 A_{Ud}	$A_{Ud}=-\frac{h_{fe}(R_C/\!/\frac{R_L}{2})}{R_B+h_{ie}}$		$A_{Ud}=\frac{1}{2}\cdot\frac{h_{fe}(R_C/\!/R_L)}{R_B+h_{ie}}$	
共模电压增益 A_{Uc}	$A_{Uc}=0$		$A_{Uc}\approx-\frac{R_C/\!/R_L}{2R_{EE}}$	
共模抑制比 K_{CMR}	$K_{CMR}=\infty$		$K_{CMR}\approx\frac{h_{fe}R_{EE}}{R_B+h_{ie}}$	
差模输入电阻 R_{id}	$R_{id}=2(R_B+h_{ie})$		$R_{id}=2(R_B+h_{ie})$	
共模输入电阻 R_{ic}	$R_{ic}=\frac{1}{2}[R_B+h_{ie}+(1+h_{fe})2R_{EE}]$		$R_{ic}=\frac{1}{2}[R_B+h_{ie}+(1+h_{fe})2R_{EE}]$	
共模输出电阻 R_{od}	$R_{od}\approx2R_C$		$R_{od}\approx R_C$	
用　途	适应于输入、输出都不需接地，对称输入、对称输出的场合	适应于单端输入转换为双端输出的场合	适应于双端输入转换为单端输出的场合	适应于输入、输出电路中需要有公共地的场合

由表 7-1 可以总结出以下规律。

(1)差放电路的主要性能指标只与输出方式有关，而与输入方式无关。

(2)差放电路双端输出时，差模电压增益就是半边差模等效电路的电压增益；单端输出时，则是半边差模等效电路的电压增益的一半(当 $R_L=\infty$时)。

(3)差模输入电阻不论是双端输入还是单端输入方式，都是半边差模等效电路输入电阻的两倍。而单端输出方式的输出电阻是双端输出方式时输出电阻的一半。

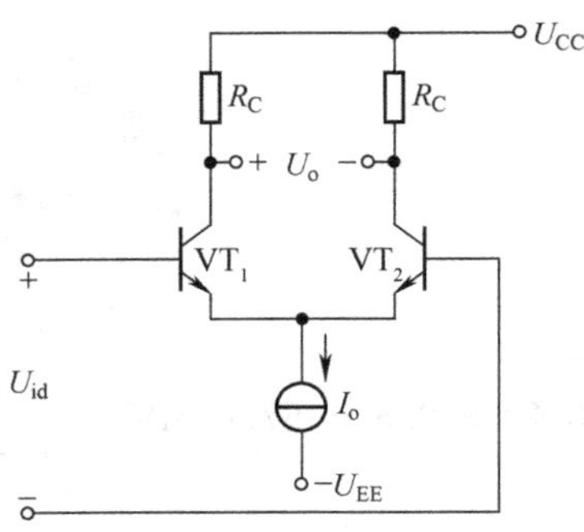

图 7-21　简化差分放大电路

7. 差模传输特性

差模传输特性是指差放电路输出差模电压(或差模电流)随差模输入电压变化的特性。研究差放电路的差模传输特性,有助于我们认识差模输入信号的线性工作范围和大信号输入时的输出特性。

在差放电路完全对称的理想条件下,流过 R_{EE} 的电流 I_o 不会随差模输入电压而变化。所以为了简化起见,在分析差模传输特性时,用理想电流源来代替 R_{EE},如图 7-21 所示。

两个晶体管的发射极电流分别为

$$\begin{cases} i_{E1}=I_S(e^{\frac{u_{BE1}}{U_T}}-1) \\ i_{E2}=I_S(e^{\frac{u_{BE2}}{U_T}}-1) \end{cases} \tag{7-29}$$

由于在放大器中,晶体管的发射结总是正向偏置,并有 $e^{u_{BE}/U_T}\gg 1$,又假设 $\alpha_1=\alpha_2\approx 1$,所以上式可近似写成

$$\begin{cases} i_{C1}\approx i_{E1}\approx I_S e^{\frac{u_{BE1}}{U_T}} \\ i_{C2}\approx i_{E2}=I_S e^{\frac{u_{BE2}}{U_T}} \end{cases} \tag{7-30}$$

由图 7-21 可知

$$I_o\approx i_{C1}+i_{C2}=i_{C1}(1+e^{\frac{u_{BE2}-u_{BE1}}{U_T}})=i_{C2}(1+e^{\frac{u_{BE1}-u_{BE2}}{U_T}}) \tag{7-31}$$

考虑到 $u_{id}=u_{BE1}-u_{BE2}$,由上式可得

$$\begin{cases} i_{C1}=\dfrac{I_o}{1+e^{-U_{id}/U_T}}=\dfrac{I_o}{2}\left(1+\text{th}\dfrac{U_{id}}{2U_T}\right) \\ i_{C2}=\dfrac{I_o}{1+e^{U_{id}/U_T}}=\dfrac{I_o}{2}\left(1-\text{th}\dfrac{U_{id}}{2U_T}\right) \end{cases} \tag{7-32}$$

所以

$$i_{C1}-i_{C2}=I_o\text{th}\frac{U_{id}}{2U_T} \tag{7-33}$$

而输出电压为

$$U_o=-(i_{C1}-i_{C2})R_C=-R_C I_o\text{th}\frac{U_{id}}{2U_T} \tag{7-34}$$

上式就是差放双端输出时的传输特性表达式。图 7-22(a)和(b)分别画出了 i_{C1}、$i_{C2}\sim U_{id}$ 的关系曲线和 $U_o\sim U_{id}$ 的关系曲线。

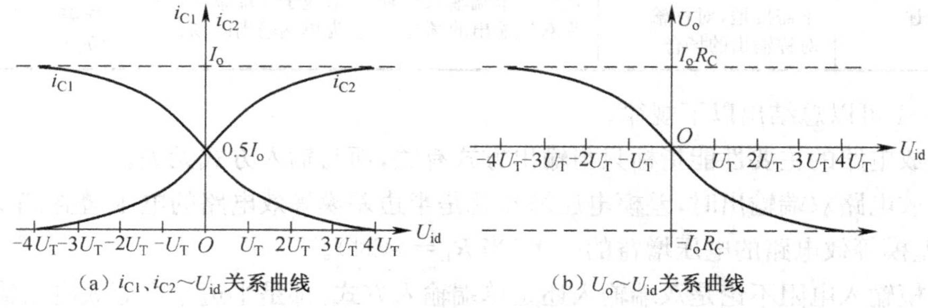

(a) i_{C1}、$i_{C2}\sim U_{id}$ 关系曲线　　(b) $U_o\sim U_{id}$ 关系曲线

图 7-22　差放的差模传输特性

由传输特性可以看出差分放大电路的几点重要特性。

(1)当差模输入电压$U_{id}=0$时，差放处于平衡状态，$i_{C1}-i_{C2}=0$，即

$$I_{CQ1}=I_{CQ2}=\frac{I_o}{2}$$

(2)在差模输入电压$U_{id}\leqslant\pm U_T\approx\pm 26$ mV范围内，U_o与U_{id}呈线性关系。这一范围就是差分放大电路小信号线性工作区域。

在小信号工作范围内，根据式(7-33)求得双端输出时传输特性在原点的斜率，即跨导为

$$g_m=\frac{\partial(i_{C1}-i_{C2})}{\partial U_{id}}\bigg|_{U_{id}=0}=\frac{I_o}{2U_T} \tag{7-35}$$

相应的差模电压增益为

$$A_{Ud}=\frac{U_o}{U_{id}}=-g_mR_c \tag{7-36}$$

由式(7-35)和式(7-36)可知，改变恒流源I_o就可以改变跨导g_m，从而改变差放的差模电压增益，所以可以利用带恒流源的的差放电路实现自动增益控制(AGC)。

(3)在差模输入电压$U_{id}>\pm U_T$时，U_o与U_{id}不再成线性关系，利用差模传输特性的非线性，可实现各种非线性运算功能。当$U_{id}>\pm 4U_T$时，一个管将趋于截止，I_o几乎全部流入另一管，曲线进入限幅区。利用U_{id}的正、负极性，使两管轮流进入限幅区，即可实现高速开关功能(例如数字电路中的ECL门电路)。

(4)若在两管发射极上串联电阻R_E，如图7-23(a)所示，则由于R_E的负反馈作用(这种作用已经在第6章介绍)，差模传输特性的线性范围将大大扩展，如图7-23(b)所示。且R_E越大，线性范围扩展的越宽，但付出的代价是差模电压增益降低。

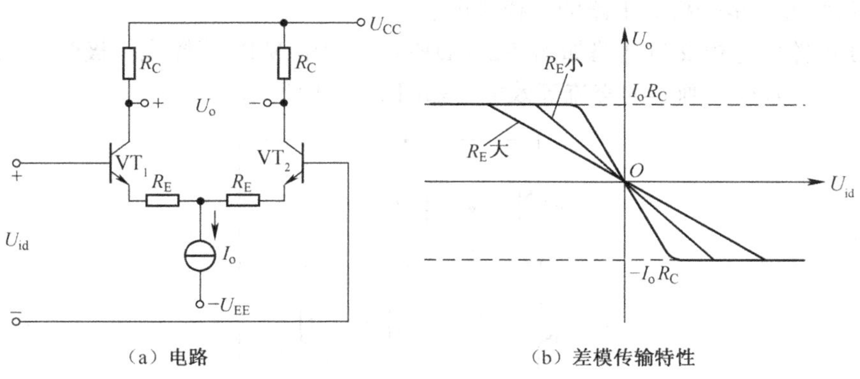

图7-23　接入R_E的差分放大电路

7.4.2　恒流源差分放大电路

为了提高差分放大电路的性能，可以采用各种改进型的差分放大电路。

1. 具有有源负载的差分放大电路

采用电流源作为有源负载的差分放大电路如图7-24所示，图中VT_3、VT_4为PNP型镜像电流源，作为VT_1、VT_2的有源负载。下面我们分析一下它的功能。

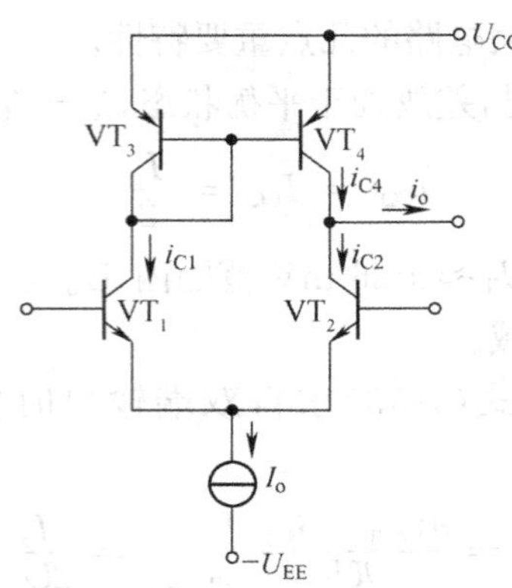

图 7-24　有源负载差分放大电路

在差模输入电压作用下，VT_1 和 VT_2 管分别输出数值相等、极性相反的增量电流，即 $i_{C1}=I_{CQ}+i_C$，$i_{C2}=I_{CQ}-i_C$，其中 i_{C1} 通过 VT_3 管时，它将等值的转移到 VT_4 管，因此，输出电流

$$i_o=i_{C4}-i_{C2}=i_{C3}-i_{C2}\approx i_{C1}-i_{C2}=2i_c$$

也就是说，它的值近似等于双端输出时的差模输出电流。

在共模输入电压作用下，VT_1 和 VT_2 管分别输出数值相等、极性相同的增量电流，即 $i_{C1}=I_{CQ}+i_C$，$i_{C2}=I_{CQ}+i_C$，其中 i_{C1} 通过 VT_3 管时，它将等值地转移到 VT_4 管，因此，VT_2 管集电极输出的电流

$$i_o=i_{C4}-i_{C2}=i_{C3}-i_{C2}=i_{C1}-i_{C2}=0$$

也就是说，与双端输出时的差模输出电流为零是一致的。

可见，该电路虽为单端输出，但却有双端输出的性能。

下面，我们进一步分析该电路的差模性能。

图 7-24 电路的差模交流通路如图 7-25(a)所示。图中 VT_3 管接成二极管，它的交流电阻为 r_{e3}(约为 $1/g_m$)，由此画出的交流等效电路如图 7-25(b)所示。

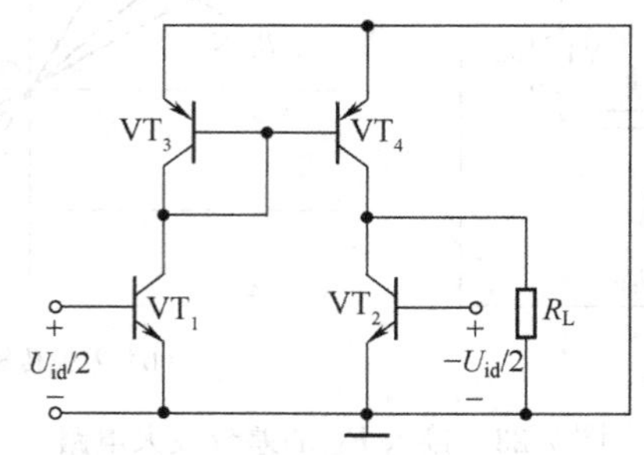

(a) 差模交流通路

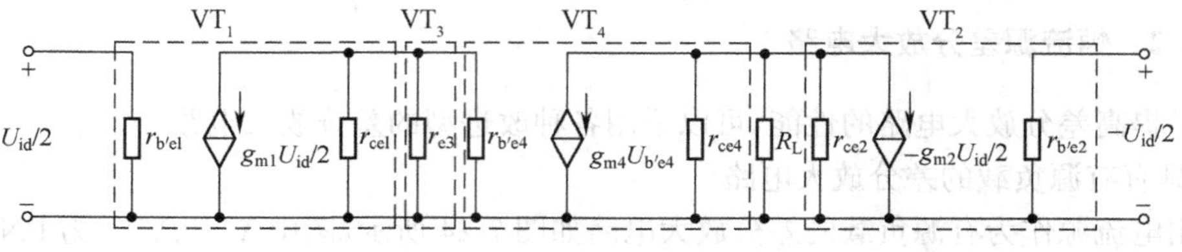

(b) 差模交流等效电路

图 7-25　有源负载差分放大电路

由图可见，VT_1 管在 VT_4 管输入端产生的电压

$$U_{b'e4}=U_{c1}=-\frac{1}{2}g_{m1}U_{id}(r_{ce1}\ /\!/\ r_{e3}\ /\!/\ r_{b'e4})$$

通常满足 $r_{e3}\ll r_{ce1}$，$r_{e3}\ll r_{b'e4}$，所以上式可简化为

$$U_{b'e4}\approx-\frac{1}{2}g_{m1}r_{e3}U_{id}\approx-\frac{1}{2}\frac{g_{m1}}{g_{m3}}U_{id}$$

由图求得差放的输出电压

$$U_{od}=-(g_{m4}U_{b'e4}-\frac{1}{2}g_{m2}U_{id})R'_L=\left(\frac{1}{2}g_{m4}\frac{g_{m1}}{g_{m3}}U_{id}-\frac{1}{2}g_{m2}U_{id}\right)R'_L$$

式中，$R'_L=r_{ce4}/\!/R_L/\!/r_{ce2}$。

由于各管静态电流相等，因而 $g_{m1}=g_{m2}=g_{m3}=g_{m4}=g_m$，所以差模电压增益

$$A_{Ud}=\frac{U_{od}}{U_{id}}=g_mR'_L \tag{7-37}$$

有源差分放大电路的差模输出电阻为

$$R_{od}=r_{ce4}\ /\!/\ r_{ce2} \tag{7-38}$$

差模输入电阻为

$$R_{id}=r_{b'e1}+r_{b'e2}=2r_{b'e} \tag{7-39}$$

式中，$r_{b'e}=r_{b'e1}=r_{b'e2}=(1+h_{fe})r_e$。

2. 组合差分放大电路

为了改善差放的某些特性通常采用组合差分放大电路。

1)共射—共基组合差放电路

图 7-26(a)为共射—共基组合差放电路(又称 Cascode 电路)，图中，VT_1、VT_2 管为共射电路，VT_3、VT_4 管为共基电路，VT_5、VT_6 管组成镜像电流源，作为 VT_3、VT_4 管的有源负载，同时又完成双端变单端输出的转换。

图 7-26(a)电路的差模增益为

$$A_{Ud}=\frac{U_{od}}{U_{id}}=A_{U2}A_{U4}$$

式中，T_2 管共射电路增益 A_{U2} 为

$$A_{U2}=-\frac{\beta_2r_{eb4}}{r_{be2}}\approx-\frac{r_{eb4}}{U_T/I_{EQ2}}$$

T_4 管共基电路增益 A_{U4} 为

$$A_{U4}=\frac{\alpha_4R_{o6}}{r_{eb4}}$$

所以

$$A_{Ud}=A_{U2}A_{U4}=\frac{\alpha_4R_{o6}}{U_T/I_{EQ2}}\approx-\frac{\alpha_4R_{o6}I_o}{2U_T} \tag{7-40}$$

其中，R_{o6}是 VT_6 管的输出电阻。

差模输入电阻为

$$R_{id}=r_{be1}+r_{be2}=2r_{be1}\approx\frac{4\beta_1U_T}{I_o} \tag{7-41}$$

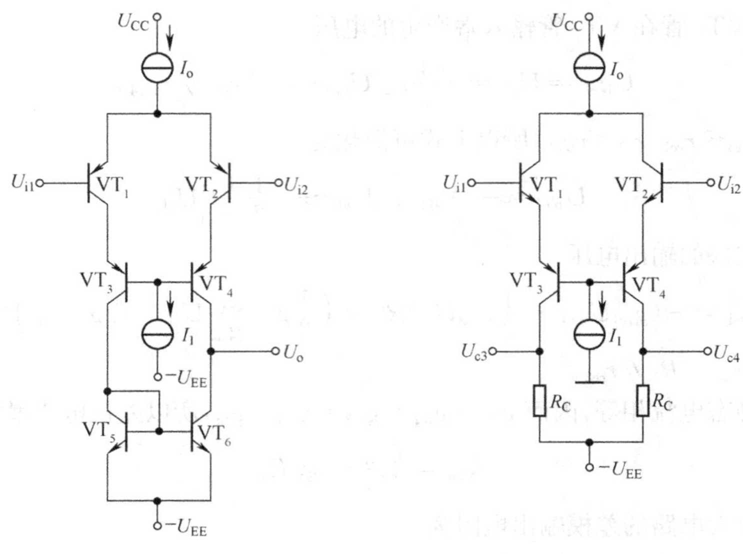

(a) 共射—共基组合差放　　(b) 共集—共基组合差放

图 7-26　组合差放电路

2)共集—共基组合差放电路

图 7-26(b)为共集—共基组合差放电路,又称互补差分电路。它采用高 β 值的 NPN 管(VT_1、VT_2)和低 β 横向 PNP 管(VT_3、VT_4)组成,VT_1、VT_2 管为共集电路,VT_3、VT_4 管为共基电路。由于共集电路电流增益大,输入电阻高,而共基电路电压增益高,因而使整个组合电路具有输入电阻高、电流增益和电压增益高等特点。

图 7-26(b)电路的差模输入电阻为

$$R_{id}=2[r_{be1}+(1+\beta_1)r_{eb3}] \tag{7-42}$$

忽略 $r_{bb'}$,可知

$$r_{be1}\approx(1+\beta_1)\frac{U_T}{I_{EQ1}}=(1+\beta_1)\frac{U_T}{I_o/2} \tag{7-43}$$

而

$$r_{eb3}=\frac{U_T}{I_{EQ3}}=\frac{U_T}{I_{EQ1}}=\frac{U_T}{I_o/2} \tag{7-44}$$

将式(7-43)、式(7-44)代入式(7-42),可得

$$R_{id}\approx\frac{8\beta_1 U_T}{I_o} \tag{7-45}$$

图 7-26(b)电路的差模增益为

$$A_{Ud}=\frac{U_{od}}{U_{id}}=\frac{U_{c3}}{U_{id1}}=\frac{\beta_1\alpha_3 R_C}{R_{id}/2}=\frac{\alpha_3 I_o R_C}{4U_T} \tag{7-46}$$

这种组合电路利用 NPN 管 β 值高的特点,弥补了横向 PNP 管 β 值低的弱点;另外,由于横向 PNP 管反向击穿电压高,结果使差模输入电压范围大大提高(可高达±30 V)。这种电路在 F007、FC54 等集成运放中得到采用。

7.4.3　差分放大电路的失调与温漂

差分放大电路在理想状态下,当输入信号为零时,其双端输出电压也为零。但对实际的差

分放大电路来说，由于电路不完全对称，因而输入信号为零时，对应的输出电压并不为零，这种现象称为差分放大电路的失调。

需要指出的是，差放的失调往往是随着时间、温度电源电压等外界因素的变化而变化，这就是所谓失调漂移，由于这种失调漂移是随机的，所以，任何调零装置都是不可能跟踪的。

差放的失调及其漂移，降低了电路的灵敏度，所以失调及其漂移是差放十分重要的指标。下面我们分别加以讨论。

1. 差放的失调电压及失调电流

如前所述，为了使差放电路在静态时双端输出为零，需要人为地在输入端加一补偿信号。所加补偿电压的绝对值称为输入失调电压，用 U_{os} 表示。

$$U_{os}=|U_{BE1}-U_{BE2}| \tag{7-47}$$

所加补偿电流的绝对值称为输入失调电流，用 I_{os} 表示。

$$I_{os}=|I_{B1}-I_{B2}| \tag{7-48}$$

U_{os}、I_{os} 表示了差分放大电路不对称造成的输入失调量的大小。

解决差放的失调，通常是利用调零电路给予补偿，通过这种补偿，使之达到零输入时零输出的要求。常用的调零电路如图 7-27 所示。

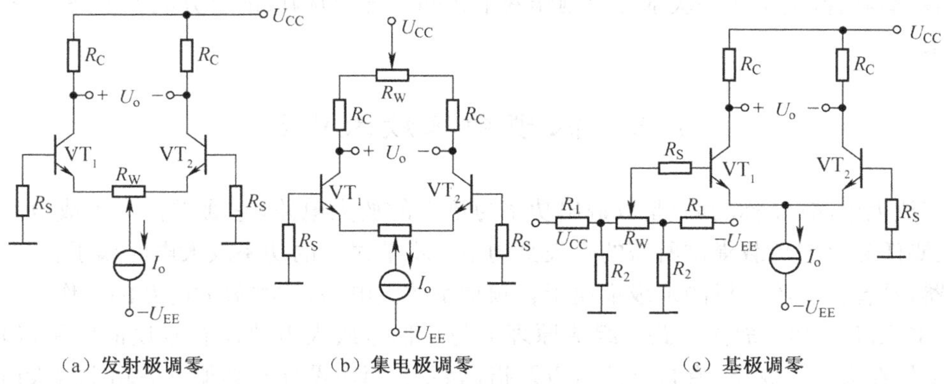

图 7-27 几种常用的调零电路

2. 输入失调电压的温漂 $\dfrac{\Delta U_{os}}{\Delta T}$ 及输入失调电流的温漂 $\dfrac{\Delta I_{os}}{\Delta T}$

差放温度漂移的大小，是以温度每变化一度时，输出端的零点漂移量除以增益，即以等效到输入端的温漂大小来衡量的(单位为 μV/°C)。

对图 7-16 所示典型差放电路，考虑信号源内阻 R_s，可以推得每只管子折合到输入端的漂移电压

$$\Delta U_{p1}=-\frac{\Delta U_{BE1}}{\Delta T}\Delta T+(R_s+R_{EE})\frac{I_{B1}\Delta\beta_1}{\beta_1\Delta T}\Delta T+(R_s+R_{EE})\frac{\Delta I_{CBO1}}{\Delta T}\Delta T$$

$$\Delta U_{p2}=-\frac{\Delta U_{BE2}}{\Delta T}\Delta T+(R_s+R_{EE})\frac{I_{B2}\Delta\beta_2}{\beta_2\Delta T}\Delta T+(R_s+R_{EE})\frac{\Delta I_{CBO2}}{\Delta T}\Delta T$$

当两管参数不对称时，$\Delta U_{p1}\neq\Delta U_{p2}$，在差放的输入端就存在着差模漂移电压 ΔU_{pd} 和共模漂移电压 ΔU_{pc}

$$\Delta U_{pd} = \Delta U_{p1} - \Delta U_{p2}$$

$$\Delta U_{pc} = \frac{1}{2}(\Delta U_{p1} - \Delta U_{p2})$$

考虑到共模漂移电压在差放双端输出时为零,所以仅计算差模漂移电压 ΔU_{pd}。由于折合到输入端的漂移电压是两个输入端 B_1、B_2 间的等效电压,故 $\Delta U_{pi}=\Delta U_{pd}=\Delta U_{p1}-\Delta U_{p2}$。其温漂 $\Delta U_{pi}/\Delta T$ 为

$$\frac{\Delta U_{pi}}{\Delta T}=-\frac{\Delta U_{BE1}-\Delta U_{BE2}}{\Delta T}+(R_s+R_{EE})\left[\left(\frac{I_{B1}\Delta\beta_1}{\beta_1\Delta T}-\frac{I_{B2}\Delta\beta_2}{\beta_2\Delta T}\right)+\frac{\Delta I_{CBO1}-\Delta I_{CBO2}}{\Delta T}\right]$$

式中,第一项为输入失调电压的温漂,即

$$\frac{\Delta U_{os}}{\Delta T}=-\frac{\Delta U_{BE1}-\Delta U_{BE2}}{\Delta T} \tag{7-49}$$

第二项为输入失调电流的温漂,即

$$\frac{\Delta I_{os}}{\Delta T}=\left[\left(\frac{I_{B1}\Delta\beta_1}{\beta_1\Delta T}-\frac{I_{B2}\Delta\beta_2}{\beta_2\Delta T}\right)+\frac{\Delta I_{CBO1}-\Delta I_{CBO2}}{\Delta T}\right] \tag{7-50}$$

上式表示因 β 和 I_{CBO} 不对称引起的温漂。β 不对称引起的温漂实际包含两个因素,一是由于 β 值大小不等引起的;另一个则是由于 β 的温度系数不等引起的。可见为了减小温漂,除了两管处于同温条件外,要求电路严格对称;同时还要求两管 β 的温度系数相同。在集成电路中,采用差动对管(它是在一块基片上制作两个相同的管子)构成的差分放大电路,很容易满足上述要求。

7.5　低频功率放大电路

功率放大电路(简称功放)是以输出功率为重点的放大电路,它通常作为集成电路的输出级,其主要任务是向负载提供所需的不失真功率。本节讨论的功率放大电路属于音频范围,例如扩音器,录音机和收音机的末级都属于音频功率放大电路,这类放大电路的工作频率一般在 30 Hz～30 kHz。功率放大电路在组成原理上与小信号放大电路没有本质的区别,但功率放大电路工作在大信号状态,有自己的特点及指标要求,因而设计时必须考虑功率放大电路的特殊问题。

1. 输出功率

为了获得大的输出功率,功放管的电压和电流要有足够大的输出幅度,管子往往在接近极限运用状态下工作,因此,功率放大电路是一种大信号工作放大电路,要顾及管子的安全问题。

2. 转换效率

所谓功率放大电路,实际上并不能放大功率,它是在输入交流信号(小功率)的控制下,把直流功率转换为交流输出功率(大功率),通常把交流输出功率 P_o 与电源供给的直流功率 P_{DC} 的比值称为功率放大电路的转换效率 $\eta((P_o/P_{DC})\times100\%)$。显然 η 越大越好,所以如何提高转换效率 η 是功率放大电路需要研究的主要问题之一。

3. 非线性失真

为了提供足够大的功率,功率放大电路工作在大信号状态,由于管子的非线性,使输出信号产生非线性失真,这就使输出功率和非线性失真成为一对矛盾。但在不同场合下,对非线性失真的要求是不同的,例如,在测量系统和电声设备中,要求非线性失真要非常小,而在控制电

机的伺服放大电路中，则只要求输出较大的功率，对非线性失真的要求就降为次要问题了。所以如何兼顾输出功率与非线性失真是功率放大电路需要研究的另一个主要问题。

4. 工作状态

功率放大电路按功放管导通时间的长短（或导通角的大小）可分为以下四种工作状态，如图 7-28 所示。在输入正弦信号的情况下，通过功放管的电流 i_C 不出现截止状态的称为甲类（或 A 类）；功放管只有半周导通的称为乙类（或 B 类）；导通期大于半周而小于全周的称为甲乙类（或 AB 类）；导通期小于半周的称为丙类（或 C 类）。在低频放大电路中采用前三种工作状态，如在电压放大电路中采用甲类，功率放大电路采用乙类或甲乙类，至于丙类，常用于高频功率放大电路和某些振荡器电路中。

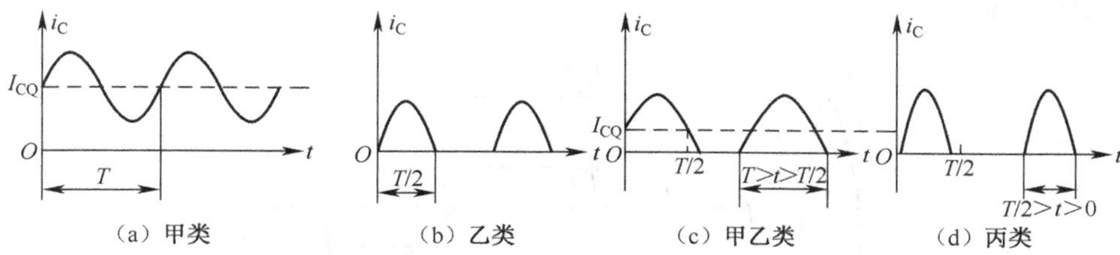

图 7-28　放大器的工作状态

理论分析证明，甲类放大由于静态工作电流大，因而动态范围小，效率低，在理想情况下，其最高效率为 50%，故不适合于大功率输出场合。本节讨论的互补推挽功率放大电路可以解决上述问题。

7.5.1　乙类互补推挽功率放大电路

1. 乙类互补推挽功率放大电路的工作原理

乙类互补推挽功放的原理电路如图 7-29(a)所示。它由两只特性对称的 NPN 管及 PNP 管组成，输入电压 U_i 加至两管的基极，输出电压 U_o 由两管的射极取出。电路采用正、负电源供电。

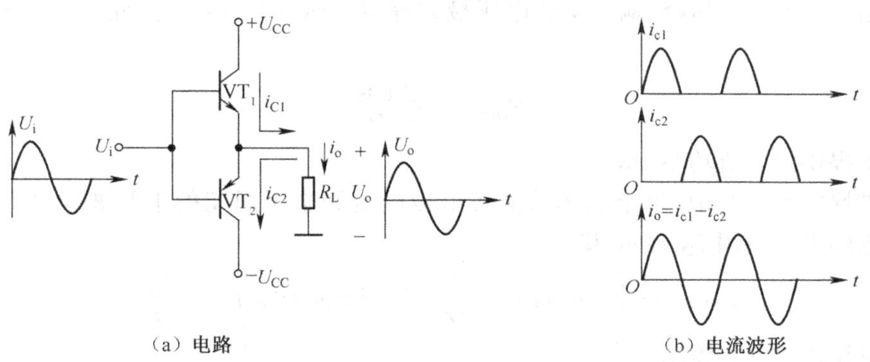

图 7-29　互补推挽功放原理

在静态时，$U_i=0$，两管无偏压，同时截止，$I_{CQ1}=I_{CQ2}=0$，$U_{CEQ1}=U_{CEQ2}=U_{CC}$，$U_o=0$，$I_o=0$，功耗为零。

加上正弦输入信号 U_i 后，若忽略管子的发射结阈值电压（令 $U_{BEO}=0$），则在输入信号的正半周时，VT_2 截止，VT_1 导通，此时 VT_1 相当于 NPN 管的共集放大电路，获得 U_o 和 I_o 的正半周；在输入信号的负半周时，VT_1 截止，VT_2 导通，此时 VT_2 相当于PNP 管的共集放大电路，获得 U_o 和 I_o 的负半周。这样，两管交替轮流导通半个周期，在负载上得到了完整的正弦波形。该电路的电流波形如图 7-29(b)所示。可见，互补推挽功放实际上是两个轮流工作的共集电路的组合。每个管子导通半个周期，处于乙类工作状态。

2. 乙类互补推挽功率放大电路的分析计算

为了便于分析乙类互补推挽功率放大电路的功率关系，我们画出了 VT_1 管与 VT_2 管的合成输出特性曲线如图 7-30 所示。图中，将 VT_2 管的输出特性曲线倒置于 VT_1 管的输出特性曲线的下方，它们的静态工作点重合于 $U_{CEQ}=U_{CC}$ 点，两个管子的交流负载线的斜率相同，并在 Q 点衔接起来。

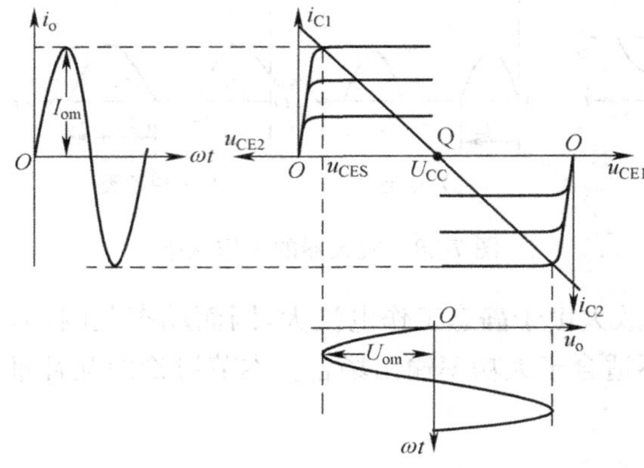

图 7-30　乙类推挽功放组合特性曲线

下面讨论功率关系。

1)输出功率 P_o

$$P_o = \frac{1}{2} I_{om} U_{om} = \frac{1}{2} I_{om}^2 R_L = \frac{1}{2} \cdot \frac{U_{om}^2}{R_L} \tag{7-51}$$

若忽略管子的饱和压降，输出交流电压最大峰值可达到 $U_{om}=U_{CC}$，此时最大输出功率可表示为

$$P_{omax} = \frac{1}{2} \frac{U_{CC}^2}{R_L} \tag{7-52}$$

2)电源提供的直流功率 P_{DC}

乙类推挽放大电路中，每个晶体管的集电极电流为半个周期的正弦波，如图 7-29(b)所示。其电流的平均值用 I_{DC}表示，则

$$I_{DC} = \frac{1}{2\pi}\int_0^{\pi} i_c \mathrm{d}(\omega t) = \frac{1}{2\pi}\int_0^{\pi} I_{om}\sin(\omega t)\mathrm{d}(\omega t) = \frac{I_{om}}{\pi}$$

两组电源提供的直流功率为

$$P_{DC} = 2I_{DC}U_{CC} = \frac{2I_{om}U_{CC}}{\pi} = \frac{2U_{om}U_{CC}}{\pi R_L} \tag{7-53}$$

两组电源提供的最大直流功率为

$$P_{DCmax} = \frac{2U_{CC}^2}{\pi R_L} \tag{7-54}$$

3)功率转换效率 η

$$\eta_{max}=\frac{P_{omax}}{P_{DCmax}}=\frac{\frac{U_{CC}^2}{2R_L}}{\frac{2U_{CC}^2}{\pi R_L}}=\frac{\pi}{4}=78.5\% \tag{7-55}$$

乙类互补推挽功率放大电路的最大效率可达 78.5%，由于实际电路还存在其他损耗，同时为了改善失真，最大输出电压 U_{omax} 不能达到 U_{CC}，因此实际转换效率要低于 70%。

4)集电极功耗 P_C

由电源提供的直流功率，除了转换为交流输出功率外，其余损耗在晶体管集电极，因此，集电极功耗 P_C 为

$$P_c=P_{DC}-P_o=P_o\left(\frac{1}{\eta}-1\right) \tag{7-56}$$

P_c 是 P_o 的函数，下面讨论 P_c 与 P_o 的函数关系，并求出最大集电极功耗 P_{cmax}。

由式(7-51)、式(7-53)和式(7-56)可推导得到

$$P_c=\frac{2U_{CC}}{\pi}\sqrt{\frac{2P_o}{R_L}}-P_o \tag{7-57}$$

为了导出最大集电极损耗功率 P_{cmax}，先对式(7-57)求导数，并令其导数为零，求出极值。

$$\frac{dP_c}{dP_o}=\frac{U_{CC}}{\pi}\sqrt{\frac{2}{P_oR_L}}-1=0$$

由上式可求得，当 $P_o=\frac{2U_{CC}^2}{(\pi^2R_L)}$ 时，具有最大的集电极功耗

$$P_{cmax}=\frac{2U_{CC}^2}{\pi^2R_L}=\frac{4}{\pi^2}P_{omax} \tag{7-58}$$

则每个管子的最大集电极功耗为

$$P'_{cmax}=\frac{U_{CC}^2}{\pi^2R_L}=\frac{2}{\pi^2}P_{omax}\approx 0.2P_{omax} \tag{7-59}$$

式(7-59)提供了选择功率管功耗的依据。例如，当要求最大输出功率 $P_{omax}=10$ W，则只要选择两个最大功耗 P_{CM} 大于 $0.2P_{omax}=2$ W 的功率管即可满足要求。

3. 功率管的选择

为了确保功率管的安全和输出功率的要求，电源及输出功率管参数的选择原则如下。

1)已知 P_{omax} 与 R_L，选择电源 U_{CC}，则由式(7-52)可得

$$U_{CC}\geqslant\sqrt{2P_{omax}R_L} \tag{7-60}$$

2)已知 P_{omax}，选择管子允许的最大功耗 P_{CM}，则由式(7-59)可得

$$P_{CM}>0.2P_{omax} \tag{7-61}$$

3)管子的反向击穿电压 BU_{CEO}

当信号最大时，一个管趋于饱和，而另一个管趋于截止，截止管承受的最大反压为 $U_{CC}-(-U_{CC})=2U_{CC}$，所以

$$BU_{CEO}>2U_{CC} \tag{7-62}$$

4)管子允许的最大集电极电流 I_{CM}

$$I_{CM}\geqslant I_{cmax}=\frac{U_{CC}}{R_L} \tag{7-63}$$

7.5.2 甲乙类互补推挽功率输出级

由于晶体管存在阈值电压U_{BEO}，所以图 7-29 所示原理电路的实际传输特性如图 7-31 所示。因此输出电压在$U_i < \pm U_{BEO}$范围内接近于零，从而使输出电压波形在这一范围内会产生失真，称之为“交越失真”。为了消除这种失真，需给两管发射结加小的正偏压，让两管工作在微导通状态，即使电路工作在甲乙类。图 7-32 示出了给两管发射结加小的正偏压后，对应的输出电压波形。

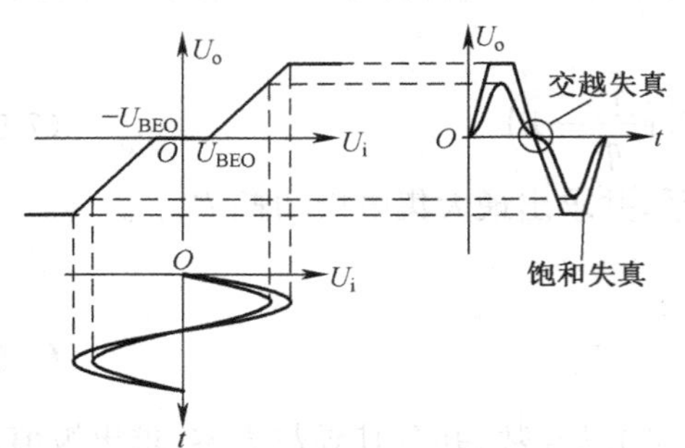

图 7-31 乙类互补推挽功放的非线性失真

图 7-32 交越失真的消除

消除交越失真常用的偏置电路形式如图 7-33 所示。

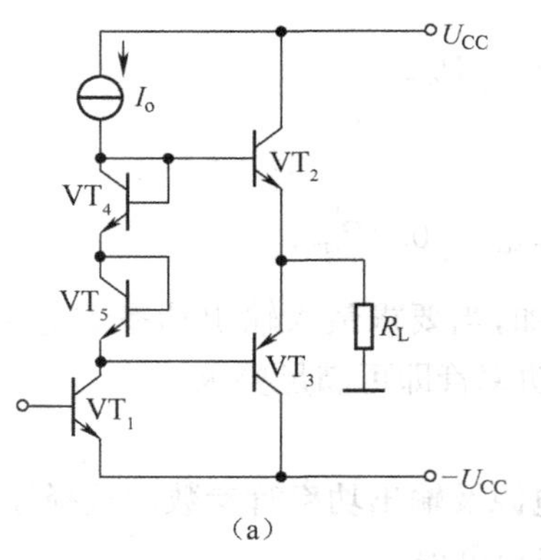

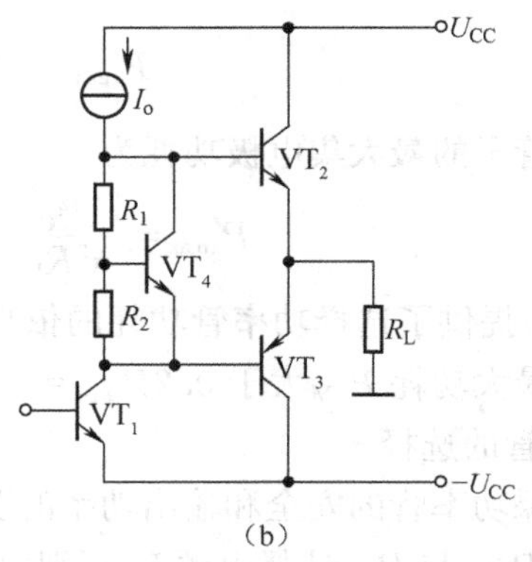

图 7-33 消除交越失真常用的直流偏置电路

在图 7-33(a)中，VT_1 为工作在甲类放大状态的共射放大电路，称为激励级或推动级，其主要功能是提高输入信号的电压幅度，为此采用了有源负载 I_o。为了消除交越失真，利用 VT_1 的静态电流流过 VT_4、VT_5 产生的直流压降为 VT_1、VT_2 提供小的直流偏压，即 $U_{BEQ4}=U_{BEQ2}$，$U_{BEQ5}=U_{BEQ2}$。若忽略 VT_2、VT_3 的基极电流，则有 $U_{BEQ4}\approx U_T\ln(I_o/I_{ES4})$，$U_{BEQ2}\approx U_T\ln(I_{CQ2}/I_{ES2})$，因此 $I_{CQ2}\approx I_o(I_{ES2}/I_{ES4})$。可见，只要合理的设计 VT_2、VT_4 两管的发射极面积之比，即可使 I_{CQ2} 符合要求。在集成电路中，VT_2、VT_4 两管具有相同的温度系数，所以有很好的温度稳定性。对 VT_3 和 VT_5 也是如此。

对于交流，由于 VT_4、VT_5 接成二极管形式，其动态电阻很小，VT_2、VT_3 两管基极之间的

信号压降可以忽略，从而保证了 VT_2、VT_3 两管激励信号幅度相等。

在图 7-33(b)中，VT_4、R_1、R_2 组成的恒压源电路为 VT_2、VT_3 管提供直流偏压，$U_{CEQ4}=U_{BEQ2}+U_{BEQ3}$。若忽略 I_{BQ4}，则 $I_{R1}\approx I_{R2}$，于是

$$U_{BEQ4}\approx\frac{R_2}{R_1+R_2}U_{CEQ4}$$

即

$$U_{CEQ4}\approx U_{BEQ4}\left(1+\frac{R_1}{R_2}\right) \tag{7-64}$$

调整 R_1、R_2 的比值，可改变 VT_2、VT_3 基极间的电压，使之符合要求。由于调整 R_1、R_2 的比值，可得到任意倍 U_{BEQ4} 的 U_{CEQ4}，所以该偏置电路又常称为 U_{BE}倍增电路。

以上讨论的互补推挽功率输出级，由于采用正负双电源供电，当无输入信号时，静态输出电位为零，负载电阻 R_L 可直接连到功放电路的输出端，不需要输出耦合电容，因此这种电路又称为 OCL(Output Capacitor Less)电路。

7.5.3　准互补推挽功率输出级

前面介绍的互补推挽功率输出级，在大功率应用时还存在以下问题：一是输出异型管(VT_2、VT_3)的输出特性很难做到完全对称，结果造成输出波形上下不对称；二是输出管的 β 值有限，会限制最大输出功率。为了解决上述问题，可采用由复合管构成的准互补推挽功率输出级。

1. 复合管

将两个或三个晶体管按一定的原则级联起来所构成的三端器件称做复合管或达林顿(Darlington)管。

组成复合管要遵从以下原则。

(1)电流流向必须一致。

(2)各极电压必须保证所有管子工作在放大区。

(3)复合管的基极电流等于第一个管子的基极电流，因此复合管的类型与第一个管子的类型相同。

正确的复合管连接方式有四种，如图 7-34 所示。

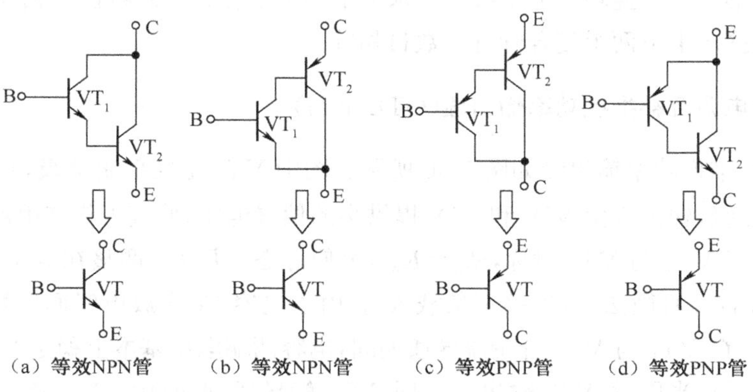

图 7-34　复合管结构及其等效晶体管

下面以图 7-34(a)为例来讨论复合管的参数。

由图 7-34(a)可知复合管的电流放大系数为

$$h_{fe}=\frac{I_{C1}+I_{C2}}{I_{B1}}=\frac{I_{C1}}{I_{B1}}+\frac{h_{fe2}I_{B2}}{I_{B1}}=h_{fe1}+h_{fe2}+h_{fe1}\cdot h_{fe2}\approx h_{fe1}\cdot h_{fe2} \tag{7-65}$$

即复合管的电流放大系数近似等于两管电流放大系数的乘积。这一结论同样适用于其他三种接法的复合管。

复合管的输入电阻为

$$h_{ie}=h_{ie1}+(1+h_{fe1})h_{ie2} \tag{7-66}$$

应该指出,复合管的输入电阻与 VT_1、VT_2 管的接法有关,如图 7-34(b)、(d)两种接法,其输入电阻为

$$h_{ie}=h_{ie1}$$

2. 准互补推挽功率输出级

用复合管构成的互补推挽功率输出级称为准互补推挽功率输出级,其电路如图 7-35 所示,电路中,VT_1、VT_2 复合成 NPN 管,VT_3、VT_4 复合成 PNP 管。图中的 R_1 和 R_2 是为了给 VT_2、VT_4 的反向饱和电流提供泄放通道而加的电阻,以免在 VT_2、VT_4 结温升高时,I_{CBO}随温度指数上升,引起 VT_2、VT_4 的 I_{CEO}迅速增大而造成恶性热循环。

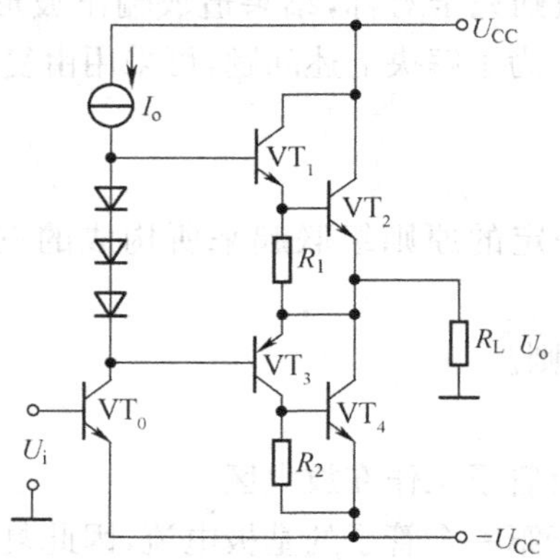

图 7-35 准互补推挽功率输出级

应该指出,准互补推挽功率输出级只要求上下两个复合管在总特性上相互匹配,不必一一对应匹配,也不强求上下两个复合管管子数目相等。

7.5.4 单电源互补推挽功率输出级(OTL 电路)

单电源互补推挽功率输出级如图 7-36 所示。图中 VT_3 是共射激励级,VT_1、VT_2 组成互补推挽功率输出级,输出级由 VD_1 和 VD_2 提供小的偏置电压,使其工作在甲乙类。

静态时,由于 VT_1 与 VT_2 对称,$R_{E1}=R_{E2}$,可使静态电压 U_o 调整在等于 $U_{CC}/2$。输出端经外接大电容 C_1(几百微法)后连接至负载 R_L。由于电容 C_1 充放电时间常数远大于信号的半个周期,因此,在 VT_1 与 VT_2 管轮流导通期间,电容两端电压基本上稳定在 $U_{CC}/2$。

当输入 U_i 是负半周时,VT_3 输出正半周,VT_1 管导通,此时由 $+U_{CC}$经 VT_1 管,向 R_L 注入正半周电流 I_{o1}。当输入 U_i 是正半周时,VT_3 输出负半周,VT_2 管导通,VT_1 管截止,此时

电容 C_1 放电，其电流由电容 C_1 正端经 VT_2 管，向 R_L 注入负半周电流 I_{o2}。电容 C_1 既是耦合电容又是储能电容，完成了“辅助电源”的功能。

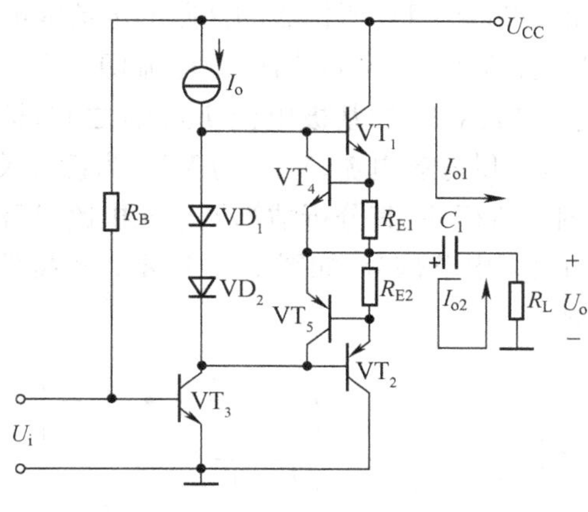

图 7-36 OTL 电路

这种电路采用了耦合电容，但没有耦合变压器，通常称为 OTL(Output Transfmormer Less)电路。

图中 VT_4 和 VT_5 管组成输出过载保护电路。正常工作时，VT_4、VT_5 管处于截止状态，保护电路不起作用。一旦输出电流过载或输出短路，使 R_{E1}、R_{E2} 上压降增加，引起 VT_4、VT_5 管导通，由于 VT_4、VT_5 管导通后分流了注入到 VT_1 和 VT_2 管的基极电流，从而限制了 VT_1 和 VT_2 管集电极电流的增加，以免损坏功率管 VT_1 和 VT_2，实现了过载自动保护。

7.6 模拟集成运算放大器

上面，我们了解了集成运放的基本组成部分及各个部分的功能，下面将简要地介绍典型的集成运放的外形、具体的内部结构及原理，(由于集成运放的基本组成原则的一致性，因此分析典型电路具有普遍意义)并通过具体电路的分析，了解一些较复杂的电路的读图方法及复杂电路的分析方法。

7.6.1 双极型模拟集成运放的典型电路

从前面分析中可知，集成运放有 4 个组成部分。因此，在分析集成运放电路时，首先应将电路“化整为零”，分为偏置电路、输入级、中间级和输出级 4 个部分；进而“分析功能”，弄清每部分电路的结构形式和性能特点；最后“统观整体”，研究各部分电路相互之间的联系，从而理解电路如何实现所具有的功能；必要时再进行“定量估算”。

在集成运放电路中，通常，偏置电路的基准电流是唯一能直接估算出来的电流，电路中与之相关联的电流源(如镜像、比例、微电流源等)部分，就是偏置电路。将偏置电路分离出来，剩下部分为三级放大电路，按信号的流通方向，以“输入”和“输出”为线索，既可将三级分开，又可得出每一级属于哪种基本放大电路。在一般的集成运放电路中，为了克服温漂，输入级几乎毫无例外地采用差分放大电路；为了提高增益，中间级多采用共射放大电路；为了提高带负载能力且具有尽可能大的不失真输出电压范围，输出级多采用互补式电压跟随电路。

1. F007 电路分析

F007 是通用型集成运放，其电路如图 7-37 所示，它由±15 V 两路电源供电。从图中可以看出，从$+U_{cc}$经 VT_{12}、R_5 和 VT_{11} 到$-U_{cc}$所构成的回路的电流能够直接估算出来，因而 R_5 中的电流为偏置电路的基准电流。VT_{10}与 VT_{11}构成微电流源，而且 VT_{10} 的集电极电流 I_{C10} 等于 VT_9 管集电极电流 I_{C9} 与 VT_3、VT_4 的基极电流 I_{B3}、I_{B4}之和，即 $I_{C10}=I_{C9}+I_{B3}+I_{B4}$；$VT_8$ 与 VT_9 为镜像关系，为第一级提供静态电流；VT_{13}与 VT_{12}为镜像关系，为第二、三级提供静态电流。F007 的偏置电路如图中所标注，其分析估算见单元电路(恒流源)的分析。将偏置电路分离出来后，可得到 F007 的放大电路部分，如图 7-38 所示。根据信号的流通方向可将其分为三级，下面就各级作具体分析。

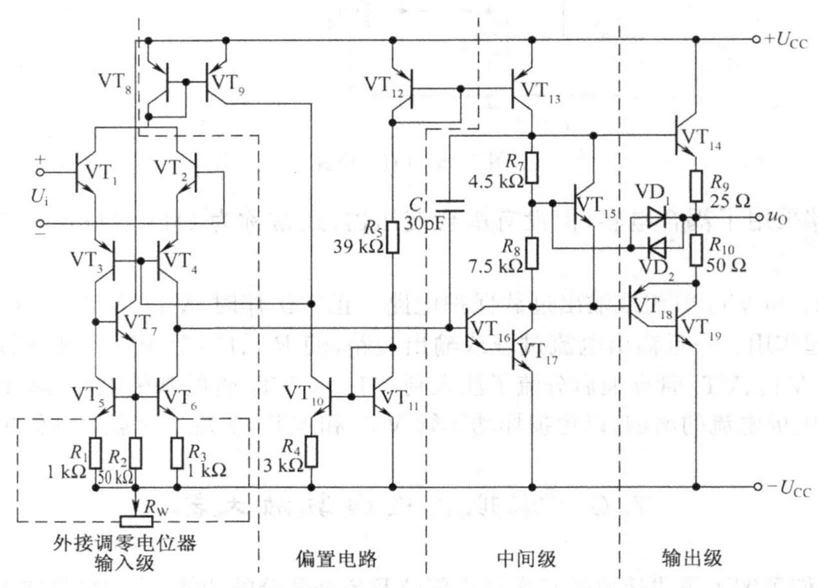

图 7-37　F007 的电路原理图

(1)输入级

输入信号 U_I 加在 VT_1 和 VT_2 管的基级，从 VT_4 管与 VT_6 管的集电极输出信号，故输入级是双端输入单端输出的差分放大电路，VT_7 完成了整个电路由双端输出到单端输出的转换。VT_1 与 VT_2、VT_3 与 VT_4 管两两特性对称，构成共集—共基电路，从而提高了电路的输入电阻，并改善了频率响应特性。VT_1 与 VT_2 管为纵向管，β 大；VT_3 与 VT_4 管为横向管，β 小但耐压高；VT_5、VT_6 管构成的电流源电路作为差分放大电路的有源负载；因此输入级可承受较高的输入电压并具有较强的放大能力。

VT_5、VT_6 构成的电流源电路(即加射极输出器的电流源电路)不但作为有源负载，而且将 VT_3 管集电极动态电流转换为输出电流 ΔI_{B16}的一部分。由于电路的对称性，当有差模信号输入时，$\Delta I_{C3}=-\Delta I_{C4}$，$\Delta I_{C5}\approx\Delta I_{C3}$(忽略 VT_7 管的基极电流)，$\Delta I_{C5}=\Delta I_{C6}$(因为 $R_1=R_3$)，因而 $\Delta I_{C6}\approx-\Delta I_{C4}$，所以 $\Delta I_{B16}=\Delta I_{C4}-\Delta I_{C6}\approx 2\Delta I_{C4}$，输出电流加倍，当然会使电压增益增大。电流源电路还对共模信号起抑制作用，当共模信号输入时，$\Delta I_{C3}=\Delta I_{C4}$；由于 $R_1=R_3$，$\Delta I_{C5}=\Delta I_{C6}\approx\Delta I_{C3}$(忽略了 VT_7 管的基极电流)；$\Delta I_{B16}=\Delta I_{C4}-\Delta I_{C6}\approx 0$，可见，共模信号基本传递不到下一级，提高了整个电路的共模抑制比。

此外，当某种原因使输入级静态电流增大时，VT_8 与 VT_9 管集电极电流会相应增大，但因为 $I_{C10}=I_{C9}+I_{B3}+I_{B4}$，且 I_{C10} 基本恒定，所以 I_{C9} 的增大势必使 I_{B3}、I_{B4} 减小，从而导致输入级静态电流 I_{c1}、I_{c2}、I_{c3}、I_{c4} 减小，致使它们基本不变。当某种原因使输入级静态电流减小时，各电流的变化与上述过程相反。

综上所述，输入级是一个输入电阻大、输入端耐压高、对温漂和共模信号抑制能力强、有较大差模放大倍数的双端输入、单端输出差分放大电路。

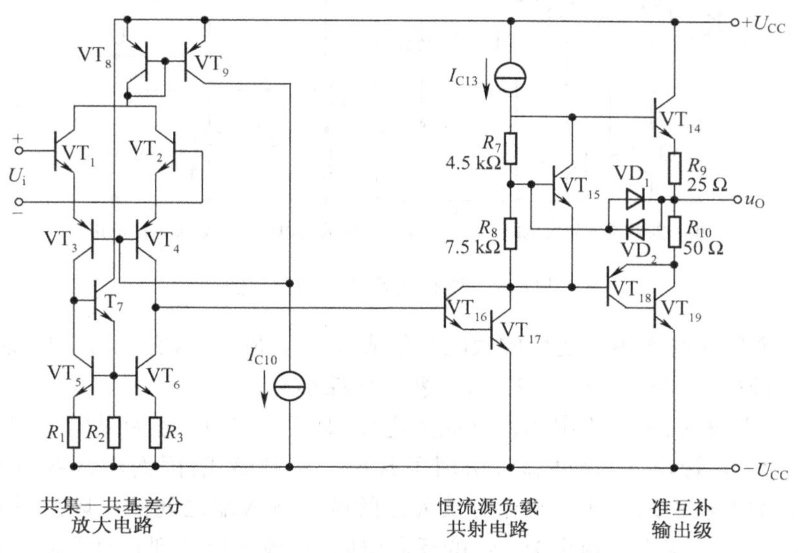

图 7-38　F007 电路中的放大电路部分

(2)中间级

中间级是以 VT_{16} 和 VT_{17} 组成的复合管为放大管，以电流源为集电极负载的共射放大电路，具有很强的放大能力。

(3)输出级

输出级是准互补电路，VT_{18} 和 VT_{19} 复合而成的 PNP 型管与 NPN 型管 VT_{14} 构成互补形式，为了弥补它们的非对称性，在发射极加了两个阻值不同的电阻 R_9 和 R_{10}。R_7、R_8 和 VT_{15} 构成 U_{BE} 倍增电路，为输出级设置合适的静态工作点，以消除交越失真。R_9 和 R_{10} 还作为输出电流(发射极电流)的采样电阻与 VD_1、VD_2 共同构成过流保护电路，这是因为 VT_{14} 导通时 R_7 上电压与二极管 VD_1 上电压之和等于 VT_{14} 管 b-e 间电压与 R_9 上电压之和，即

$$U_{R7}+U_{D1}=U_{BE14}+I_oR_9$$

当 I_o 未超过额定值时，$U_{D1}<U_r$，VD_1 截止；而当 I_o 过大时，R_9 上电压变大，使 VD_1 导通，为 VT_{14} 的基极分流，从而限制了 VT_{14} 的发射极电流，保护了 VT_{14} 管。VD_2 在 VT_{18} 和 VT_{19} 导通时起保护作用。

在图 7-27 所示电路中，电容 C 的作用是相位补偿，具体分析见第 6 章 6.5 节；外接电位器 R_w 起调零作用，改变其滑动端，可改变 VT_5 和 VT_6 管的发射极电阻，以调整输入级的对称程度，使电路输入为零时输出为零。F007 的电压增益可达几十万倍，输入电阻可达 2 MΩ 以上。

2. F324 电路分析

通用运算放大器 F324 电路结构如图 7-39 所示。

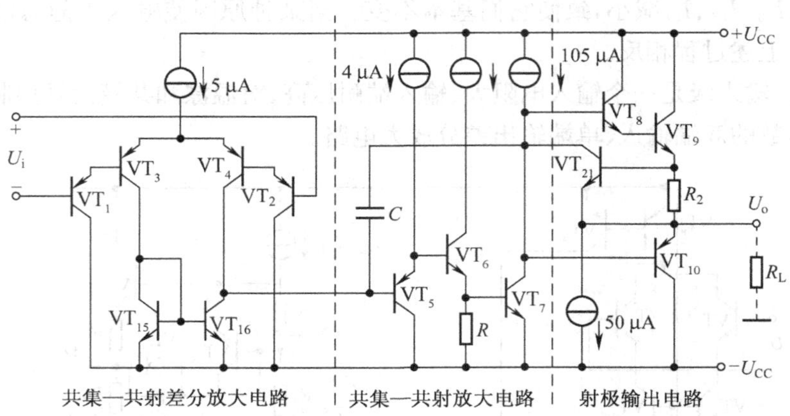

图 7-39　F324 的简化电路原理图

F324 是四个独立的通用型运算放大电路集成在一个芯片上，它既可单电源(3～30 V)工作，又可以双电源(±1.5～±15 V)工作，且静态功耗小。

输入级是双端输入、单端输出的差分放大电路，VT_1 与 VT_2 管为纵向 PNP 管，β 大；VT_3 与 VT_4 为横向 PNP 管，b-e 间耐压高；采用了共集—共射形式；因而输入级有较强的放大能力，能承受较大的差模输入电压。且差分放大器的两个输入端之间的电阻就是放大器的输入电阻，从图中可以看出相当于两个 PN 结的反向电阻，一般可以达到几百兆欧。根据三极管的基本工作原理，为使输入端能正常工作，必须有一定的基极电流。从电路图中可以看出，VT_1 和 VT_2 具有一定的基极电位，因此具有提供基极电流的条件，而能否提供基极电流，还必须要有电流通路，电路图上可以看出，这个基极电流通路必须靠外电路提供。两个差分电路应当有相同的偏置电流和通道。

同时由于 VT_{15} 和 VT_{16} 管构成的电流源作为有源负载，将 VT_3 集电极电流的变化转换为输出电流，所以使单端输出电路对差模信号的放大能力接近双端输出的情况。

中间级是共集—共射放大电路，VT_5 与 VT_6 管构成两级射极输出电路，使第二级输入电阻很大，从而提高了前级的电压增益。与此同时，在输入级输出电流有限的情况下，由于 VT_5 与 VT_6 管的电流放大作用，使 VT_7 获得更大的基极动态电流，从而使中间级具有很强的放大能力。

输出级的工作情况与 F007 的有所不同。当负载电阻接入时(见图中虚线所示)，在单电源供电的情况下，输出级是由 VT_8 与 VT_9 管构成的共集放大电路，105 μA 电流源为它提供静态电流。此时 VT_7 管的集电极电位

$$U_{C7}=U_{BE8}+U_{BE9}+U_{R2}+U_o$$

而输出端电位 U_o 即为 VT_{10} 管发射极电位，所以 VT_{10} 管发射结承受反向电压，使 VT_{10} 截止。为了获得尽可能大的最大不失真输出电压，应使静态时 $U_o=U_{CC}/2$，一般通过在 F324 的输入端加偏置电压来实现。当通过耦合电容接负载电阻时，就构成 OCL 互补电路，详见第 5 章。

当双电源供电时，输出级的工作情况与 F007 的相同。应当指出，由于电路中对于 VT_{10} 管没有消除交越失真的偏置电路。故输出会出现轻微的交越失真。

电阻 R_2 一方面用于补偿输出级中 NPN 管与 PNP 管的不对称性，另一方面与 VT_{21} 构成

正向过流保护电路。正向输出电流与 R_2 上电流相等，因此 R_2 是输出电流的取样电阻。正常工作时 VT_{21} 管处于截止状态，一旦输出电流过大，R_2 上的电压使 VT_{21} 管导通，它的集电极电流使 VT_8 管的基极驱动电流减小，从而将 VT_9 管的发射极电流 i_{E9} 限制为 u_{BE21}/R_2。

电容 C 起相位补偿作用，具体分析见第 5 章。从图中所标注的电流可以看出，F324 的静态功耗很小。即使在单电源供电情况下，零输入时输出电压也接近于零。

3. 特殊运算放大器

在工程实际中，除了常用的通用运算放大器外，还需要一些适用于各种特殊场合的运算放大器，下面列举几种特殊放大器。

1）高频放大器

随着通信、广播、电视等系统的迅速发展，需要能适用于高频信号的放大器，即高频放大器，高频放大器与调谐回路结合起来，被广泛应用于通信、广播、雷达等接收、发送系统中。

（1）高频放大器的特点和技术指标

以 MC1590 为例，此芯片是摩托罗拉公司生产的 AGC 宽带放大器，国内的同类产品有：F1590、L1590、XG1590 等模块，可以与之互换。

其主要特点是：

①增益较高，可达 40 dB。

②频带宽，外加补偿电容后可达 120 MHz

③自动增益控制能力强，增益控制范围 M_{AGC}＝60 dB。且增益变化时，器件输入参数的变化很小。

（2）MC1590 的电路原理图（如图 7-40 所示）

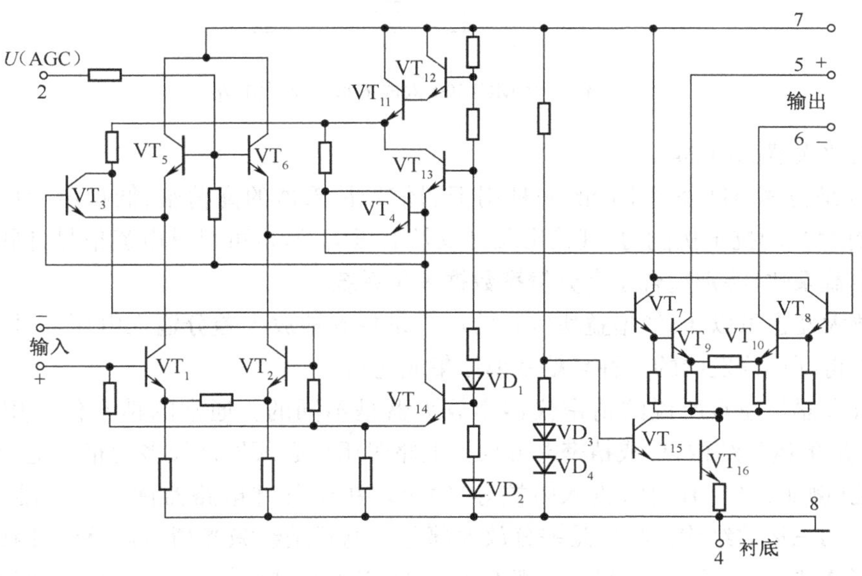

图 7-40　MC1590 电路原理图

电路为双端输入、双端输出的差动式放大电路。整个放大电路分为两级。

输入级为差动式共射—共基(CE-CB)组合电路。VT_1、VT_2 接成共射电路，VT_3、VT_4 接成共基电路。输出级是由 VT_7、VT_8、VT_9 和 VT_{10} 组成的达林顿式共射组态差动电路。仔细观察可发现,组成达林顿管的两晶体管的集电极并不连在一起,只是第一个管射极和第二个管的基极相连。这样做的好处是,输出管的集电极通过 C_{bc} 产生的内部反馈送到第一个管的发射极而不是基极,从而减小了内部反馈的影响,使放大器的稳定性得以提高。

VT_5、VT_6 管是自动增益控制管。自动增益控制的工作原理为:VT_5 管的发射极和 VT_3 管的发射极相连,因而两管的发射极电流之和等于 VT_1 的集电极电流,VT_3、VT_5 管的发射极电流的大小取决于 VT_3、VT_5 管的发射极输入阻抗。自动增益控制管的基极与自动增益控制电压 U_{AGC} 相连,U_{AGC} 改变 VT_5 的工作点电流,从而改变其发射极阻抗,使 VT_1 集电极电流在 VT_3 和 VT_5 输入端的分流比改变。

(3)实用电路

图 7-41 是利用 MC1590 构成的 60 MHz 的调谐放大器。输入和输出各有一个调谐回路。L_1、C_1 构成输入调谐回路,L_C、C_2 构成输出调谐回路,C_3 为输入隔直电容;C_4 为输出隔直电容;C_5、L_2、C_6 组成 π 型 LC 电源去耦滤波器,以减小通过公用电源的寄生耦合;在输入端 3 端通过 C_3 交流接地,实际上成了单端输入,在输出端 6 端通过 C_6 交流接地,实际上成了单端输出。

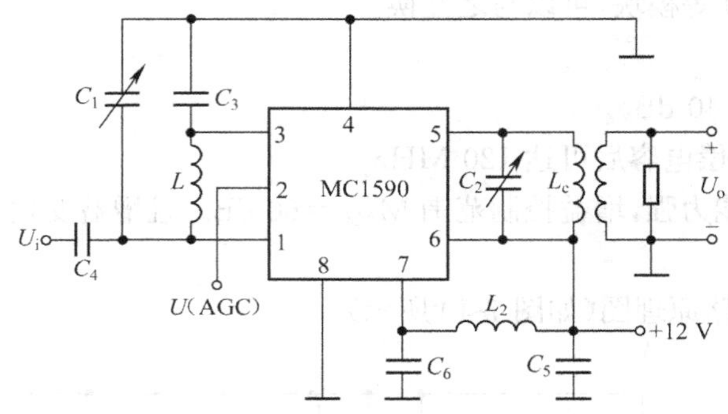

图 7-41 由 MC1590 构成的调谐放大电路

2)仪器放大器 AD624

AD624 是美国 AD 公司生产的一种用于弱信号传感器的高精密、低噪声的仪器放大器。AD624 具有很高的抗干扰能力,其输出既可以是电压信号,也可以是电流信号,同时可以通过编程控制增益系数,特别适合于高分辨率数据采集系统。

仪器放大器也可以叫做“增益块”,它的作用是精确地放大差分输入电压信号。仪器放大器是近年来得到迅速发展的一种高精密模拟集成电路。

仪器放大器与通常所说的精密仪器用放大器是不同的。通常的精密仪器用放大器(如 LM725 等)是单运放结构,形成精密差分放大电路时用户必须外接较多的精密电阻,因此电路的主要特性(例如共模抑制比、输入阻抗等)完全取决于外部电路器件。而仪器放大器采用图 7-42所示的三运放结构。特别是差分放大部分的电阻是经激光精密调整的,因此其共模抑制比与外部器件无关,K_{CMR} 相当高(一般在 100 dB 以上)。同时,由于三个运放集成在一个硅片上,使得内部器件参数具有同向偏差,温度变化具有均一性,因此,其性能远高于一般的精密仪器用放大器。

仪器放大器的基本特征是高输入阻抗,高线性度,高共模抑制比(K_{CMR}),低漂移,低噪声。图 7-43 是 AD624 的管脚排列图,各管脚功能如下。

IN＋和 IN－：同相输入和反相输入端，用于信号输入。

Inull 和 Onull：分别是输入和输出调零端，可以使用，也可以不使用。输入、输出调零电路的接法如图 7-43 所示。

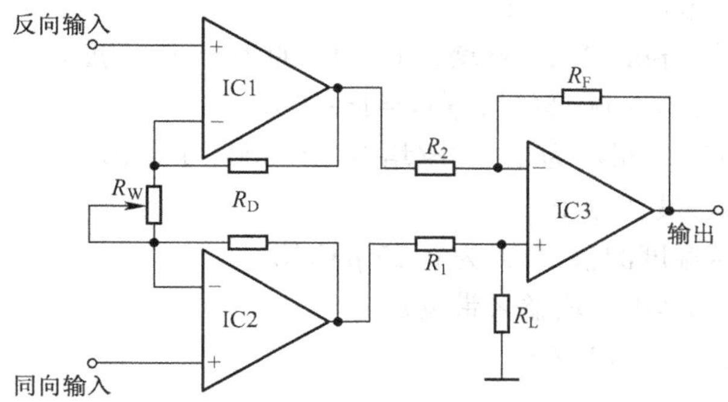

图 7-42　仪器放大器的结构

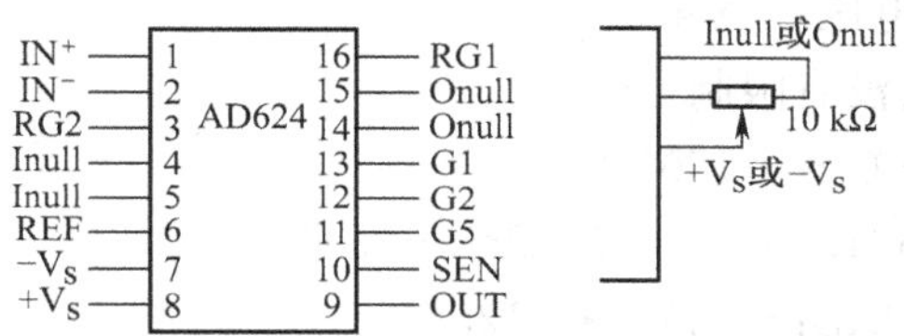

图 7-43　输入或输出调零电路

－Vs、＋Vs：源输入端。

RG1，RG2 和 G1，G2，G5：放大器增益调整端。AD624 的增益调整是通过改变这些管脚的连接实现的。具体增益调整的连接如下。

增益	与管脚 3(RG2)其他管脚的连接	连接的管脚
1	—	—
100	13	—
125	13	11 与 16 连接
137	13	11 与 12 连接
186.5	13	11 与 12、16 连接
200	12	—
250	12	11 与 13 连接
333	12	11 与 16 连接
375	12	13 与 16 连接
500	11	—
624	11	13 与 16 连接
688	11	11 与 12 连接，13 与 16 连接
831	11	16 与 12 连接
1000	11	16 与 12 连接，13 与 11 连接

SEN：AD624 内部差分输出放大器负反馈输出端，一般情况下与输出端直接连接。

REF:输出电平参考输入端,一般情况下直接接地。

G=1000 时,把 RG1(16 脚)接 12 脚,同时 11、13 两管脚接 RG2。

AD624 的基本技术特征如下。

①低噪声:0.2 μVpp0.1~10 Hz

②低增益温度漂移:5ppm/℃max(增益 G=1)(百万分之一/度)

③低线性失真:最大为 0.001%(增益 G=1~200)

④高共模抑制比 K_{CMR}:最小为 130 dB(增益 G=500~1 000)

⑤低输入失调电压:最大为 25 μV

⑥低输入失调电压温度漂移:最大为 0.25 μV/℃

⑦增益带宽乘积:25 MHz(增益×带宽)

⑧电源电压 Vs:±6~±18 V

⑨内部功率耗散:420 mW

⑩最大输入差分电压:±Vs

⑪最大允许输入信号电压:±Vs

⑫允许输出短路时间:没有限制

⑬保存温度范围:-65℃~+150℃

⑭使用温度范围:AD624A/B/C:-25℃~+85℃

AD624S:-55℃~+125℃

⑮管脚焊接温度限制(直接接触,60 s 内):+300℃

图 7-44 是 AD624 的典型应用电路。

3)休眠模式的双运放 MC33102

MC33102 是美国 MOTOROLA 公司生产的有休眠—唤醒(Sleep-Awake)两种工作状态的双运算放大器(一个 8 管脚芯片内有两个相互独立的运算放大器),使用时无需外加调整器件。当输入信号引起的输出电流低于 160 μA 时,运放自动进入休眠(微功耗)状态,这时运算放大器的工作特性下降,基本无功率输出和损耗;当输入信号引起的输出电流高于 160 μA 时,运算放大器经 4 μs 延迟后会自动进入唤醒工作状态,恢复所有的特性指标(如带宽、增益及驱动能力等)。MC33102 的工作电压范围较宽,在室温下只要有±1 V 的电源就能工作。在唤醒状态下可保证信号频率在 1 Hz 以上时无死区带宽和交越失真,与其他 8 管脚双运放器件的管脚排列兼容,输入管脚有不影响特性的 ESD(静电放电)钳位保护电路。

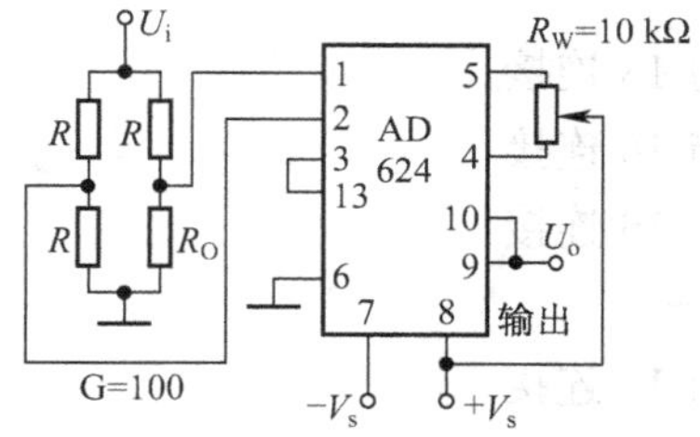

图 7-44　AD624 的典型应用电路

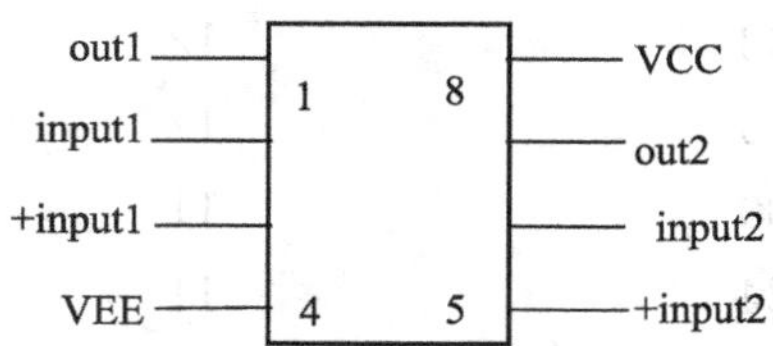

图 7-45　MC33102 的管脚排列

MC33102 可以用于笔记本计算机、汽车电子电路、无绳电话以及其他一些使用电池电源的电子仪器和设备。

MC33102有SO-8(MC33102D)和DIP(MC33102P)两种不同分封装,两种封装的管脚排列完全相同。MC33102管脚排列如图7-45所示。

其中input为输入,output为输出,V_{EE}为负电源输入,V_{CC}为正电源输入,正负电源可以不对称。

MC33102的基本技术特性如下。

①工作模式:休眠(微功耗)和唤醒(高性能)两种

②从休眠到唤醒的转换延迟时间(负载电阻R_L=600 Ω):小于4 μs

③输入失调电压:15 mV

④电源电压:±1~±18 V

⑤增益带宽乘积:4.6 MHz

⑥保存温度:−65℃~+150℃

⑦功率带宽:20 kHz

⑧工作温度:−40℃~+85℃

⑨输出电流能力:50 mA

⑩最大功率损耗P_D:700~1 250 mW。

7.6.2 集成运算放大器的主要参数

在实际应用中,使用者是根据设计要求选择放大器的,因此设计人员最关心的是放大器的外特性,即各种电气性能指标、管脚排列等。放大器外特性,即表征集成运放各方面的技术性能的技术指标,直接影响到使用技术,不同的外特性会引起特殊的工艺要求。运算放大器的主要作用是对模拟信号进行处理,使用时应考虑的性能指标——主要参数,有如下几项。

1. 电源电压(Power Supply)

电源电压是一项与用户系统直接相关的指标。通信系统和民用品一般要求单极性、低电压电源,工业控制则要求高电压。此外,电源电压还会影响到放大器的其他性能,例如输出特性、稳定特性和频率特性等。

2. 开环差模电压增益A_{Ud}

开环差模电压增益是指运放在开环(无反馈)状态下的差模电压放大倍数,该参数值以大为好,较好的运放A_{Ud}可达140 dB。

3. 共模抑制比K_{CMR}

共模抑制比主要取决于输入级差动放大电路的共模抑制比,其定义为$K_{CMR}=|A_{Ud}/A_{Uc}|$,也常用分贝数表示。性能好的集成运放其K_{CMR}可达120 dB以上。

4. 差模输入电阻R_{id}

差模输入电阻是在输入差模信号时,运放的输入电阻。性能好的集成运放,R_{id}在1 MΩ以上。R_{id}是集成运放输入级向差模输入信号源索取电流大小的标志。但是,即使R_{id}不够大,只要A_{Ud}很大,在一般情况下U_{id}很小,故集成运放索取的电流也不会很大。

5. 输入失调电压U_{IO}

输入失调电压是指在去掉调零电位器时,为使静态输出电压为零(或某一预定值)而在输入端应加的补偿电压。它的大小反映了对称程度和电平配合情况。U_{IO}愈小,表明对称性和电平配合情况愈好。

6. 输入失调电压的温漂 dU_{IO}/dT

输入失调电压的温漂是输入失调电压 U_{IO} 的温度系数。其值愈小,表明集成运放的温漂愈小。应该注意,虽然 U_{IO} 可用调零电位器补偿,但 dU_{IO}/dT 却无法去掉。

7. 输入失调电流 I_{IO}

输入失调电流是指维持静态直流输出电流为 0(或某一预定值)而在运放的两输入端之间应加的补偿的差分电流。

这是反映集成运放输入级差分对管输入电流对称性的参数:$I_{IO}=|I_{B1}-I_{B2}|$。I_{IO} 愈小,表明差分对管 β 的对称性愈好。

8. 输入失调电流的温漂 dI_{IO}/dT

输入失调电流的温漂是 I_{IO} 的温度系数,要求越小越好。

9. 输入偏置电流 I_{IB}

输入偏置电流是输入级差分对管的基极偏置电流的平均值,其值为:$I_B=(I_{B1}+I_{B2})/2$,如果 I_B 较大,则在信号源内阻不同时,对集成运放静态工作点的影响较大。同时,输入失调电流及温漂也大,因而影响精度。新型集成运算放大器的这一指标都相当好,偏置电流一般在 pA 级。这对提高用户系统性能很有利,但也对用户的工艺设计技术提出了更高的要求。

10. 最大共模输入电压 U_{Icmax}

最大共模输入电压是输入级能正常工作的情况下允许输入的最大共模信号。当共模输入电压高于此值时,集成运放的共模抑制比将明显下降;因此,实际应用时,要特别注意输入信号中共模信号部分的大小。

11. 最大差模输入电压 U_{Idmax}

当集成运放所加差模信号大到一定程度时,输入级至少有一个 PN 结承受反向电压,U_{Idmax} 是不至于使发射结反向击穿所允许的最大差模输入电压。当输入电压大于此值时,输入级将损坏。运放中 NPN 型管的 b-e 间耐压值只有几伏,而横向 PNP 型管的 b-e 间耐压值可达几十伏。

F007C 中输入级采用了横向 PNP 型管,因而 U_{Id} 可达±30 V。

12. −3 dB 带宽 f_H

f_H 是使 A_{Ud} 下降 3 dB(即下降到约 0.707 倍)时所对应的信号频率。

在实用电路中,因为引入负反馈,展宽了频带,所以上限频率可达数百千赫以上。

13. 单位增益带宽 BW_G

BW_G 是使 A_{Ud} 下降到零分贝(即 $A_{Ud}=1$,失去电压放大能力)时所对应的信号频率,与晶体管的特征频率 f_T 相类似。

14. 转换速率 SR

$SR=|du_o/dt|_{max}$,表示集成运放对信号变化速度的适应能力,是衡量运放在大幅值信号作用时工作速度的参数,常用每微秒输出电压变化多少伏来表示。当输入信号变化斜率的绝对值小于 SR 时,输出电压才能按线性规律变化。信号幅值愈大、频率愈高,要求集成运放的 SR 也就愈大。

还有一些其他特性,就不一一列举了。对要求较高的应用场合,例如高频、高速、高稳定等,使用者还必须对运算放大器的结构和测试方法有所了解,否则就有可能达不到设计要求。

习　题

1. 题7-1图差分放大电路由硅管组成，已知晶体管的 $\beta=50$，$r'_{bb}=300\ \Omega$，$U_{BE}=0.7\ V$。

(1) 求静态工作点 I_{BQ}，I_{CQ}，U_{CEQ}。

(2) 计算输出电压 U_o 及 R_{id}、R_{od}。

2. 恒流源差分放大电路如题7-2图所示，已知 $I_o=200\ \mu A$，晶体管的 $\beta=100$，$r'_{bb}\approx 0$。试求：

(1) 差模电压增益 A_{Ud}。

(2) 共模抑制比 K_{CMR}。

(3) 差模输入电阻 R_{id} 和差模输出电阻 R_{od}。

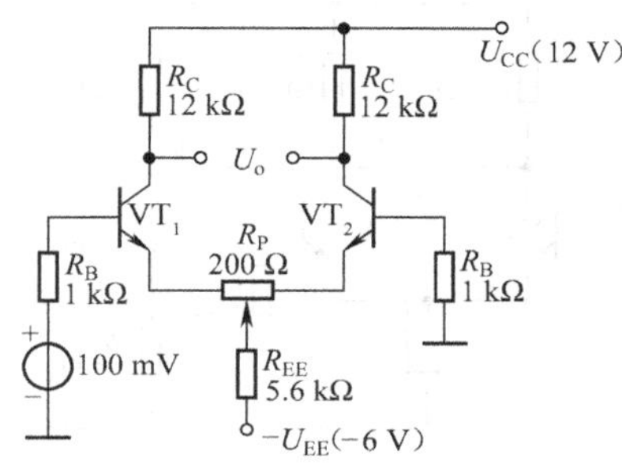

题　7-1图

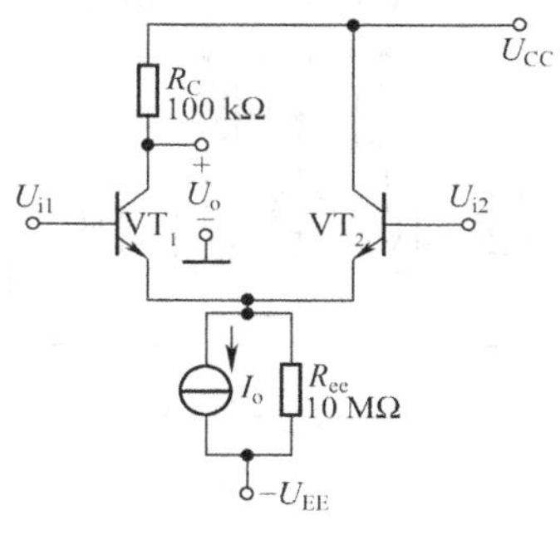

题　7-2图

3. 恒流源差分放大电路如题7-3图所示，已知晶体管的 $\beta=100$，$U_{BE}=0.7\ V$，$r'_{bb}\approx 80\ \Omega$，$r_{ce}=100\ k\Omega$。试求：

(1) 各管的静态工作点 I_{CQ} 及 U_{CEQ}。

(2) 双端输出时的差模电压增益、差模输入电阻。

(3) 从 VT_1 集电极单端输出时的共模抑制比。

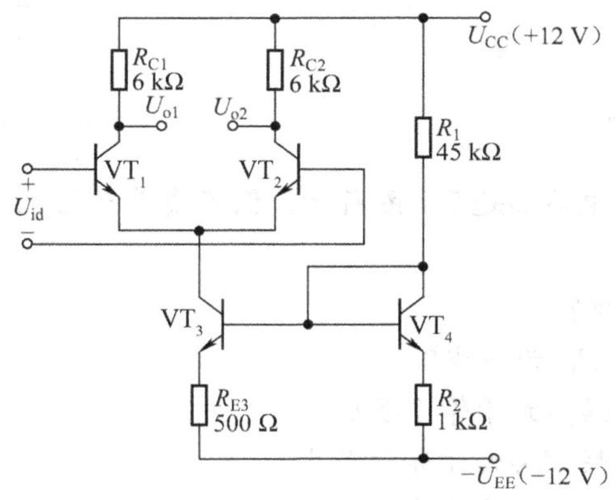

题　7-3图

4. 在题 7-4 图所示共射—共基组合差放电路中，设超 β 管 VT_1、VT_2 的 $\beta=2\ 000$，VT_3、VT_4 的 $\beta_3=\beta_4=100$。试求差模电压增益 A_{Ud}和差模输入电阻 R_{id}。

5. 电路如题 7-5 图所示。设 $\beta_1=\beta_2=\beta_3=100$，$h_{ie1}=h_{ie2}=5\ k\Omega$，$h_{ie3}=1.5\ k\Omega$。

(1)静态时，若要求 $U_o=0$，试估算 I_o。

(2)计算电压增益 $A_U=U_o/U_i$。

6. OCL 电路如题 7-6 图所示。已知 $U_{CC}=U_{EE}=20\ V$，$R_L=8\ \Omega$，若忽略功率管的饱和压降，试求：

(1)测得输出电压有效值等于 10 V，电路的输出功率、管耗、直流电源供给功率以及功率转换效率各为多少？

(2)管耗最大时，电路的输出功率和效率各为多少？

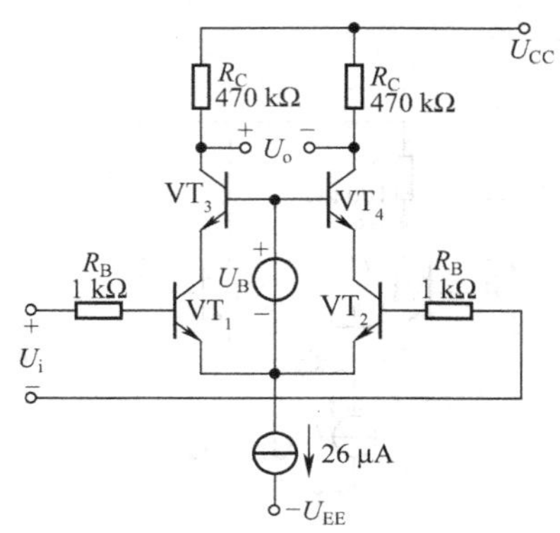

题 7-4 图

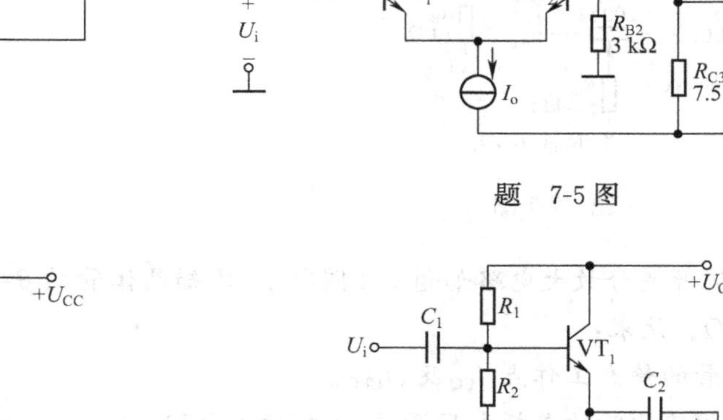

题 7-5 图

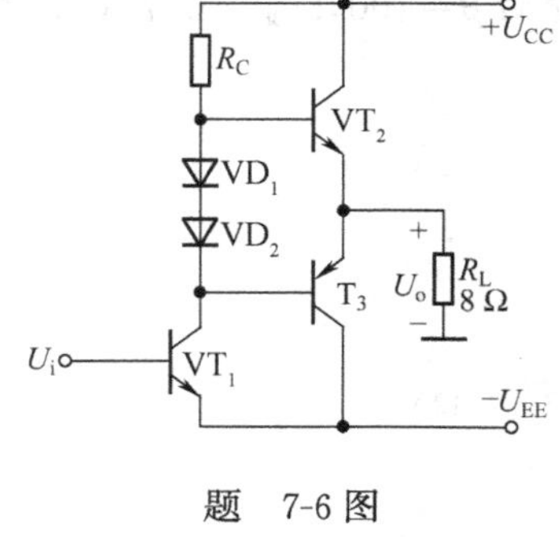

题 7-6 图

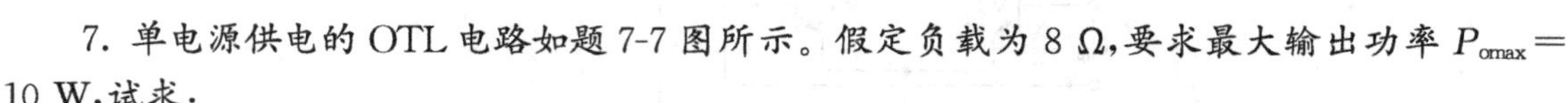

题 7-7 图

7. 单电源供电的 OTL 电路如题 7-7 图所示。假定负载为 8 Ω，要求最大输出功率 $P_{omax}=10\ W$，试求：

(1)电源电压 U_{CC}为多少？

(2)直流电源供给功率 P_{DC}为多少？

(3)管子的击穿电压 BU_{CEO}大于等于多少？

(4)管子的最大允许功耗 P_{CM}大于等于多少？

(5)放大电路功率转换效率 η 为多少？

(6)电容 C_2 承受的直流电压为多少？调什么元件值，可改变 U_{C2}的直流电压？

(7)若要求 C_2 引入的下限频率 $f_L=10$ Hz,C_2 应选多大值?

(8)若有交越失真,应调什么元件?

(9)如果 R_2 或 D 断开,管子 VT_1、VT_2 会有什么危险?

8. 互补推挽功率放大电路如题 7-8 图所示。已知 $U_{CC}=35$ V,$R_L=35\ \Omega$,负载电流 $i_L=0.5\sin\omega t$ (A) 。

(1)分析电路的组成原理。

(2)近似估算(可按乙类)负载获得的交流功率 P_o 和放大级功率转换效率 η。

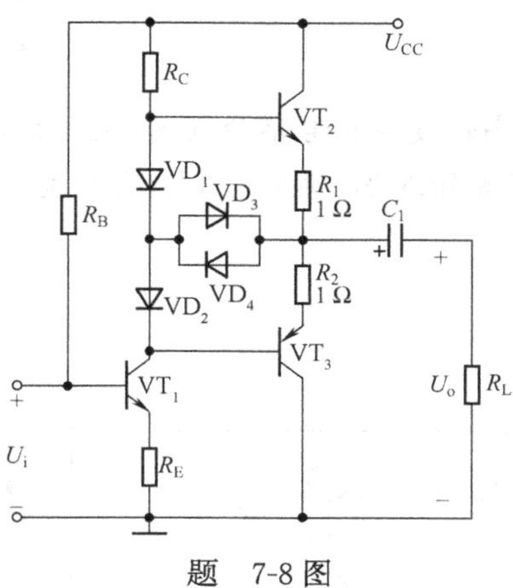

题 7-8 图

9. 互补推挽功率放大电路如题 7-8 图所示。已知 $P_o=1$ W,$U_{CC}=16$ V,$R_L=16\ \Omega$,试求:

(1)负载电流幅值 I_{om} 和电压幅值 U_{om}。

(2)电源供给的直流功率 P_{DC}。

(3)每个输出功率管的功耗 P_C。

(4)放大级功率转换效率 η。

10. 多路恒流源电路如题 7-10 图所示。图中 VT_1、VT_2、VT_3 特性一致,求基准电流 I_R 与输出电流 I_{C1}、I_{C2} 的关系式。

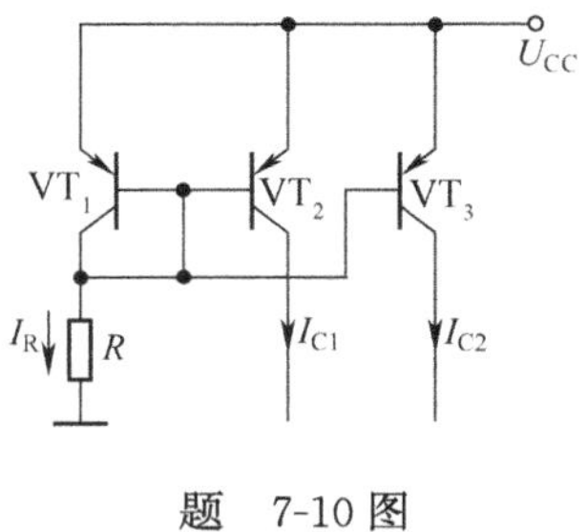

题 7-10 图

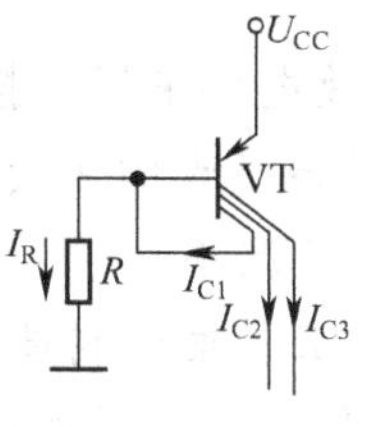

题 7-11 图

11. 多路恒流源电路如题 7-11 图所示。已知 T 的 3 个集电极面积相等,试证明题 7-11 图电路与题 7-10 图电路等效。

12. 证明题 7-12 图所示 Wilson 电流源的电流关系为:$I_o\approx(U_T/R_2)\ln(I_R/I_{es1})$。

13. 电路如题 7-13 图所示。设 VT_1、VT_2 两管的参数对称,$\beta\gg1$,$U_{BE2}=0.7$ V。VT_3、VT_4 两管的参数对称,$\beta=8$,$|U_{BE}|=0.7$ V,试求输出电流 I_{o1} 及 I_{o4}。

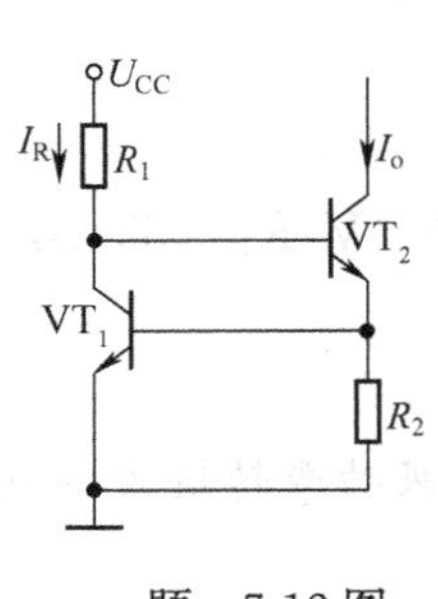

题 7-12 图

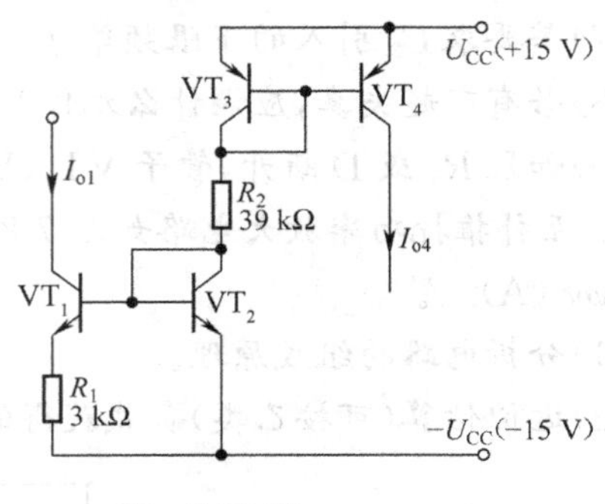

题 7-13 图

14. 题 7-14 图所示简化的高精度运放电路原理图，试分析：

(1)两个输入端中哪个是同相输入端，哪个是反相输入端。

(2)VT_3 与 VT_4 的作用。

(3)电流源 I_3 的作用。

(4)D_2 与 D_3 的作用。

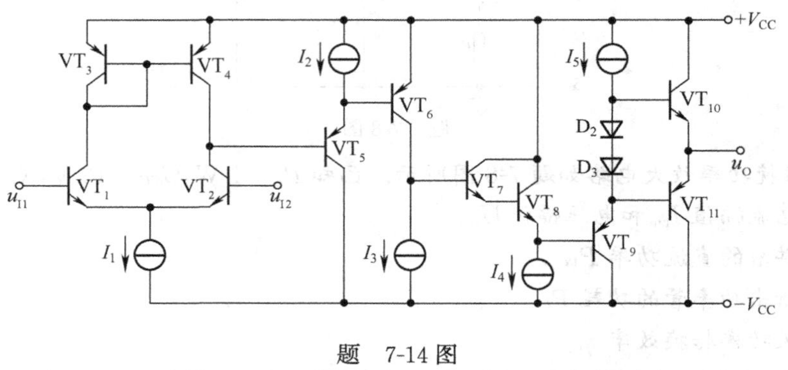

题 7-14 图

思 考 题

1. 选择题

(1)集成运放电路采用直接耦合方式是因为________。

A. 可获得很大的放大倍数

B. 可使温漂小

C. 集成工艺难于制造大容量电容

(2)通用型集成运放适用于放大________。

A. 高频信号　　B. 低频信号　　C. 任何频率信号

(3)集成运放制造工艺使得同类半导体管的________。

A. 指标参数准确　　B. 参数不受温度影响　　C. 参数一致性好

(4)集成运放的输入级采用差分放大电路是因为可以________。

A. 减小温漂　　B. 增大放大倍数　　C. 提高输入电阻

(5)为增大电压放大倍数，集成运放的中间级多采用________。

A. 共射放大电路　　B. 共集放大电路　　C. 共基放大电路

2. 判断下列说法是否正确，用“√”或“×”表示判断结果填入括号内。

(1)运放的输入失调电压 U_{IO} 是两输入端电位之差。 (　)

(2)运放的输入失调电流 I_{IO} 是两端电流之差。 (　)

(3)运放的共模抑制比 $K_{CMR}=\left|\dfrac{A_d}{A_c}\right|$。 (　)

(4)有源负载可以增大放大电路的输出电流。 (　)

(5)在输入信号作用时，偏置电路改变了各放大管的动态电流。 (　)

机辅分析题

1. 差动放大电路如机辅题7-1图所示。试求：

(1)静态工作点(包括：I_o、I_{CQ1}、I_{CQ2}、U_{C1}、U_{C2})。

(2)双端输出差模电压增益 A_{Ud}。

(3)单端输出差模电压增益 A_{Ud1} 共模电压增益 A_{UC2} 和共模抑制比 K_{CMR}。

(4)此差动放大电路在大信号情况下的传输特性。

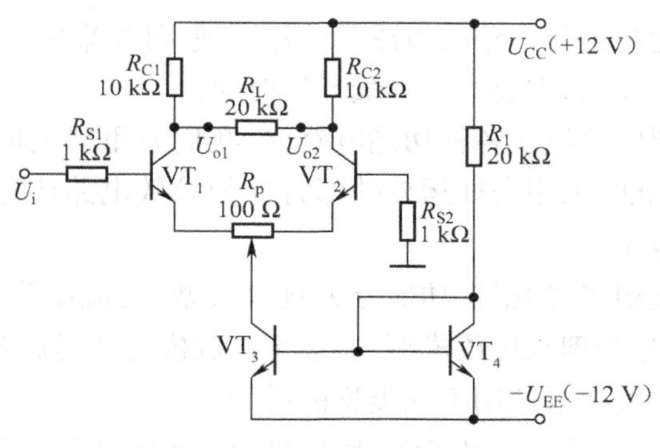

机辅题7-1图

2. 乙类推挽功率放大电路如机辅题7-2图所示。设定晶体管用默认值，u_s:2 V/1 kHz/0 Deg。

(1)用示波器观察电路的输入、输出波形，在过零处有何异常现象？输入、输出波形是否存在相移？解释产生该现象的原因。

(2)根据显示波形提出调整方法，并确定消除失真的 U_{BE} 电压值。

(3)修改或调整电路中的有关元件，最终消除失真。

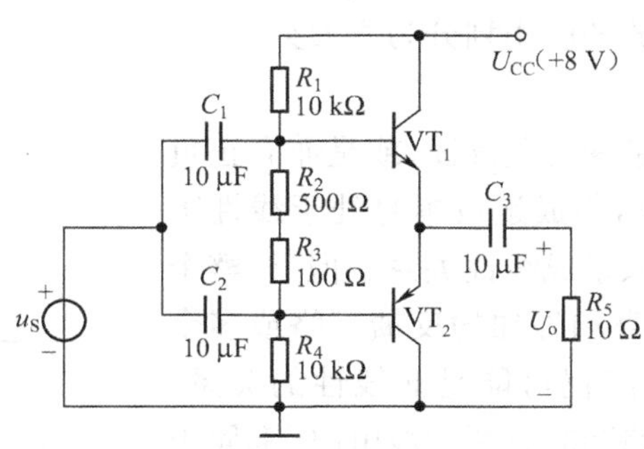

机辅题7-2图

第8章 双极型模拟集成电路的分析与应用

【内容提要】 本章主要讲述集成运放的电路组成、结构特点、主要性能指标、种类及使用方法以及理想运放的特点、基本运算电路和运放的典型应用电路。

8.1 线性应用及理想运放模型

前面已介绍了集成运放内部电路的组成及工作原理，可见集成运放的内部电路都很复杂，电路的分析与计算也非常繁琐，需要花费大量计算时间。

当应用运放连接外部电路组成各种功能电路时，我们着重研究的是运放的外部特性而无需分析运放的内部电路，此时采用表征运放外部特性的等效电路或称为运放模型来代替复杂的内部电路就显得格外有用。

运放模型的具体形式很多，如根据功能分为直流模型、交流小信号模型、大信号模型和噪声模型等；按照分析精度分为理想运放模型、非理想运放模型和运放宏模型等。实际工作时可根据计算分析的内容和精度要求选用不同类型的模型。

如果需要进一步分析运放功能电路的频域特性、时域特性、温度特性、噪声特性等内容或需要作高精度分析可采用运放宏模型通过计算机进行分析，这些内容将在第 11 章介绍。

8.1.1 线性应用和非线性应用

集成电路运算放大器（以下简称“集成运放”）的应用是多种多样的。在不同的应用电路中，集成运放处于不同的工作状态，呈现出不同的特点。根据这一点，可以把集成运放的应用划分为两大类。

1. 线性应用

在这里，集成运放或是带深度负反馈，或是兼有正负反馈而以负反馈为主。此时，集成运放本身处于线性工作状态，即其输出量与净输入量成线性关系。但是，整个应用电路（包括集成运放本身和外加的反馈网络或多个集成运放）的输出与输入之间仍可能是非线性的关系。由集成运放组成的“运算电路”和“有源滤波电路”都属于集成运放的线性应用电路。

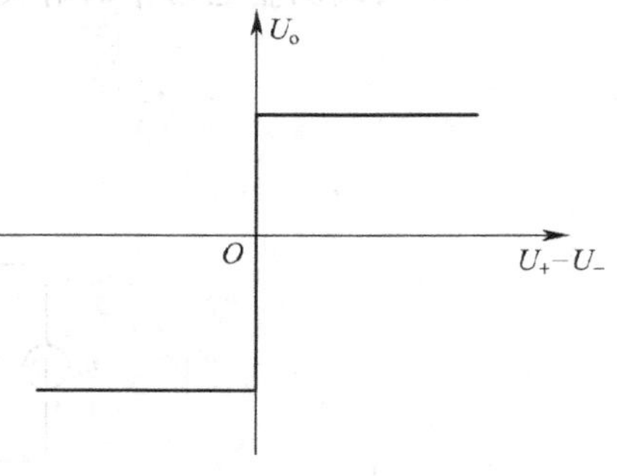

图 8-1 集成运放非线性工作的电压传输特性

2. 非线性应用

在这里，集成运放处于无反馈（开环）或带正反馈的工作状态。此时，它的输出量与净输入量成非线性关系，输出量不是处于正饱和值就是处于负饱和值。称此时集成运放处于非线性工作状态，其电压传输特性如图 8-1 所示。

8.1.2　理想运放模型

根据运放开环增益很高、输入电阻很高和输出电阻很低的特点，在集成运放的线性应用中，通常将运放按理想化条件进行估算。这种估算虽然存在一些误差，但可以使各种运放功能电路的分析变得非常简便和实用，因而得到广泛采用。

理想化运放具有如下性能。

(1)开环电压增益 $A_{Ud}\approx\infty$。

(2)输入电阻 $R_i\approx\infty$。

(3)输出电阻 $R_o\approx 0$。

(4)频带宽度 $BW\approx\infty$。

(5)共模抑制比 $K_{CMR}\approx\infty$。

(6)失调、漂移和内部噪声为零。

以上理想条件中，通常前三条是主要的条件，也是实际运放的主要特点，一般都可以近似满足。后三条对某些功能电路非常重要，也是一般通用运放不容易达到的条件，实际使用时可采用专用集成运放来近似满足。

理想运放及其模型分别如图 8-2(a)、(b)来表示。图中，由于 $R_i\approx\infty$，所以同相输入端与反相输入端之间呈开路状态。输出回路用受控电压源 $A_{Ud}(U_+-U_-)$来表示。其中开环电压增益 $A_{Ud}\approx\infty$，U_+ 和 U_- 分别为同相输入端和反相输入端的电压。由于输出电阻 $R_o\approx 0$，故受控电压源可直接连接到输出端，即 $A_{Ud}(U_+-U_-)$。

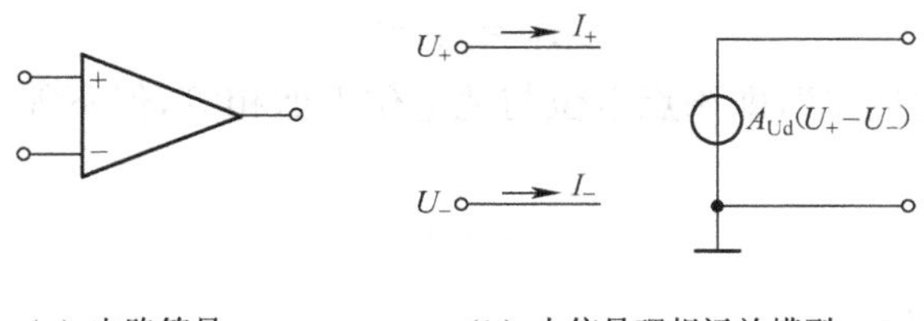

(a) 电路符号　　(b) 小信号理想运放模型

图 8-2　运放模型

理想运放在作线性运用时具有以下重要特性。

(1)理想运放的同相和反相输入端电流近似为零，称为“虚断”，即

$$I_+=I_-\approx 0 \tag{8-1}$$

因为理想运放的输入电阻 $R_i\approx\infty$，而输入电压又为有限值，因此得到上述结论。

(2)理想运放的同相和反相输入端电压近似相等，称为“虚短”，即

$$U_+\approx U_- \tag{8-2}$$

因为理想运放的电压增益 $A_{Ud}\approx\infty$，而在线性放大时，输出电压只能是有限值因此有 $U_i=U_+-U_-=U_o/A_{Ud}\approx 0$。

上述理想运放的“虚短”和“虚断”两个概念非常重要，在集成电路的线性应用分析中起到了重要的作用。

8.2 基本运算电路

集成运放的应用首先表现在它能构成各种运算电路上，并因此而得名。在运算电路中，以输入电压作为自变量，以输出电压作为函数；当输入电压变化时，输出电压将按一定的数学规律变化，即输出电压反映输入电压某种运算的结果。因此，集成运放必须工作在线性区，在深度负反馈条件下，利用反馈网络能够实现各种数学运算。

本节将介绍比例、加减、积分、微分、对数、指数等基本运算电路。在运算电路中，无论输入电压，还是输出电压，均对“地”而言。

8.2.1 比例运算电路

1. 反相比例运算电路

如图 8-3 所示，是由一个运算放大器和深度负反馈网络构成的电路。由于输入信号由运放的反相输入端输入，因此称为反相比例运算电路。同相输入端通过电阻 R_P 接地，称为平衡电阻，以保证集成运放输入的对称性，即同相、反相输入端对地电阻相等，则有 $R_P=R_1//R_f$。

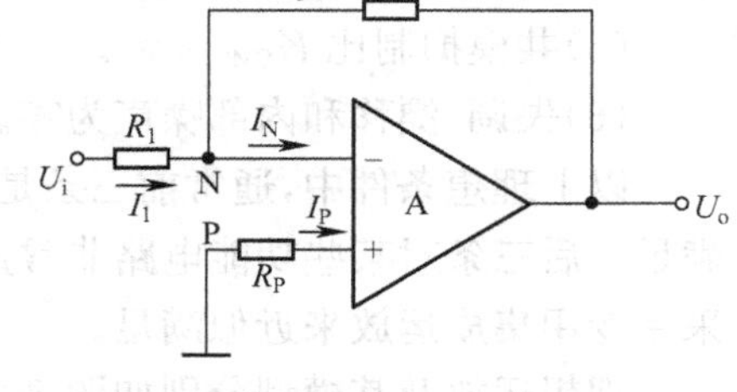

图 8-3 反相比例运算电路

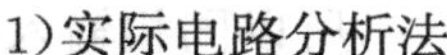

1)实际电路分析法

(1)电压增益

由理想运放“虚短”和“虚断”的概念可知

$$U_P=U_N=0$$

$$I_P=I_N=0$$

其中 U_N 被称为“虚地点”，即该点电位与地电位近似相等，但不能真正接地，故称为“虚地点”。因此有

$$I_f=I_1$$

将相应变量代入后得

$$\frac{U_i}{R_1}=-\frac{U_o}{R_f}$$

则电压增益为

$$A_{Uf}=-\frac{R_f}{R_1} \tag{8-3}$$

式(8-3)表明，反相比例运算电路的电压增益为电阻 R_f 和 R_1 的比值。负号表明输出电压 U_o 与输入电压 U_i 的相位相反。

(2)输入电阻和输出电阻

根据输入电阻的定义，有

$$R_i=\frac{U_i}{I_i}=R_1$$

反相比例电路的输出电阻为

$$R_o = R_f // 0 \approx 0$$

上述结果表明，虽然理想运放的输入电阻为无穷大，但是反相比例运算电路的输入电阻却不大。为了提高输入电阻，必须适当增大 R_1。反相比例运算电路的输出电阻近似为 0，表明其带负载能力较强。

2）小信号模型分析法

可把上述反相比例运算电路改画成小信号模型等效电路，如图 8-4 所示。

由于

$$U_+ = U_- = 0$$

故

$$I_f = I_1$$

$$\frac{U_i}{R_1} = -\frac{U_o}{R_f}$$

则电压增益为

$$A_{Uf} = -\frac{R_f}{R_1}$$

上式表明，采用两种分析方法所得结论一致，但模型分析法分析过程更直观，更简单。在实际应用中，采用哪种分析方法可自主选择。

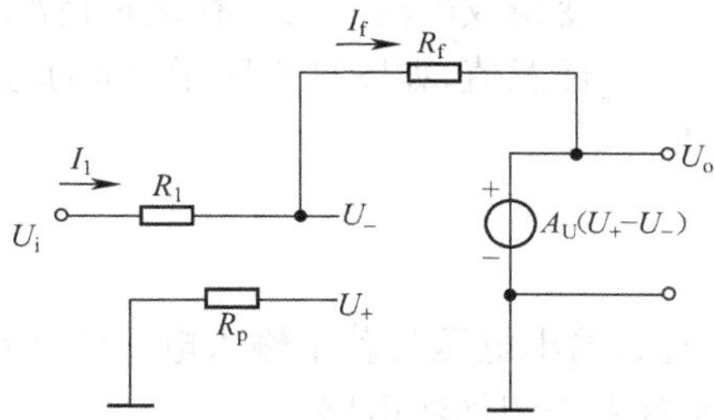

图 8-4　反相比例电路的小信号模型等效电路

2. 同相比例运算电路

如图 8-5 所示，是一个由运算放大器和深度负反馈网络构成的电路。由于输入信号由运放的同相输入端输入，因此称为同相比例运算电路。为了保证集成运放输入的对称性，要求 $R_2 = R_1 // R_f$。

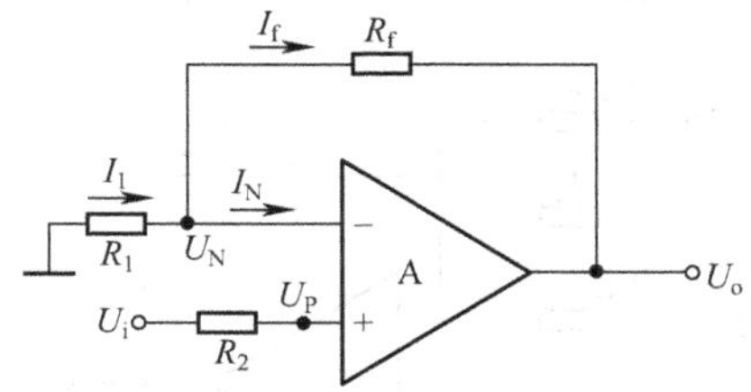

图 8-5　同相比例运算电路

1）电压增益

由理想运放的“虚短”和“虚断”的概念可知，集成运放的净输入信号为零，即

$$U_P = U_N = U_i$$

则有

$$I_f = I_1$$

将相应变量代入后得

$$\frac{U_N - 0}{R_1} = -\frac{U_o - U_N}{R_f}$$

则电压增益为

$$A_{Uf} = 1 + \frac{R_f}{R_1} \tag{8-4}$$

式(8-4)表明,A_{uf}的大小决定于 R_f 和 R_1 的比值,A_{uf}为正值,说明输出电压与输入信号电压是同相的。

2)输入电阻与输出电阻

$$R_i = \infty$$

$$R_o = R_f // 0 \approx 0$$

同相比例运算电路的一个重要特性是,由于信号接到同相输入端,没有输入电流,因此放大器的输入电阻实际上趋于无穷大,同时和上述反相比例运算电路一样,同相比例运算电路的输出电阻也为零。所以同相比例运算电路在电路中可用作缓冲放大器。在许多场合下,缓冲器并不是用来提供电压增益,而主要用于阻抗变换或电流放大。在这种情况下,可以使 $R_1 \to \infty$,$R_f = 0$ 或任意值,如图 8-6 所示,称为电压跟随器。在理想情况下,有 $A_{Uf} = 1$,$U_i = U_o$,$R_i \to \infty$和 $R_o = 0$。

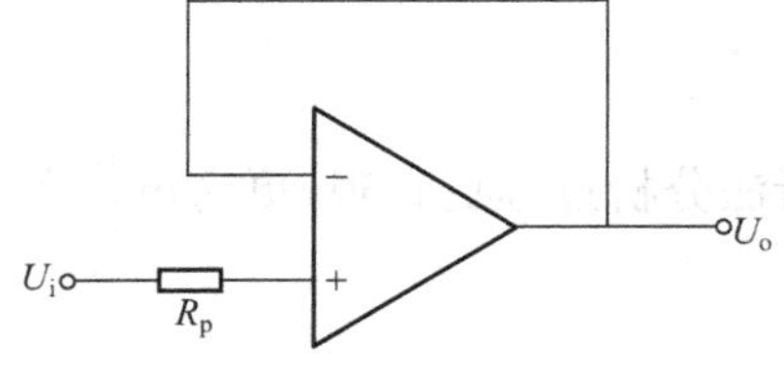

图 8-6 电压跟随器

8.2.2 加减运算电路

在测量和控制系统中,常碰到输出电压与若干输入电压的和或差成比例关系的电路,这种电路称为加减运算电路。下面首先介绍加法电路。

1. 加法电路

前已指出,在反相比例运算电路中,运放的反相输入端为虚地点,通过 R_f 上的电流 I_f 等于输入电流,而这个电流与输入电压成正比。因此,可利用虚地概念,实现电流相加,从而得出加法电路。假设有输入信号 U_1、U_2、U_3,每个信号接入一个相应的电阻 R_1、R_2 和 R_3,它们都连接到运放的反相输入端,如图 8-7 所示。

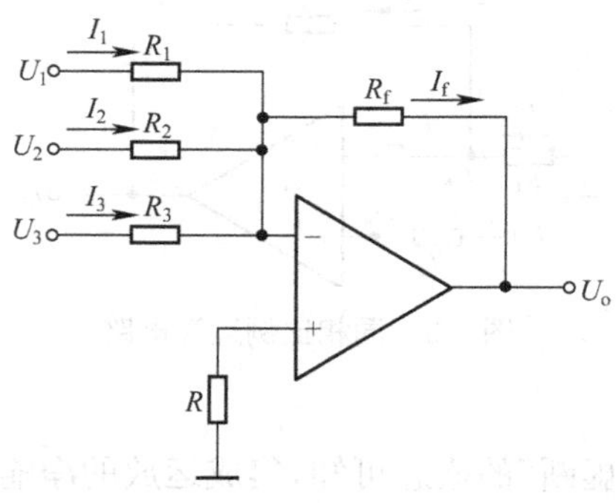

图 8-7 有反相放大器构成的加法电路

由于

$$I_1 = U_1/R_1$$
$$I_2 = U_2/R_2$$
$$I_3 = U_3/R_3$$

又由“虚断”可得：

$$I_f = I_1 + I_2 + I_3$$

因而输出电压

$$\begin{aligned} U_o &= -I_f R_f \\ &= -\left(\frac{R_f}{R_1}U_1 + \frac{R_f}{R_2}U_2 + \frac{R_f}{R_3}U_3\right) \end{aligned}$$

上式说明，由反相放大器组成的加法电路(简称反相加法电路，或反相求和电路)改变某一路信号的输入电阻 R_n 的阻值，不影响其他输入电压与输出电压的比例关系，因而调节方便。

此外，加法电路也可由同相放大器组成，下面以例题的形式介绍。

【例 8-1】 试用叠加原理，计算如图 8-8 所示由同相放大器组成的加法电路的输出电压 U_o 表达式。

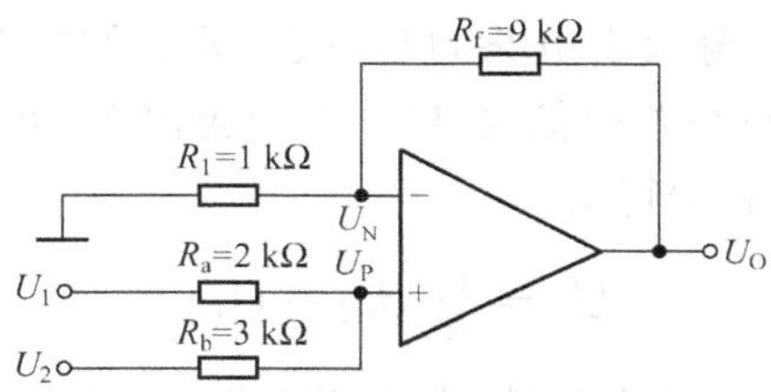

图 8-8　有同相放大器构成的加法电路

解：由式(8-4)可知，同相比例运算电路的输出电压与运放同相输入端的电压 U_P 存在下列关系

$$U_o = \left(1 + \frac{R_f}{R_1}\right)U_P$$

而 U_P 可用叠加原理求出。

令 $U_2=0$，则由 U_1 产生的 U_P' 为

$$U'_P = \frac{R_b}{R_a + R_b}U_1 = \frac{3}{2+3} \cdot U_1 = 0.6U_1$$

同理，令 $U_1=0$，则由 U_2 产生的 U_P'' 为

$$U''_P = \frac{R_a}{R_a + R_b}U_2 = 0.4U_2$$

因此

$$U_P = U'_P + U''_P = 0.6U_1 + 0.4U_2$$

故

$$U_o = \left(1 + \frac{R_f}{R_1}\right)U_P = 6U_1 + 4U_2$$

与反相加法电路相比较，同相加法电路共模输入较高，且调节不大方便，因此运用较少。

2. 减法电路

对于用来实现两个电压 U_1、U_2 相减的差动输入式放大电路如图 8-9 所示,利用叠加原理求输出电压 U_o 的表达式可能是最容易的方法。

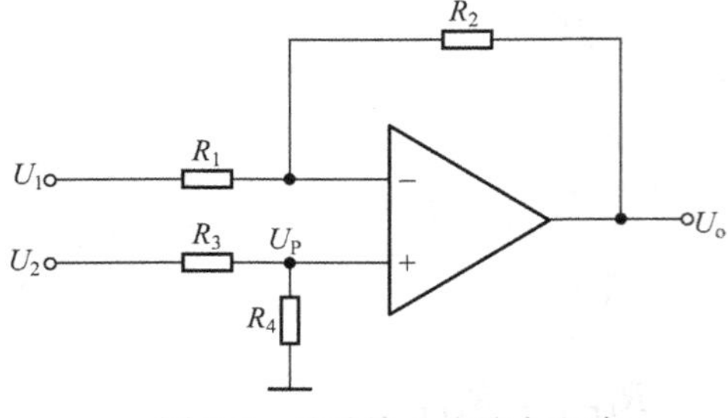

图 8-9　差动输入式放大电路

首先令 $U_2=0$,则图 8-9 就成为一个反相比例运算电路。由 U_1 产生的输出电压为

$$U''_o=-\frac{R_2}{R_1}U_1$$

然后令 $U_2=0$,则图 8-9 就成为一个同相比例运算电路,考虑到同相输入端的电压为

$$U_P=\frac{R_4}{R_3+R_4}U_2$$

因此,由 U_2 产生的输出电压为

$$U''_o=\left(1+\frac{R_2}{R_1}\right)U_P=\left(1+\frac{R_2}{R_1}\right)\frac{R_4}{R_3+R_4}U_2$$

根据叠加原理可知,总的输出电压 U_o 等于 $U_o{}'$ 和 $U_o{}''$ 之和,即

$$U_o=U'_o+U''_o=-\frac{R_2}{R_1}U_1+\left(1+\frac{R_2}{R_1}\right)\frac{R_4}{R_3+R_4}U_2 \tag{8-5}$$

式(8-5)就是图 8-9 所示差分放大电路的 U_o 表达式。如果希望电路能抑制共模信号(即当 $U_1=U_2$ 时,输出为零),而只与差模信号(U_2-U_1)成比例,可以证明,当 $R_1\sim R_4$ 的选择满足 $R_2/R_1=R_4/R_3$ 时,则由式(8-5)可得

$$U_o=\frac{R_2}{R_1}(U_2-U_1) \tag{8-6}$$

差分式放大电路除了作为减法电路外,在检测仪器中也得到了广泛的应用。例如,假设传感器的两个输出端的差模信号比较小(如 1 mV),而传感器两输出端与"地"之间噪声干扰却比较大(如 1 V),这个噪声干扰实际上是一个共模信号,采用差分放大器就能抑制噪声干扰,只放大差模信号。

【例 8-2】 如图 8-10 所示电路是一个具有高输入阻抗、低输出阻抗的测量放大器,其增益可通过改变 R_4 值进行调节。假设运放是理想的,试证明:

$$U_o=\frac{R_2}{R_1}\left(1+\frac{2R_3}{R_4}\right)(U_1-U_2)\text{ 。}$$

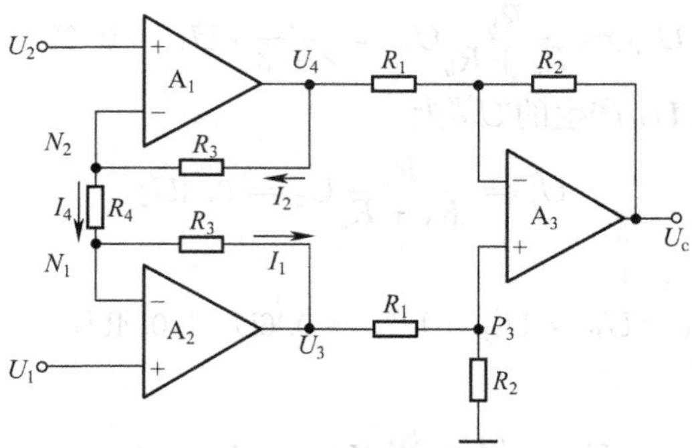

图 8-10　[例 8-2]的电路图

解：直接应用“虚短”和“虚断”的概念求解。由“虚短”的概念可知：$U_2 = U_{N2}$、$U_1 = U_{N1}$，所以有

$$I_4 = \frac{U_2 - U_1}{R_4}$$

又由“虚断”的概念可知　　$I_1 = I_4 = I_2$

由此可导出

$$U_3 - U_4 = -I_4(R_4 + 2R_3) = \left(1 + \frac{2R_3}{R_4}\right)(U_1 - U_2)$$

对于 A_3 与 R_1、R_1 构成差动式减法电路，因此有

$$\begin{aligned} U_o &= \frac{R_2}{R_1}(U_3 - U_4) \\ &= \frac{R_2}{R_1}\left(1 + \frac{2R_3}{R_4}\right)(U_1 - U_2) \end{aligned}$$

8.2.3　积分运算和微分运算电路

1. 积分运算电路

积分运算电路是模拟电路中应用较广泛的一种功能电路，它的原理电路如图 8-11 所示。

图中，输入信号 $u_i(t)$经输入电阻 R 接入运放反相输入端，电容 C 接在负反馈回路中。与反相比例运算电路相比，只是将其中的反馈电阻用电容来代替。因而，积分电路也属于反相输入电路。

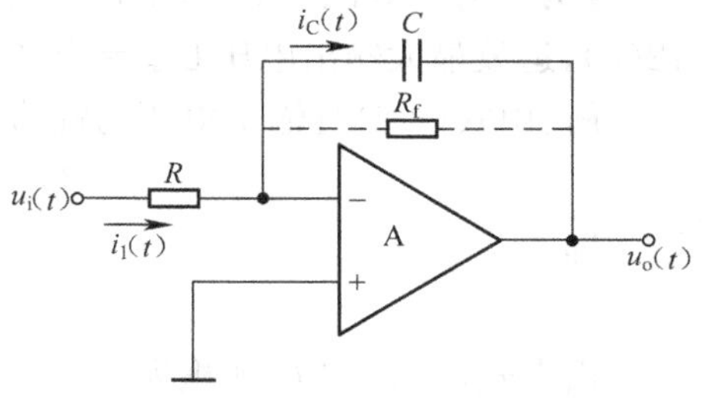

图 8-11　积分运算电路

运用理想运放反相输入时的“虚短”和“虚断”概念可得如下关系式

$$i_1(t) = u_i(t)/R$$
$$i_1(t) = i_C(t)$$

在 $i_C(t)$作用下电容 C 两端电压 $u_C(t)$为

$$u_C(t) = \frac{1}{C}\int i_C(t)\mathrm{d}t = \frac{1}{RC}\int u_i(t)\mathrm{d}t$$

由于输出电压即为电容两端电压，但电压极性相反，即 $u_o(t) = -u_C(t)$，代入上述公式可得输出电压与输入电压的关系式

$$u_o(t) = -\frac{1}{RC}\int u_i(t)\mathrm{d}t \tag{8-7}$$

式(8-7)反映了输出信号与输入信号呈积分关系，积分时间常数 RC 由电路元件参数决定。若输入信号电压是直流电压 E，则输出电压 $u_o(t)$随时间 t 按负斜率下降，如图 8-12(a)所示，输出电压变化关系式为

$$u_o(t) = -(E/RC)t = -Et/(RC) \tag{8-8}$$

积分器除了可进行数学运算外，在电子技术中通常用作波形变换。若输入信号是一方波电压信号，其幅值为 5 V，频率为 1 kHz，电路元件 $R = 10\ \mathrm{k\Omega}$，$C = 0.1\ \mu\mathrm{F}$，输出信号变成三角波，如图 8-12(b)所示，三角波的幅值为

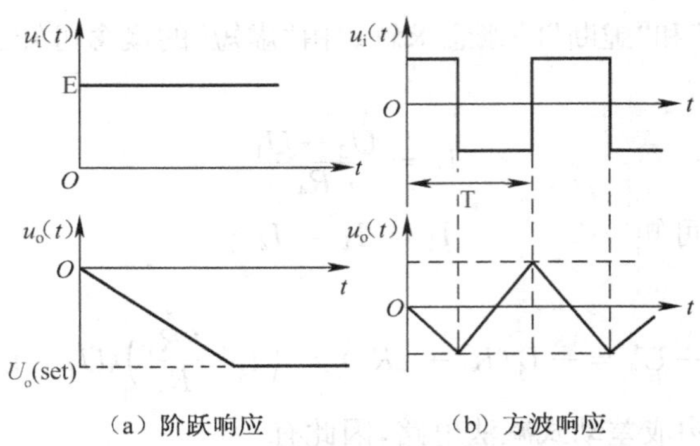

(a) 阶跃响应　　(b) 方波响应

图 8-12　积分运算电路的响应曲线

$$u_{om}(t)=\frac{1}{RC}\int_0^{T/2}u_i(t)\mathrm{d}t=\frac{U_{im}}{RC}(T/2)$$

由于$U_{im}=5$ V,$T=1/1$ kHz$=10^{-3}$ s,可求得

$$u_{om}(t)=\frac{5}{10^4\times0.1\times10^{-6}}\times0.5\times10^{-3}=2.5\ \mathrm{V}$$

在使用电路中,为了防止低频信号增益过大,常在电容上并联一个电阻加以限制,如图 8-11 虚线所示。

【例 8-3】 如图 8-11 所示积分器,已知输入矩形波电压幅值$U_1=1$ V,$T=10$ ms,见图 8-12(b),运放最大输出电压$U_{om}=\pm10$ V,求电路元件R和C的值。

解:由式(8-8)且输出电压的幅值要小于等于U_{om},由此可知,输出电压可表示为

$$U_o=-(U_i/RC)T\leqslant U_{om}$$

即

$$U_iT\leqslant U_{om}RC$$

由上式可求出RC乘积为

$$RC\geqslant U_iT/U_{om}=1\times10\times10^{-3}/10=1\ \mathrm{ms}$$

可取电阻$R\geqslant10$ kΩ;电容$C\geqslant0.1$ μF

2. 微分运算电路

采用反相输入的一种微分器原理电路,如图 8-13 所示。

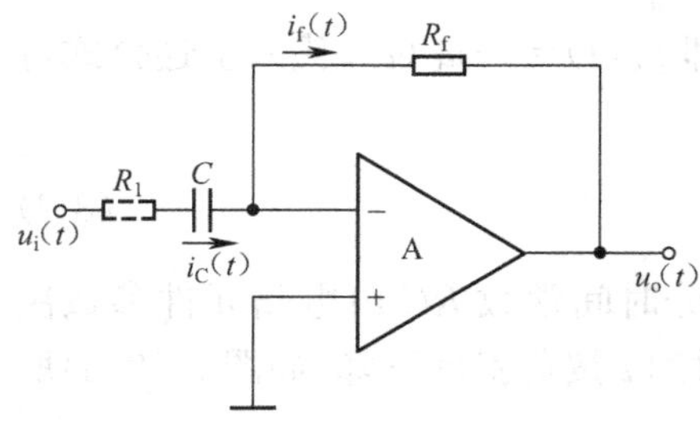

图 8-13　微分运算电路

图中,输入信号电压$u_i(t)$经微分电容C接在运放反相输入端,输出电压$u_o(t)$经反馈电阻R_f送回反相端构成负反馈。

运用理想运放反相输入时的"虚地"概念,可写出电容电流$i_c(t)$与输入电压$u_i(t)$的关系

$$i_c(t)=C\frac{\mathrm{d}u_i(t)}{\mathrm{d}t}$$

由于理想运放反相端输入电流为零,故

$$i_c(t)=i_f(t)$$

由上两个关系式可得

$$i_f(t)=C\frac{\mathrm{d}u_i(t)}{\mathrm{d}t}$$

输出电压 $u_o(t)$ 与输入电压 $u_i(t)$ 的关系

$$\begin{aligned} u_o(t) &= -R_f i_f(t) \\ &= -R_f C \frac{du_i(t)}{dt} \end{aligned}$$

由上式可见输出信号电压 $u_o(t)$ 与输入电压 $u_i(t)$ 对时间成微分关系，它的时间常数由电路元件 R_fC 决定。

图 8-13 中包括虚线部分是一实用微分器电路，电路中，输入端串联了一个小电阻 R_1，它的作用是适当减小放大器的高频增益，以便抑制高频噪声的影响。因为电容 C 的容抗随频率升高而下降，而反馈网路元件是纯电阻 R_f，其值与频率无关，由反相比例运算放大器的增益计算公式可见，随着输入回路容抗的减小，使放大器的增益随频率升高而增加，因此高频噪声电压得到明显放大引起输出信号不稳定。串联接入电阻 R_1 后可使放大器的高频增益限制在 R_f/R_1 倍以下。

微分器除了可作数学运算外，在电子技术中也可用作波形变换，如图 8-14 所示。若在图 8-13微分器输入端加入一个三角波信号电压，其频率为 1 kHz，幅值为 2.5 V，不计 R_1 的影响，变化率

$$\frac{du_i(t)}{dt} = \frac{2.5\ \text{V}}{0.5\ \text{ms}} = 5 \times 10^3\ \text{V/s}$$

微分器输出电压是一方波信号，它的幅值电压为

$$\begin{aligned} u_o(t) &= -R_f C \frac{du_i(t)}{dt} \\ &= -10^4 \times 0.1 \times 10^{-6} \times 5 \times 10^3 = -5\ \text{V} \end{aligned}$$

在设计微分器时，元件 R_fC 的乘积受运放最大输出电压的限制，即最大输出电压 U_{om} 满足

$$U_{om} \geqslant R_f C \frac{du_i(t)}{dt}；\text{或者 } R_f C \leqslant U_{om} / \frac{du_i(t)}{dt}$$

由上式可求出乘积 R_fC，当乘积 R_fC 确定后 R_f 和电容 C 的取值要适当，若 R_f 值太小时流过 R_f 的电流 $I_f = U_{om}/R_f$ 很大，该电流不能超过运放最大输出电流 I_{om}；若 R_f 值太大会使输入失调电流引起的误差增加。

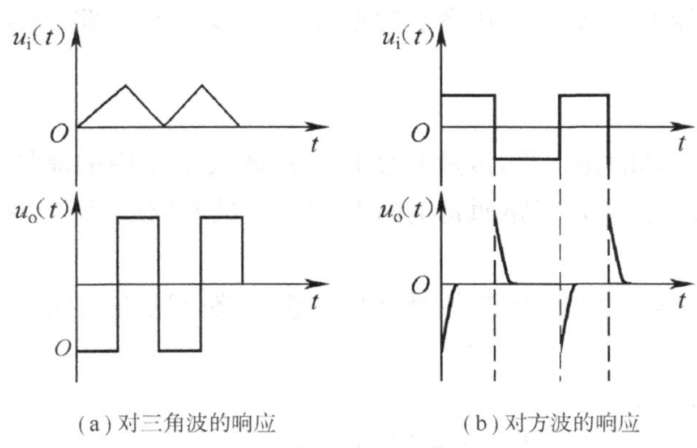

(a) 对三角波的响应　　(b) 对方波的响应

图 8-14　微分运算电路的响应曲线

8.2.4 对数运算和指数运算电路

1. 对数运算电路

对数放大器的输出电压U_o与输入电压U_i呈对数关系，它的原理电路如图 8-15 所示。

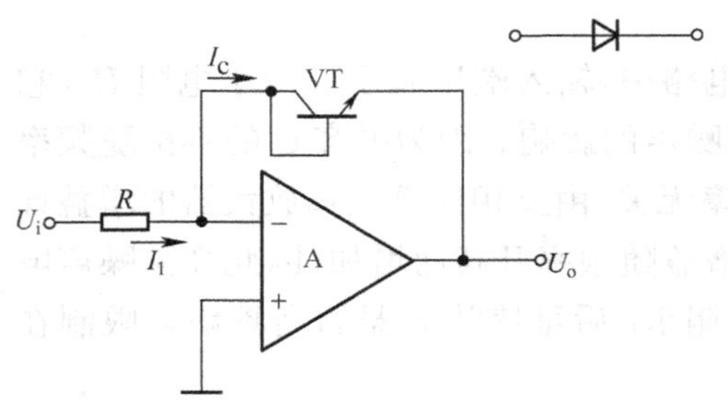

图 8-15 对数运算电路

图中，输入信号电压U_i经输入电阻R连接在运放反相输入端，对数放大电路的反馈网路接入一个具有对数特性的 PN 结，因而可以采用一个二极管(如图 8-15 的右上图所示)或三极管的发射结来代替 PN 结；总之，对数放大电路是利用 PN 结的结电压与电流之间的对数关系而构成的。

根据晶体三极管发射结电压U_{be}与集电极电流I_C之间的关系式

$$U_{be} = U_T\ln(I_E/I_S) \approx U_T\ln(I_C/I_S)$$

由于理想运放反相端输入电流为零，因而

$$I_C = I_i = U_i/R$$

输出电压U_o可表示为

$$\begin{aligned} U_o &= -U_{be} = -U_T\ln(I_C/I_S) \\ &= -U_T\ln[U_i/(RI_S)] \\ &= -U_T[\ln U_i - \ln(RI_S)] \\ &= -U_T\ln U_i + B \end{aligned}$$

式中$B = -U_T\ln(RI_S)$是与输入无关的常数，因而输出电压U_o与输入电压U_i的对数成比例。但是由于常数B中包含有反向饱和电流I_S，I_S是温度的函数，因此这种对数放大电路的温度稳定性差，另外这种放大器的输出电压最大值不能超过 PN 结的门限电压U_{be}。

应当指出，上述电路存在温度稳定性差和输出电压低的问题，即U_o中包含对温度敏感的U_T和I_S。因此实际的对数运算电路常常要接入温度补偿电路，并利用运放来提高输出电压。

2. 指数运算电路

指数运算是对数运算的逆运算，因此只要把对数放大电路中的晶体管 VT 与输入电阻R互换位置，即将 PN 结接在输入回路而将电阻R接在反馈网路就可实现指数运算，它的原理电路如图 8-16 所示。

由于理想运放反相输入电流为零，因此图中反馈回路电流I_f与输入电流I_1相等

$$I_f = I_1 = I_S e^{U_i/U_T}$$

输出电压U_o可表示为

$$U_o = -I_f R = -RI_S e^{U_i/U_T}$$

由上式可见指数放大电路的输出电压U_o与输入电压以呈指数关系，式中反向饱和电流I_S是温度的函数，同理，为了消除反向饱和电流I_S的影响要在实际应用电路中接入温度补偿电路。

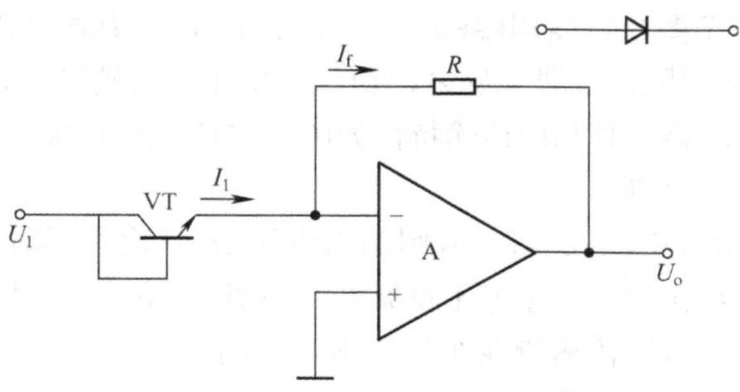

图 8-16　指数运算电路

8.3　电压比较器

在自动控制系统中，经常要将一个模拟信号的大小与另一个模拟信号的大小进行比较，根据比较的结果来决定执行机构的动作，这就是电压比较器要完成的功能。与普通放大器不同，比较器是集成运放工作在非线性状态。

比较器的种类很多，这里主要讨论常用的单门限电压比较器和迟滞比较器。

8.3.1　单门限电压比较器

1. 电路组成

图 8-17(a)所示为一种简单电压比较器电路。由图可见，参考电压 U_{REF} 加于运放的反相端，U_{REF} 可以是正值、零或负值，图中给出的为正值。而输入信号加于运放的同相端。

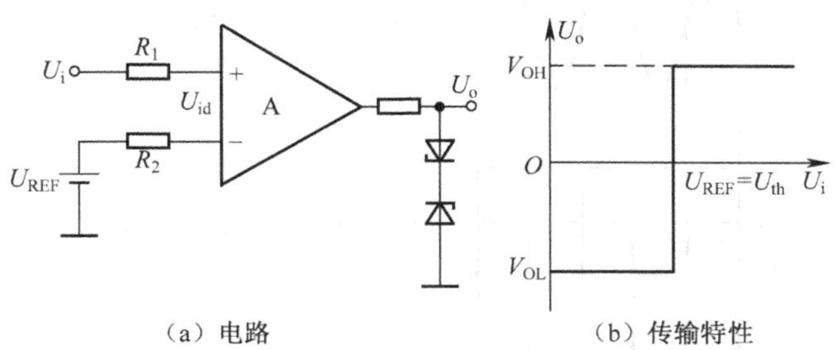

（a）电路　　（b）传输特性

图 8-17　同相输入单门限比较器

2. 工件原理

由于集成运放的开环电压增益 A_U 很大，当输入信号 U_i 小于参考电压 U_{REF}，即 $U_{id}=(U_i-U_{REF})<0$ 时，运放输出 U_o 为低电平 V_{OL}；反之，当 U_i 升高到略大于 U_{REF}，即 $U_{id}=(U_i-U_{REF})>0$ 时，U_o 为高电平 V_{OH}。

3. 传输特性

由以上分析可知，比较器输出 U_o 的临界转换条件是集成运放的差动输入电压 $U_{id}=0$，即 $U_i=U_{REF}$。由此可求出图 8-17(a)电路的电压传输特性，如图 8-17(b)所示。由图可见，当 U_i 由低变高经过 U_{REF} 时，U_o 由 V_{OL} 变为 V_{OH}；反之，当 U_i 由高变低经过 U_{REF} 时，U_o 由 V_{OH} 变为 V_{OL}。此时把比较器输出 U_o 从一个电平跳变到另一个电平时相应的输入电压 U_i 值称为门限

电压或阈值电压 U_{th}，对于图 8-17(a)电路，$U_{th}=U_{REF}$。由于 U_i 从同相端输入且只有一个门限电压，故称为同相输入单门限比较器。反之，当 U_i 从反相输入端输入，U_{REF} 改接到同相端，则称为反相输入单门限比较器。其相应传输特性如图 8-17(b)中的虚线所示。

4. 过零比较器和限幅措施

对于图 8-18(a)所示电路，当 $U_{REF}=0$，则输入电压 U_i 每次过零时，输出电压就要产生跳变。这种比较器称为过零比较器。过零比较器电路如图 8-18(a)(虚线框内部分)所示。设运放的开环电压增益 $A_U=\infty$，则传输特性如图 8-18(b)所示。

如果希望减小比较器的输出电压幅值，可外加双向稳压管 D_z，如图 8-18(c)所示。这时，输出电压的幅值受 VD_Z 的稳压值 U_Z 限制，电路的正向输出幅度与负向输出幅度基本相等。$U_o=U_Z$ 或 $-U_Z$。

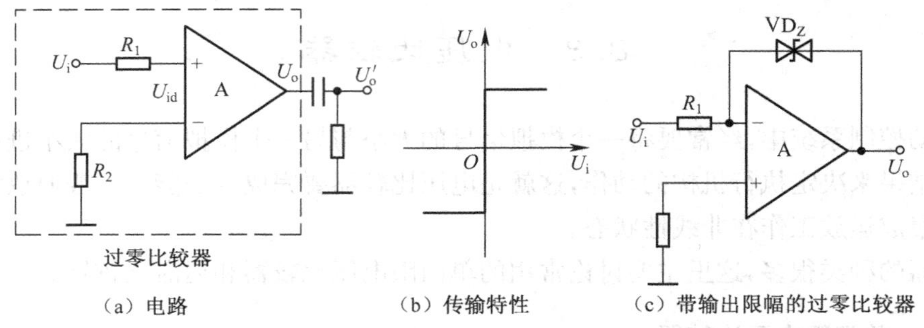

(a) 电路　　(b) 传输特性　　(c) 带输出限幅的过零比较器

图 8-18　过零比较器

【例 8-4】　电路如图 8-18(a)所示，当 U_i 如图 8-19(a)所示时，试画出 U_o 及 $U_o{}'$ 的波形。

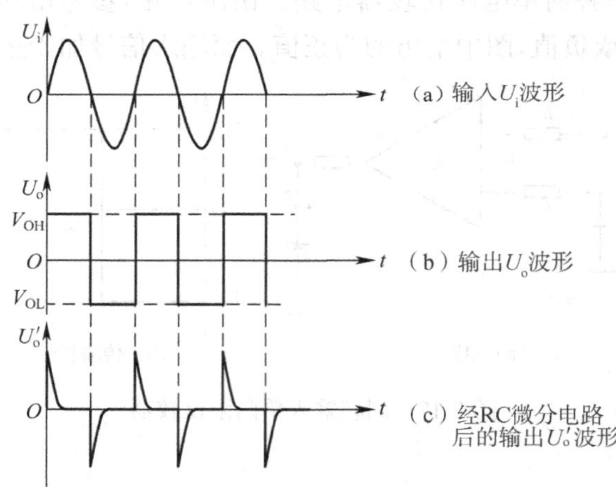

图 8-19　波形图

解：当输入信号 U_i 为一正弦波时，U_i 每过零一次，比较器的输出 U_o 将产生一次电压跳变，如图 8-19(b)所示，其正、负向幅值均由运放的供电电源决定。设电路的时间常数满足 $\tau=RC\ll T/2$(T 为输入信号 U_i 的周期)，由于电容器的充电或放电时间经过(3～5)τ 后就基本完成，因此，经 RC 电路后，输出电压 $U_o{}'$ 就是一系列正、负相间的尖顶脉冲，如图 8-19(c)所示。

如图 8-20 所示，当输入信号中有干扰信号出现时，利用单门限比较器可将干扰信号感受出来。

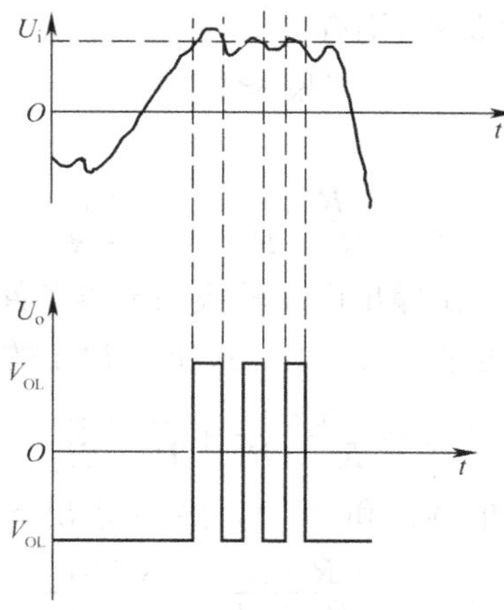

图 8-20　单门限比较器在输入 U_i 中有干扰时的输出 U_o 波形

8.3.2　迟滞比较器

单门限电压比较器虽然有电路简单、灵敏度高等特点，但其抗干扰能力差。例如，图 8-17(a)所示单门限比较器，当 U_i 中含有噪声或干扰电压时，其输出电压波形将如图 8-20 所示，在 $U_i=U_{th}=U_{REF}$附近，U_o 将时而为 V_{OH}时而为 V_{OL}，导致比较器输出不稳定。如果用这个输出电压去控制电机，将出现频繁的起停现象，这种情况是不允许的。提高抗干扰能力的一个方案是采用迟滞比较器。

1. 电路组成

迟滞比较器，顾名思义它是一个具有迟滞回环特性的比较器。为了获得如图 8-21(b)所示的传输特性，在反相输入单门限比较器的基础上引入了正反馈网络，如图 8-21(a)所示，就组成了具有双门限值的反相输入迟滞比较器。同理，如 U_i 与 U_{REF} 位置互换，也可组成同相输入迟滞比较器。由于反馈的作用，这种比较器的门限电压是随输出电压 U_o 变化而改变的，显然，它的灵敏度低一些，但抗干扰能力却大大提高了。

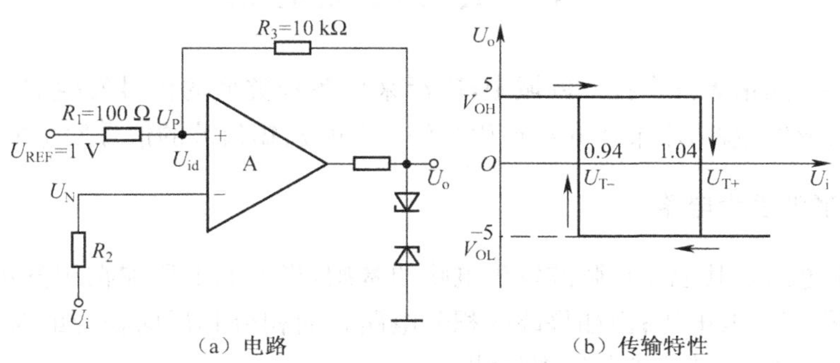

图 8-21　反相输入的迟滞比较器

2. 门限电压的估算

由于比较器中的运放处于开环状态或正反馈状态，因此输出与输入不是线性关系。只有在输出电压发生跳变瞬间，集成运放两个输入端之间的电压才可近似认为等于零，即

$$U_{id}\approx 0 \text{ 或 } U_P\approx U_N$$

设运放是理想的并利用叠加原理,则有

$$U_N \approx U_i$$

且

$$U_P = \frac{R_1 U_o}{R_1 + R_3} + \frac{R_3 U_{REF}}{R_1 + R_3} \tag{8-9}$$

由式(8-9)可知,$U_i = U_P = U_N$ 是输出电压转换的临界条件,$U_i > U_P$,输出电压 U_o 为低电平 V_{OL};反之,输出电压 U_o 为高电平 V_{OH}。因此式(8-9)决定的 U_P 值实际上是门限电压,即

$$U_{th} = \frac{R_1 U_o}{R_1 + R_3} + \frac{R_3 U_{REF}}{R_1 + R_3}$$

根据输出电压 U_o 的不同取值(V_{OL} 和 V_{OH}),可分别求出下门限电压、上门限电压为

$$U_{T-} = \frac{R_1 V_{OL}}{R_1 + R_3} + \frac{R_3 U_{REF}}{R_1 + R_3}$$

$$U_{T+} = \frac{R_1 V_{OH}}{R_1 + R_3} + \frac{R_3 U_{REF}}{R_1 + R_3} \tag{8-10}$$

门限宽度或回差电压为

$$\Delta U_T = U_{T+} - U_{T-} = \frac{R_1 (V_{OH} - V_{OL})}{R_1 + R_3} \tag{8-11}$$

设电路参数如图 8-21(a)所示,且 $V_{OH} = -V_{OL} = 5$ V,则由式(8-10)~式(8-11)可求得 $U_{T-} = 0.94$ V,$U_{T+} = 1.04$ V 和 $\Delta U_T = 0.1$ V。

3. 传输特性分析

设从 $U_i = 0$、$U_o = V_{OH}$、$U_p = U_{T+}$ 开始讨论。

当 U_i 由零向正方向增加到接近 $U_p = U_{T+}$ 前,U_o 一直保持 $U_o = V_{OH}$ 不变。当 U_i 增加到略大于 $U_p = U_{T+}$,则 U_o 由 V_{OH} 下跳到 V_{OL},同时使 U_p 下跳到 $U_p = U_{T-}$。U_i 再增加,U_o 保持 $U_o = V_{OL}$ 不变。若减小 U_i,只要 $U_i > U_P = U_{T-}$,则 U_o 将始终保持 $U_o = V_{OL}$ 不变。只有当 $U_i < U_P = U_{T-}$ 时,U_o 才由 V_{OL} 跳到 V_{OH}。其传输特性如图 8-21(b)所示。

8.4 波形发生电路

在通信、控制、测量等许多技术领域中,广泛采用各种类型的信号发生器。采用集成运放可以构成各种波形发生器,本节将介绍产生方波、三角波、锯齿波的信号发生电路。

8.4.1 矩形波发生电路

矩形波发生电路是其他非正弦波发生电路的基础,当方波电压加在积分运算电路的输入端时,输出就获得三角波电压;而如果改变积分电路正向积分和反向积分的时间常数,使某一方向的积分常数趋于零,就能够获得锯齿波。

1. 电路组成及工作原理

因为矩形波电压只有两种状态,不是高电平,就是低电平,所以电压比较器是它的重要组成部分;因为产生振荡,就是要求输出的两种状态自动地相互转换,所以电路中必须引入反馈;因为输出状态应按一定的时间间隔交替变化,即产生周期性变化,所以电路中要有延迟环节来确定每种状态维持的时间。图 8-22 所示为矩形波发生电路,它由反相输入的迟滞比较器和 RC 电路组

成。RC 回路既作为延迟环节，又作为反馈网络，通过 RC 充、放电实现输出状态的自动转换。

图中迟滞比较器的输出电压 $U_o=\pm U_Z$，阈值电压

$$U_{T\pm}=\pm\frac{R_1}{R_1+R_2}\cdot U_Z$$

因而电压传输特性如图 8-23 所示。

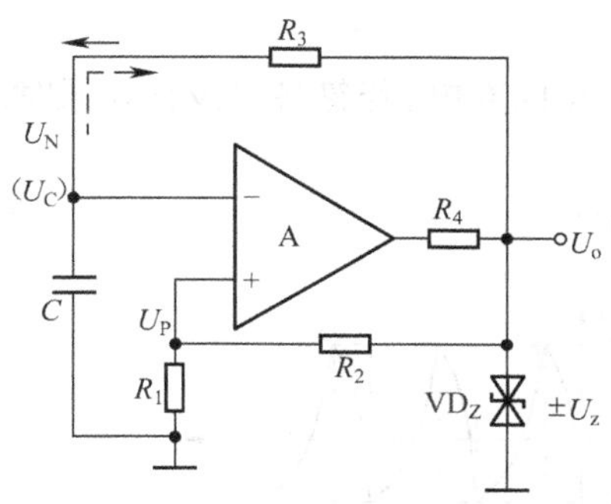

图 8-22　矩形波发生器

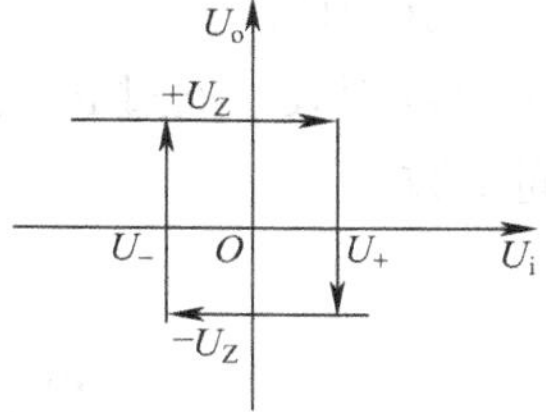

图 8-23　电压传输特性

设某一时刻输出电压 $U_o=+U_Z$，则同相输入端电位 $U_p=U_{T+}$。U_o 通过 R_3 对电容 C 正向充电，如图中实线箭头所示。反相输入端电位 U_N 随时间 t 增长而逐渐升高，当 U_N 升高到 $U_N=+U_T$，U_o 就从 $+U_Z$ 跃变为 $-U_Z$，与此同时 U_p 从 U_{T+} 跃变为 U_{T-}。随后，U_o 又通过 R_3 对电容 C 反向充电，或者说放电，如图 8-24(a)中所示。反相输入端电位 U_N 随时间 t 增长而逐渐降低，当 U_N 降低到 $U_N=U_{T-}$，U_o 就从 $-U_Z$ 跃变为 $+U_Z$，与此同时 U_p 从 U_{T-} 跃变为 U_{T+}，电容又开始正向充电。上述过程周而复始，电路产生了自激振荡。

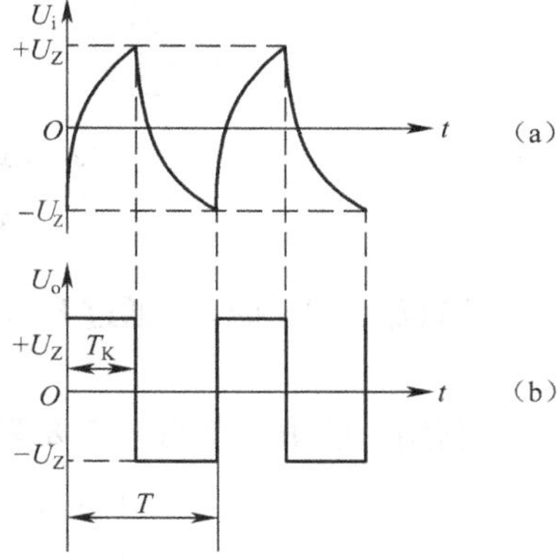

图 8-24　方波发生器的波形图

2. 波形分析及主要参数

由于图 8-22 所示电路中电容正向充电与反向充电的时间常数均为 R_3C，而且充电电压的总幅值也相等，因而在一个周期内 $U_o=+U_Z$ 的时间与 $U_o=-U_Z$ 的时间相等，U_o 为对称的方波，所以也称该电路为方波发生电路。电容上电压 U_C（即集成运放反相输入端电位 U_N）和电路输出电压 U_o 波形如图 8-24所示。矩形波的宽度 T_k 与周期 T 之比称为占空比，因此 U_o 是占空比为 1/2 的矩形波。

根据电容上电压波形可知，在二分之一周期内，电容充电的起始值为 $-U_T$，终了值为 $+U_T$，时间常数为 R_3C；时间 t 趋近于无穷时，U_C 趋近于 $+U_Z$，利用一阶 RC 电路的三要素法可列出方程

$$U_{T+}=(U_Z+U_{T+})(1-e^{\frac{T/2}{R_3C}})+U_{T-}$$

将 U_{T+} 的表达式代入上式，即可求出振荡周期

$$T=2R_3C\ln\left(1+\frac{2R_1}{R_2}\right)$$

振荡频率 $f=1/T$。

通过以上分析可知,调整电压比较器的电路参数 R_1、R_2 和 U_z 可以改变方波发生电路的振荡幅值,调整电阻 R_1、R_2、R_3 和电容 C 的数值可以改变电路的振荡频率。

3. 占空比可调电路

通过对方波发生电路的分析,可以想象,欲改变输出电压的占空比,就必须使电容正向和反向充电的时间常数不同,即两个充电回路的参数不同。利用二极管的单向导电性可以引导电流流经不同的通路,占空比可调的矩形波发生电路如图 8-25(a)所示,电容上电压和输出电压波形如图 8-25(b)所示。

当 $U_o=-U_Z$ 时,U_o 通过 R_{w1}、VD_1 和 R_3 对电容 C 正向充电,若忽略二极管导通时的等效电阻,则时间常数

$$\tau_1 \approx (R_{w1}+R_3)C \tag{8-12}$$

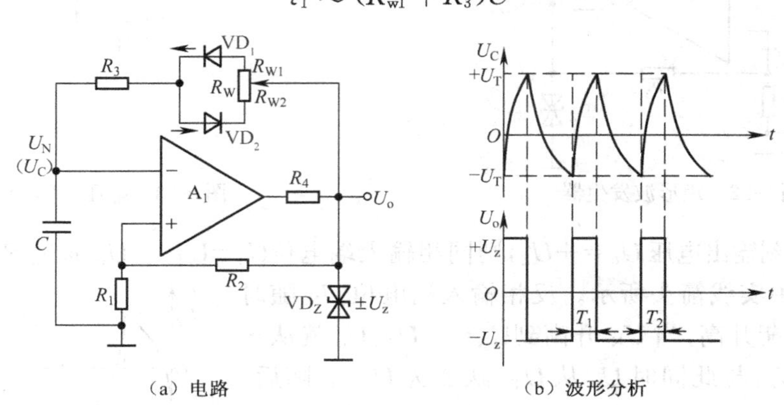

(a) 电路　　(b) 波形分析

图 8-25　占空比可调的矩形波发生器

当 $U_o=-U_z$ 时,U_o 通过 R_{w2}、VD_2 和 R_3 对电容 C 反向充电,若忽略二极管导通电阻,则时间常数

$$\tau_2 \approx (R_{w2}+R_3)C \tag{8-13}$$

利用一阶 RC 电路的三要素法可以解出

$$\begin{cases} T_1 \approx \tau_1 \ln\left(1+\dfrac{2R_1}{R_2}\right) \\ T_2 \approx \tau_2 \ln\left(1+\dfrac{2R_1}{R_2}\right) \\ T = T_1+T_2 \approx (R_W+2R_3)C\ln\left(1+\dfrac{2R_1}{R_2}\right) \end{cases} \tag{8-14}$$

式(8-14)表明,改变电位器的滑动端可以改变占空比,但不能改变周期。

8.4.2 三角波发生电路

1. 电路组成

在方波发生电路中,当迟滞比较器的阈值电压数值较小时,可将电容两端的电压看成为近似三角波。但是,一方面这个三角波的线性度差,另一方面带负载后将使电路的性能产生变化。实际上,只要将方波电压作为积分运算电路的输入,在积分运算电路的输出端就得到三角波电压,如图 8-26 所示。当方波发生电路的输出电压 $U_{o1}=+U_Z$ 时,积分运算电路的输出电压 U_o 将线性下降;而当 $U_{o1}=-U_Z$ 时,U_o 将线性上升;波形如图 8-27 所示。

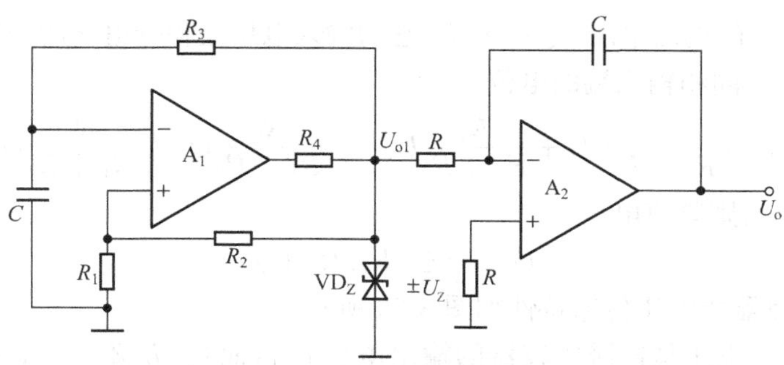

图 8-26　采用波形变换的方法获得三角波原理图

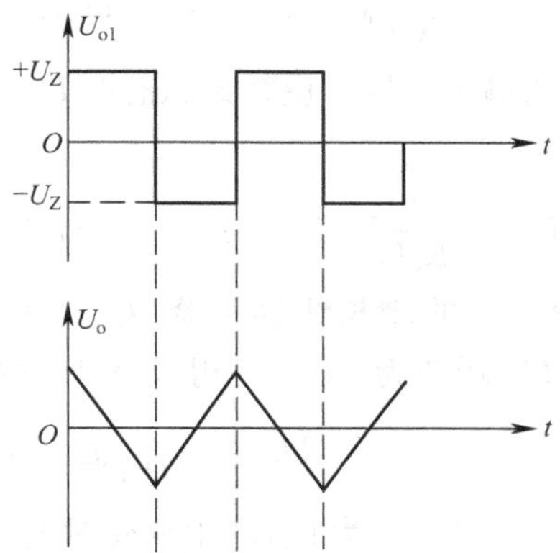

图 8-27　采用波形变换得到的三角波形

在实用电路中，一般不采用上述波形变换的手段获得三角波，而是将方波发生电路中的 RC 充、放电回路用积分运算电路来取代，迟滞比较器和积分电路的输出互为另一个电路的输入，如图 8-28 所示。比较图 8-24 和图 8-27 所示波形可知，前者 RC 回路充电方向与后者积分电路的积分方向相反，为了极性的需要，迟滞比较器改为同相输入。

2. 工作原理

在图 8-28 所示三角波发生电路中，左边为同相输入迟滞比较器，右边为积分运算电路。对于由多个集成运放组成的应用电路，一般应首先分析每个集成运放所组成电路输出与输入的函数关系，然后分析各电路间的相互联系，在此基础上得出电路的功能。

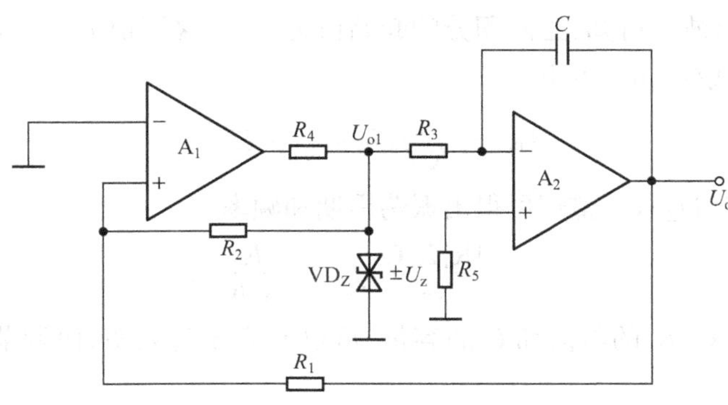

图 8-28　三角波发生电路

图中迟滞比较器的输出电压$U_{o1}=\pm U_z$，它的输入电压是积分电路的输出电压U_o，根据叠加原理，集成运放A_1同相输入端的电位

$$U_{P1}=\frac{R_2}{R_1+R_2}U_o+\frac{R_1}{R_1+R_2}U_{o1}=\frac{R_2}{R_1+R_2}U_o\pm\frac{R_1}{R_1+R_2}U_Z$$

令$U_{p1}=U_{N1}=0$，则阈值电压

$$U_{T\pm}=\pm(R_1/R_2)U_Z \tag{8-15}$$

因此，迟滞比较器的电压传输特性如图 8-29 所示。

积分电路的输入电压是迟滞比较器的输出电压U_{o1}，而且U_{o1}不是$+U_Z$，就是$-U_Z$，所以输出电压的表达式为

$$U_o=-\frac{1}{R_3C}U_{o1}(t_1-t_0)+U_o(t_0) \tag{8-16}$$

式中$U_o(t_0)$为初始状态时的输出电压。设初始状态时U_{o1}正好从$-U_Z$跃变为$+U_Z$，则式(8-16)应写成

$$U_o=\frac{1}{R_3C}U_Z(t_1-t_0)+U_o(t_0)$$

积分电路反向积分，U_o随时间的增长线性下降，根据图 8-29所示电压传输特性，一旦$U_o=U_{T-}$，再稍减小，U_{o1}将从$+U_Z$跃变为$-U_Z$，使得式(8-16)变为

$$U_o=-\frac{1}{R_3C}U_Z(t_2-t_1)+U_o(t_1) \tag{8-17}$$

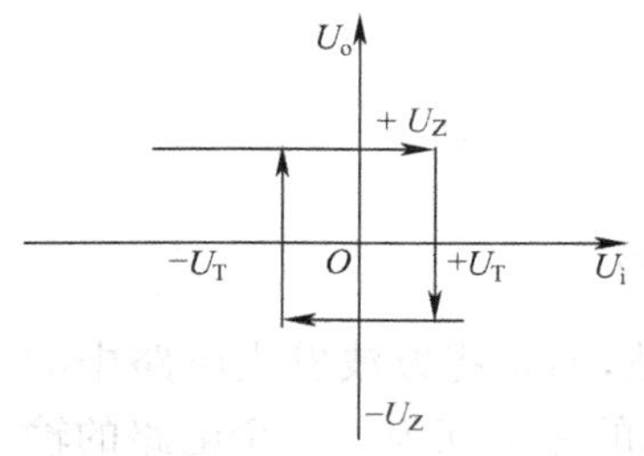

图 8-29 迟滞比较器的电压传输特性

$U_o(t_1)$为U_{o1}产生跃变时的输出电压。积分电路正向积分，U_o随时间的增长线性增大，根据图 8-29 所示电压传输特性，一旦$U_o=U_{T+}$，再稍增大，U_{o1}将从$-U_Z$跃变为$+U_Z$，回到初态，积分电路又开始反向积分。电路重复上述过程，因此产生自激振荡。

由以上分析可知，U_o是三角波，幅值为$U_{T\pm}$；U_{o1}是方波，幅值为$\pm U_Z$，如图 8-30 所示，因此也可称图 8-28 所示电路为三角波—方波发生电路。

由于积分电路引入了深度电压负反馈，所以在负载电阻相当大的变化范围里，三角波电压几乎不变。

3. 振荡频率

根据图 8-30 所示波形可知，正向积分的起始值为U_{T-}，终了值为U_{T+}，积分时间为二分之一周期，将它们带入式(8-16)，得出

$$U_{T+}=\frac{1}{R_3C}U_Z\cdot\frac{T}{2}+U_{T-}$$

式中$U_T=(R_1/R_2U_Z)$，经整理可得出振荡周期和频率

$$T=\frac{4R_1R_2C}{R_2};f=\frac{R_2}{4R_1R_3C}$$

调节电路中R_1、R_2、R_3的阻值和C的容量，可以改变振荡频率；而调节R_1、R_2的阻值，可改变三角波的幅值。

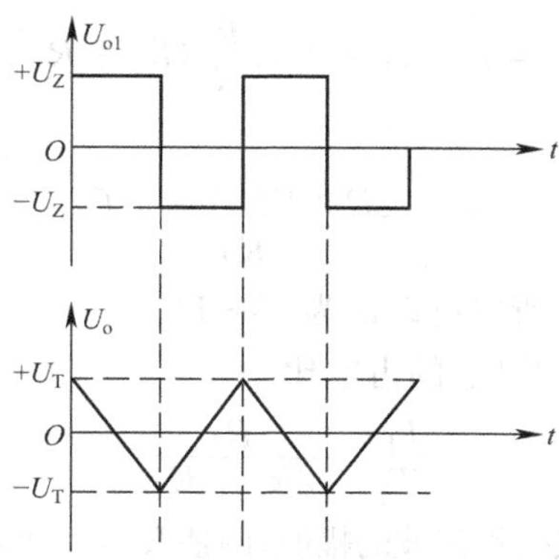

图 8-30　三角波—方波发生器的波形图

8.4.3　锯齿波发生电路

如果图 8-28 所示积分电路正向积分的时间常数远大于反向积分的时间常数或者反向积分的时间常数远大于正向积分的时间常数，那么输出电压 U_o 上升和下降的斜率相差很多，就可以获得锯齿波。利用二极管的单向导电性使积分电路两个方向的积分通路不同，就可得到锯齿波发生电路，如图 8-31 所示。图中 R_3 的阻值远小于 R_W。

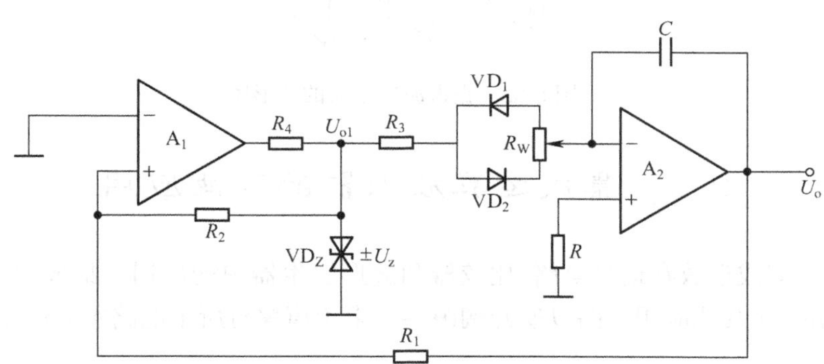

图 8-31　锯齿波发生电路

设二极管导通时的等效电阻可忽略不计，电位器的滑动端移到最上端。当 $U_{o1}=+U_Z$ 时，D_1 导通，D_2 截止，输出电压的表达式为

$$U_o = \frac{1}{R_3C}U_Z(t_1 - t_0) + U_o(t_0)$$

U_o 随时间线性下降。当 $U_{o1}=-U_z$ 时，VD_2 导通，VD_1 截止，输出电压的表达式为

$$U_o = \frac{1}{(R_3 + R_W)C}U_Z(t_2 - t_1) + U_o(t_1)$$

U_o 随时间线性上升。由于 $R_W >> R_3$，U_{o1} 和 U_o 的波形如图 8-32 所示。

根据三角波发生电路振荡周期的计算方法，可得出下降时间

$$T_1 = t_1 - t_0 \approx 2 \times \frac{R_1}{R_2} \cdot R_3C$$

上升时间为

$$T_2=t_2-t_1\approx 2\times\frac{R_1}{R_2}(R_3+R_W)C$$

所以振荡周期为

$$T=\frac{2R_1(2R_3+R_W)C}{R_2}$$

因为 R_3 的阻值远小于 R_w，所以可以认为 $T\approx T_2$。

根据 T_1 和 T 的表达式，可得 U_{o1} 的占空比

$$\frac{T_1}{T}=\frac{R_3}{2R_3+R_W}$$

调整 R_1 和 R_2 的阻值可以改变锯齿波的幅值；调整 R_1、R_2 和 R_w 的阻值以及 C 的容量，可以改变振荡周期；调整电位器滑动端的位置，可以改变 U_{o1} 的占空比，以及锯齿波上升和下降的斜率。

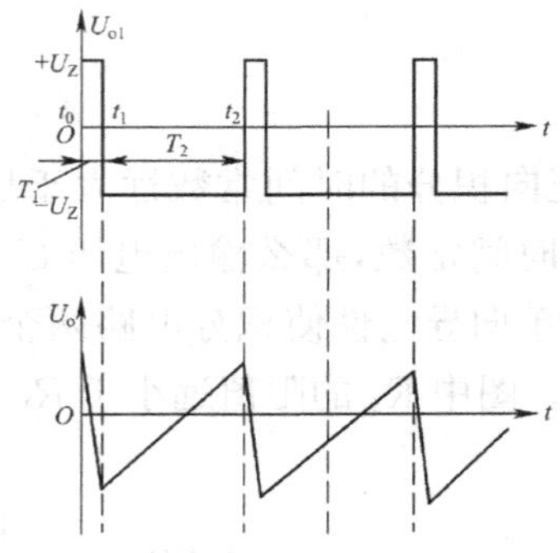

图 8-32　锯齿波发生器的波形图

8.5　集成运算放大器的其他应用

以上介绍了集成运放在运算电路，比较器和波形发生器中的应用。集成运放的应用电路很多，本节介绍一些其他应用电路以便开阔眼界。限于篇幅对所举电路主要给出分析结果。

8.5.1　电流—电压变换电路

1. 电流—电压变换电路

如图 8-33 所示，此电路的输出电压正比于输入电流 I_i

$$U_o=-I_iR_f$$

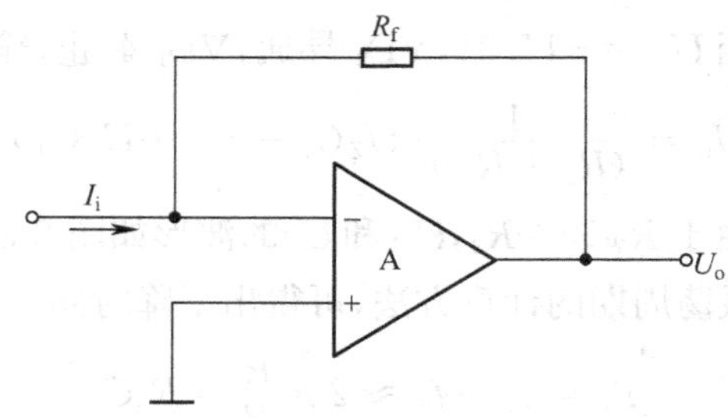

图 8-33　电流—电压变换电路

2. 电压—电流变换电路

电路如图 8-34 所示，此电路的负载电流 I_L 正比于输入电压 U_s，而与负载电阻 R_L 的阻值无关。

$$I_L = -U_s/R_1$$

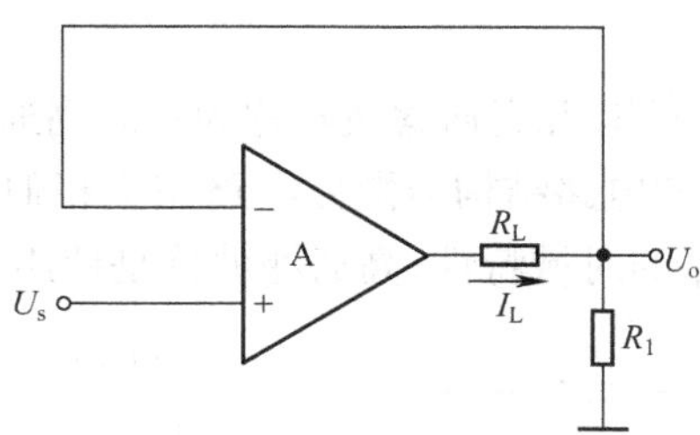

图 8-34　电压—电流变换电路

8.5.2　RC 有源滤波器

所谓滤波是让指定频段的信号通过，而将其余频段上的信号加以抑制或使其急剧衰减，从而实现使特定频率的信号顺利通过，并禁止其他频率的信号通过的功能。常用滤波器根据组成滤波器的元器件类型可分为有源滤波和无源滤波两大类；根据滤波器的工作频带不同可分为有低通滤波器、高通滤波器、带通滤波器、带阻滤波器和全通滤波器等。此处只简单介绍两种有源滤波电路。关于滤波器的深入知识，在后续课程中还会详细讲解。

1. 一阶低通有源滤波器

图 8-35(a)是最简单的低通滤波器原理电路，称为一阶低通滤波器。

由图 8-35(a)可见，一阶低通滤波器的电路结构与积分器电路相似，只是电路元件选择和电路使用功能不同，积分器是使用电路的时域特性，滤波器是使用电路的频域特性。图 8-35(a)电路属于反相放大器，它的反馈元件为 Z_f，有

$$Z_f = R_f // \frac{1}{j\omega C_f} = \frac{R_f}{1 + j\omega R_f C_f}$$

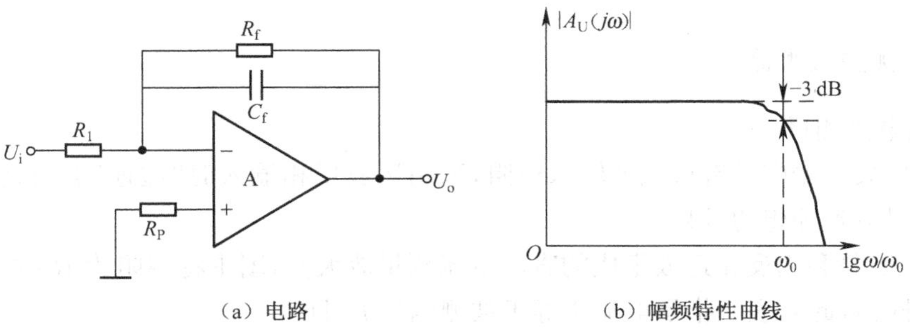

(a) 电路　　(b) 幅频特性曲线

图 8-35　一阶低通滤波器

因而放大器的闭环增益函数为

$$A_{\mathrm{Uf}}(j\omega)=\frac{-R_{\mathrm{f}}/R_1}{1+j\dfrac{\omega}{\omega_0}}=\frac{A_{\mathrm{Uf0}}}{1+j\dfrac{\omega}{\omega_0}} \tag{8-18}$$

式中，$A_{\mathrm{Uf0}}=-R_{\mathrm{f}}/R_1$ 为低频闭环增益；$\omega_0=1/(R_{\mathrm{f}}C_{\mathrm{f}})$ 是高频截止频率。

将式(8-18)绘成幅频特性曲线如图 8-35(b)所示，可见低通滤波器的通频带是从零频(直流)至 ω_0，在 ω_0 以后按(−20 dB/十倍频)衰减。

2. 一阶高通有源滤波器

图 8-36 所示电路是最简单的有源高通滤波器称为一阶高通有源滤波器。

由图 8-36(a)电路可见，它的电路结构与微分电路完全相似，但电路参数选择原则和使用功能不同，微分电路是使用电路的时域特性；高通滤波器是使用电路的频域特性。

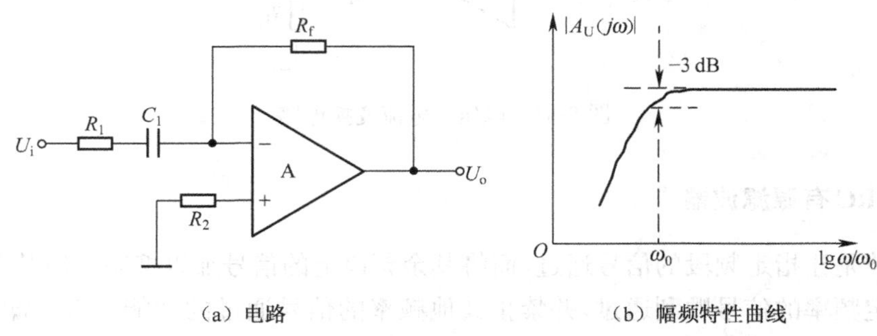

(a) 电路　　(b) 幅频特性曲线

图 8-36　一阶高通滤波器

图 8-36(a)也是属于反相放大电路，它的输入阻抗为

$$Z_1=R_1+(1/j\omega C_1)$$

利用反相放大电路的计算公式可求出电路的增益函数为

$$A_{\mathrm{Uf}}(j\omega)=\frac{U_{\mathrm{o}}}{U_{\mathrm{i}}}=\frac{-j\dfrac{\omega}{\omega_0}\cdot\dfrac{R_{\mathrm{f}}}{R_1}}{1+j\dfrac{\omega}{\omega_0}}=-\frac{A_{\mathrm{Ufo}}\cdot j\dfrac{\omega}{\omega_0}}{1+j\dfrac{\omega}{\omega_0}} \tag{8-19}$$

式中 $\omega_0=1/(R_1C_1)$；$A_{\mathrm{Ufo}}=-R_{\mathrm{f}}/\mathrm{R}_1$。

由式(8-19)闭环增益函数可以描绘出一阶高通滤波器的幅频特性如图 8-36(b)的所示。

8.5.3　测量放大器

1. 直流电流测量

电流测量放大器应具有很低的输入电阻，采用运放反相输入时“虚地”点对地电阻接近于零的特点可以得到理想的效果。

图 8-37(a)是利用反相运放组成的直流电流测量放大器，图中将内阻为 R_{M} 的表头串接在运放负反馈回路，此时表头指示电流 I 等于被测电流 I_{i}，即

$$I=I_{\mathrm{i}}$$

放大电路的输入电阻 $R_{\mathrm{i}}=0$，因此是理想的电流测量放大器。

图 8-37(b)是高灵敏度电流测量放大器，可用于微电流测量。

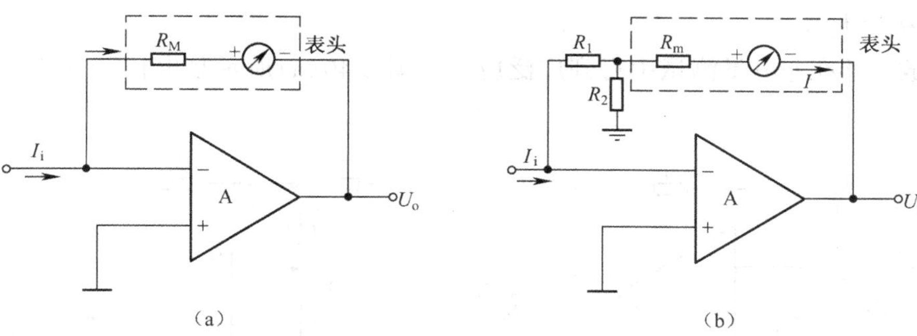

图 8-37　电流—电压变换电器

由图可见，按理想运放条件，反相端电压 U_- 等于同相端电压 U_+，即

$$U_- = U_+ = 0$$

由 $I_- = 0$ 有：　$$-I_iR_1 = (I_i - I)R_2$$

由上式可导出表头指示电流 I 与输入电流 I_i 的关系式

$$I = (1 + R_1/R_2)I_i \tag{8-20}$$

改变式(8-20)中电阻比值 R_1/R_2 就可调节电流表的灵敏度。

2. 交流电压测量

电压测量放大器应具有很高的输入电阻，利用运放同相输入高阻抗可以得到理想的效果。

图 8-27 所示是交流电压测量放大器，图中采用二极管 $VD_1 \sim VD_4$ 组成桥式全波整流电路。整流电路的作用是将交流正弦信号变换为半波整流信号(见图 8-27 中的电流波形)。当输入 U_i 是交流正半周信号时，输出 U_o 也是正半周信号，此时二极管 VD_1 和 VD_2 导通，电流 I 正向流过表头；若输入 U_i 是交流负半周信号时，输出 U_o 也是负半周信号，此时二极管 VD_3 和 VD_4 导通，电流 I 由地端经过 R_f 和 VD_3 管到达表头正端，并由表头负端经 VD_4 管至输出。可见，输入 U_i 是双向交流信号而流过表头的电流为单方向半波信号，称为整流信号。电流 I 是整流信号的平均值，因为电流 I 正比于 U_i/R_f，即正比于输入电压 U_i，因此在电流表表头上采用电压刻度就可以指示被测电压。

3. 交流电流测量

图 8-39 是交流电流测量放大器，它的工作原理与交流电流测量放大器(图 8-38 所示)相似，即采用 $VD_1 \sim VD_4$ 4 个二极管组成桥式整流电路以便将输入交流电流 I_i 变换为整流电流 I，因此可以由流过表头的电流 I 来指示被测电流 I_i。电流测量放大器要求输入低阻，因而采用了反相输入方式。

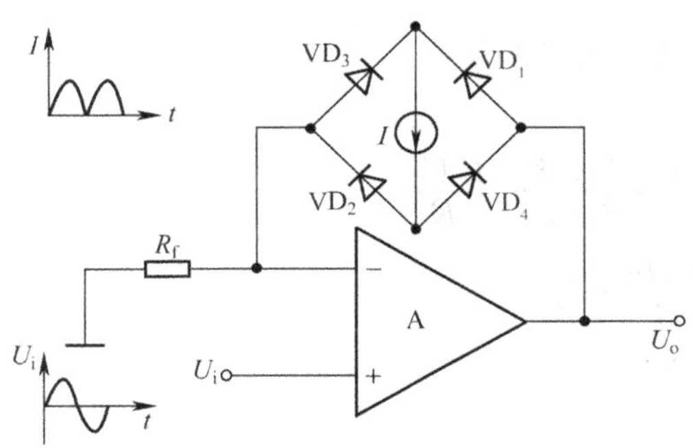

图 8-38　交流电压测量电路图

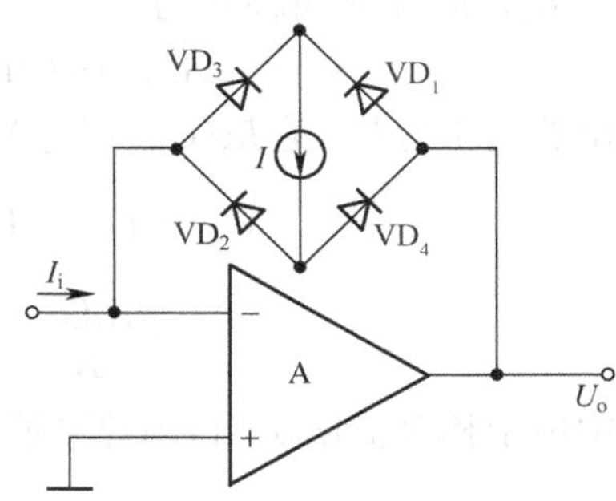

图 8-39　交流电流测量电路

4. 电桥放大器

电桥放大器在非电量测试中得到广泛应用。图 8-40(a)所示是电桥测量放大器的原理电路。

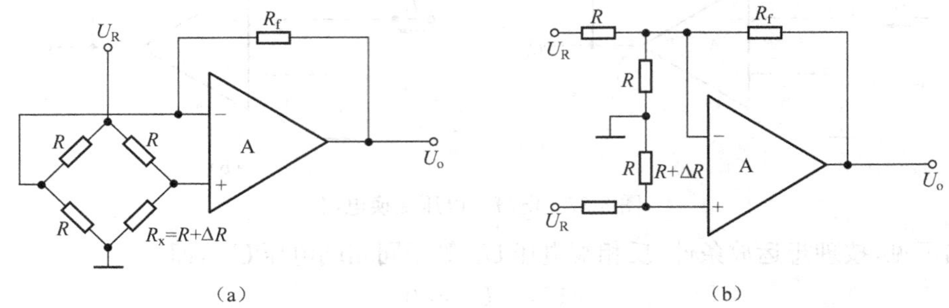

图 8-40　电桥放大电路

图 8-40(a)电路中,4 个电阻组成 1 个电桥,其中 3 个电阻 R 是固定电阻;电阻 R_x 通常是温度、压力、应变等传感元件,它的阻值 $R_x=R+\Delta R$ 随温度、压力、应变等因素的变化产生电阻变量 ΔR。当 $R_x=R$ 时电桥平衡,放大器输出 $U_o=0$。当 R_x 产生变量 ΔR 时输出电压也产生变化 ΔU_o,ΔU_o 正比于 ΔR。

当电阻 $R_f \gg R$,及相对变化 $\delta=(\Delta R/R) \ll 1$ 时,输出电压为

$$\Delta U_o \approx U_R R_f \delta/(2R) \tag{8-21}$$

式中,U_R 称参考电压,U_R 越大电路灵敏度越高。

下面推导公式(8-21)。

为了分析方便,将图 8-40(a)改画成图 8-40(b)所示,由图可见,现在运放反相输入电压为 U_R,由它而引起的输出电压 U_{o1} 为

$$\Delta U_{o1} = -U_R R_f/R \tag{8-22}$$

运放同相输入电压为 $U_R(R+\Delta R)/(R+R+\Delta R)$,由它而引起的输出电为

$$U_{o2} = \left(1+\frac{R_f}{R/2}\right)\frac{(R+\Delta R)U_R}{(R+R+\Delta R)}$$

$$= \frac{R+2R_f}{R}\cdot\frac{1+\delta}{2+\delta}U_R$$

式中,$\delta=\Delta R/R$。

由于 $R_f \gg R$,上式可简化为

$$\Delta U_{o2} \approx (2R_f/R)[(1+\delta)/(2+\delta)]U_R$$

输出总电压为 U_o,它是$(U_{o1}+U_{o2})$,即

$$U_o = U_{o1}+U_{o2} = \frac{2R_f U_R}{R}\cdot\frac{1+\delta}{2+\delta}-\frac{R_f U_R}{R}$$

$$= \frac{R_f U_R}{R}\cdot\frac{\delta}{2+\delta} \approx \frac{R_f U_R}{R}\cdot\frac{\delta}{2}$$

式中由于相对变化 $\delta \ll 1$,因此可近似$(2+\delta)\approx 2$。

8.5.4　双极性增益可调放大器

图 8-41 所示电路为双极性增益可调放大器,这种电路不仅可以调节放大器的电压增益,

而且可以改变放大器输出电压的极性。图中放大器的电压增益 A_{Uf} 的大小和极性都由电位器进行调节。

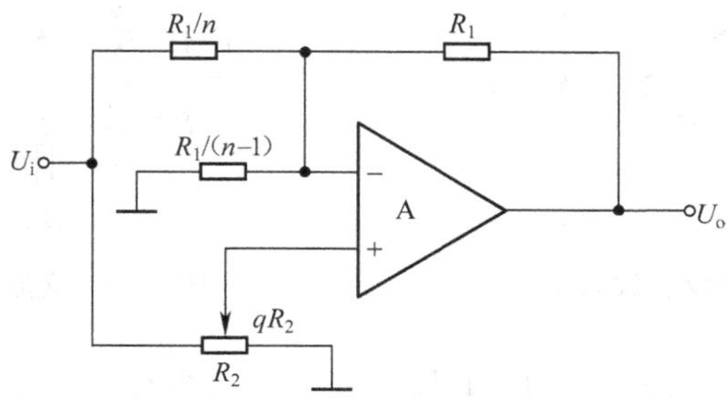

图 8-41 电桥放大电路

输入电压 U_i 同时送到放大器的反相合同相输入端，输出电压可由叠加原理求出。

反相输入时，输出用 U_{o1} 表示，则

$$U_{o1}=-\frac{R_1U_i}{R_1/n}=-nU_1$$

同相输入时，输出用 U_{o2} 表示，则

$$U_{o2}=\frac{qR_2}{R_2}\left[1+\frac{R_1}{\frac{R_2}{n}//\frac{R_1}{n-1}}\right]U_i=2qnU_i$$

输出总电压 U_o 为

$$U_o=U_{o1}+U_{o2}=n(2q-1)U_i \tag{8-23}$$

当调节电位器 R_2 使分压系数 $q=0$ 时，即使同相输端接地，此时输出电压为

$$U_o=-nU_i$$

当调节电位器 R_2 使分压系数 $q=1$ 时

$$U_o=nU_i$$

由以上分析可见，调节电位器 R_2 不仅改变电压增益，同时也会改变电压极性。由式(8-23)可导出电压增益表达式

$$A_{Uf}=n(2q-1)$$

8.5.5 交流耦合放大器

多级运放电路可以采用直接耦合方式而不需外加耦合元件。若放大器用作交流信号放大时可以在输入和输出端外接耦合电容(即隔直电容)，称为交流耦合放大器。由于耦合电容可以隔直流，因而可以防止前级零点漂移产生的误差信号传送到负载。

1. 交流耦合反相放大器

如图 8-42 交流耦合反相放大器，从电路结构来看，只是在反相放大器输入端串接一隔直电容 C_1(μF 数量级)，它的闭环增益函数为

$$A_{Uf}(j\omega)=-\frac{R_f}{R_1}\cdot\frac{1}{1+1/(j\omega R_1C_1)} \tag{8-24}$$

2. 交流耦合同相放大器

图 8-43 所示是交流耦合同相放大电路，此电路的闭环增益函数表示为

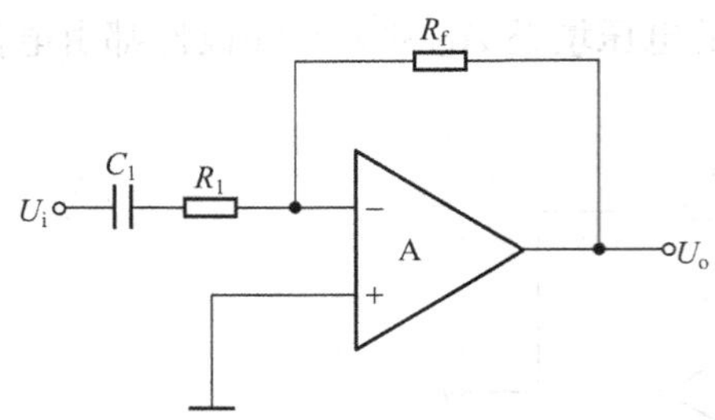

图 8-42　交流耦合反相放大器

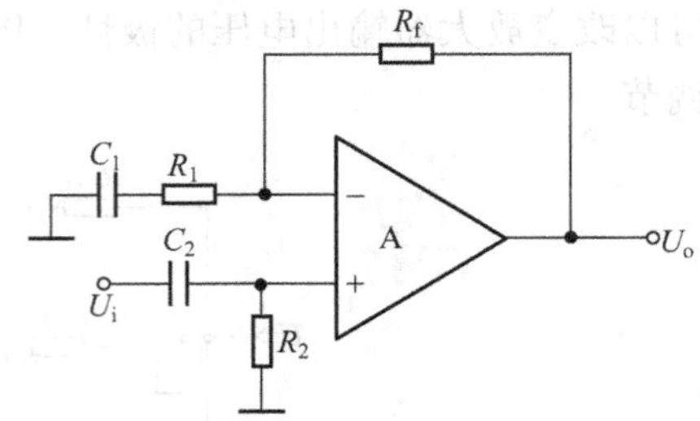

图 8-43　交流耦合同相放大器

$$A_{\mathrm{Uf}}(j\omega)=\left(1+\frac{R_f}{R_1}\right)\cdot\frac{j\omega j\omega}{(j\omega+\omega_2)(j\omega+\omega_1)}$$

式中 $\omega_1=1/R_1C_1$；$\omega_2=1/R_2C_2$。

由上式可见，接入隔直电容 C_1 和 C_2 后放大器的增益函数中增加了两个位于原点的零点和两个极点，极点值为 ω_1 和 ω_2。

3. 单电源反相放大器

集成运放通常要采用双电源 $\pm U_{\mathrm{CC}}$ 供电，其中负电源提供差分放大级的发射极电源。在某些场合，为了简化供电电源也可以采用单电源供电，此时运放输入级差分放大器应由外电路提供静态偏置电压，如图 8-44(a)所示。

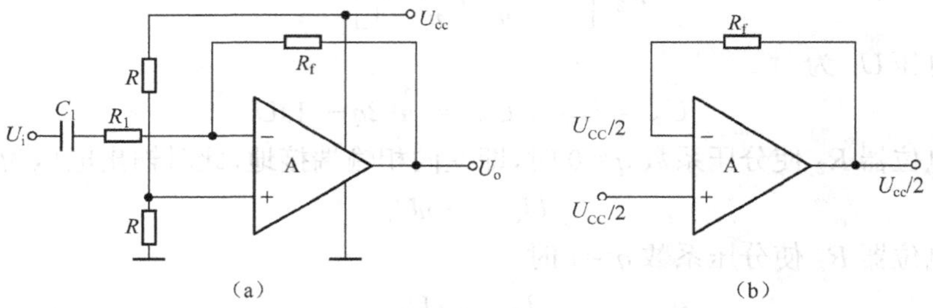

图 8-44　单电源反相放大器

图 8-44(a)属于交流耦合反相放大器，其中采用两个偏置电阻 R 分压，以便在同相端得到 $U_{\mathrm{CC}}/2$ 静态偏压。由于图 8-44(a)电路的直流通路是一个电压跟随器，它的电路结构如图 8-44(b)所示，同相端接入 $U_{\mathrm{CC}}/2$ 偏置电压后，由于电压跟随作用在运放输出端和反相端也同时建立了 $U_{\mathrm{CC}}/2$ 偏置电压。这样运放输入级差分放大电路可进入放大工作状态。此电路的电压增益函数表达式与式(8-22)相同，只是电路图 8-44 中输入电压 U_o 包含有 $U_{\mathrm{CC}}/2$ 静态电压，因此在外接负载 R_L 时，为了隔离输出静态直流电压，可以串接输出隔直电容。

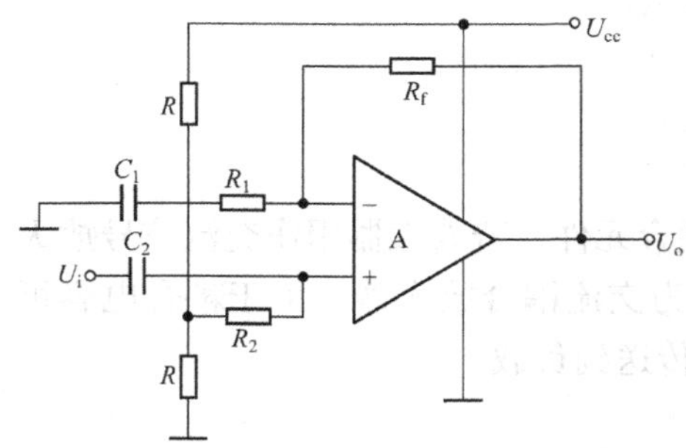

图 8-45　单电源同相放大器

4. 单电源同相放大器

图 8-45 所示是采用单电源供电的交流同相放大器，此电路的静态偏置电路的组成原理与电路图 6-57(a)相同，只是为了提高同相输入电路的交流输入阻抗 R_i。偏置电路中接入高阻值电阻 R_2，以便防止分压电阻 R 对交流输入电阻的影响，接入 R_2 后放大器的同相输入电阻为

$$R_i = R_2 + R/2$$

由于 R_2 很大，因此放大器的输入电阻 R_i 很高。此电路的电压增益函数的表达式为

$$A_{Uf}(j\omega) = \left(1+\frac{R_f}{R_1}\right)\cdot\frac{j\omega j\omega}{(j\omega+\omega_2)(j\omega+\omega_1)}$$

式中 $\omega_1 = 1/R_1C_1$；$\omega_2 = 1/R_2C_2$。

8.5.6　线性稳压电路

稳压电源的功能是为电路提供恒定的直流电压电源，稳压电源的电路形式很多，在此介绍几种利用集成运放构成的稳压源电路。

1. 正电压可调恒压源

图 8-46 是一正电压可调的恒压源电路，图中不稳定的电源电压 U_{CC}，经过稳压二极管变换为稳定电压，并由电位器 W 调节分压。电路中运放 A 连接成电压跟随器，由于它的输出阻抗很低，因而可以连接低阻负载 R_L。

此电路的输出恒定电压可由电位器 W 调节，输出电压与稳压管击穿电压 U_Z 的关系为

$$U_o = \frac{R_2}{R_1+R_2}\cdot U_Z \tag{8-25}$$

2. 电压可调恒压源

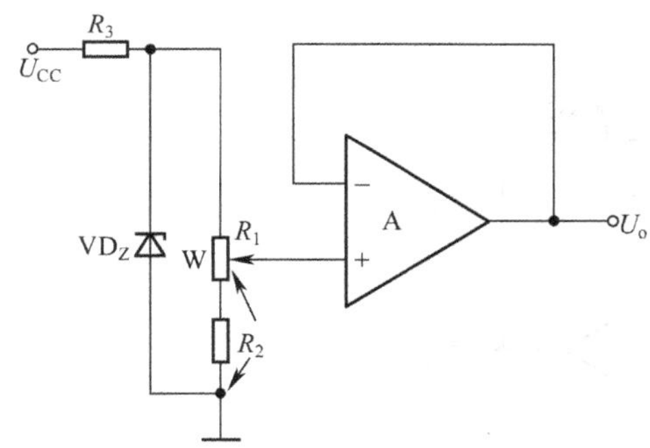

图 8-46　正电压可调稳压源

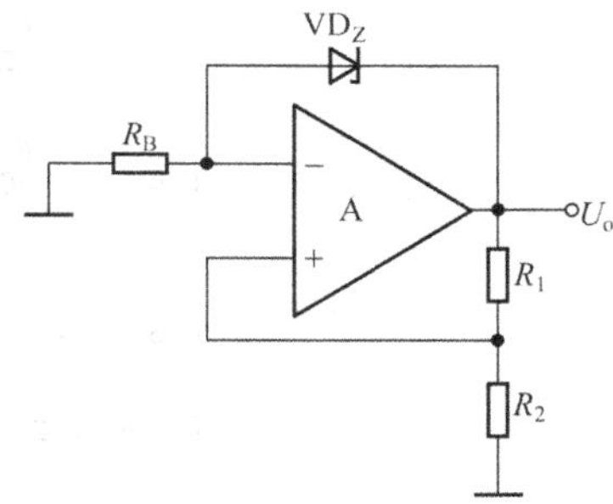

图 8-47　正电压可调稳压电源

图 8-47 电路也是正电压可调的恒压源，由图可见，输出 U_o 为

$$U_o = U_Z + U_- = U_Z + U_+$$
$$= U_Z + \frac{R_2}{R_1+R_2}\cdot U_o$$

可求得

$$U_o = \left(1+\frac{R_2}{R_1}\right)\cdot U_Z$$

改变电阻 R_2 与 R_1 的比值可调节输出电压 U_o。

上式与式(8-25)相比，此电路的输出恒定电压 U_o 可以大于稳压二极管的击穿电压 U_Z。

习 题

1. 反相放大器如题8-1图所示，其中 $R_1=100\ \Omega$，$R_f=1\ k\Omega$，试求闭环增益 A_{uf} 是多少？估算输入电阻 R_{if} 和输出电阻 R_{of}，说明同相端电阻 R_p 的作用，估算 R_p 的数值应是多少？

2. 如题8-2图同相放大器，$R_1=R_2=1\ k\Omega$，$R_f=100\ k\Omega$，试求放大器的闭环增益 A_{uf}，估算输入电阻 R_{if} 和输出电阻 R_{of}。

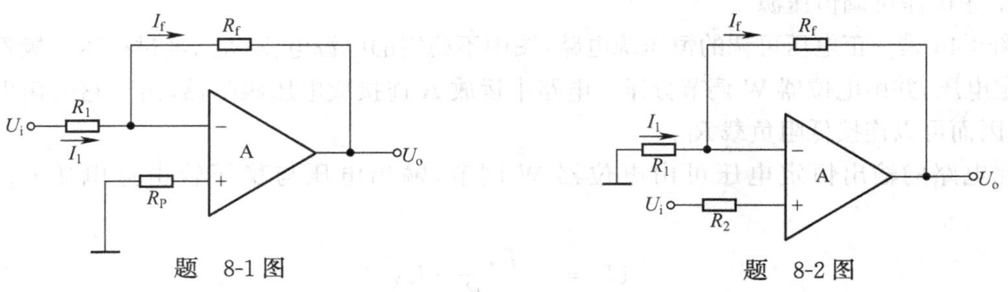

题 8-1图　　　　题 8-2图

3. 证明题8-3图电路的输出电压为：$U_0=-5U_1-5U_2-10U_3-20U_4+40U_5$。

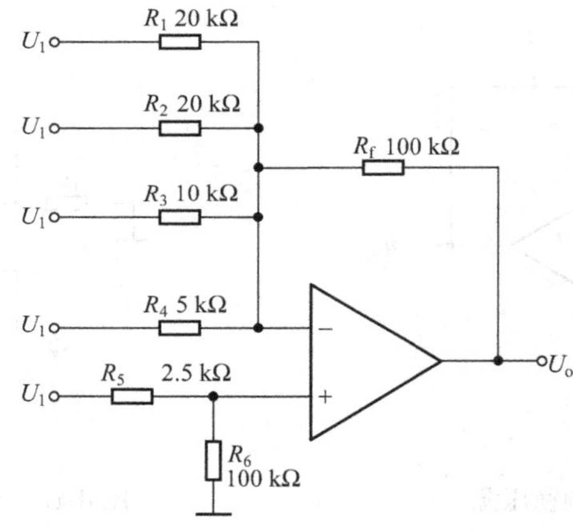

题 8-3图

4. 设计一个运放电路，满足下面关系式：$U_o=-5U_1+8U_2+10U_3$。

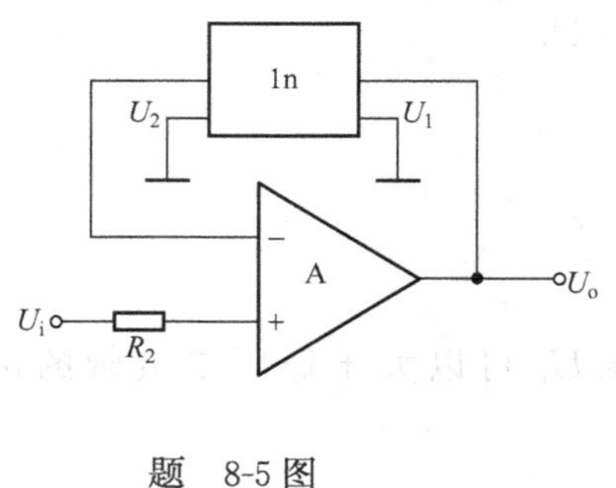

题 8-5图

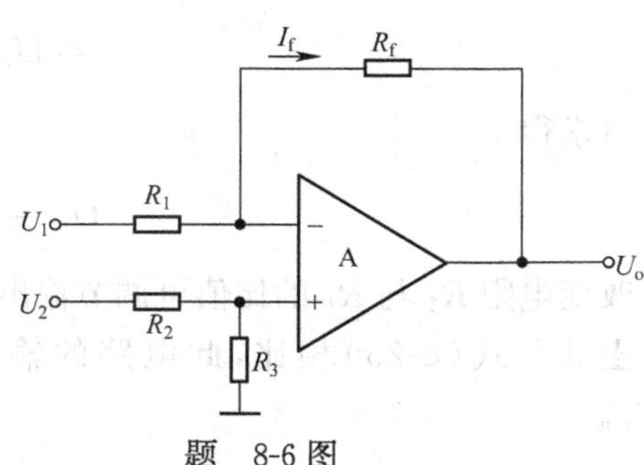

题 8-6图

5. 运放电路如题 8-5 图所示，它的反馈网络的输出$U_2=\ln U_1$，求输出 U_o 与输入 U_i 关系式。

6. 运放电路如题 8-6 图所示，已知输出电压表达式为 $U_o=(R_1/R_2)(U_2-U_1)$试求电阻 R_2 和 R_3。

7. 运放电路如题 8-7 图所示，求闭环增益 $A_{uf}=U_o/U_i$ 表达式。

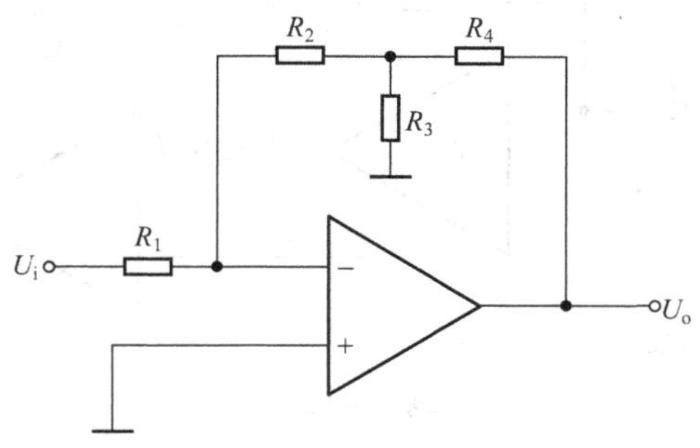

题　8-7 图

8. 某运放电路，它的输出 U_o 与输入 U_1，U_2 的关系为：

$$U_o(t)=-10\int U_1(t)\mathrm{d}t-2\int U_2(t)\mathrm{d}t$$

试画出满足上述关系的原理电路。

9. 运放电路如题 8-9 图所示，已知电容 C 初始电压为零，求输出 U_o 表达式。

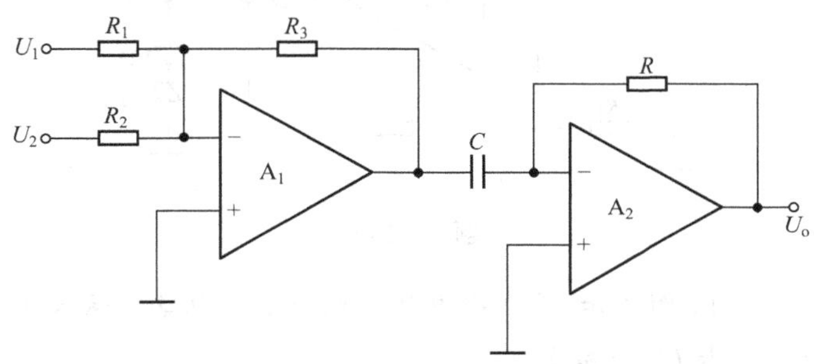

题　8-9 图

10. 运放电路如题 8-10 图所示，求 I_L 表达式，证明 I_L 与负载电阻 R_L 无关。

11. 运放电路如题 8-11 图所示，是高输入阻抗，增益可调放大电路，求输出电压 U_o 表达式。

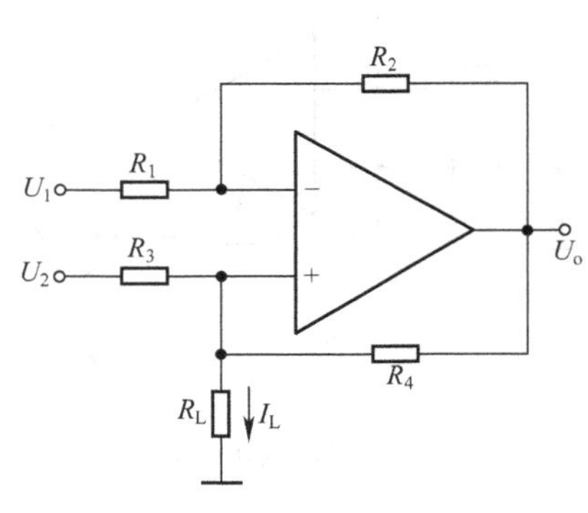

题　8-10 图

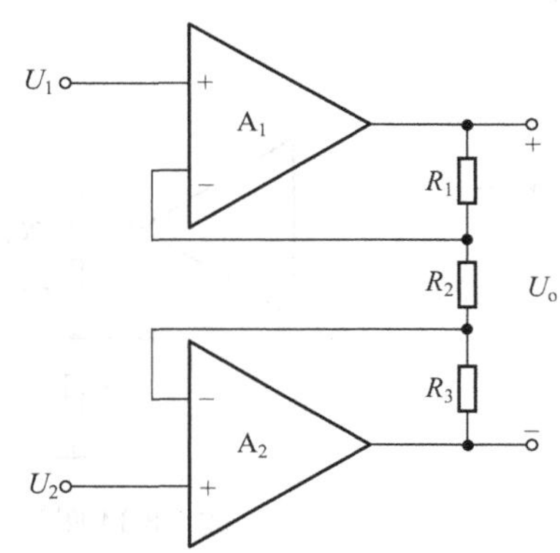

题　8-11 图

12. 运放电路如8-12图所示，是高输入电阻差放。

试求输出电压U_o表达式；若电阻$R_1/R_f=R_5/R_4$，求输出电压表达式。

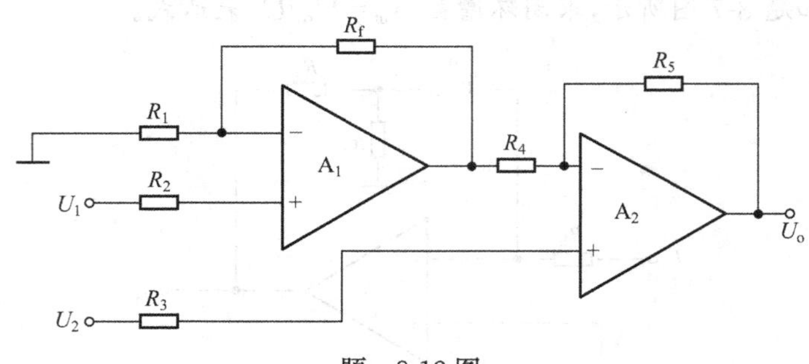

题 8-12图

13. 方波、三角波发生器电路如题8-13图所示，试分析电路工作原理，并画出输出U_{o1}和U_{o2}，电压波形。(提示：由于R_f构成正反馈，输出U_{o2}只是高电平或低电平；电容C呈充放电工作状态。)

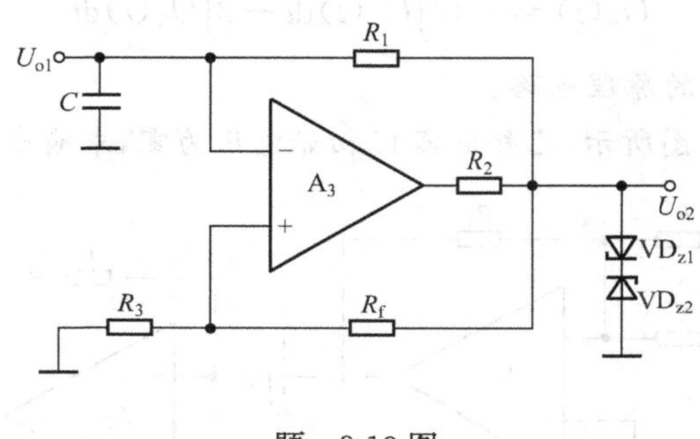

题 8-13图

14. 运放电路如题8-14图所示，是一个电压—电流变换电路。试求I_L表达式；证明I_L与负载R_L无关；求输出U_o与U_i关系式。

15. 运放电路如题8-15图所示，已知稳压管VD_Z的击穿电压$U_Z=6$ V，$R_2/R_3=1.5$，求输出电压U_o值。

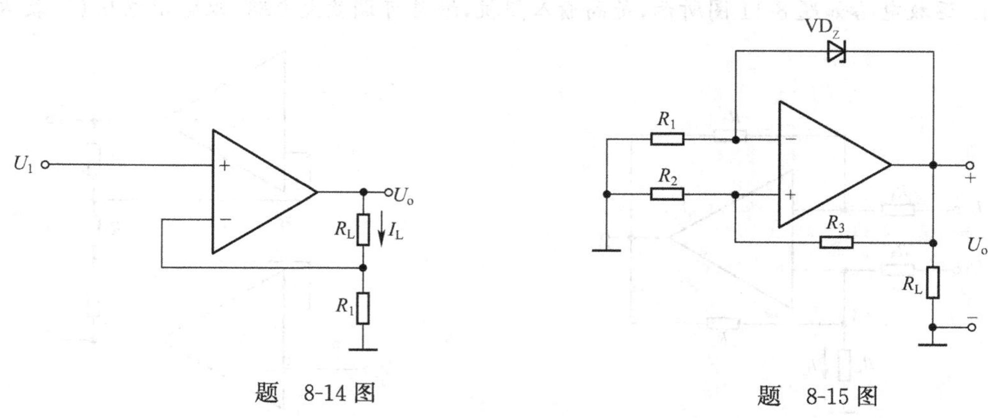

题 8-14图

题 8-15图

16. 运放电路如题8-16图所示，是一个负恒压源电路，已知稳压管VD_Z的击穿电压$U_Z=6$ V，$R_1=1$ kΩ，稳压管的动态内阻$R_o \ll R_1$，$R_f=2$ kΩ，试求：调节R_1时输出电压U_o的变动范围

（R_f 可以从 0～2 kΩ 调节）。

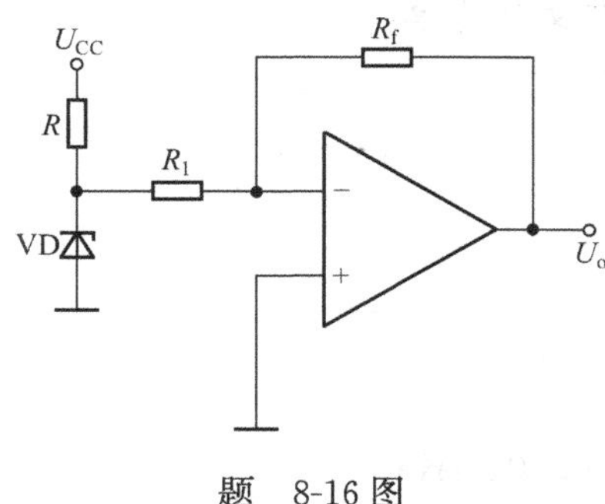

题　8-16 图

思　考　题

1. 分别选择“反相”或“同相”，填入下列各空内。

(1)________比例运算电路中集成运放反相输入端为虚地，而________比例算电路中，集成运放两个输入端的电位等于输入电压。

(2)________比例运算电路的输入电阻大，而________比例运算电路的输入电阻小。

(3)________比例运算电路的输入电流等于零，而________比例运算电路的输入电流等于流过反馈电阻中的电流。

(4)________比例运算电路的比例系数大于 1，而________比例运算电路的比例系数可以小于零。

2. 填空

(1)________运算电路是可实现 $A_u>1$ 的放大器。

(2)________运算电路是可实现 $A_u<1$ 的放大器。

(3)________运算电路可将三角波电压转换成方波电压。

(4)________运算电路可实现函数 $Y=aX_1+bX_2+cX_3$，a、b 和 c 均大于零。

(5)________运算电路可实现函数 $Y=aX_1+bX_2+cX_3$，a、b 和 c 均小于零。

机辅分析题

1. 如机辅题 8-1 图所示，是 F741 运放交流线性模型，由模型可分析运放开环频率特性，已知 $R_i=2\times10^6\ \Omega$；$R=10\ \text{k}\Omega$；$U_{EA}=20U_{34}$；$I_{GB}=1\times U_i$；$C=1.561\,9\ \mu\text{F}$；$R_o=75\ \Omega$；$U_i=0.001\sin2\pi\times1\,000\ \text{V}$；输入电压频率在 10 kHz～10 MHz 之间变化，每十倍频程 5 个点。

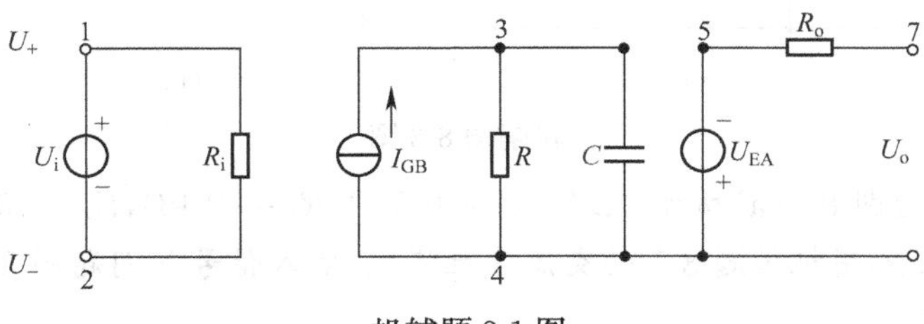

机辅题 8-1 图

(1)试利用 EWB 绘制输出的幅频特性、相频特性曲线。

(2)读懂下列电路的 SPICE 文件清单：

```
RI 1 2 2.0E6
GB 4 3 1 2 1
R 3 4 10K
C 3 4 1.5619UF
EA 4 5 3 4 20
RO 5 7 75
 VI 1 2 AC 0.001 SIN(0 0.001 1K)
.AC DEC 5 10K 10MEG
.PLOT AC VM(7) VP(7)
.PROBE
.END
```

2. 采用集成运放 F741，利用 EWB 分析下图所示电路的幅频特性。

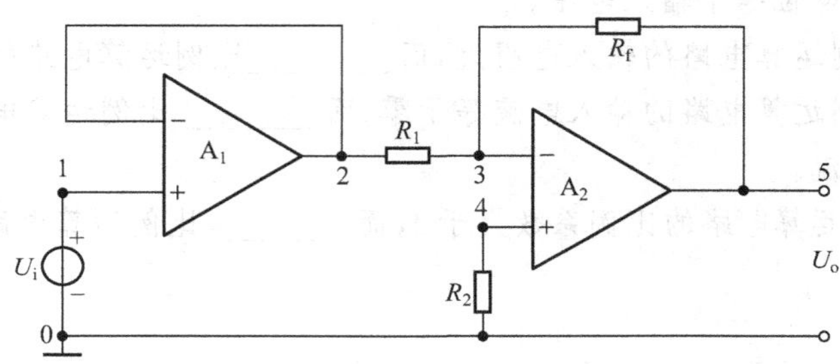

机辅题 8-2 图

3. 积分电路图 8-3 所示，已知 $R_1=2.5\ \text{k}\Omega$，$R_f=1\ \text{M}\Omega$，$R_2=2.7\ \text{k}\Omega$，$R_L=100\ \text{k}\Omega$，$C_1=0.1\ \mu\text{F}$，运放 A 采用基辅题 8-1 中的交流线性模型，输入信号 U_i 如机辅题 8-3(b)图所示，绘制输出 U_o 瞬态分析曲线。

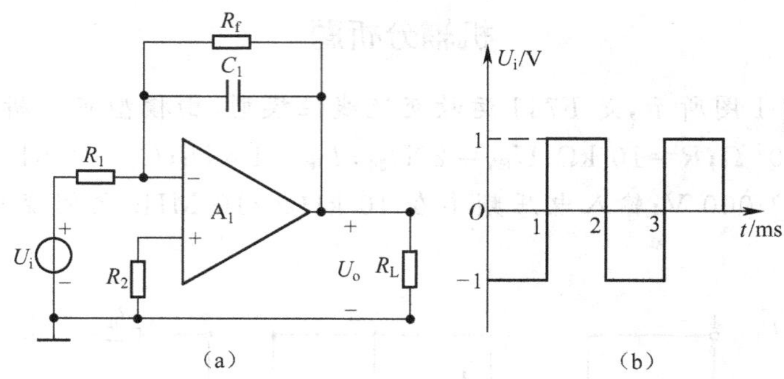

机辅题 8-3 图

4. 微分电路如题图 8-4(a)所示，已知 $R_1=100\ \Omega$，$R_f=10\ \text{k}\Omega$，$R_2=10\ \text{k}\Omega$，$R_L=100\ \text{k}\Omega$，$C_1=0.4\ \mu\text{F}$，运放 A 采用机辅题 8-1 的交流线性模型，输入信号如图题图 8-4 (b)所示，绘制输出 U_o 瞬态分析曲线。

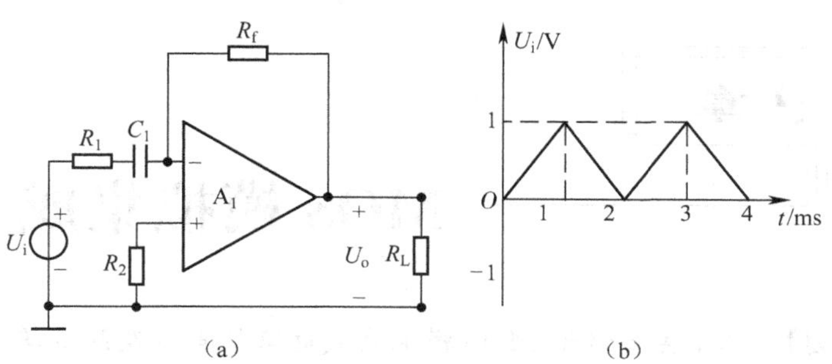

机辅题 8-4 图

5. 通带滤波器电路如题图 8-5 所示，已知 $R_1=20\ \text{k}\Omega$，$R_2=20\ \text{k}\Omega$，$R_3=10\ \text{k}\Omega$，$R_4=10\ \text{k}\Omega$，$R_5=10\ \text{k}\Omega$，$R_6=100\ \text{k}\Omega$，$R_7=100\ \text{k}\Omega$，$C_1=0.01\ \mu\text{F}$，运放 A_1 和 A_2 采用机辅题图 8-1 所示交流线性模型，输入 $U_i=1$ V(幅值)，绘制频率自 100 Hz～1 MHz，每十倍频程 10 个点，绘制输出 U_o 幅频特性曲线。

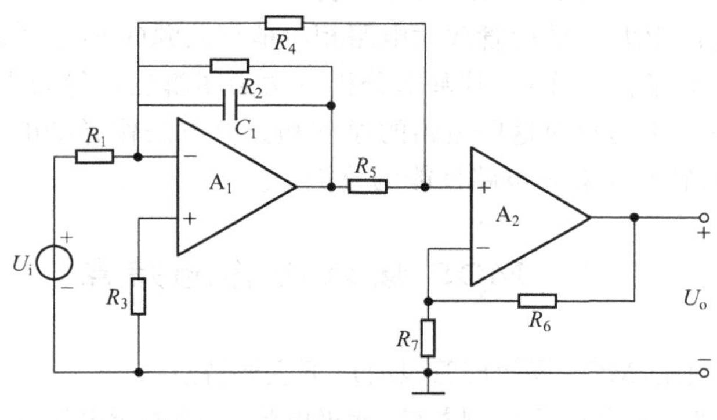

机辅题 8-5 图

6. 写出题 8-5 中电路的 PSPICE 模型。

第 9 章

MOS 模拟集成电路

【内容提要】 本章主要讨论 MOS 模拟集成电路特点以及基本单元电路的基本原理和基本分析方法。这些基本单元电路包括：MOS 输入放大单元电路、MOS 中间放大单元电路、MOS 功率输出单元电路、MOS 电流源电路以及 MOS 开关电容电路等。

在第 4 章中我们已经较详细地介绍了各类场效应管的结构、工作原理及其基本特性。本章将重点讨论 MOS 模拟集成电路的基本单元电路。

与双极型放大电路相似，场效应管放大电路相应地有共源(CS)、共漏(CD)和共栅(CG)三种基本组态；必须设置合适的工作点；其基本分析方法为图解法和等效电路法等。因此，有了双极型放大电路的基础，无需再对这些电路的原理和分析方法作详细的说明。本章的重点将放在 MOS 电路的一些特殊问题及电路性能的分析上。

9.1 MOS 场效应管的特点

与双极型晶体管相比，MOS 场效应管具有以下主要特点。

(1) MOS 场效应管是一种电压控制器件，漏极电流 i_D 受栅源电压 u_{GS} 的控制。

(2) MOS 场效应管是单极型器件，沟道中参与导电的是多数载流子，所以易于控制，温度稳定性好，抗辐射能力强。

(3) 由于栅极与源极、漏极之间是绝缘的，栅极电流 $i_G \approx 0$，所以输入电阻极高，一般高达 $10^{10} \sim 10^{12}\ \Omega$。

(4) MOS 场效应管所占芯片面积小(约为双极型晶体管的 1/5 左右)，功耗很小，且制造工艺简单，因此便于集成。

(5) 因 MOS 场效应管既有 N 沟道和 P 沟道器件之分，又有增强型和耗尽型之别，所以它们对偏压极性有不同要求，这一点与双极型器件是不完全相同的。

(6) MOS 场效应管的跨导 g_m 较低(约为双极型晶体管的 1/40 左右)，为了提高电压增益，减小芯片面积，一般常采用有源负载。

(7) MOS 场效应管存在背栅效应(也称衬底调宽效应)，为了减小背栅极与源极间的电压对漏极电流的控制作用，在接法上要保证衬底与沟道间的 PN 结始终处于反偏状态。

(8) MOS 场效应管的不足之处除了跨导 g_m 较低以外，还有工艺一致性较差、输入失调电压大、工作频率偏低、低频噪声较大等。

9.2　MOS场效应管的模型

9.2.1　MOS场效应管的直流模型

在估算MOS管放大电路的直流工作状态时需要用到它的简化直流模型。

由于MOS管的栅极不取电流（即 $I_G=0$），所以它的栅、源电压之间对直流可视为开路。MOS管输出回路的函数关系由输出特性来描述。如果忽略沟道长度调制效应，其输出特性曲线可由一簇水平线来近似。此时 I_D 只受 U_{GS}控制，且

$$\begin{cases} I_D \approx K(U_{GS}-U_T)^2 & \text{增强型} \\ I_D \approx K(U_{GS}-U_p)^2 & \text{耗尽型} \end{cases} \tag{9-1}$$

因而工作于饱和区的MOS管的输出回路可用受控电流源来等效。如图9-1所示就是MOS管工作于饱和区的简化直流简化模型。

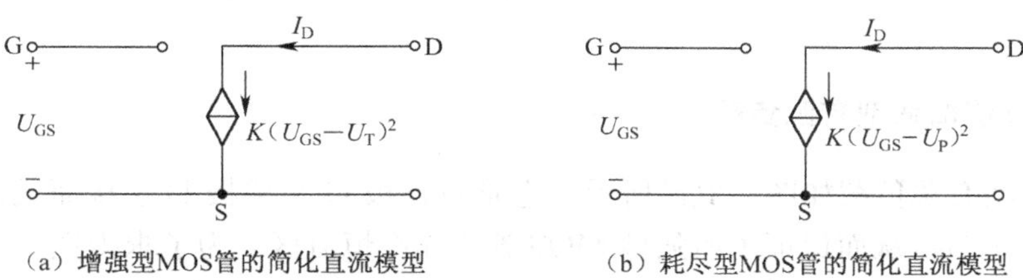

（a）增强型MOS管的简化直流模型　　（b）耗尽型MOS管的简化直流模型

图9-1　MOS管的简化直流模型

9.2.2　MOS场效应管的交流小信号模型

在第4章中，我们已讨论了MOS管的瞬态模型，如图4-16所示。从该瞬态模型可得到MOS管的简化交流小信号模型。

由于 I_d 受信号电压 U_{gs}、U_{bs}所控制，所以，可以用 g_mU_{gs}、$g_{mb}U_{bs}$两个压控电流源来表示。同时用管子的输出电阻 r_{ds} 代表沟道长度调制效应。管子的体电阻 r_{dd}、r_{ss} 很小，衬底与源极间的PN结工作于反偏状态，动态电阻很大，它们的影响一般情况下可以忽略。瞬态模型中的栅极与漏极、栅极与源极间的电容是线性元件，予以保留，同时衬底与栅极、源极、漏极间的电容是由工作点Q确定的非线性电容，分别用 C_{gb}、C_{bs}、C_{bd}表示，即

$$C_{gb}=C_{GB}\,|_Q;C_{bs}=C_{BS}\,|_Q;C_{bd}=C_{Bd}\,|_Q$$

所以，MOS管的交流小信号模型如图9-2(a)所示。

如果MOS管的源极与衬底相连，$u_{BS}=0$，则它的高频小信号模型可以简化，其简化模型如图9-2(b)所示。

在低频情况下，图9-2(b)所示的电容 C_{gd}、C_{gs}、C_{ds}可视为开路，于是可得到简化的低频小信号模型，如图9-2(c)所示。

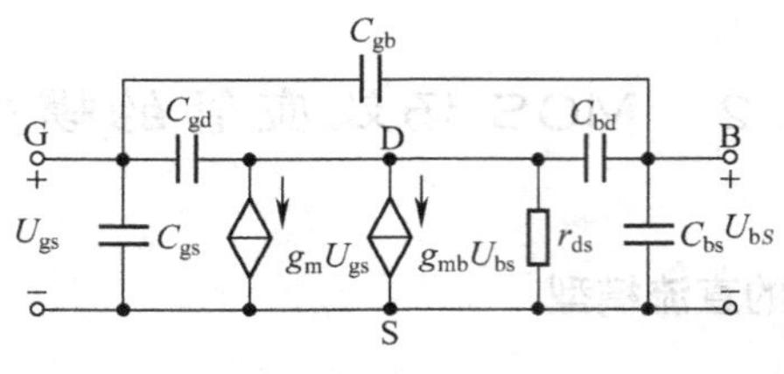

(a) 完整的交流小信号模型

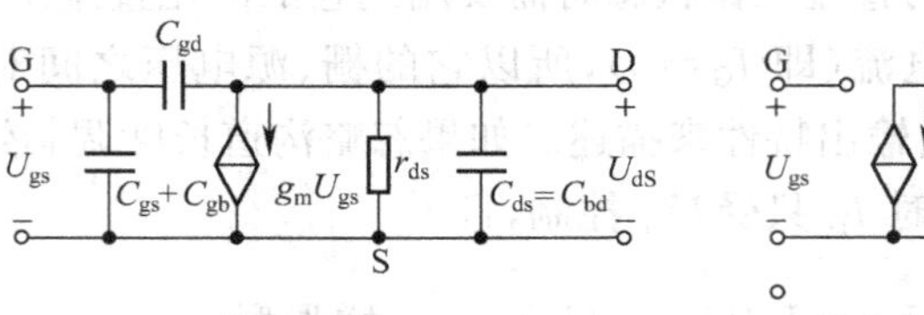

(b) 简化的高频小信号模型　　(c) 简化的低频小信号模型

图 9-2　MOSFET 的交流小信号模型

9.3　MOS 管恒流源负载

9.3.1　单管增强型有源负载

单管增强型有源负载如图 9-3(a)所示。它是将栅极 G 与漏极 D 短接而成的。这样联接满足 $U_{DS} \geqslant U_{GS} - U_T$，从而保证了增强型 MOS 管工作在恒流区。为了求得图 9-3(a)电路的交流小信号等效电阻，画出它的等效电路如图 9-3(b)所示。其中 g_{ds} 为漏－源输出电导，g_m 为管子跨导，g_{mb}为管子的背栅跨导。

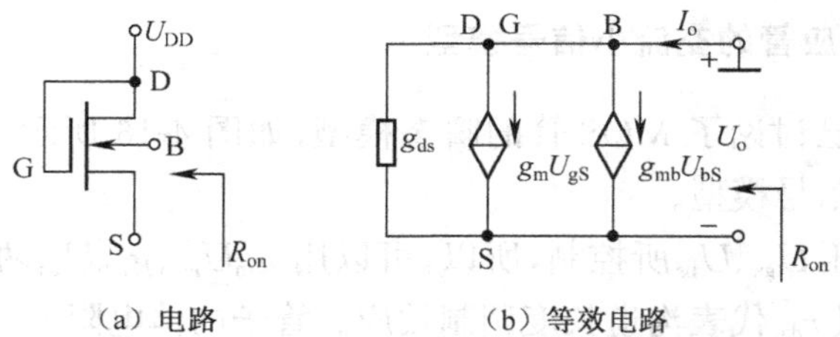

(a) 电路　　(b) 等效电路

图 9-3　单管增强型有源负载

由图 9-3(b)可得

$$R_{on} = \frac{U_o}{I_o} = \frac{U_o}{g_{ds}U_o + g_m U_{gs} + g_{mb}U_{bs}}$$

在交流等效电路中，B 极总是交流接地的，故有

$$U_{gs} = U_{bs} = U_o$$

所以

$$R_{on} = \frac{1}{g_{ds} + g_m + g_{mb}} \tag{9-2}$$

一般 $g_{ds} \ll g_m$ 和 g_{mb}，因此

$$R_{on} \approx \frac{1}{g_m + g_{mb}} = \frac{1}{(1+\eta)g_m} \tag{9-3}$$

可见，为了获得较大的等效负载电阻，MOS 管的 g_m 值应适当减小。而背栅跨导 g_{mb} 的存在，将导致 R_{on} 下降，为了提高 R_{on} 宜削弱背栅的影响。

当 $g_{mb} \ll g_m$，即 $\eta \ll 1$ 时，可以得到

$$R_{on} \approx \frac{1}{g_m} \tag{9-4}$$

9.3.2　单管耗尽型有源负载

单管耗尽型有源负载如图 9-4(a)所示。它是将栅极 G 与源极 S 短接而成的。因为对耗尽型 MOSFET 来说，当 $u_{GS}=0$ 时，沟道已经形成，$i_D=I_{DSS}$。所以，它的交流小信号等效电路如图 9-4(b)所示。

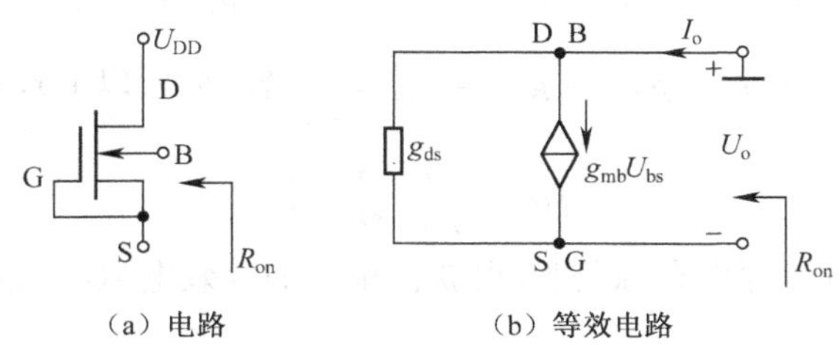

(a) 电路　　(b) 等效电路

图 9-4　单管耗尽型有源负载

考虑到 $U_{bs}=U_o$，由图 9-4(b)得

$$R_{on}=\frac{U_o}{g_{ds}U_o+g_{mb}U_{bs}}=\frac{1}{g_{ds}+g_{mb}} \tag{9-5}$$

如果 $g_{ds} \ll g_{mb}$，则

$$R_{on} \approx \frac{1}{g_{mb}} \tag{9-6}$$

可见，利用耗尽型 MOSFET 构成的有源负载电阻比增强型有源负载电阻高，这是因为耗尽型有源负载的 $u_{GS}=0$ 的缘故。

9.3.3　威尔逊(Wilson)电流源有源负载

在 MOS 模拟集成电路中，为了获得更高的电压增益，常采用威尔逊电流源作为放大电路的有源负载。威尔逊电流源电路如图 9-5 (a)所示。为了求出它的等效电阻，画出它的交流等效电路如图 9-5 (b)所示。

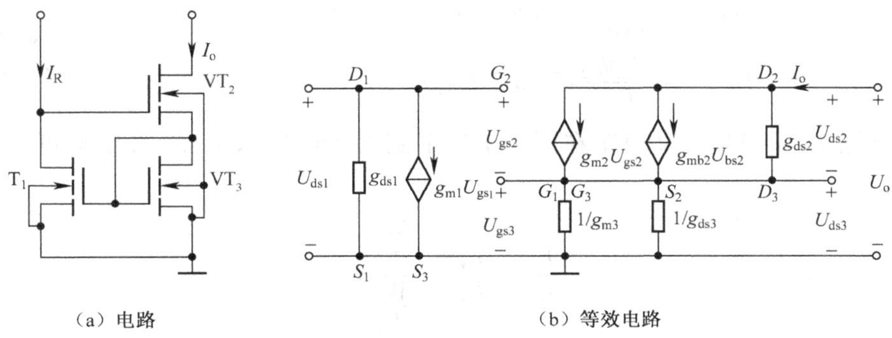

(a) 电路　　(b) 等效电路

图 9-5　威尔逊电流源

由图 9-5(b)可列出以下关系式

$$\begin{cases} I_o = g_{m2}U_{gs2} + g_{mb2}U_{bs2} + g_{ds2}U_{ds2} \\ U_o = U_{ds2} + U_{ds3} \\ U_{gs2} = U_{gs1} - U_{ds3} \\ U_{ds3} = U_{gs3} = U_{gs1} = \dfrac{I_o}{g_{m3} + g_{ds3}} \\ U_{ds1} = -\dfrac{g_{m1}U_{gs1}}{g_{ds1}} \end{cases} \tag{9-7}$$

解式(9-7),可得

$$R_{on} = \frac{U_o}{I_o} = \frac{1}{g_{ds2}}\left[1 + \frac{g_{m2}}{g_{m3} + g_{ds3}}\left(\frac{g_{m1}}{g_{ds1}} + 1\right) + \frac{g_{mb2}}{g_{m3} + g_{ds3}}\right] + \frac{1}{g_{m3} + g_{ds3}} \tag{9-8}$$

一般 $g_{m3} \gg g_{ds3}$,$g_{m1} \gg g_{ds1}$,$g_{m1} = g_{m2} = g_{m3}$,$\dfrac{1}{g_{m1}}$ 较小,所以上式可近似为

$$R_{on} \approx \frac{1}{g_{ds2}}\left(\frac{g_{m1}}{g_{ds1}}\right) \tag{9-9}$$

因此,采用威尔逊电流源作有源负载,可获得很高的等效电阻(高达几十兆欧)。

9.4 MOS 管电流源

在 MOS 模拟集成电路中,广泛使用 MOS 管电流源作放大电路的偏置电路。MOS 管电流源的电路形式与双极型晶体管电流源相似,但是两者的性能有差别,本节将介绍几种常用的电流源电路。

9.4.1 MOS 管基本电流源

MOS 管基本电流源电路与双极型晶体管基本电流源形式相似,它由两个几何尺寸相同的 MOS 对管组成。由增强型 N 沟道 MOS 管构成的基本电流源电路如图 9-6所示。

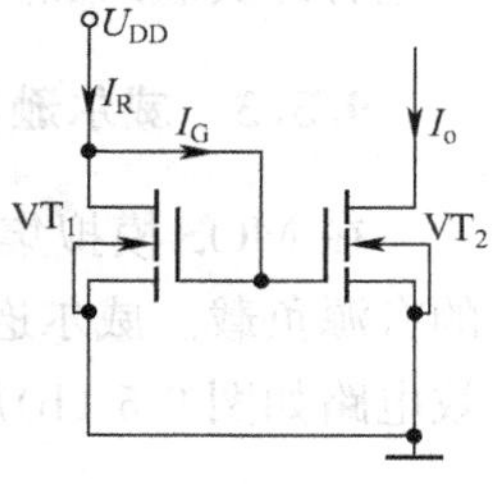

图中,VT_1 为基准管,VT_2 为输出管,两管工作在恒流区。I_R 为基准电流源,I_o 为受控制的输出电流源。

图 9-6 MOS 管基本电流源

在恒流区,VT_1、VT_2 管的漏极电流分别为

$$I_{D1} = \frac{\mu_n C_{ox} W_1}{2L_1}(U_{GS1} - U_{T1})^2$$

$$I_{D2} = \frac{\mu_n C_{ox} W_2}{2L_2}(U_{GS2} - U_{T2})^2$$

由图可见,$U_{GS1} = U_{GS2}$,又由于在同一工序下制得 MOS 管,μ_n、C_{ox}、U_T 均可视为基本相同,所以有

$$\frac{I_o}{I_R} = \frac{I_{D2}}{I_{D1}} = \frac{\dfrac{W_2}{L_2}}{\dfrac{W_1}{L_1}} I_R \tag{9-10}$$

若 VT_1、VT_2 管的沟道宽长比相同,则有

$$I_o = I_R \tag{9-11}$$

该电路便是镜像电流源。

若 VT_1、VT_2 管的沟道宽长比不同，则有

$$I_o = \frac{\frac{W_2}{L_2}}{\frac{W_1}{L_1}} I_R \tag{9-12}$$

该电路便是比例电流源。

对于一个理想电流源，我们希望它的内阻无限大，也就是说当图 9-6 中 VT_2 管的漏源电压 U_{ds2} 变化时，I_o 恒定。但实际上由于 VT_2 管的输出电阻 r_{ds} 不为无限大，因而当 U_{ds2} 变化时，I_o 会发生变化。因此图 9-3 的 I_o 应加以修正，修正后的 I_o 应满足下式

$$I_o = I_R + \frac{U_{ds2}}{r_{ds2}} \tag{9-13}$$

其中 $\frac{U_{ds2}}{r_{ds2}}$ 为误差项。显然，r_{ds}越大，误差越小，I_o 越接近 I_R，I_o 越恒定。

实际上，r_{ds}就是电流源的输出电阻，故提高恒流源的输出电阻，可以提高恒流源的精度。采用威尔逊电流源可以实现这一目的。

9.4.2　威尔逊(Wilson)电流源

前述的威尔逊电流源除了可作为有源负载以外，还常常作为 MOS 放大电路的偏置电路。由上节威尔逊电流源有源负载的分析可知，这种电路由于在 VT_2 管的源极串接了 VT_3，因而提高了电流源的输出电阻。该电流源的输出电阻为

$$R_{on} \approx \frac{1}{g_{ds2}}\left(\frac{g_{m1}}{g_{ds1}}\right) = A_{U1} r_{ds2} \tag{9-14}$$

其中，$A_{U1} = (g_{m1}/g_{ds1})$为 VT_1 管的电压增益。也就是说威尔逊电流源的输出电阻约是图 4-7所示基本恒流源输出电阻的 A_{U1} 倍。这样当图 9-5(a)所示威尔逊电流源的输出电压 U_o 变化时，流过 VT_2 管的电流 I_o 与基准电流 I_R 之间的关系变为

$$I_o = I_R + \frac{U_o}{A_{U1} r_{ds2}} \tag{9-15}$$

上式中的第二项为误差项。显然，误差大大减小，一般这项误差可忽略不计。

9.4.3　几何比例电流源

前已述及，如图 9-6 所示电流源电路中 VT_1、VT_2 管的沟道宽长比不同，则 I_o 由式(9-12)决定。由于 I_o 与管子的几何尺寸成比例，故图 9-6 所示电流源电路在 VT_1、VT_2 管的沟道宽长比不同时又称为几何比例电流源。

图 9-7 是用多个 MOS 管构成的几何比例电流源。假设 T_R 作基准参考元件，I_R 作基准电流，MOS 管的沟道宽长比分别为 S_{TR}、S_{T1}、S_{T2}…S_{Tn}，I_R 为已知，则有以下电流关系

$$I_{o1} = I_R \frac{S_{T1}}{S_{TR}} \tag{9-16}$$

$$I_{o2} = I_R \frac{S_{T2}}{S_{TR}} \tag{9-17}$$

$$\vdots$$

$$I_{on} = I_R \frac{S_{Tn}}{S_{TR}} \tag{9-18}$$

同时也有

$$I_{o1} = I_{o2} \frac{S_{T1}}{S_{T2}} \tag{9-19}$$

$$\vdots$$

$$I_{oK} = I_{on} \frac{S_{TK}}{S_{Tn}} \qquad (K \neq n) \tag{9-20}$$

由上式可见,通过对 MOS 管结构 $\frac{W}{L} = S$ 的设计,可以得到与参考基准电流成任何比例关系的电流源,以满足模拟集成电路中各级放大电路不同的偏置需要。

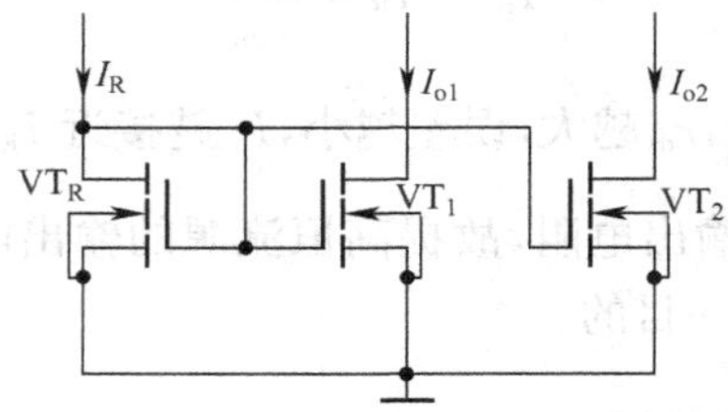

图 9-7　几何比例电流源

9.5　MOS 单级放大电路

在 MOS 集成电路中,有源负载的共源 MOS 放大电路用得比较多,常用的电路形式有:E/E 型 NMOS 单级放大电路;E/D 型 NMOS 单级放大电路;CMOS 单级放大电路以及推挽式的 CMOS 单级放大电路。下面分别讨论它们的电路形式和特点。

9.5.1　E/E 型 NMOS 单级放大电路

E/E 型 NMOS 单级放大电路是指放大管和有源负载管均采用增强型 MOS 管(称为 E 管),两管均为 N 沟道的共源放大电路。如图 9-8(a)所示。其中 VT_1 为放大管,VT_2 为负载管,VT_1、VT_2 均工作在恒流区。它的交流等效电路如图 9-8(b)所示。

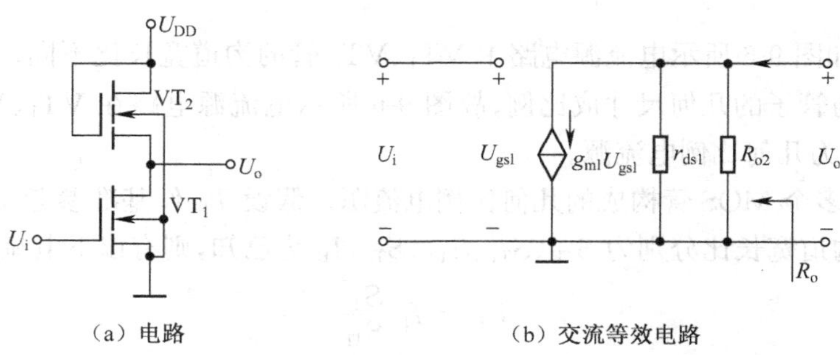

图 9-8　E/E 型 NMOS 单级放大电路

图9-8(b)中R_{o2}为T_2管的等效电阻。由式(9-2)和式(9-3)可得R_{o2}的表达式为

$$R_{o2}=\frac{1}{g_{ds2}+g_{m2}+g_{mb2}}\approx\frac{1}{g_{m2}+g_{mb2}}$$

由图9-9(b)可求出E/E型NMOS单级放大电路的电压增益为

$$A_U=\frac{U_o}{U_i}=-g_{m1}(r_{ds1}//R_{o2}) \tag{9-21}$$

一般$r_{ds1}\gg R_{o2}$，所以

$$A_{UE}\approx-g_{m1}R_{O2}=-\frac{g_{m1}}{g_{m2}+g_{mb2}}=-\frac{g_{m1}}{(1+\eta_2)g_{m2}} \tag{9-22}$$

式中

$$\begin{cases}g_{m1}\approx 2\sqrt{K_1I_{D1}}=\sqrt{2K'\dfrac{W_1}{L_1}I_D}\\ g_{m2}\approx 2\sqrt{K_2I_{D2}}=\sqrt{2K'\dfrac{W_2}{L_2}I_D}\end{cases} \tag{9-23}$$

由于T_1、T_2两管的漏极电流I_D及K'相等，所以式(9-22)可写成

$$A_{UE}\approx-\frac{1}{1+\eta_2}\sqrt{\frac{S_{T1}}{S_{T2}}} \tag{9-24}$$

式中，S_{T1}、S_{T2}分别为VT_1、VT_2管的沟道宽长比。

如果$\eta_2\ll 1$，则衬底调制效应可忽略，此时E/E型NMOS单级放大电路的电压增益可表示为

$$A_{UE}\approx\sqrt{\frac{S_{T1}}{S_{T2}}} \tag{9-25}$$

可见，E/E型放大电路的电压增益主要由VT_1、VT_2管的几何尺寸决定，增加两管沟道宽长比的比值及减小VT_2管的衬调效应，都有助于电压增益的提高。但是，为了保证管子工作在恒流区，两管沟道宽长比的比值受到工作点的限制，不能随意增加。因此，目前E/E型NMOS放大电路的电压增益较低，约为5～10倍。

E/E型放大电路的输入电阻决定于VT_1管的栅绝缘电阻，因此其输入电阻很高，一般可达$10^{10}\,\Omega$以上。

E/E型放大电路的输出电阻可由图9-8(b)直接求得

$$R_o=r_{ds1}//R_{o2}=\frac{1}{g_{ds1}+g_{ds2}+g_{m2}+g_{mb2}} \tag{9-26}$$

如果$g_{ds1}+g_{ds2}\ll g_{m2}+g_{mb2}$，上式可简化为

$$R_o\approx\frac{1}{g_{m2}+g_{mb2}}=\frac{1}{(1+\eta_2)g_{m2}} \tag{9-27}$$

9.5.2　E/D型NMOS单级放大电路

E/D型NMOS单级放大电路是指放大管采用增强型MOS管，有源负载管采用耗尽型MOS管(称为D管)，两管均为N沟道的共源放大电路。如图9-9(a)所示。其中VT_1为放大管，VT_2为负载管，VT_1、VT_2均工作在恒流区。它的交流等效电路如图9-9(b)所示。

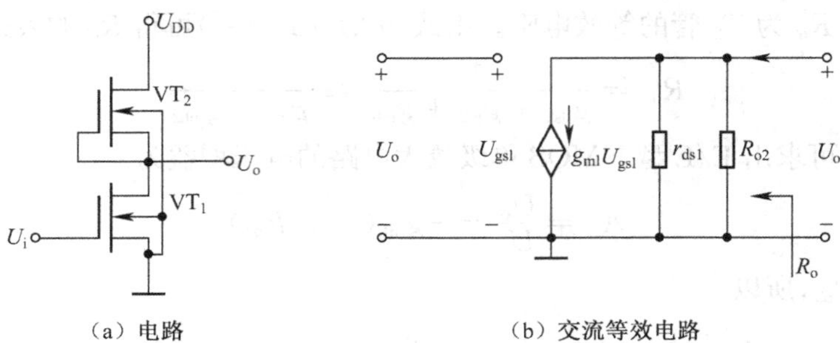

图 9-9　E/D 型 NMOS 单级放大电路

图 9-9(b)中 R_{o2} 为 VT_2 管的等效电阻。由式(9-5)和式(9-6)可得 R_{o2} 的表达式为

$$R_{o2} = \frac{1}{g_{ds2} + g_{mb2}} \approx \frac{1}{g_{mb2}}$$

由图 9-9(b)可求出 E/D 型 NMOS 单级放大电路的电压增益

$$A_{UD} = \frac{U_o}{U_i} = -g_{m1}(r_{ds1}//R_{o2})$$

一般 $r_{ds1} \gg R_{o2}$，所以有

$$A_{UD} \approx -g_{m1}R_{o2} \approx -\frac{g_{m1}}{g_{mb2}} = -\frac{g_{m1}}{\eta_2 g_{m2}} \tag{9-28}$$

此结果表明，E/D 型 NMOS 单级放大电路的电压增益受衬底调制效应的影响显著，可通过减小衬底调制效应，来提高电压增益。

对比式(9-22)和式(9-28)，可得

$$A_{UD} = \frac{1+\eta_2}{\eta_2} A_{UE} \approx \frac{A_{UE}}{\eta_2} \tag{9-29}$$

因为 $\eta_2 \approx 0.1$，所以 A_{UD} 比 A_{UE} 高一个数量级，A_{UD} 一般约为几十倍。

E/D 型放大电路的输入电阻与 E/E 型放大电路的输入电阻类同，其输入电阻很高，一般可达 $10^{10}\Omega$ 以上。

E/D 型放大电路的输出电阻可由图 9-9(b)直接求得

$$R_o = r_{ds1}//R_{o2} = \frac{1}{g_{ds1} + g_{ds2} + g_{mb2}} \tag{9-30}$$

如果 g_{ds1}、$g_{ds2} \ll g_{mb2}$，上式可简化为

$$R_o \approx \frac{1}{g_{mb2}} \tag{9-31}$$

可见，E/D 型放大电路的输出电阻比 E/E 型放大电路的输出电阻大。

9.5.3　CMOS 有源负载放大电路

以上两种 MOS 放大电路均为单一沟道放大电路，它的缺点是无论采用哪种结构形式，都存在衬底调制效应。克服这种效应，可采用 CMOS 放大电路。

所谓 CMOS 放大电路就是由 NMOS 管和 PMOS 管构成的放大电路，电路如图 9-10(a)所示。

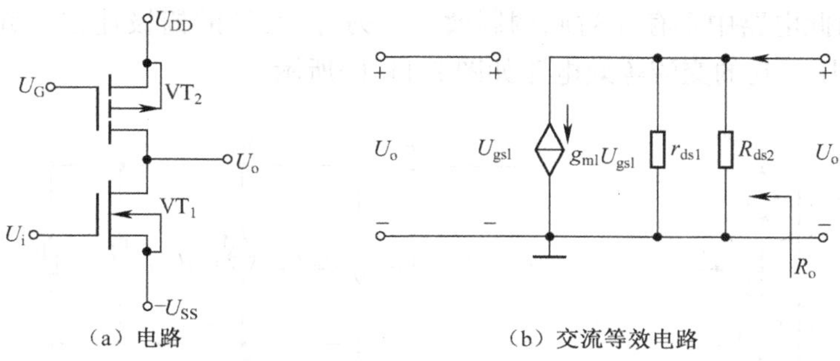

图 9-10　CMOS 有源负载放大电路

图中，VT_1 为放大管，VT_2 为负载管，VT_1、VT_2 均工作在恒流区。VT_1 的衬底接电源 $-U_{SS}$，VT_2 的衬底接电源 U_{DD}，这是因为保证两管衬底构成的 PN 结处于反偏状态。图 9-10(a)的交流等效电路如图 9-10(b)所示。

由等效电路可见，图中不包含衬底调制效应的影响和 VT_2 管的 g_{m2}，这是因为 VT_1 管和 VT_2 管的衬底均与本身的源极相连，故两管的 $U_{BS}=0$。而 VT_2 管的栅极和源极均接固定电位，故 $U_{gs}=0$，因此不包含 g_{m2} 项。

由图 9-10(b)可求得 CMOS 有源负载放大电路的电压增益为

$$A_U=\frac{U_o}{U_i}=-g_{m1}(r_{ds1}//r_{ds2})=-\frac{g_{m1}}{g_{ds1}+g_{ds2}} \tag{9-32}$$

一般 g_{ds} 比 g_m 或 g_{mb} 小一两个数量级。比较式(9-32)、式(9-28)和式(9-22)三种放大电路的电压增益公式可见，在相同工作电流条件下，CMOS 有源负载放大电路的电压增益比其他两种高得多，一般可达几百倍乃至上千倍，其具体值取决于器件的几何尺寸。

这种放大电路的另一个优点是，可以在工作电流 I_D 较低的情况下获得很高的增益，有利于降低静态功耗，这是因为

$$g_{m1}=\sqrt{4KI_{D1}}$$
$$g_{ds1}=\lambda_1 I_{D1}$$
$$g_{ds2}=\lambda_2 I_{D2}$$

而

$$I_{D1}=I_{D2}=I_D$$

将以上各式代入式(9-32)，可得

$$A_U=-\frac{g_{m1}}{g_{ds1}+g_{ds2}}=-\frac{\sqrt{4kI_D}}{I_D(\lambda_1+\lambda_2)}=-\frac{\sqrt{4K}}{\lambda_1+\lambda_2}\cdot\frac{1}{\sqrt{I_D}} \tag{9-33}$$

由上式可知，在恒流区，$A_U\propto\frac{1}{\sqrt{I_D}}$，即工作电流 I_D 越小，电压增益 A_U 越高。

由图 9-10(b)可求得 CMOS 有源负载放大电路的输出电阻为

$$R_o=r_{ds1}//r_{ds2}=\frac{1}{g_{ds1}+g_{ds2}} \tag{9-34}$$

显然，CMOS 有源负载放大电路与 E/E 型、E/D 型 NMOS 放大电路相比较，它的输出电阻比较高。由于这种放大电路具有高增益和低功耗的特点，因而在大规模集成电路中得到了广泛应用。

9.5.4　CMOS 互补放大电路

CMOS 互补放大电路如图 9-11(a)所示。图中，VT_1、VT_2 管的衬底分别与本身的源极相

连，即 $U_{BS}=0$，因此电路中不存在衬底调制效应。另外，两管的栅极连在一起，施加相同的栅极偏压和信号电压。它的交流等效电路如图 9-11(b)所示。

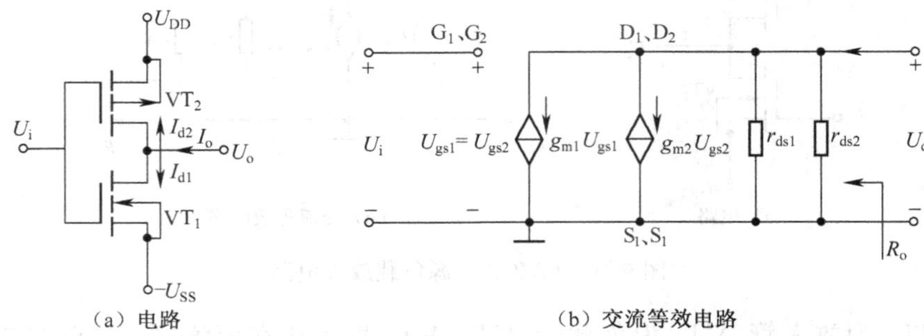

(a) 电路　　(b) 交流等效电路

图 9-11　CMOS 互补放大电路

由图 9-11(b)可知，$U_{gs1}=U_{gs2}=U_i$，所以求得 CMOS 互补放大电路的电压增益为

$$A_U=\frac{U_o}{U_i}=-\frac{(g_{m1}U_{gs1}+g_{m2}U_{gs2})(r_{ds1}//r_{ds2})}{U_i}=-(g_{m1}+g_{m2})(r_{ds1}//r_{ds2}) \qquad (9\text{-}35)$$

如果 $g_{m1}=g_{m2}=g_m$，则

$$A_U=-2g_m(r_{ds1}//r_{ds2})=-\frac{2g_m}{g_{ds1}+g_{ds2}} \qquad (9\text{-}36)$$

由上式可见，CMOS 互补放大电路的电压增益比 CMOS 有源负载放大电路的电压增益更高，若电路参数相等，则 CMOS 互补放大电路的电压增益是 CMOS 有源负载放大电路的两倍。这种电路虽然具有很高的电压增益，但这种电路结构要求在恒流区必须具有合适的直流偏置电平。一般在满足 $U_{DD}=U_{SS}$，$I_{D1}=I_{D2}$ 的条件下，电路的输入、输出直流电平处于中点电位，这样，放大电路在级联应用时，就造成了电平匹配上的困难，因而这种电路形式一般只适用于输出级。为了解决电平匹配问题，可采用图 9-10(a)所示的 CMOS 有源负载放大电路。这种放大电路虽然电压增益比 CMOS 互补放大电路低，但它的偏置要求简单，只要使 VT_2 管的栅源电压有合适的值，使 VT_2 管的静态工作电流 $I_{D2}=I_{D1}$ 即可。

CMOS 互补放大电路的输出电阻与 CMOS 有源负载放大电路的输出电阻相同，仍为

$$R_o=r_{ds1}//r_{ds2}=\frac{1}{g_{ds1}+g_{ds2}}$$

上述 4 种常用 MOS 单级放大电路的主要性能列于表 9-1 中，供参考。

表 9-1　四种常用 MOS 单级放大电路的主要性能比较

电路类型	电　路	增益 $A_U=\frac{U_o}{U_i}$ 表达式	A_U 典型值	输出电阻 R_o 表达式
E/E 型 NMOS 放大电路	U_{DD} VT_2 U_o VT_1 U_i	$\approx-\frac{g_{m1}}{(1+\eta_2)g_{m2}}$	<20 dB	$\frac{1}{(1+\eta_2)g_{m2}}$

续上表

电路类型	电　　路	增益 $A_U=\frac{U_o}{U_i}$ 表达式	A_U 典型值	输出电阻 R_o 表达式
E/D 型 NMOS 放大电路	U_{DD}, VT_2, U_o, VT_1, U_i	$\approx -\frac{1}{\eta_2}\cdot\frac{g_{m1}}{g_{m2}}$	>30 dB	$\frac{1}{g_{mb2}}$
CMOS 有源负载放大电路	U_{DD}, U_G, VT_2, U_o, VT_1, U_i, $-U_{SS}$	$-\frac{g_{m1}}{g_{ds1}+g_{ds2}}$	30～60 dB	$\frac{1}{g_{ds1}+g_{ds2}}$
CMOS 互补放大电路	U_{DD}, VT_2, U_i, U_o, VT_1, $-U_{SS}$	$-\frac{2g_{m1}}{g_{ds1}+g_{ds2}}$	31～66 dB	$\frac{1}{g_{ds1}+g_{ds2}}$

9.5.5　源极跟随器

场效应管构成的源极跟随器，具有输入阻抗高、输出阻抗低、电压增益小于但接近于 1 的特点，在 MOS 集成电路中得到广泛应用。MOS 集成电路中采用的有源负载源极跟随器如图 9-12(a)所示。

计算有源负载的电路如图 9-12(b)所示。由图 9-12(b)可以求得等效负载电阻 R_{O2} 为

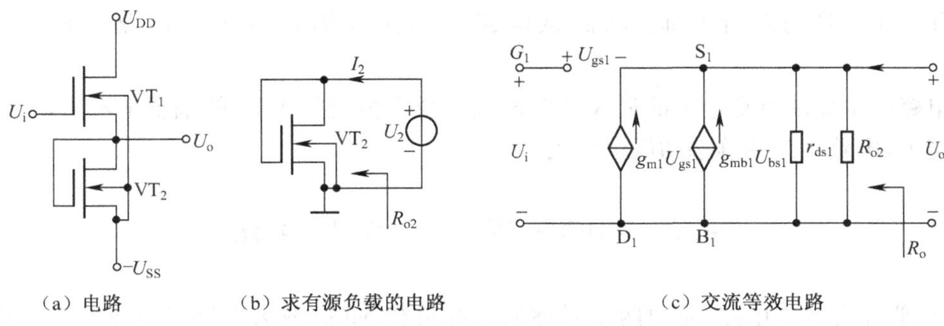

（a）电路　　（b）求有源负载的电路　　（c）交流等效电路

图 9-12　源极跟随器

$$R_{o2}=\frac{1}{g_{m2}}//r_{ds2}\approx r_{ds2} \tag{9-37}$$

所以,其交流等效电路如图 9-12(c)所示。由该等效电路可以得出

$$\begin{cases} U_{gs1} = U_i - U_o \\ U_{bs1} = -U_o \\ U_o = (g_{m1}U_{gs1} + g_{mb2}U_{bs2})(r_{ds1}//r_{ds2}) \end{cases} \tag{9-38}$$

解上式可得

$$A_U = \frac{U_o}{U_i} = \frac{g_{m1}}{g_{m1} + g_{mb1} + g_{ds1} + g_{ds2}} \tag{9-39}$$

通常,g_{ds}比 g_m 小一、二个数量级,忽略 g_{ds}的影响,上式可近似为

$$A_U \approx \frac{g_{m1}}{g_{m1} + g_{mb1}} = \frac{1}{1+\eta_1} \tag{9-40}$$

上式表明,MOS 源极跟随器的电压增益略小于 1。

根据输出电阻的定义,可以画出求输出电阻的电路如图 9-13 所示。

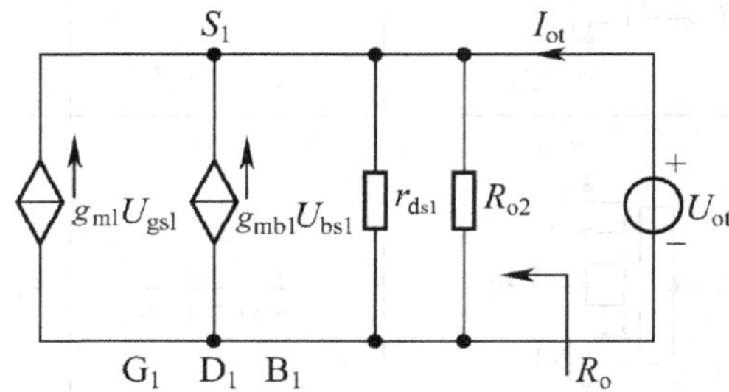

图 9-13　求源极跟随器输出电阻的电路

由图可知

$$\begin{cases} U_{gs1} = -U_{ot} \\ U_{bs1} = U_{gs1} \\ I_{ot} = U_{ot}(g_{ds1} + g_{ds2}) - (g_{m1}U_{gs1} + g_{mb1}U_{bs1}) \end{cases} \tag{9-41}$$

由上式可解得 MOS 源极跟随器的输出电阻

$$R_o = \frac{U_{ot}}{I_{ot}} = \frac{1}{g_{m1} + g_{mb1} + g_{ds1} + g_{ds2}} \approx \frac{1}{g_{m1} + g_{mb1}} = \frac{1}{g_{m1}(1+\eta_1)} \tag{9-42}$$

由于 MOS 管的跨导较低,因而该电路的输出电阻比双极型电路的输出电阻大得多。

该电路的主要缺点是输出的最大负向电流完全由恒流管 VT_2 的偏置电流决定。负向输出电流越大,电路本身的静态功耗也越大。

9.6　MOS 管差分放大电路

MOS 管差分放大电路,是由两个对称的有源负载 MOS 放大电路经电流源耦合构成的,因而有 E/ENMOS、E/DNMOS 和 CMOS 三种基本形式。它具有输入电阻大、输入电流小、输入线性范围大等优点,是 MOS 模拟集成电路中常用的基本单元电路。

如图 9-14 示出了三种基本 MOS 管差分放大电路。

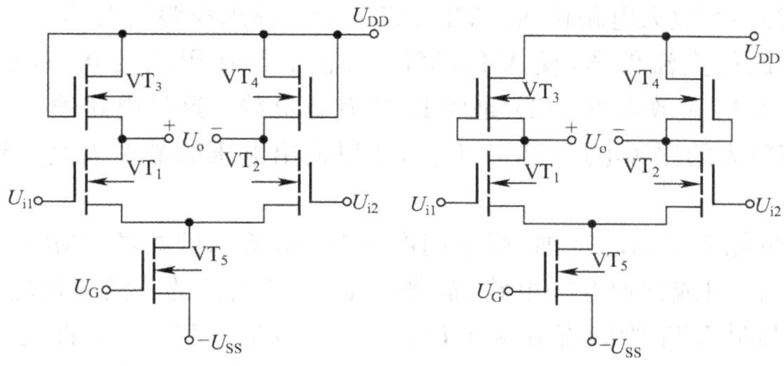

（a）E/E型NMOS差分放大电路　（b）E/D型NMOS差分放大电路

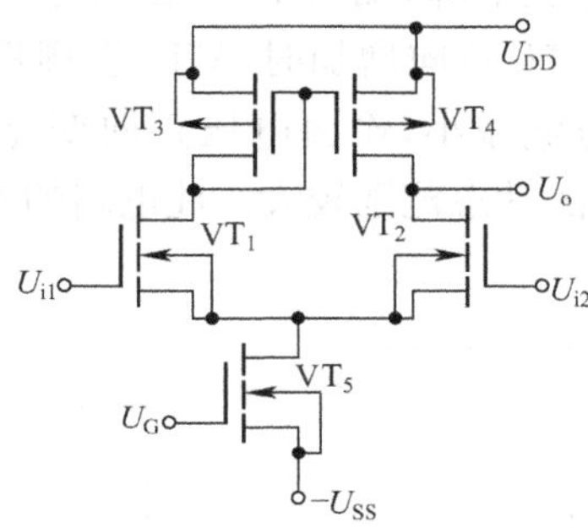

（c）CMOS差分放大电路

图 9-14　基本 MOS 差分放大电路

利用半边电路的概念，很容易求出它们的电压增益及共模抑制比。以图 9-14（b）所示的 E/D 型 NMOS 差分放大电路为例，其差分放大电路双端输出时，差模电压增益 A_{Ud} 为

$$A_{Ud}=\frac{U_{od}}{U_{id}}=-\frac{1}{\eta_3}\frac{g_{m1}}{g_{m3}}=\frac{1}{\eta_3}\sqrt{\frac{W_1/L_1}{W_2/L_2}} \tag{9-43}$$

单端输出差模电压增益 A_{Ud}（单）为

$$A_{Ud}(单)=\frac{1}{2}A_{Ud}=-2\frac{1}{\eta_3}\frac{g_{m1}}{g_{m3}} \tag{9-44}$$

单端输出共模电压增益 A_{Uc}（单）为

$$A_{Uc}(单)\approx-\frac{\frac{1}{\eta_3}\frac{g_{m1}}{g_{m3}}}{1+2(1+\eta_1)g_{m1}r_{ds5}}\approx-\frac{g_{ds5}}{2(1+\eta_1)g_{m2}\eta_3} \tag{9-45}$$

共模抑制比为

$$K_{CMR}(单)=\left|\frac{A_{UD}(单)}{A_{UC}(单)}\right|\approx\frac{g_{m1}(1+\eta_1)}{g_{ds5}} \tag{9-46}$$

上式表明，减小 VT_5 管的 g_{ds5}，可以提高共模抑制比。所以，为了获得较高的共模抑制比，通常将 VT_5 管的沟道设计得较长，以获得较小的 g_{ds5}。

9.7　CMOS 互补功率放大电路

CMOS 互补功率放大电路如图 9-15（a）所示。它的电路形式、工作原理与第 3 章讨论的双极型晶体管互补功率放大电路相同。VT_1、VT_2 为互补源极跟随器,VT_3、VT_4 的栅源电压 U_{GS}为 VT_1、VT_2 提供直流偏压,使 VT_1、VT_2 两管工作在甲乙类状态,VT_5 与 VT_6 组成 CMOS 推动电路,VT_5 是放大管,VT_6 是 VT_5 的有源负载。这种电路输出电阻较大,且由于 MOS 管工作时有较大的栅源电压($U_{GS}>U_T$),所以输出电压的最大幅值受到限制,即电路的动态范围不够大。

为了获得尽可能大的动态范围,可采用图 9-15(b)所示的共源 CMOS 互补功率放大电路。图中 VT_1、VT_2 组成共源互补电路,信号电压 U_o 从它们的公共漏极输出。VT_3 管为源极跟随器。由图显见 VT_1 管的直流偏压 $U_{GS1}=U_{G3}-U_{DD}$,VT_2 管的直流偏压 $U_{GS2}=U_{S3}+U_{SS}$,适当地设计 U_{GS1}、U_{GS2}的值,可以使它工作在甲乙类状态。当输入电压 U_i 正向增加时,VT_1 管栅极电位上升,其漏极电流下降,而 VT_1 管栅极电位上升,其漏极电流加大,输出电压负向变化。同理,当输入电压 U_i 负向增加时,VT_1 管栅极电位下降,其漏极电流增加,而 VT_1 管栅极电位下降,其漏极电流减小,输出电压正向变化。由于此电路为共源组态,所以有一定的电压增益,且输出电压的动态范围较大。此电路的不足之处在于它的输出电阻较大,因而负载能力有限。

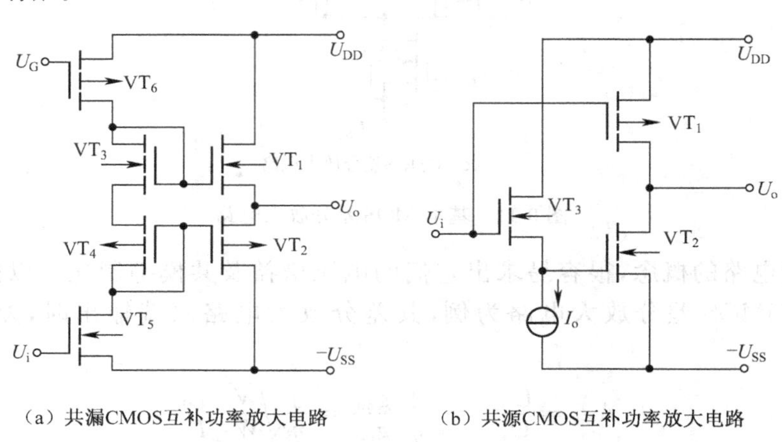

(a) 共漏CMOS互补功率放大电路　　(b) 共源CMOS互补功率放大电路

图 9-15　CMOS 互补功率放大电路

9.8　MOS 模拟开关

模拟开关是电子系统中常用的基本单元电路,用来控制信号的通断。一个理想的模拟开关,应接通时呈短路状态(即接通时电阻为零),关断时呈开路状态(即关断时电阻为无穷大)。开关的工作速度要快,各开关间的隔离度要好。实际的模拟开关是由工作在开关状态的双极型晶体管或 MOS 管构成的。用双极型晶体管构成的模拟开关,其工作速度快,但电路相对复杂;用 MOS 管构成的模拟开关具有电路简单、功耗小、导通电阻小、关断电阻大等一系列优点,因而获得广泛的应用。

9.8.1　单管 MOS 传输门模拟开关

MOS 管之所以能作为开关元件,主要是它具有以下两个特性。

(1)控制端(栅极)与信号通路是绝缘的,因而控制通路与信号通路之间无直流

电流。

(2)当器件接通时，源、漏极之间无直流漂移。因此 MOS 管作开关使用时，可近似于理想开关元件。

从开关应用的角度来讲，N 沟道 MOS 管比 P 沟道 MOS 管好，因为它的载流子迁移率高，导通电阻小，所以一般的单管模拟开关都采用 N 沟道 MOS 管。

用 N 沟道增强型 MOS 管构成的模拟开关电路如图 9-16(a)所示。当 MOS 管的栅压$U_G<U_T$时，T 截止，开关断开；当 MOS 管的栅压 $U_G>U_T$ 时，VT 导通，如果忽略沟道串联电阻，源漏之间可视为短路。因此一个 MOS 模拟开关的等效电路如图 9-16(b)所示。

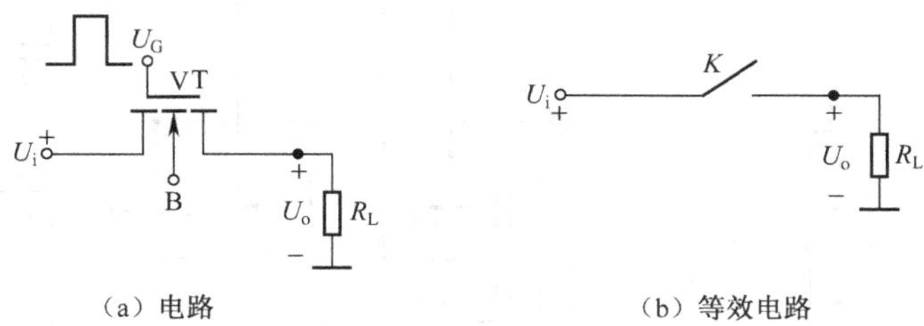

图 9-16　单管 MOS 模拟开关

实际的 MOS 模拟开关，它的导通电阻 R_{on}不为零，而有数十乃至数百欧姆。关断时，由于泄漏电流的存在，电阻也不为无穷大，并且由于寄生电容的影响，开关速度也受到一定的限制。MOS 管作为模拟开关使用时的实际等效电路如图 9-17(b)所示。

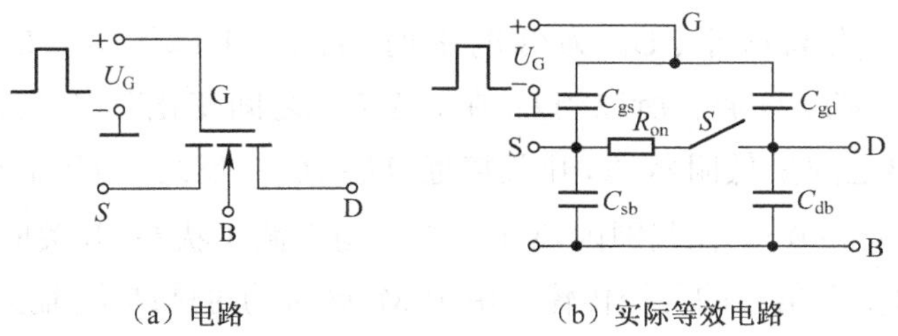

图 9-17　MOS 模拟开关

由第 4 章讨论可知，工作在可变电阻区的 MOS 管，其电压电流关系为

$$i_D \approx \frac{\mu_n C_{ox} W}{L}(u_{GS}-U_T)u_{DS}$$

因而导通电阻为

$$R_{on}=\frac{1}{\mu_n C_{ox}\dfrac{W}{L}(u_{GS}-U_T)} \tag{9-47}$$

上式说明，增加 $\dfrac{W}{L}$ 可以减小 R_{on}，但这将使寄生电容成比例地增加。另外增加 U_{GS}也可以减小 R_{on}，但这又会使控制信号通过寄生电容 C_{gs}、C_{gd}的馈通现象增加。因此，在设计 MOS 模拟开关时，需要综合考虑以上两方面的因素，使 R_{on}和寄生电容都尽可能小。为了减小寄生电容，提高开关速度，应在满足最大允许 R_{on}的条件下，尽可能减小器件的尺寸。

目前,国产小尺寸的MOS开关管的导通电阻一般在数十欧姆,对开关电容电路而言,电路中的电容一般小于40 pF,两者构成的时间常数不难达到100 μs,这对于大多数模拟采样电路,已达到令人满意的程度。

9.8.2 CMOS传输门和CMOS模拟开关

CMOS传输门如图9-18(a)所示。它由N沟道增强型MOS管和P沟道增强型MOS管并接而成,两管源极接在一起,漏极也接在一起,分别作为信号的输入端或输出端。两管栅极分别施加反相的控制信号,高电平为U_{DD},低电平为零。

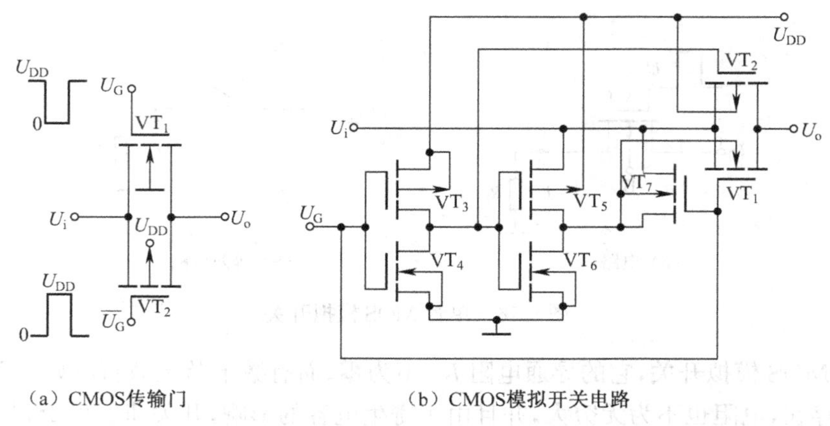

(a) CMOS传输门　　(b) CMOS模拟开关电路

图9-18　CMOS传输门及CMOS模拟开关

当控制信号U_G为高电平、$\overline{U}_G$为低电平时,若$0 \leqslant U_i \leqslant U_{DD}-U_{T1}$,则$VT_1$导通;若$|U_{T2}| \leqslant U_i \leqslant U_{DD}$,则$VT_2$导通。所以当$U_i$在0至$U_{DD}$之间变化时,$VT_1$、$VT_2$中至少有一个是导通的,输入输出之间呈低阻状态,开关接通,$U_o \approx U_i$。反之,当控制信号U_G为低电平、$\overline{U}_G$为高电平时,当U_i在$0 \sim U_{DD}$范围内,VT_1、VT_2均为截止状态,开关断开,$U_o \approx 0$。由此可见,CMOS传输门可实现信号的可控传输。由于MOS管的对称结构,输入与输出端可以互换使用。

CMOS模拟开关是由CMOS传输门和CMOS反相器构成的,一种典型的CMOS模拟开关电路如图9-18(b)所示。图中,VT_1、VT_2构成CMOS传输门;VT_3、VT_4构成CMOS反相器;U_G加到VT_1的栅极作为控制信号,反相器输出$\overline{U}_G$加到VT_2的栅极作为控制信号;而VT_5、VT_6、VT_7组成的反相器是为了减小衬调效应对导通电阻的影响而设置的。图9-18(a)中所示的传输门衬底不是接到自身的源极,而是接到固定电位(地或电源)。当U_i变化时,衬源电压U_{BS}也在变,从而使MOS管的导通电阻随之改变。为了减小衬调效应的影响,将VT_1的衬底接到VT_5与VT_7的源极,即反相器的输出端。这样,当U_G为高电平时,$\overline{U}_G$为低电平,VT_6截止,VT_5、VT_7中至少有一个是导通的,因而VT_1的衬底与输入端接近等电位,这就保证了在U_i的全部工作范围内始终工作在$U_{BS} \approx 0$的状态,消除了衬调效应对VT_1管特性的影响。反之,当U_G为低电平,$\overline{U}_G$为高电平时,VT_6导通,VT_1的衬底接地,且VT_1截止,对开关状态不会产生影响。

9.8.3　MOS 模拟开关的应用举例

在电子设备与模拟集成电路中，模拟开关应用非常广泛。例如，取样保持器，A/D、D/A 转换器、开关电容滤波器等都用到模拟开关。

1. 数控增益放大电路

在介绍数控增益放大电路之前，我们首先介绍作为独立器件提供的单片集成模拟开关电路，常用的有 CD4066、CD4051、CD4052、CD4067 等。

CD4066 是在一个封装内，集成了四个相同的、能独立传送数字和模拟信号的四双向模拟开关。它采用了图 9-18(b) 所示的 CMOS 模拟开关电路，其框图及等效电路分别如图 9-19(a)、(b) 所示。

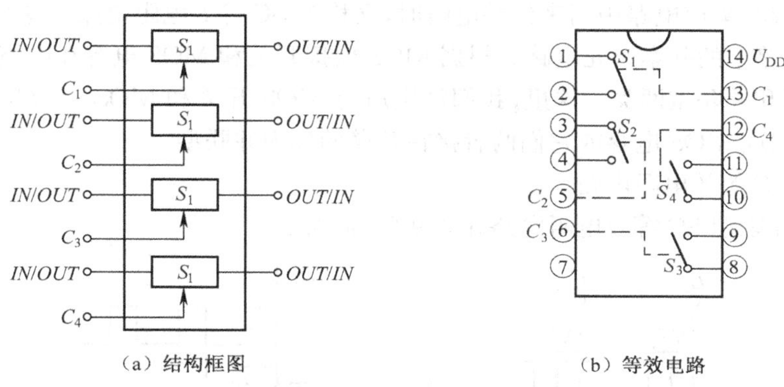

（a）结构框图　　（b）等效电路

图 9-19　CD4066 四双向模拟开关

图中四路开关的通与断分别由 C_1、C_2、C_3 和 C_4 控制，控制关系为：控制信号为高电平时，相应开关接通；控制信号为低电平时，相应开关断开。所以，用 CD4066 可实现对四路信号的可控传输。

由于 CD4066CMOS 四双向模拟开关具有静态功耗低（0.1 μW），导通截止电压比高（65 dB）、可传输的信号上限频率高（40 MHz）、开关间的串扰小（−50 dB）、导通电阻路差 ΔR_{on} 小（<50 Ω）（以上均为典型值）等优点，因此得到广泛应用。

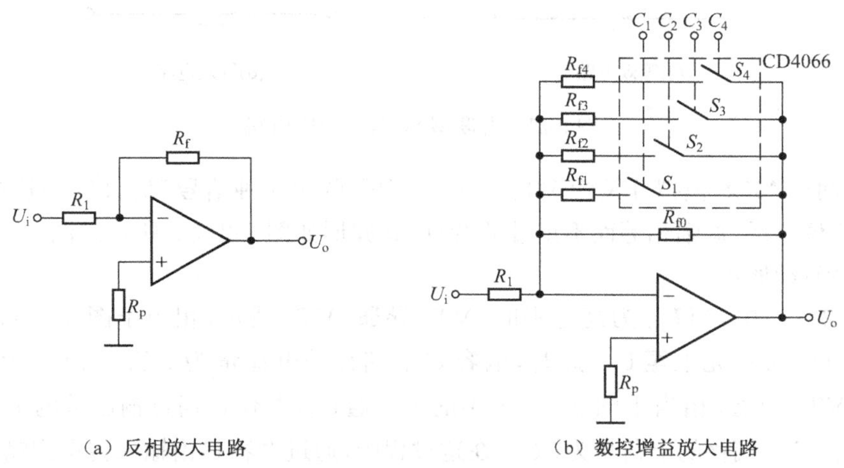

（a）反相放大电路　　（b）数控增益放大电路

图 9-20　模拟开关应用举例

图 9-20(a)所示是用集成运算放大器构成的反相放大电路，其电压增益 $A_U = U_o/U_i = -R_f/R_1$ 。图 9-20(b)所示是将 CD4066 模拟开关集成电路与上述反相放大电路联用构成的数控增益放大电路。

当开关控制信号 $C_1 \sim C_4$ 均为低电平时，$S_1 \sim S_4$ 断开，此时 $R_f = R_{f0}$，电压增益 $A_U = -R_{f0}/R_1$。当 C_1 为高电平，$C_2 \sim C_4$ 为低电平时，S_1 接通，$S_2 \sim S_4$ 断开，此时电压增益 $A_U = -(R_{f0}//R_{f1})/R_1$，…。四路控制信号的高低电平共有 16 种组合，因而电路就有 16 种不同的增益。如果用微机或单片机来产生控制信号 $C_1 \sim C_4$，则可实现对电压增益程序控制。

2. 开关电容电路

开关电容电路简称 SC(Switch Capacitance)电路，它由 MOS 模拟开关和 MOS 电容组成，电路在时钟信号的控制下，完成电荷的存储与转移。

当开关电容在集成电路中用来代替电阻时，又称为 SC 等效电阻电路。这种 SC 等效电阻电路，是集成电路中的基本单元电路。根据 MOS 模拟开关和 MOS 电容在电路中连接方式不同，分为串联型和并联型两类。这里，我们规定所有 MOS 开关和 MOS 电容均接在串臂为串联型，MOS 开关或 MOS 电容或它们两者接在并臂的称为并联型。

1)并联型 SC 等效电阻电路

最基本的并联型 SC 等效电阻电路如图 9-21(a)所示。

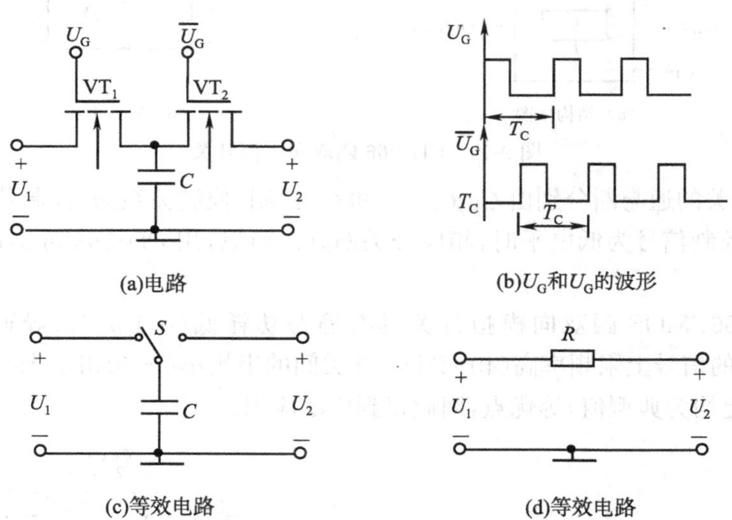

图 9-21　并联型 SC 等效电阻电路

图中的两个 MOS 模拟开关管 VT_1、VT_2 分别受两相时钟信号 U_G、$\overline{U}_G$ 的控制。U_G、$\overline{U}_G$ 具有同频、相位相反、振幅相等而不重叠的特点，其波形如图 9-21(b)所示。图 9-21(a)的等效电路如图 9-21(c)所示。

在图 9-21(a)中，当 U_G 为高电平时，VT_1 导通，VT_2 截止，相当于图 9-21(c)中的 S 接通 U_1，电压 U_1 向 C 充电至 U_1，此时，电容 C 上储存的电荷量为 CU_1；当 U_G 为低电平时，VT_1 截止，VT_2 导通，相当于图 9-21(c)中的 S 接通 U_2，电容 C 通过输出端的负载放电形成电压 U_2，电容 C 上储存的电荷量为 CU_2；在这过程中，通过电容 C 由输入传送到输出的电荷量 ΔQ 为

$$\Delta Q = C(U_1 - U_2) \tag{9-48}$$

假设开关的动作周期为 T_c，则在一个周期内，由输入端传送到输出端的平均电流 $\bar{I}$ 为

$$\bar{I} = \frac{\Delta Q}{T_c} = \frac{C(U_1 - U_2)}{T_c} \tag{9-49}$$

上式的等效电阻为

$$R = \frac{U_1 - U_2}{\bar{I}} = \frac{T_c}{C} = \frac{1}{f_c C} \tag{9-50}$$

由此可见，图 9-21(a)MOS 开关电容电路可等效为一个电阻电路，如图 9-21(d)所示。等效电阻的值与时钟频率 f_c 和电容 C 的乘积成反比，当电容 C 固定时，改变时钟频率 f_c 可调节等效电阻 R 的大小。

一般 MOS 电容的值在 0.1～100 pF 左右，如取 C=1 pF，时钟频率 f_c=100 kHz，则可得到一个 10 MΩ 的等效电阻。一个 1 pF 的 MOS 电容仅需 0.01 mm^2 的衬底面积，约为制造 10 MΩ电阻所需衬底面积的 1%，所以采用 MOS 模拟开关电容电路代替电阻，将大大有利于 MOS 集成电路集成度的提高。

需要指出的是，要用式(9-50)给出的等效电阻 R 代替常规电阻的值，必须满足以下两个条件。

(1)采样频率 f_c(即时钟频率)比信号的最高频率 f_s 高得多，即 $f_c \gg f_s$，才能使被采样的信号不失真地还原。

(2)端电压 U_1 和 U_2 不受开关闭合的影响。避免开关闭合时，引起电路瞬变和瞬时信号电平的变化。

2)串联型 SC 等效电阻电路

常用的串联型 SC 等效电阻电路如图 9-22(a)所示。电路中的时钟信号如图 9-22(b)所示。

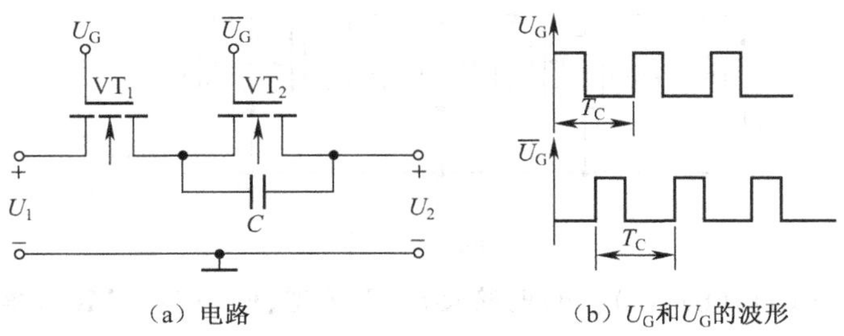

图 9-22　串联型 SC 等效电阻电路

当 U_G 为高电平时，VT_1 导通，VT_2 截止，电容 C 上储存的电荷量为

$$Q = C(U_1 - U_2)$$

当 U_G 为低电平时，VT_1 截止，电容 C 放电，电荷量变为零。在开关接通和断开的一个周期内，电容 C 上的电荷变化量 ΔQ 为

$$\Delta Q = C(U_1 - U_2) \tag{9-51}$$

显然，上式与式(9-48)完全相同，因此，等效电阻 R 的计算式也与式(9-50)相同。

习　题

1. 画出增强型N沟道MOS单管有源负载电路及它的中频交流等效电路。若已知$U_{GS}=4\text{ V}$;$U_T=2\text{ V}$;管子的跨导比$\eta \ll 1$;$\frac{W}{L}=15$;$C_{ox}=3.5\times10^{-8}\text{ F/cm}^2$;$\mu_n=400\text{ cm}^2/(\text{V}\cdot\text{S})$;$g_{ds}\ll g_{mb}$。求电路的负载电阻$R_o$。

2. 画出耗尽型P沟道MOS单管有源负载电路及它的中频交流等效电路。若已知管子的参数:$g_m=40\ \mu\text{A/V}$;$g_{ds}\ll g_{mb}$;跨导比$\eta=0.06$。求电路的负载电阻R_o。

3. 题9-3图为一个几何比电流源,已知基准电流源$I_R=30\ \mu\text{A}$,各器件的W/L值示于图中,求电流I_{o1}和I_{o2}。

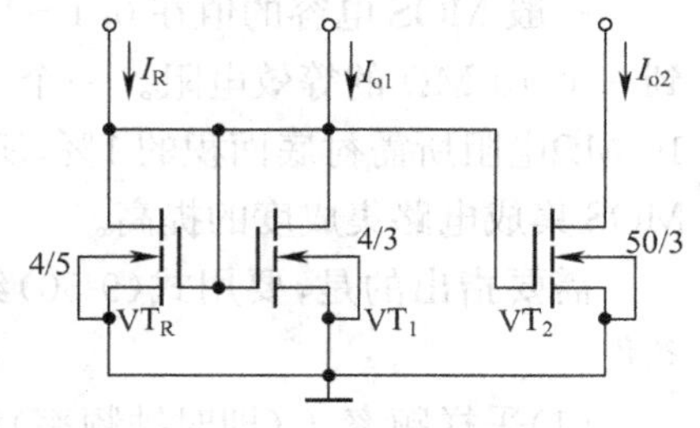

题　9-3图

4. 在题9-4图所示电路中,已知稳压管的稳压值为$U_Z=6\text{ V}$;管子参数:$\mu_p=200\text{ cm}^2/(\text{V}\cdot\text{S})$;$\mu_n=400\text{ cm}^2/(\text{V}\cdot\text{S})$;$C_{OX}=3.5\times10^{-8}\text{ F/cm}^2$;所有管子的开启电压$U_T$均为2 V,求偏置电流$I_{o1}$及$I_{o2}$的值。

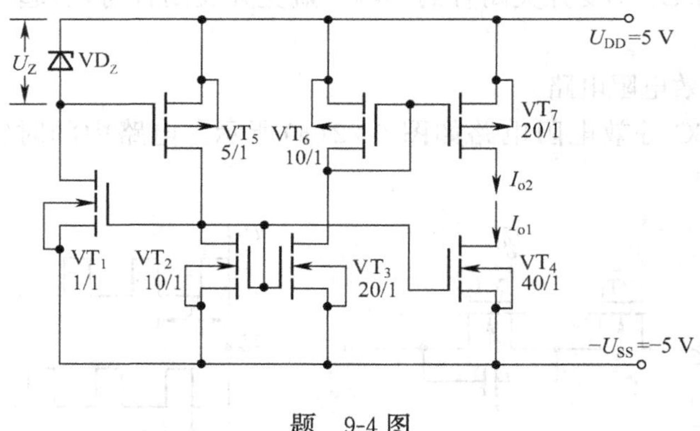

题　9-4图

5. 试将题9-5图(a)、(b)、(c)、(d)电路接成E/E型、E/D型NMOS单极放大器和CMOS

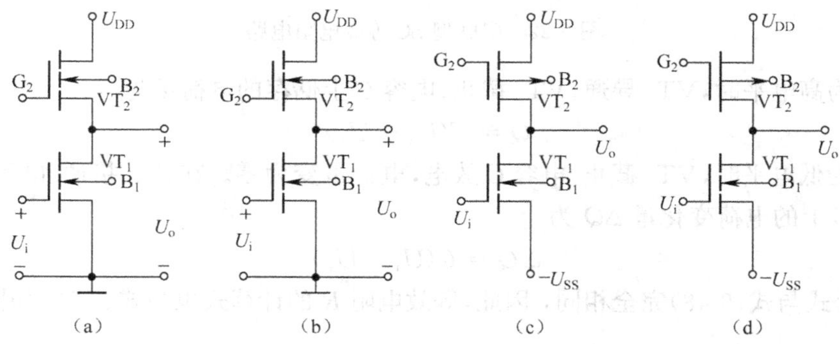

题　9-5图

有源负载放大器、CMOS 互补放大器(将 G_2、B_1、B_2 接到正确电位上)，并指出各电路的 A_U 及 R_o 公式中有无 g_m 及 g_{mb}参数，原因是什么？

6. 题 9-6 图所示为 MOS 集成电路中常用的分相器电路，VT_1 为放大管，VT_2、VT_3 为有源负载管。已知 VT_2、VT_3 的尺寸和结构完全相同，若不考虑衬调效应，试求：

(1)画出中频交流等效电路。

(2)证明两个输出电压 U_{o1}和 U_{o2} 大小相等，相位相反。

7. 题 9-7 图为一个共栅放大器，求电路的电压增益 A_U 和输入电阻 R_i 的表达式。

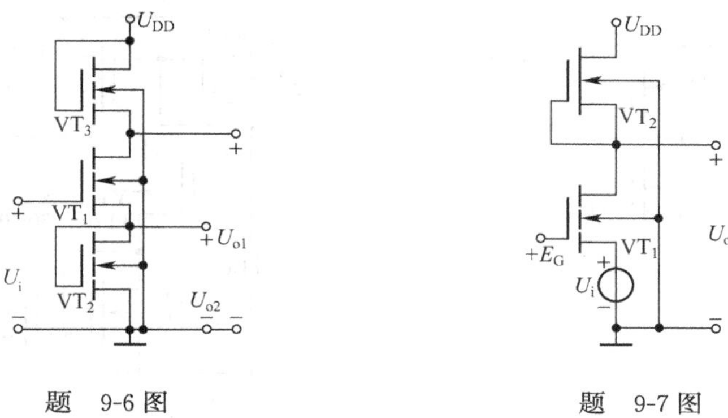

题　9-6 图　　　　题　9-7 图

8. JFET 差放电路如题 9-8 图(a)所示。管子的转移特性曲线如图(b)所示。

(1)求 VT_1、VT_2 及 VT_3 的静态工作点 I_{DQ}、U_{DSQ}。

(2)求差模电压增益 A_{Ud}及差模输入电阻 R_{id}。

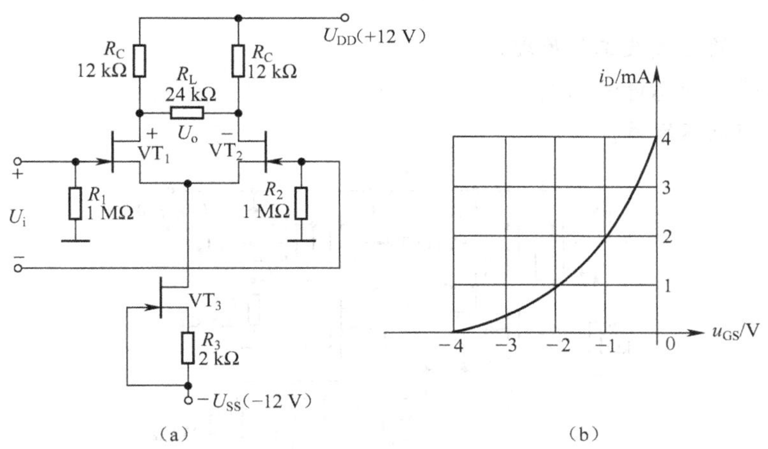

题　9-8 图

9. 在题 9-9 图所示电路中，设 $g_{m1}=g_{m2}=300\ \mu A/V$，$g_{m3}=g_{m4}=200\ \mu A/V$，$\eta_1=\eta_2=\eta_3=\eta_4=0.1$，$r_{ds5}=120\ k\Omega$，$VT_1\sim VT_4$ 的 r_{ds} 可忽略。

(1)求差模电压增益 $A_{Ud}=U_{od1}/(U_{id1}-U_{id2})$、共模电压增益及共模抑制比。

(2)设 T_5 的 $k_p=\mu_n C_{OX}=20\ \mu A/V^2$，$W/L=10$，$U_{T5}=2\ V$，$U_G=-6\ V$。求各管的静态工作电流 I_{DQ}。

10. CMOS 差放电路如题 9-10 图所示。已知 NMOS 管的 $k_p=13.8\ \mu A/V^2$，$U_T=1.5\ V$，

$1/\lambda=50\ \text{V}$;PMOS 的 $K_p=4.6\ \mu\text{A/V}^2$,$U_T=-1\ \text{V}$,$1/\lambda=50\ \text{V}$;$R=140\ \text{k}\Omega$。各管的 W/L 已标在图中。

(1)分析电路的组成。

(2)计算各管的静态电流。

(3)计算电压增益及输出电阻。

(4)若设负载电容 $C_L=5\ \text{pF}$,忽略管子的极间电容,求电路的高频截频 f_H 及转换速率 S_R。

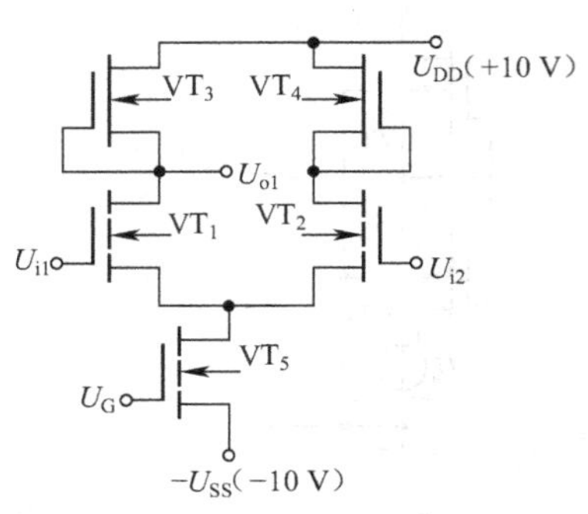

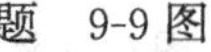
题 9-9 图

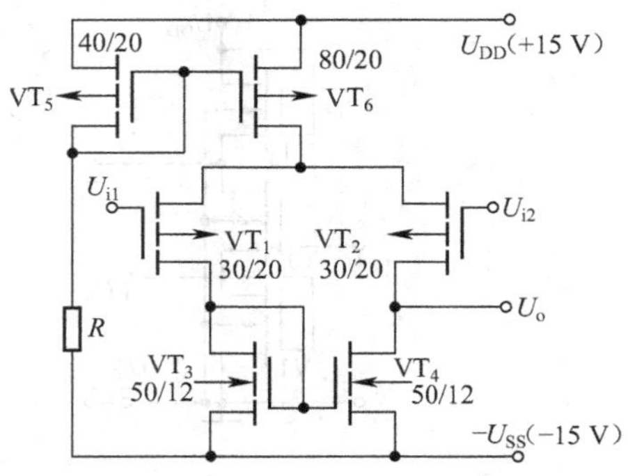

题 9-10 图

11. 差分放大电路如题 9-11 图所示。设 NMOS 管的 $k_p=50\ \mu\text{A/V}^2$,$U_T=1.5\ \text{V}$,$1/\lambda=100\ \text{V}$;PMOS 管的 $k_p=25\ \mu\text{A/V}^2$,$U_T=-1.5\ \text{V}$,$1/\lambda=100\ \text{V}$。各管的 W/L 已标于图中。

(1)分析电路的组成及工作原理。

(2)计算各管的静态电流 I_{DQ}。

(3)计算差模电压增益。

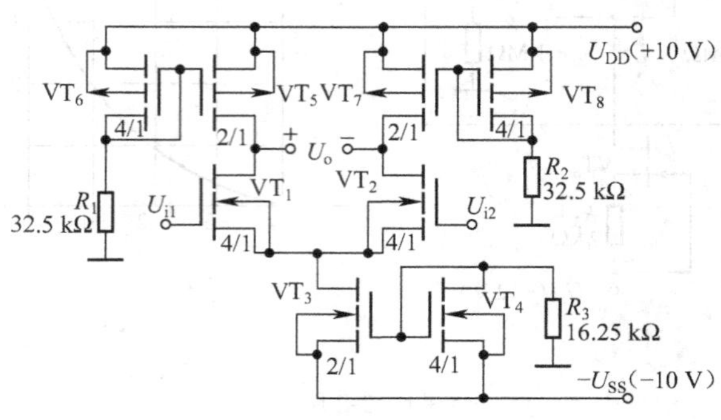

题 9-11 图

12. 电路如题 9-12 所示。其中 1:K,K:1 等为电流源的电流比。

(1)分析电路的组成及工作原理。

(2)求电压增益及输出电阻。

(3)估算电路的高频截频 f_H 及转换速率 S_R。

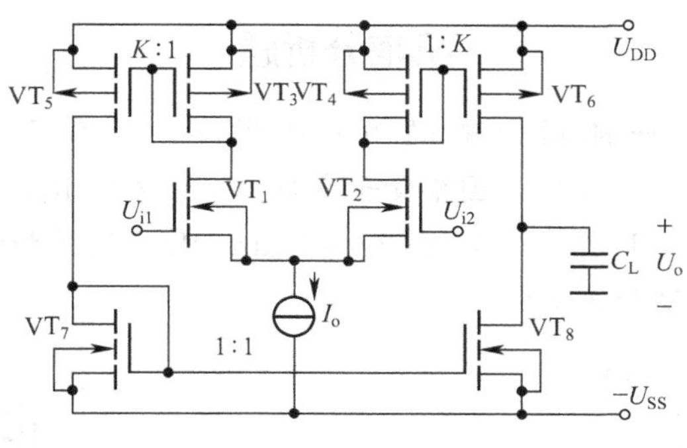

题　9-12 图

13. 题 9-13 图为一个由开关 K 和电容 C 组成的开关电容电路，试画出用 MOS 模拟开关管来代替 K 的等效开关电容电路。若驱动 MOS 管的脉冲频率为 $f_c=50$ kHz，电容 $C=10$ pF，试求开关电容电路的等效电阻 R。

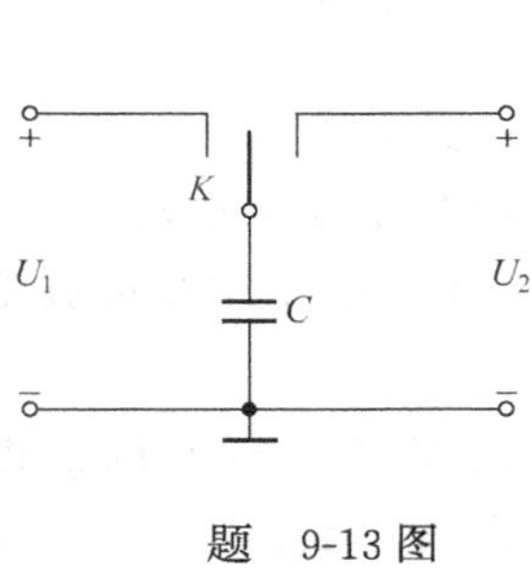

题　9-13 图

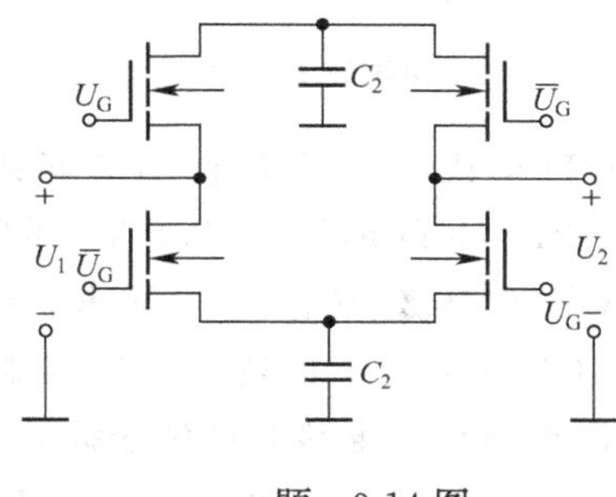

题　9-14 图

14. 图 9-14 是一个 MOS 开关电容等效电路，U_G 和 U_G 为两个同频反相的驱动脉冲信号。

(1)分析电路工作原理。

(2)写出电路等效电阻 R 的表达式。

15. 图 9-15 是一个由两个电容构成的一种开关电容等效电路，U_G 和 $\overline{U}_G$ 为两个同频、反相的驱动脉冲信号。

(1)分析电路工作原理。

(2)写出电路等效电阻 R 的表达式。

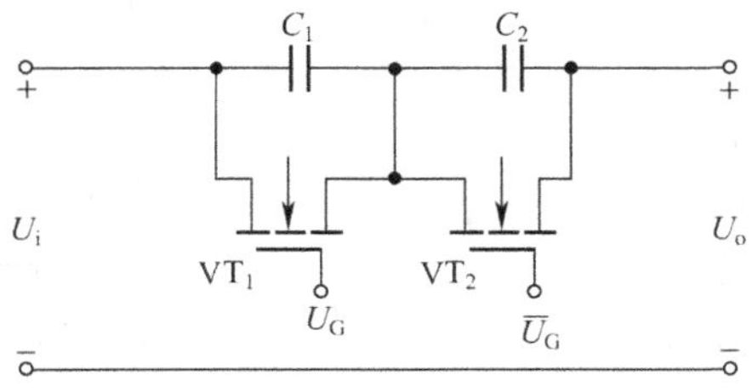

题　9-15 图

机辅分析题

1. E/E 型放大电路如机辅分析题 9-1 图所示。已知 $U_I = u_S + U_G$，其中，u_S：0.1 V/ 1 kHz/0 Deg；$U_G = 2.5$ V 。图中管子参数：V_{TO}=2 V，R_{DS}=30 kΩ，R_D=30 Ω。VT_1 管 L=4 μm，W=64 μm； VT_2 管 L=4 μm，W=4 μm。作交流幅频特性分析，频率为 1～100 kHz，每十倍频 5 个点，绘制 $U_o(jf)$ 。

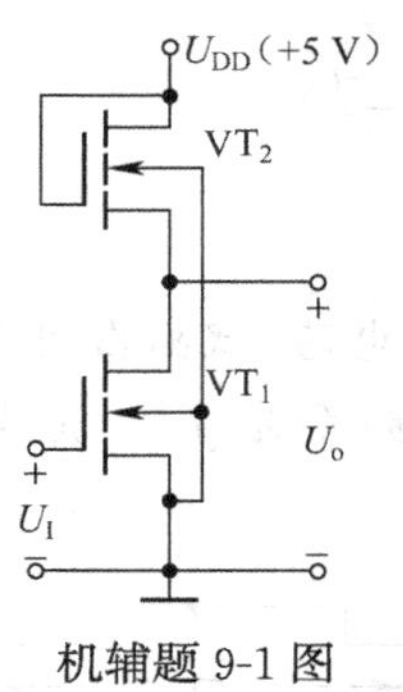

机辅题 9-1 图

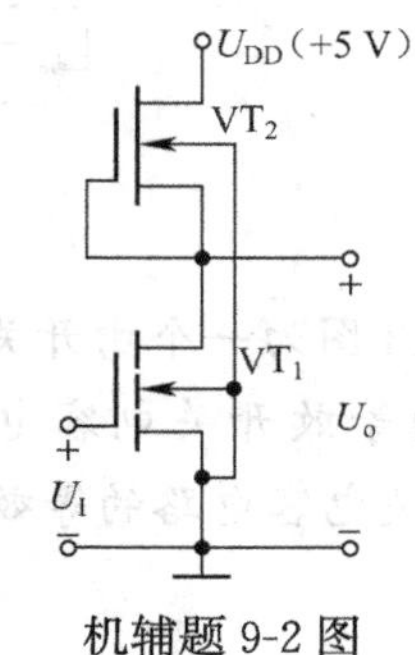

机辅题 9-2 图

2. E/D 型放大电路如机辅分析题 9-2 图所示。已知已知 $U_I = u_S + U_G$，其中，u_S：0.1 V/ 1 kHz/0 Deg，$U_G = 2.5$ V。图中 VT_1 管参数：V_{TO}=2 V，R_{DS}=30 kΩ，L=4 μm，W=64 μm；VT_2 管参数：V_{TO}=−2 V，R_{DS}=30 kΩ，L=4 μm，W=4 μm。作交流幅频特性分析，频率为1～100 kHz，每十倍频 5 个点，绘制$U_o(jf)$。

3. CMOS 放大电路如机辅分析题 9-3 图所示。已知 u_i：1 V/ 1 kHz/0 Deg。图中 VT_1 管参数：V_{TO} = 2 V，R_{DS} = 30 kΩ，L = 10 μm，W = 20 μm；VT_2 管参数：V_{TO} =−2 V，R_{DS}= 30 kΩ，L = 10 μm，W = 20 μm 。试作交流分析，频率为 10～100 kHz，每十倍频 10 个点，绘制$U_o(jf)$。

4. 模拟开关电路如机辅分析题 9-4 图(a)所示。已知 u_i：0.5 V/2 kHz/0 Deg。$R = R_L$ = 10 kΩ，开关管 VT 的参数为 V_{TO} = 2 V，L = 10 μm，W = 20 μm；开关控制信号 U_G 如(b) 所示。作瞬态分析 0 ～ 5 ms，步长 0.5 ms。

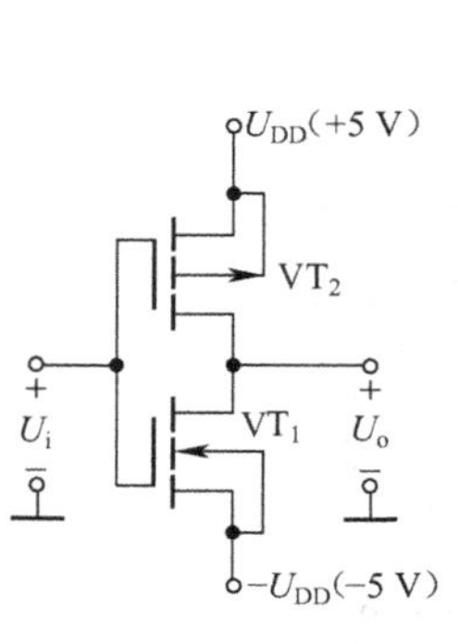

机辅题 9-3 图

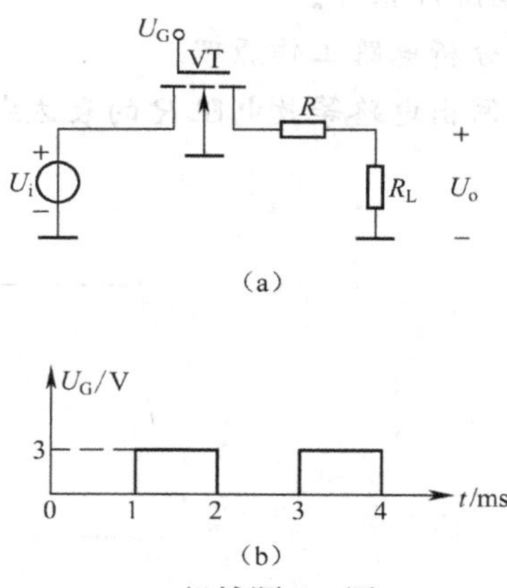

机辅题 9-4 图

第10章 直流电源电路

【内容提要】 双极性晶体管和场效应管都需要直流电压才能正常工作，如何才能获得直流电压？本章将主要介绍如何将交流电压变换成稳定的直流电压，以及整流、滤波和稳压电路的工作原理及技术指标。

10.1 直流稳压电源概述

10.1.1 直流稳压电源的构成

直流稳压电源的作用是将交流电压变成稳定的直流电压输出。直流稳压电源的输入通常是交流电网提供的50 Hz、220 V(单相)或380 V(三相)正弦波，输出是稳定的直流电压。小功率直流稳压电源的组成框图如图10-1所示，由电源变压器、整流电路、滤波电路和稳压电路4部分组成。

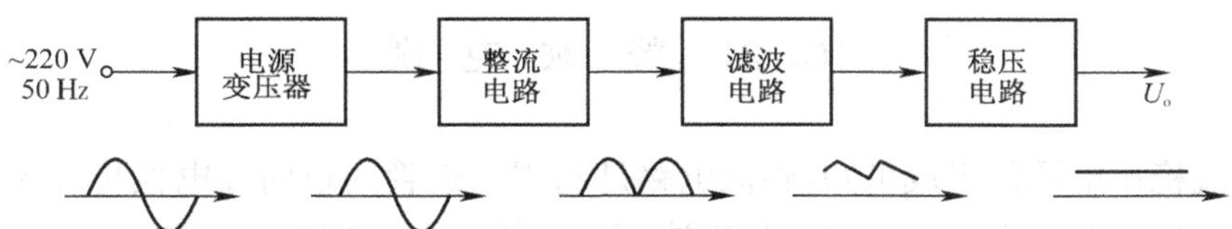

图10-1 直流稳压电源组成框图

电压变压器的作用是降低电压，将220 V或380 V的电网电压降低到所需要的幅值。

整流电路是利用二极管的单向导电性将电源变压器输出交流电压变换成脉动的直流电压。经整流电路输出的电压虽然是直流电压，但有很大的交流分量。

滤波电路是利用储能元件(电感、电容)将整流电路输出的脉动直流电压中的交流成分滤出，输出比较平滑的直流电压。负载电流较小的多采用电容滤波电路，负载电流较大的多采用电感滤波电路，对滤波效果要求高的多采用电容、电感和电阻组成复杂滤波电路。

稳压电路利用自动调整的原理，使输出电压在电网电压波动和负载电流变化时保持稳定，即输出直流电压几乎不变。

10.1.2 直流稳压电源的性能指标

1. 输出电压U_o

稳压电路输出的直流电压，这个电压在负载按要求变化时应该保持稳定。

2. 输出电流I_o

稳压电路输出的直流电流。稳压电路除了提供必要的直流电压以外，还需要提供足够大的直流电流用以驱动负载，即给负载提供足够的功率。

3. 输出功率 P_o

输出功率代表了直流稳压电源向电子电路输出电能的能力,当电源功率不足时,尽管电源电压能满足负载的要求,但由于电源功率的不足,会使电源输出电压下降,进而导致电路不能正常工作。

4. 稳压系数 S_r

稳压系数 S_r 是用来描述稳压电路在输入电压变化时输出电压稳定性的参数。它是指在负载电流不变时,输出电压相对变化量与输入电压变化量之比。

$$S_r = \left.\frac{\Delta U_o/U_o}{\Delta U_I/U_I}\right|_{R_L=\text{常数}} = \left.\frac{\Delta U_o}{\Delta U_I}\cdot\frac{U_I}{U_o}\right|_{R_L=\text{常数}} \tag{10-1}$$

5. 输出电阻 R_o

输出电阻 R_o 反映负载电流变化对输出电压的影响。它是指在直流输入电压 U_I 不变的情况下,输出电压的变化量与输出电流的变化量之比,即

$$R_o = \left.\frac{\Delta U_o}{\Delta I_o}\right|_{U_L=\text{常数}} \tag{10-2}$$

6. 纹波电压

输出电压中的交流分量。反映直流稳压电源中的纹波成分,通常会用表示直流输出电压中相对纹波电压大小的纹波系数 K_γ 表示,即

$$K_\gamma = \frac{U_{o\gamma}}{U_o} \tag{10-3}$$

其中,$U_{o\gamma}$ 为谐波电压总的有效值。

10.2 整 流 电 路

根据直流稳压电源的组成可知,整流电路是利用二极管的单向导电性将交流电压变换成直流电压。常见的几种整流电路有单相半波、全波、桥式和倍压整流电路,在动力用电方面还有三相整流电路,它的工作原理与单相整流电路的工作原理基本相同。

10.2.1 单相半波整流

单相半波整流电路是一种最简单的整流电路,只利用了一只二极管,电路如图 10-2 所示。

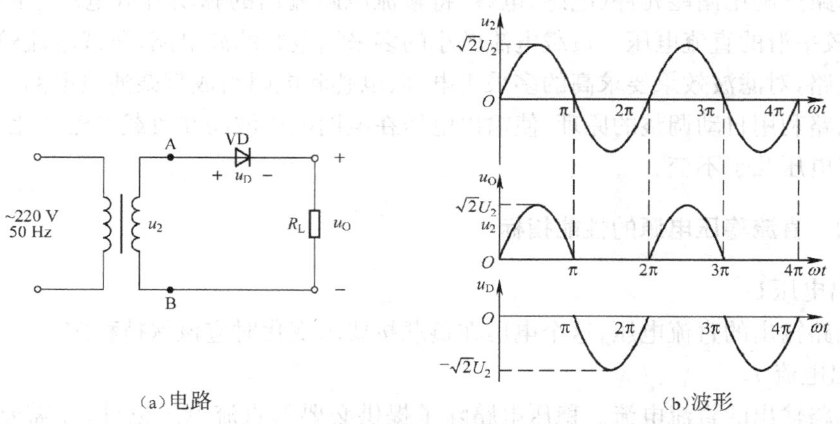

图 10-2 单相半波整流电路

1. 工作原理

图 10-2(a)中变压器的作用是将电网电压降为 u_2，设变压器副边电压为 $u_2 = \sqrt{2}U_2\sin\omega t$，$U_2$ 为有效值。分析时，二极管用理想模型，即正向导通电阻为零，反向截止电阻为无穷大。

在 u_2 的正半周，即 A 为"+"，B 为"−"，二极管 VD 导通，电流经二极管流向负载 R_L，在 R_L上得到一个上正下负的输出电压 u_o，$u_o = u_2$；在 u_2的负半周，二极管 VD 因承受反向电压而截止，电流近似为 0，因而 R_L上的电压为 0，即 $u_o = 0$。由此可见，在负载 R_L 两端得到的输出电压是单方向的，但幅度是变化的，即得到是直流脉动电压，波形图如图 10-2(b)所示。

2. 输出电压平均值 $U_{o(AV)}$ 和输出电流平均值 $I_{o(AV)}$

因为半波整流电路的输出为

$$u_o = \begin{cases} \sqrt{2}U_2\sin\omega t(0 \leqslant \omega t \leqslant \pi) \\ 0(\pi \leqslant \omega t \leqslant 2\pi) \end{cases}$$

则脉动电压 u_o 在一个周期内的平均值 $U_{o(AV)}$ 为

$$U_{o(AV)} = \frac{1}{2\pi}\int_0^{\pi}\sqrt{2}U_2\sin\omega t\,d(\omega t) = \frac{\sqrt{2}}{\pi}U_2 \approx 0.45U_2 \tag{10-4}$$

输出电阻 R_L 的平均电流(直流电流)为

$$I_{o(AV)} = \frac{U_{o(AV)}}{R_L} \approx 0.45 \times \frac{U_2}{R_L} \tag{10-5}$$

3. 二极管的选择

在整流电路中，一般是根据极限参数最大整流平均电路 I_F 和最高反向工作电压 U_R 来选择二极管。由图 10-2(a)所示可知二极管的电流为

$$I_{D(AV)} = \frac{U_{o(AV)}}{R_L} \approx 0.45 \times \frac{U_2}{R_L} \tag{10-6}$$

由图 10-2(b)所示可知二极管承受的最高反向电压为

$$U_{RM} = \sqrt{2}U_2 \tag{10-7}$$

考虑到电网电压有±10%的波动变化，则选择二极管的两个极限参数为

$$\begin{cases} I_F > 0.45 \times \dfrac{1.1U_2}{R_L} \\ U_R > 1.1 \times \sqrt{2}U_2 \end{cases} \tag{10-8}$$

单相半波整流电路的优点是电路结构简单，所用元件少。缺点是输出电压平均值低，且波形脉动大，变压器有变个周期为零，利用率低。所以使用局限性很大，只适用于输出电流较小且允许交流分量较大的场合。

10.2.2 单相全波整流

1. 工作原理

单相全波整流电路如图 10-3(a)所示，波形图如图 10-3(b)所示。设变压器副边电压为 $u_2 = \sqrt{2}U_2\sin\omega t$，$U_2$ 为有效值。二极管为理想模型，即正向导通电阻为零，反向截止电阻为无穷大。

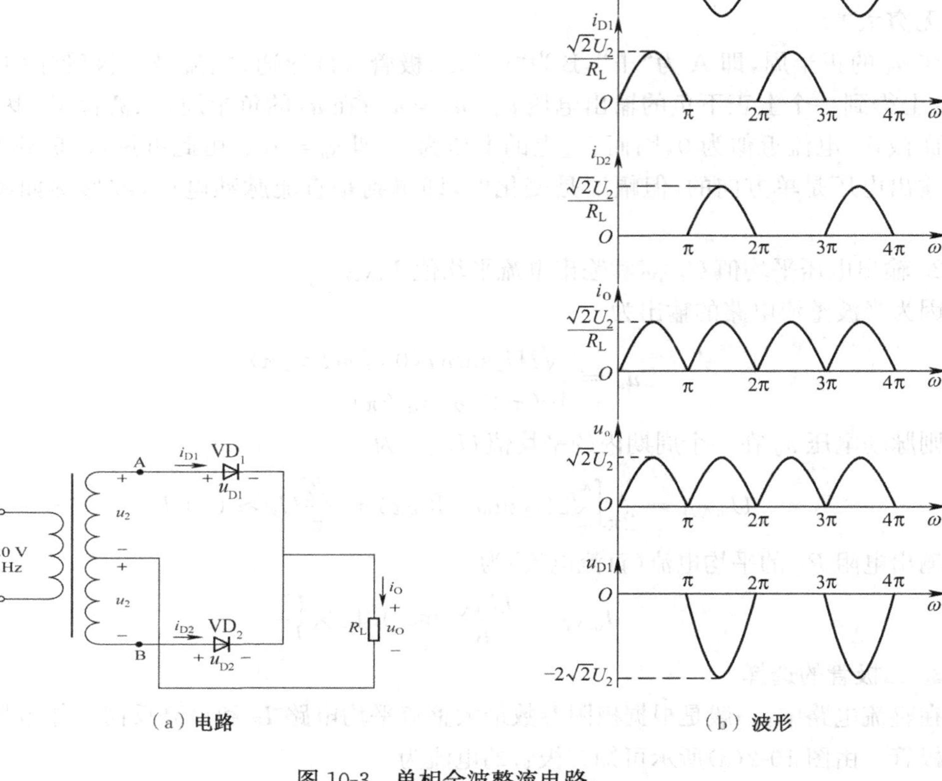

（a）电路　　（b）波形

图 10-3　单相全波整流电路

若电源变压器副边 u_2 为正半周，即 A 为"＋"，B 为"－"，二极管 VD_1 导通，VD_2 截止，则 $u_O=u_2$。在 u_2 为负半周，即 A 为"－"，B 为"＋"，二极管 VD_1 截止，VD_2 导通，则 $u_o=u_2$。由图 10-3(a)可以看出，无论是在 u_2 的正半周，还是在 u_2 的负半周，负载 R_L 上的电流 i_o 的方向始终没有变化，即为直流。因此，输出电压 u_o 也为直流。i_o 和 u_o 的波形如图 10-3(b)所示是脉动直流，由于 u_2 的正、负半周 VD_1、VD_2 轮流导通，在 R_L 上都有输出，所以是全波整流。

2. 输出电压平均值 $U_{o(AV)}$ 和输出电流平均值 $I_{o(AV)}$

单相全波整流电路输出电压平均值 $U_{o(AV)}$ 和输出电流平均值 $I_{o(AV)}$ 为

$$U_{o(AV)}=\frac{1}{\pi}\int_0^{\pi}\sqrt{2}U_2\sin\omega t\,\mathrm{d}(\omega t)=\frac{2\sqrt{2}}{\pi}U_2\approx 0.9U_2 \tag{10-9}$$

$$I_{o(AV)}=\frac{U_{o(AV)}}{R_L}\approx 0.9\times\frac{U_2}{R_L} \tag{10-10}$$

3. 二极管的选择

由于全波整流电路中的每只二极管只在半个周期导通，因而流过二极管的平均电流只是输出电流的一半，即

$$I_{D(AV)}=\frac{I_{o(AV)}}{2}=0.45\times\frac{U_2}{R_L} \tag{10-11}$$

由图 10-3(a)可以看出，在 u_2 的正半周，VD_1 导通，VD_2 截止，VD_2 所承受的反向电压为 $2u_2$，负半周时 VD_1 同样承受的反向电压为 $2u_2$。所以二极管承受的最高反向电压为

$$U_{RM}=2\sqrt{2}U_2 \tag{10-12}$$

考虑到电网电压有±10%的波动变化，则选择二极管的两个极限参数为

$$\begin{cases} I_F > 0.45\times\dfrac{1.1U_2}{R_L} \\ U_R > 1.1\times 2\sqrt{2}U_2 \end{cases} \tag{10-13}$$

单相全波整流电路与半波整流电路相比，提高了电源的利用率，在 u_2 相同的情况下，其输出电压和输出电流的平均值是半波整流的二倍，交流分量也减小了。但是全波整流电路的电源变压器需要中心抽头，为保证输出均匀，中心抽头两边的线圈需要对称。因此，带中心抽头的变压器制作比较麻烦。

10.2.3　单相桥式整流

1. 工作原理

单相桥式整流电路如图 10-4 所示，设变压器副边电压为 $u_2=\sqrt{2}U_2\sin\omega t$，$U_2$ 为有效值。分析时，二极管用理想模型，即正向导通电阻为零，反向截止电阻为无穷大。

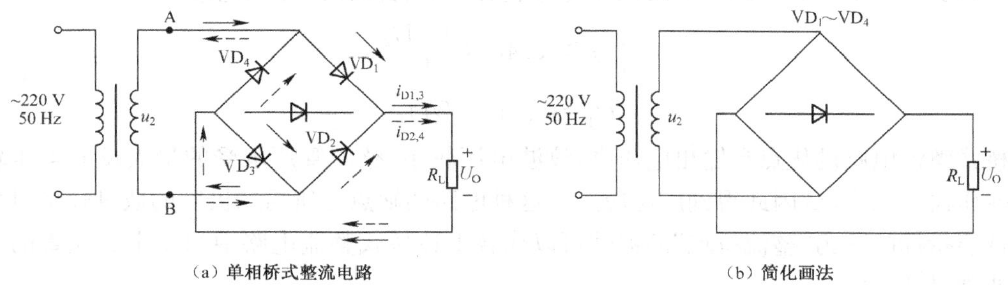

(a) 单相桥式整流电路　　(b) 简化画法

图 10-4　单相桥式整流电路

当 u_2 为正半周时，即图 10-2(a)中 A 为“+”，B 为“−”，二极管 VD_1、VD_3 导通，VD_2、VD_4 截止，电流 $i_{D1,3}$ 由 A 点通过 VD_1、R_L、VD_3 流入 B 点，如图中实线箭头所示。因为二极管为理想二极管，所以负载电阻 R_L 上电压等于变压器副边电压，即 $u_O=u_2$，VD_2 和 VD_4 所承受的反向电压为 $-u_2$。

当 u_2 为负半周时，即图 11-2(a)中 A 为“−”，B 为“+”，二极管 VD_1、VD_3 截止，VD_2、VD_4 导通，电流 $i_{D2,4}$ 由 B 点通过 VD_2、R_L、VD_4 流入 A 点，如图中虚线箭头所示。因为二极管为理想二极管，VD_2 和 VD_4 所承受的反向电压为 U_{2m}。

这样，VD_1、VD_2 和 VD_3、VD_4 交替导通，使得 R_L 上在 u_2 的整个周期内都有电流通过，且电流方向不变，形成脉动直流电压和直流电流。单相桥式整流电路的电压和电流波形图如图 10-5 所示。

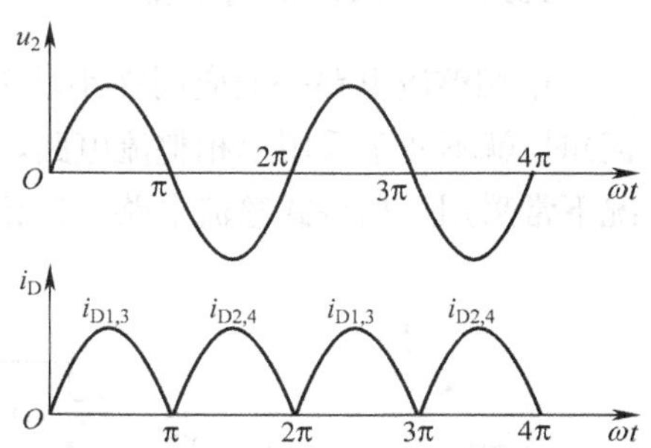

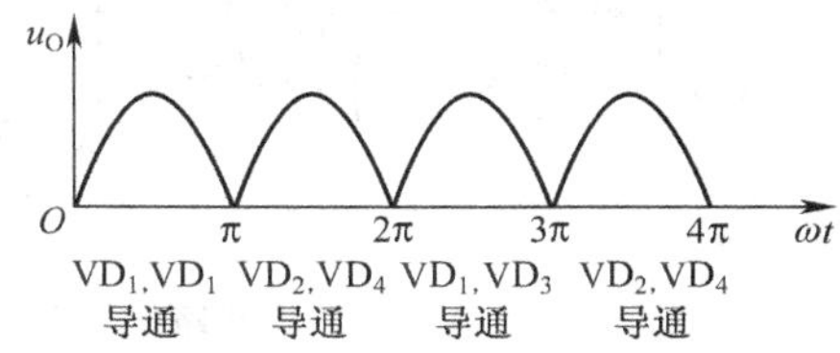

图 10-5　单相桥式整流电路波形图

2. 输出电压平均值$U_{o(AV)}$和输出电流平均值$I_{o(AV)}$

单相桥式整流电路输出电压平均值$U_{o(AV)}$和输出电流平均值$I_{o(AV)}$为

$$U_{o(AV)} = \frac{1}{\pi}\int_0^{\pi}\sqrt{2}U_2\sin\omega t\,d(\omega t) = \frac{2\sqrt{2}}{\pi}U_2 \approx 0.9U_2 \tag{10-14}$$

$$I_{o(AV)} = \frac{U_{o(AV)}}{R_L} \approx 0.9 \times \frac{U_2}{R_L} \tag{10-15}$$

3. 二极管的选择

由于桥式整流电路中的每只二极管只在半个周期导通,因而流过二极管的平均电流只是输出电流的一半,即

$$I_{D(AV)} = \frac{I_{o(AV)}}{2} = \frac{1}{2}\times\frac{U_{o(AV)}}{R_L} = 0.45\times\frac{U_2}{R_L} \tag{10-16}$$

由图 10-5 可以看出,在u_2的正半周时,VD_1、VD_3导通,VD_2、VD_4截止。此时VD_2、VD_4所承受的最大反向电压为u_2的最大值,即

$$U_{RM} = \sqrt{2}U_2 \tag{10-17}$$

同理,在u_2的负正半周时,VD_2、VD_4导通,VD_1、VD_3截止。此时VD_1、VD_3也承受同样大小的反向电压。

考虑到电网电压有±10%的波动变化,则选择二极管的两个极限参数为

$$\begin{cases} I_F > 0.45 \times \dfrac{1.1U_2}{R_L} \\ U_R > 1.1 \times \sqrt{2}U_2 \end{cases} \tag{10-18}$$

桥式整流电路的优点是输出电压高,纹波电压较小,整流管所承受的最大反向电压较低,电源变压器利用率高,因此得到广泛应用。这种电路的缺点是所需二极管的数量较多,目前有不同性能指标的称为“整流桥堆”的器件可以代替上述桥式整流电路中的 4 个二极管的作用,使用非常灵活方便。

10.2.4 三相桥式整流

单相整流电路一般应用在小功率场合,当某些供电场合需要整流电路输出功率较大(数千瓦)时,就不便于采用单相整流电路,因为它会造成三相电网负载不平衡,影响供电质量。这种情况下常采用三相桥式整流电路。三相桥式整流电路如图 10-6(a)所示,图 10-6(b)是波形图。

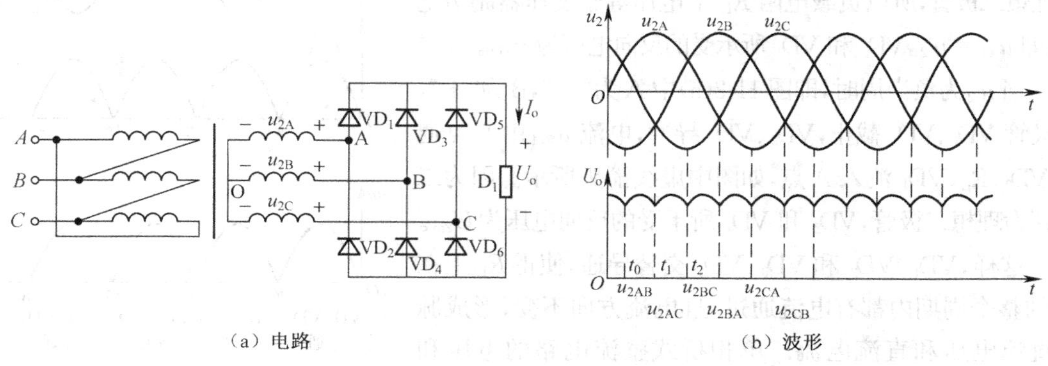

(a) 电路　　(b) 波形

图 10-6　三相桥式整流电路

1. 工作原理

图 10-6(a)所示三项整流电路中采用了由三相变压器和 6 个二极管组成。三相变压器原边接成三角形，变压器副边接成星形。设 $u_{2A}=u_{2B}=u_{2C}=\sqrt{2}U_2\sin\omega t$ 由图 10-6(b)可见，在 $t_0\sim t_1$ 期间 u_{2A} 电压最高，即 A 点电位最高，则二极管 VD_1 导通，VD_1 导通后使 VD_3、VD_5 承受反向电压而截止；同时 u_{2B} 电压最低，即 B 点电位最低，所以 VD_4 导通，VD_4 导通后使 VD_2、VD_6 承受反向电压而截止。在 $t_0\sim t_1$ 期间电流的通路为

$$A\rightarrow VD_1\rightarrow R_L\rightarrow VD_4\rightarrow B$$

负载 R_L 两端的电压为线电压 u_{2AB}。同理在 $t_1\sim t_2$ 期间 u_{2A} 电压最高，即 A 点电位最高，二极管 VD_1 导通，VD_1 导通后使 VD_3、VD_5 承受反向电压而截止；同时 u_{2C} 电压最低，即 C 点电位最低，所以 VD_6 导通，VD_6 导通后使 VD_2、VD_4 承受反向电压而截止。在 $t_1\sim t_2$ 期间电流的通路为

$$A\rightarrow VD_1\rightarrow R_L\rightarrow VD_6\rightarrow C$$

负载 R_L 两端的电压为线电压 u_{2AC}。其余可以以此类推。由图 10-6(b)可知，每组二极管每隔 5/6 周期轮流导通，而每个二极管导通 1/3 周期，任何时刻负载上的电压 u_o 均为变压器副边的线电压，其大小等于变压器副边三相相电压的上下包络线间的垂直距离所对应的电压值。

2. 输出电压平均值 $U_{o(AV)}$ 和输出电流平均值 $I_{o(AV)}$

考虑到 u_{2AB} 比 u_{2A} 超前 30°，所以三相桥式整流电路输出电压平均值 $U_{o(AV)}$ 为

$$U_{o(AV)}=\frac{1}{\frac{\pi}{3}}\int_{\frac{\pi}{6}}^{\frac{\pi}{2}}\sqrt{2}U_{AB}\sin\omega t\,d(\omega t-30^\circ)=\frac{3}{\pi}\int_{\frac{\pi}{6}}^{\frac{\pi}{2}}\sqrt{2}\sqrt{3}U_2\sin\omega t\,d(\omega t-30^\circ)=2.34U_2 \tag{10-19}$$

输出电流平均值 $I_{o(AV)}$ 为

$$I_{o(AV)}=\frac{U_{o(AV)}}{R_L}=2.34\times\frac{U_2}{R_L} \tag{10-20}$$

3. 二极管的选择

由于在一个周期中，每个二极管只有三分之一的时间导通（导通角为 120°），因此流过每个二极管的平均电流为

$$I_{D(AV)}=\frac{I_{o(AV)}}{3}=0.78\times\frac{U_2}{R_L} \tag{10-21}$$

每个二极管所承受的最高反向电压为变压器副边线电压的幅值

$$U_{RM}=\sqrt{3}\cdot\sqrt{2}U_2 \tag{10-22}$$

三相桥式整流电路与单相桥式整流电路相比的优点是输出电压的脉动小，三相电源负载平衡。

10.3　滤 波 电 路

滤波电路的作用是滤除整流输出电压中的交流成分，保留直流成分，可以使整流电路产生的脉动直流电压的波形变得平滑，更接近理想的直流电压。滤波电路一般是由电抗元件组成的，是利用电抗元件的储能作用完成对电压波形的平滑作用。例如，并联的电容 C 在电源供

给的电压升高时，能把部分能量储存起来，当电源电压降低时，就把能量释放出来，使负载电压变得比较平滑；与负载串联的电感 L 在电源供给的电流增加时，能把能量储存起来，当电流减小时，又把能量释放出来，使负载电流变得比较平滑。

10.3.1 电容滤波电路

1. 工作原理

在整流电路的输出，即在负载 R_L 两端并联一个电容 C，就构成电容滤波电路。这里以单相桥式整流电容滤波电路为例，分析其工作原理。而其他整流电路加电容滤波电路与其工作原理相似。单相桥式整流滤波电路如图 10-7(a)所示，电路中是在整流电路的输出端与负载之间并联一个电容，因为此电容的容量较大，通常采用有极性电容，所以使用时要注意电容的正、负极性不要接错。在电路中整流输出电压除了向负载供电外，还要使电容充电。单相桥式整流电容滤波电路的输出电压波形如图 10-7(b)所示，图中虚线部分是未加滤波电路时输出电压的波形。

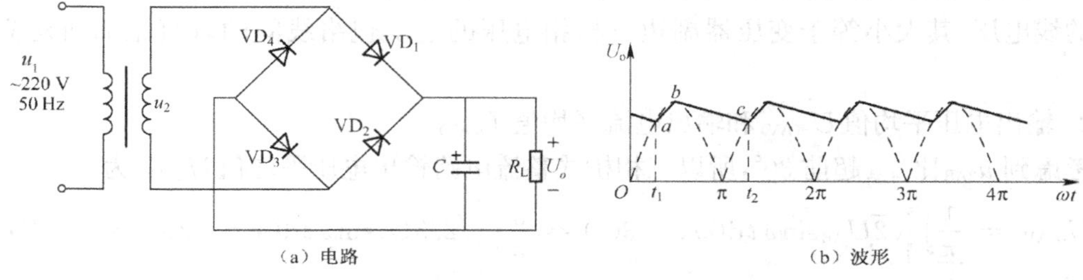

图 10-7 单相桥式整流电容滤波电路

在 u_2 正半周 $t>t_1$ 时，u_2 大于电容两端电压 u_C，VD_1、VD_3 导通，VD_2、VD_4 截止，电容充电，输出电压 u_o 与电容充电电压相同如图 10-7(b)中 a～b 段电压波形；电容充电到达 b 点后，u_2 小于 u_C 则电路中所有二极管均截止，电容对负载电阻 R_L 放电，u_o 与电容放充电电压相同如图 10-7(b)中 b～c 段电压波形。在 u_2 负半周 $t<t_2$ 时，u_2 小于 u_C 仍然小于 u_C 电路中所有二极管继续截止，电容继续放电；当 $t>t_2$ 时 u_2 大于 u_C，VD_2、VD_4 导通，VD_1、VD_3 截止，电容充电。如此周而复始，电容有规律周期性充、放电，使整流输出电压得到平滑。上述现象利用电容对交、直流分量容抗的差别也可以理解，正是由于滤波电容对交流分量的容抗很小，将其分流，使负载电阻上交流电流减小，输出电压的纹波减小；正是由于滤波电容对直流分量的容抗无穷大及其储能作用，使输出电压平均值增大。

由图 10-7(b)可以看出滤波后输出电压波形的平滑程度与电容的放电有很大关系，电容放电时间常数为 R_LC，R_LC 越大放电就越慢，输出电压就越平滑，纹波就越小，平均值就越大。不同 R_LC 的输出电压波形如图 11-8 所示。

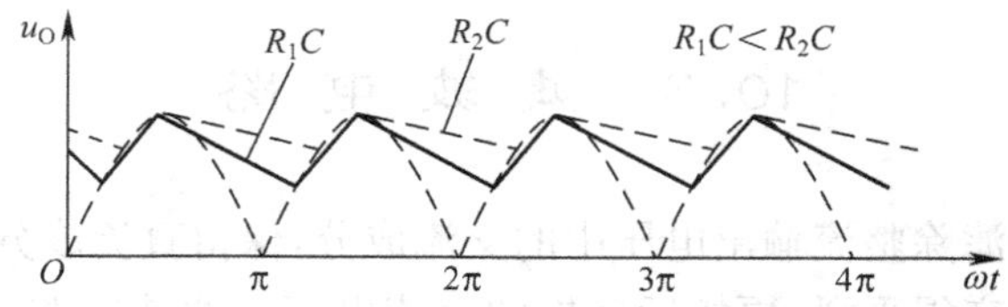

图 10-8 不同 R_LC 的输出电压波形

2. 整流二极管的导通角

在未加电容滤波时，整流电路中整流二极管在变压器副边电压的半周导通，即既导通角为 π。在采用电容滤波后，整流二极管的导通角小于 π。$R_L C$ 越大，在一个周期内充电时间就越短，即二极管的导通角越小。由于电容上电压不能突变，所以在二极管导通时，会因整流电路内阻很小而流过很大的冲击电流，而且导通角越小，冲击电流越大，越影响二极管寿命。因此在选择整流二极管时，最大整流平均电流 I_F 要留有充分余地，通常要大于无电容时的 2～3 倍。当负载电阻很小，负载电流很大时，如 2 A 以上，整流二极管的选取就比较困难，因而考虑采用整流桥堆代替，或采用电感滤波电路。

3. 滤波电容的选择

从理论上讲，滤波电容越大，放电过程越慢，输出电压越平滑，平均值也越高。但实际上，电容量越大，不但体积大，而且会使整流二极管流过的冲击电流更大。因此，对于桥式整流电路，通常滤波电容的选择应满足

$$R_L C \geqslant (3 \sim 5)\frac{T}{2} \tag{10-23}$$

式中 T 为输入电压 u_2 的周期。一般选择几十至几千微法的电解电容。考虑到电网电压的波动范围为±10%，电解电容的耐压值应大于 $1.1\sqrt{2}U_2$，且应按电容的正、负极性将其接入电路。

4. 输出电压平均值 $U_{o(AV)}$

当放电时间常数满足式(10-23)时，可以得到输出电压平均值 $U_{o(AV)}$ 为

$$U_{o(AV)} \approx 1.2U_2 \tag{10-24}$$

当 C 值一定，$R_L = \infty$，即空载时有

$$U_{o(AV)} = \sqrt{2}U_2 \approx 1.4U_2$$

当 $C=0$，即无电容时有

$$U_{o(AV)} \approx 0.9U_2$$

电容滤波电路电路简单，负载直流电压较高，纹波也较小，它的缺点是输出特性较差，故适用于负载电压较高，负载变动不大的场合。

【例 10-1】 如图 10-9 示电路，已知交流电源频率 $f=50$ Hz，$R_L=200\ \Omega$，要求直流输出电压 $U_o=30$ V，选择整流二极管和滤波电容。

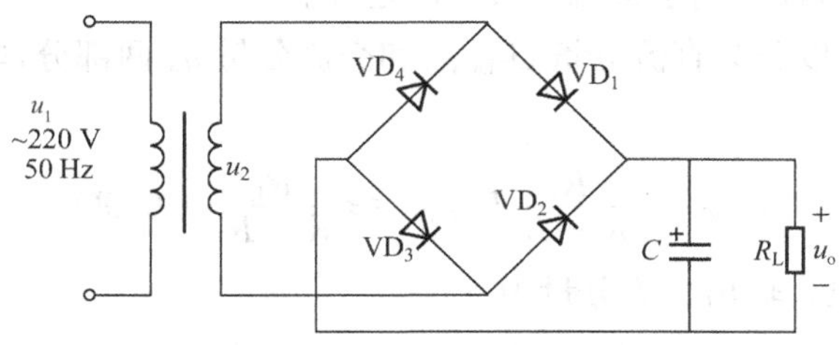

图 10-9　桥式整流滤波电路

解：(1)选择二极管

根据公式(10-16)，可求出二极管电流

$$I_{D(AV)} = \frac{I_{o(AV)}}{2} = \frac{1}{2} \times \frac{U_{o(AV)}}{R_L} = \frac{1}{2} \times \frac{30}{200} = 75\ \text{mA}$$

根据公式(10-24),可得

$$U_2=\frac{U_{o(AV)}}{1.2}=\frac{30}{1.2}=25\ \mathrm{V}$$

由公式(10-17),可得二极管承受的反向电压为

$$U_{RM}=\sqrt{2}U_2=35\ \mathrm{V}$$

则二极管平均整流电流 $I_F>I_{o(AV)}=75\ \mathrm{mA}$,反向工作电压 $U_R>U_{RM}=35\ \mathrm{V}$。

(2)选择电容

因为 $T=\frac{1}{f}$,则根据公式(10-23)有

$$R_LC=5\times\frac{T}{2}=0.05\ \mathrm{s}$$

所以 $C=250\ \mu\mathrm{F}$ 。

10.3.2 其他滤波电路

1. 电感滤波电路

因为电感的电抗等于 ωL,对于直流分量的电抗近似为0,交流分量的电抗可以很大。因此,将其串联在整流电路的输出端与负载之间,也能获得很好的滤波效果,电感滤波电路如图11-10所示。

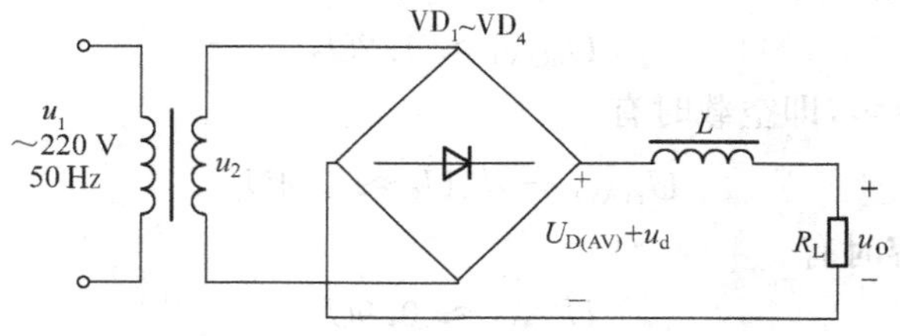

图10-10 电感滤波电路

由于电感上感生电动势的方向总是阻止回路电流的变化,即每当整流二极管的电流变小而趋于截止时,感生电动势将延长这种变化,从而延长每只管子在一个周期内的导通时间,即增大二极管的导通角,这样有利于整流二极管的选择。

整流电路的输出可以分为直流分量 $U_{D(AV)}$ 和交流分量 u_d 两部分,电路输出电压的直流分量为

$$U_{D(AV)}=\frac{R_L}{R+R_L}U_{o(AV)}\approx\frac{R_L}{R+R_L}\cdot 0.9U_2 \tag{10-25}$$

式中 R 为电感线圈电阻。输出交流分量为

$$u_o=\frac{R_L}{\sqrt{(\omega L)^2+R_L^2}}\cdot u_d\approx\frac{R_L}{\omega L}\cdot u_d \tag{10-26}$$

以上两式表明,在忽略电感电阻的情况下,电感滤波器输出电压平均值近似整流电路的输出电压,即 $U_{D(AV)}\approx 0.9U_2$ 。只有在 ωL 远远大于 R_L 时,输出交流分量很小,才能获得较好的滤波效果。而且 R_L 越小,输出交流分量就越小,滤波效果越好。可见,电感滤波电路适用于大负载电路的场合。

2. 电感电容滤波电路(LC 滤波电路)

为了进一步减小负载上的纹波电压,可以在电感后面再接一个电容,构成电感电容滤波电路,其电路如图 10-11 所示。

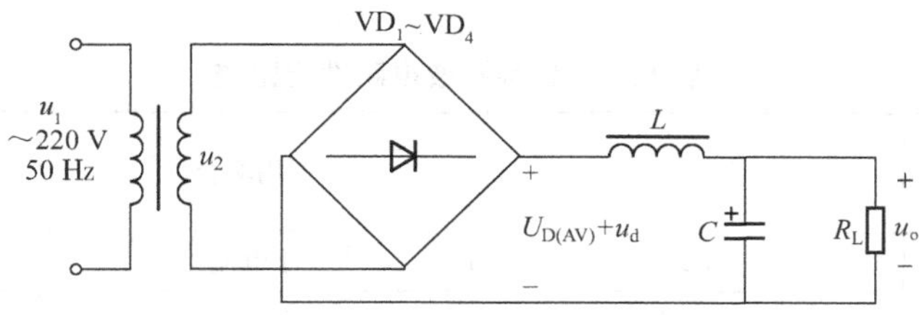

图 10-11　电感电容滤波电路

因为电感线圈对整流电流的交流分量具有阻抗,谐波频率越高,阻抗越大,所以它可以减弱整流电压中的交流分量。ωL 比 R_L 大得越多,则滤波效果越好。而并联在负载两端的电容 C 具有隔直流通交流的作用,因此在一次滤掉交流成分。这样,便可以得到更为平直的直流输出电压。但是,由于电感线圈的电感较大,其匝数较多,电阻也较大,因而电感上会有一定的直流压降,造成输出电压的下降。

具有 LC 滤波电路的整流电路适用于电流较大、要求输出电压脉动很小的场合,用于高频时更为合适。

3. Π 形滤波电路

如果要求输出电压的脉动更小,可以采用 Π 形滤波电路。如图 10-12 所示是 Π 形 LC 滤波电路,它的滤波效果比 LC 滤波电路更好,但整流二极管的冲击电流较大。

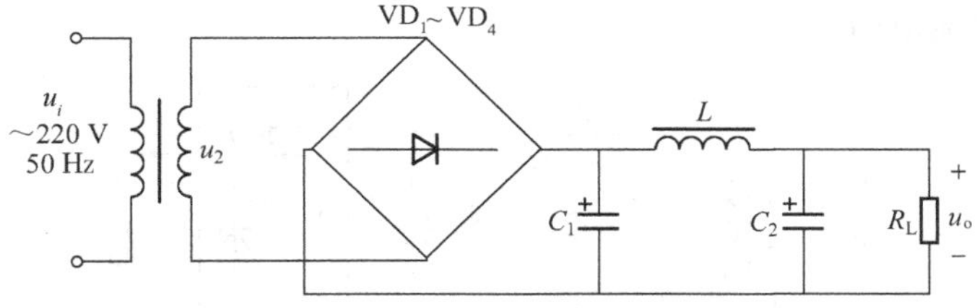

图 10-12　Π 形 LC 滤波电路

由于电感线圈的体积大、成本高,所以有时候用电阻去代替 Π 形 LC 滤波电路中的电感线圈,这样就构成了 Π 形 RC 滤波电路,如图 10-13 所示。

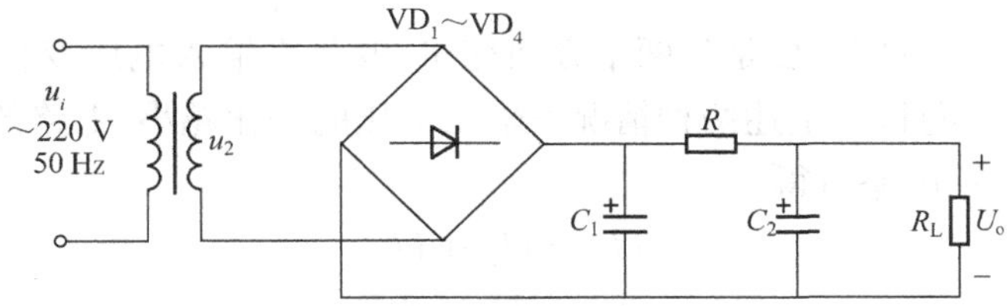

图 10-13　Π 形 RC 滤波电路

电阻对于交、直流电流都具有同样的降压作用,但是当它和电容配合之后,因为电容的交流阻抗远小于电阻的阻值,所以脉动电压中的交流分量会较多地降落在电阻两端,而较少地降落在负载上,从而起到了滤波作用,C_2 越大,滤波效果越好。但 R 太大,将使直流压降增加,所以这种滤波电路主要用于负载电流较小而又要求输出电压脉动很小的场合。

4. 各种滤波电路的比较

不同的滤波电路具有不同的特点和适用场合,各种滤波电路在负载为纯组性时的性能比较表如表 10-1 所示。

表 10-1　各种滤波电路性能比较

性能 / 类型	$U_{O(AV)}$	适用场合	整流管的冲击电流
电容滤波	$1.2U_2$	小电流	大
电感滤波	$0.9U_2$	大电流	小
LC 滤波	$0.9U_2$	大、小电流	小
Π 形滤波	$1.2U_2$	小电流	大

10.4　稳 压 电 路

10.4.1　线性稳压电路

1. 硅稳压管稳压电路

1)电路组成

稳压管稳压电路如图 10-14 所示,稳压电路接于整滤波电路的输出端与负载之间,稳压管一般应与负载并联。由于稳压管是工作在 PN 结的反向击穿区,所以稳压管应该反向运用,图中 R 是稳压管的限流电阻。

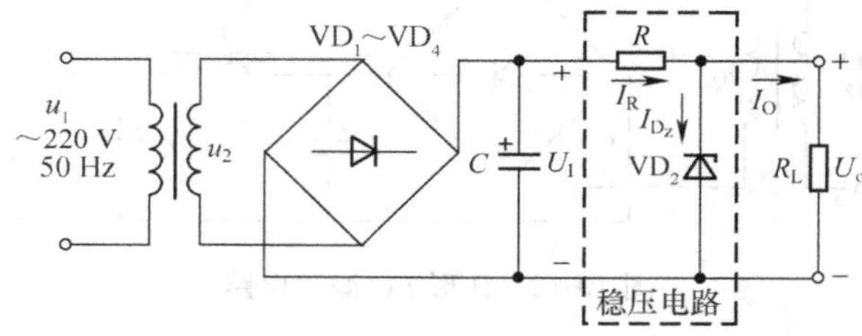

图 10-14　稳压管稳压电路

2)稳压原理

稳压电路稳定输出电压主要是从两个方面衡量,既是在输入电压变化和负载电流变化时输出电压基本不变。而且,在上述两种情况下输出电压的变化越小,电路的稳压性能越好。

根据图 10-14 所示电路可得

$$U_I = U_R + U_o \tag{10-27}$$

$$I_R = I_{D_Z} + I_o \tag{10-28}$$

其中稳压电路输出电阻 U_o 等于稳压管两端电压,因此只要稳压管两端电压稳定,输出电压就稳定。稳压管的伏安特性曲线如图 10-15 所示。

在图 10-14 所示电路中，设负载电阻 R_L 不变，当电网电压升高使输入电压 U_I 增大时，输出电压 U_o 也随之增大，则稳压管两端电压也增大，根据图 10-15 所示稳压管伏安特性曲线可知，稳压管端电压微小增大，会使流过稳压管的电流 I_{D_Z} 急剧增大，根据式(10-28)，I_R 随之增大，致使限流电阻 R 上的电压 U_R 随之增大，根据式(10-27)U_R 的增大抵消了 U_I 的增大，使得 U_o 基本不变。同理可分析，当电网电压降低时，U_o 也可以基本保持不变。以上分析表明，根据式(10-27)，只要 $\Delta U_R \approx \Delta U_I$，$U_o$ 就基本稳定。

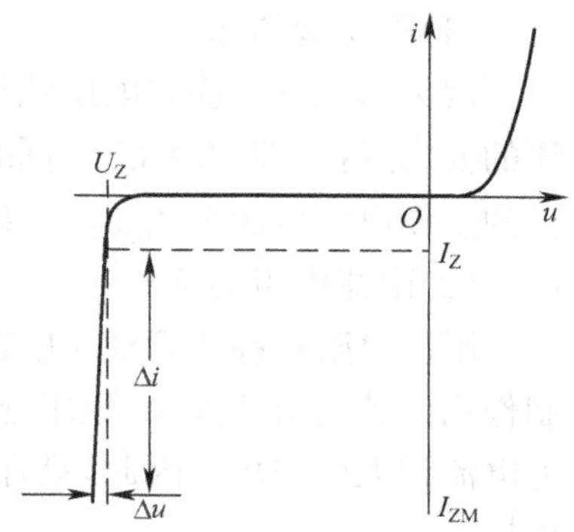

图 10-15　稳压管的伏安特性曲线

设输入电压 U_I 保持不变，当负载电阻 R_L 变小，即负载电流 I_o 增大时，根据式(10-28)，I_R 随之增大，致使 R 上的电压 U_R 随之增大，使得 U_o 减小。U_o 减小会使稳压管两端电压减小，而稳压管端电压微小减小，会使流过稳压管的电流 I_{D_Z} 急剧减小，根据式(10-28)I_R 基本不变，则 U_R 基本不变，最终使 U_o 基本不变。同理可知，当 I_o 减小时，U_o 也基本不变。以上分析表明，在 I_o 变化时，只要 $\Delta I_{D_Z} = -\Delta I_o$，$I_R$ 就基本不变，U_R 就基本不变，从而使 U_o 基本不变。

3)主要性能指标

(1)输出电压

稳压管稳压电路的输出电压等于稳压管两端电压。

(2)输出电流

稳压管稳压电路的输出电流范围为

$$I_{Zmax} - I_{Zmin} \leqslant I_{ZM} - I_Z \tag{10-29}$$

(3)稳压系数

上述稳压管稳压电路的交流等效电路如图 10-16 所示，r_Z 表示稳压管的动态电阻。则稳压管稳压电路的稳压系数为

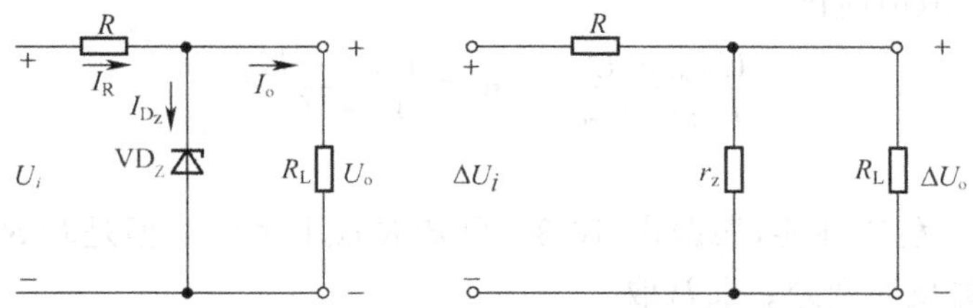

图 10-16　稳压管稳压电路的交流等效电路

$$S_r = \frac{\Delta U_o}{\Delta U_i} \cdot \frac{U_i}{U_o} \mid R_L = \frac{r_Z//R_L}{R + r_Z//R_L} \cdot \frac{U_i}{U_o} \approx \frac{r_Z}{R} \cdot \frac{U_i}{U_o} \tag{10-30}$$

上式是在 $r_Z \ll R_L$ 条件下得到的。S_r 越小，在输入变化时的稳压性能就越好。

(4)输出电阻

根据图 10-16 等效电路可以求出输出电阻为

$$R_o = r_Z//R \approx r_Z \tag{10-31}$$

上式是在 $r_Z \ll R$ 条件下得到的。

4)稳压管稳压电路设计

若要设计图 10-14 所示稳压管稳压电路,有以下几个步骤。

(1)稳压管的选择

因为稳压管的稳定电压就是稳压电路的输出电压,所以稳压管的稳压值可以根据输出电压的要求选择,即 $U_Z=U_o$。同时因为稳压管工作在反向击穿区,如图 10-15 所示,所以稳压管上的工作电流应满足 $I_{D_Z\min}>I_Z$ 和 $I_{D_Z\max}<I_{ZM}$。

(2)限流电阻的选择

限流电阻在稳压管稳压电路中不仅起到电压的调整作用,还起到对稳压管工作电流的限制作用。若其阻值太大,稳压管会因为电流过小而不工作在稳压状态;阻值过小,稳压管会因为电流过大而损坏。因此,只有合理地选择限流电阻的阻值范围,才能保证稳压管既稳压又不损坏。

根据图 10-14 和式(10-28)可知稳压管的电流

$$I_{D_Z}=I_R-I_o=\frac{U_I-U_o}{R}-I_o \tag{10-32}$$

当电网电压最低且负载电流最大时,稳压管的电流最小。即

$$I_{D_Z\min}=\frac{U_{I\min}-U_Z}{R}-I_{o\max}>I_Z$$

则 R 的取值为

$$R<\frac{U_{I\min}-U_Z}{I_Z+I_{o\max}} \tag{10-33}$$

当电网电压最高且负载电流最小时,稳压管的电流最大。即

$$I_{D_Z\max}=\frac{U_{I\max}-U_Z}{R}-I_{o\min}<I_{ZM}$$

则 R 的取值为

$$R>\frac{U_{I\max}-U_Z}{I_{ZM}+I_{o\min}} \tag{10-34}$$

综上所述,R 的取值应该是

$$\frac{U_{I\max}-U_Z}{I_{ZM}+I_{o\min}}<R<\frac{U_{I\min}-U_Z}{I_Z+I_{o\max}} \tag{10-35}$$

(3)U_I 的选择

为了具有较好的稳压性能,根据式(10-30)可知 R 应取大些。但是若 R 大,则 U_I 也要大,S_r 将变大,稳压性能反而变差。通常取

$$U_I=(2\sim3)U_Z \tag{10-36}$$

当 U_I 选定以后就可以根据单相桥式整流电路相应的参数计算公式,就可以计算出变压器副边电压 U_2 和整流二极管的参数。

2. 串联反馈式稳压电路

由于稳压管的功率较小,且稳压管稳压电路稳定电压是由稳压管的稳压值决定的,所以稳压管稳压电路仅适合电压固定不变、负载电流较小且变化不大的场合。要使稳压电路改变这些缺点,需要用串联反馈式稳压电路。

1)电路组成

图 10-17 是串联反馈式稳压电路的一般结构图,图中 U_I 是整流滤波电路的输出电压,R

和 VD_Z 组成基准电压电路，产生基准电压 U_{REF}；A 是比较放大电路；R_1、R_p 和 R_2 组成取样电路，用来反映输出电压 U_o 的变化。

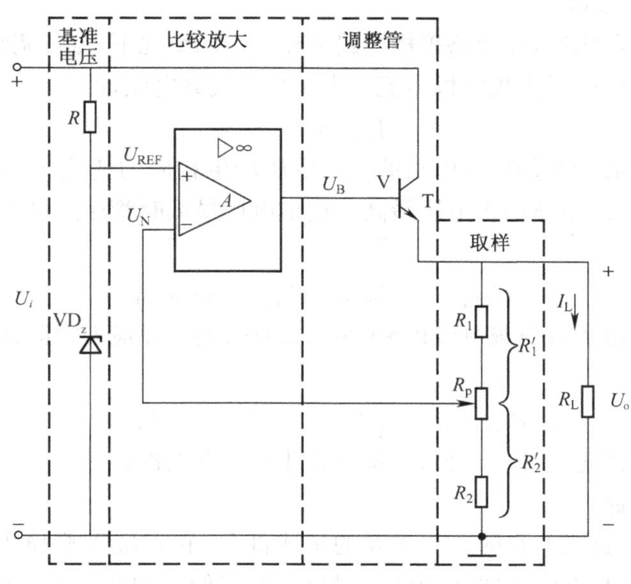

图 10-17　串联反馈式稳压电路的一般结构图

2）稳压原理

这种电路的主回路是起调节作用的三极管 VT 与负载串联，故称为串联式稳压电路。当输出电压 U_o 变化时，通过采样电路使得比较放大电路 A 输入端电压 U_N 发生变化，由于基准电压 U_{REF} 保持稳定不变，则会使比较后输出的电压 U_B 发生变化，从而使调整管集射电压 U_{CE} 变化，根据图 10-17 可知，$U_i = U_{CE} + U_o$，最后使得输出电压 U_o 发生相反变化，使输出电压基本稳定。具体的稳压过程为

$$U_i\uparrow \text{或} I_o\downarrow \rightarrow U_o\downarrow \rightarrow U_N\uparrow (U_{REF}\text{基本不变}) \rightarrow U_B\downarrow \rightarrow U_{CE}\downarrow$$
$$U_o\downarrow \leftarrow$$

同理，当输入电压 U_I 减小（或负载电流 I_o 增加）时，同样可以使输出电压基本不变。

从反馈的角度来看，该电路属于电压串联负反馈电路，调整管 VT 连接成电压跟随器。从理论上讲，放大电路的增益越大，负反馈越深，输出电压的稳定性越好。但是，反馈太强时，电路有可能出现自激振荡，需要消振才能正常工作。

3）输出电压及调节范围

基准电压 U_{REF}、调整管 VT 和运放 A 组成同相比例运算电路，故输出电压为

$$U_o = \left(1 + \frac{R'_1}{R'_2}\right) U_{REF} \tag{10-37}$$

改变电位器 R_p 滑动端的位置可以调节输出电压 U_o 的大小。

输出电压的调节范围：R_p 滑动端的位置在最上端时，输出电压最小，为

$$U_o = \frac{R_1 + R_p + R_2}{R_2 + R_p} U_{REF} \tag{10-38}$$

R_p 滑动端的位置在最下端时，输出电压最大，为

$$U_o = \frac{R_1 + R_p + R_2}{R_2} U_{REF} \tag{10-39}$$

4)调整管 T 极限参数

由于调整管与负载串联,在忽略采样电路分流作用的情况下,流过调整管的电流近似等于负载电流。因而调整管的最大集电极电流应大于最大负载电流,即

$$I_{CM} > I_{omax} \tag{10-40}$$

由于电网电压的波动会使稳压电路的输入电压产生相应的变化,输出电压又有一定的调节范围,故调整管在稳压电路输入电压最高且输出电压最低时管压降最大,其值应小于调整管的击穿电压,即

$$U_{CEmax} = U_{Imax} - U_{omin} < U_{CE(BR)} \tag{10-41}$$

当调整管管压降最大且负载电流也最大时,调整管的功耗最大,其值应小于最大集电极功耗,即

$$P_{Cmax} \approx I_{omax}(U_{Imax} - U_{omin}) < P_{CM} \tag{10-42}$$

在任何时刻同时满足上述三个公式,调整管才能安全工作。

5)基准电压源电路

基准电压 U_{REF} 是稳压电路的一个重要的组成部分,它直接影响稳压电路的性能。为此要求基准电压源输出电压稳定性高,温度系数小,噪声低。如图 10-17 所示电路中用稳压管组成的基准电压源虽然电路简单,但它输出电阻大,温度稳定性较差。故目前常采用带隙基准电压源(Bandgap Reference)集成组件,国产型号有 CJ336、CJ329,国外型号有 MC1403、AD580 等。一般这类带隙基准电压源可以输出 1.205 V 的基准电压,而且电压稳定、输出电阻低,温度稳定好。这类带隙基准电压源还能方便地转换成 1.2~10 V 等多挡稳定性极高的基准电压。

10.4.2 集成线性稳压电路

1. 三端集成稳压器

随着集成电路技术的发展,集成稳压器也应运而生。集成稳压器具有体积小,可靠性高,使用方便灵活,价格低廉和温度特性好等优点。集成稳压器的型号繁多,常用的一类只有输入端、输出端和公共端三个端子,称为三端集成稳压器。三端集成稳压器按输出电压的情况可分为固定输出和可调输出两大类。

1)固定输出三端稳压器

固定输出三端稳压器是指这类集成稳压器输出电压固定,这类集成稳压器分成两大类。一类是 78××系列,78 表示为正输出电压,××表示电压输出值。另一类是 79××系列,79 表示为负输出电压,××表示电压输出值。以 W7800 和 W7900 系列为例,它们的电压输出值可分为±5 V、±6 V、±8 V、±9 V、±12 V、±15 V、±18 V 和±24 V 等几个等级。输出电流分为 1.5 A(W7800 和 W7900 系列),500 mA(W78M00 和 W79M00 系列)和 100 mA(W78L00 和 W79L00 系列)三个等级。W7800 的外形与符号如图 10-18 所示,W7900 与之类似。

W7800 是一个串联型直流稳压电源,并且自己内部电路中带有过流保护和过热保护。三端稳压器基本应用电路如图 10-17 所示,电路中电容 C_I 作用是抵消长线电感效应,消除自激振荡,

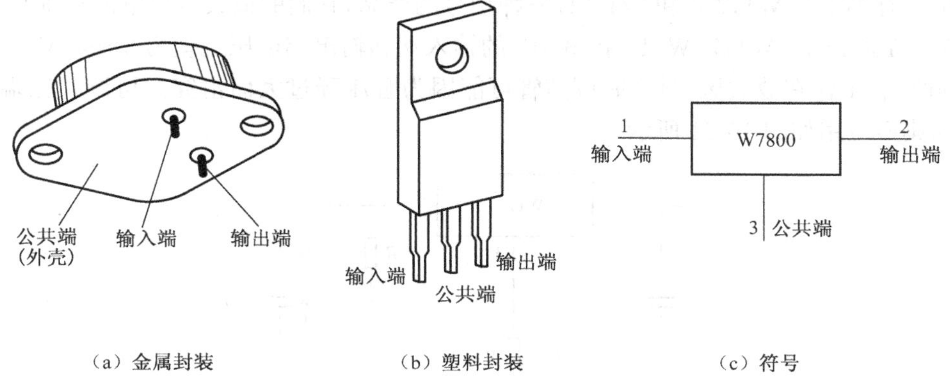

（a）金属封装　（b）塑料封装　（c）符号

图 10-18　W7800 的外形与符号

C_o 作用是消除高频噪声，可改善负载的瞬态响应。正常工作时，输入、输出的电压差至少要大于 2 V，对于输入电压 U_i 的要求要视具体型号而定。例如，7805 有的型号为 7 V$<U_i<$20 V。C_o 为了达到较好的效果还可以取更大的值，但是在稳压器输出端断开时，C_o 会通过稳压器放电，已造成稳压器损坏作用。为此，可接一只二极管起保护作用，如图中的虚线部分。

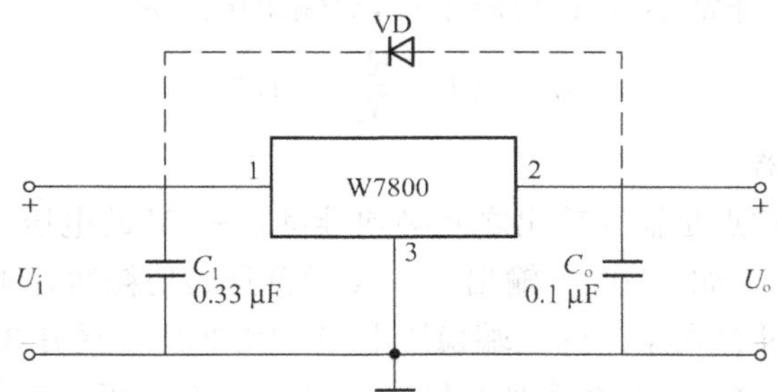

图 10-19　三端稳压器基本应用电路

2)可调式三端稳压器

W117 是一款可调式三端稳压器，相同的类型还有 W217 和 W317，其外形和符号如图 10-18 所示。

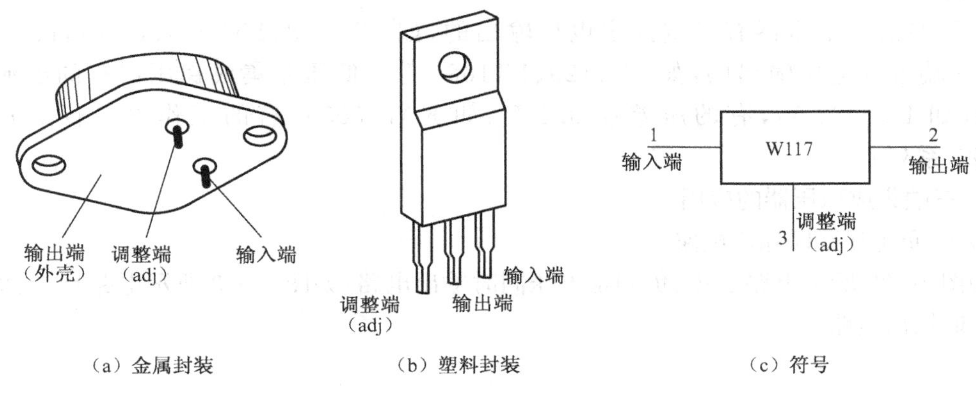

（a）金属封装　（b）塑料封装　（c）符号

图 10-20　W117 的外形与符号

W117 有 W117、W117M 和 W117L 三种型号的产品，它们的最大输出电流分别是 1.5 A、500 mA 和 100 mA。W117、W217 和 W317 的输入端和输出端电压之差为 3～40 V，过低时不能保证调整管工作在放大区，过高时调整管可能因为管压降过大而击穿。可调式三端稳压器 W117 的典型应用如图 10-21 所示。

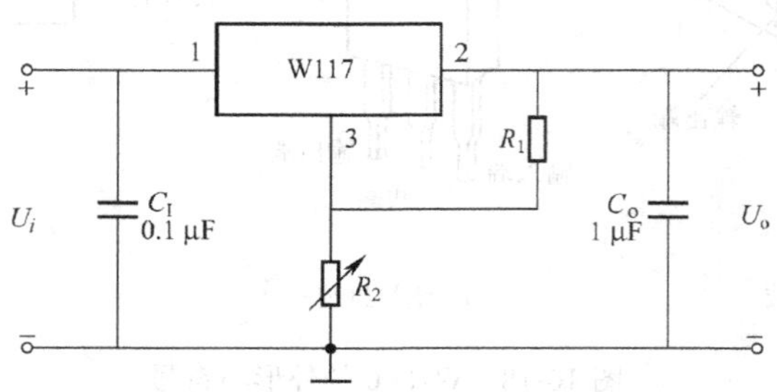

图 10-21　W117 的典型应用

图中输出电压为

$$U_o = \left(1+\frac{R_2}{R_1}\right)\times 1.25 + I_{adj}\cdot R_2 \tag{10-43}$$

由于调整端电流 I_{adj} 非常小，可以忽略不计，故输出电压为

$$U_o = \left(1+\frac{R_2}{R_1}\right)\times 1.25 \tag{10-44}$$

3)低压差集成稳压器

上述三端稳压器的缺点是输入输出之间必须维持 2～3 V 的电压差才能正常工作，在电池供电的装置中不能使用，例如，7805 在输出 1.5 A 时自身的功耗达到 4.5 W，不仅浪费能源还需要散热器散热。Micrel 公司生产的三端稳压电路 MIC29150，具有 3.3 V、5 V 和 12 V 三种电压，输出电流 1.5 A，具有和 7800 系列相同的封装，与 7805 可以互换使用。该器件的特点是：压差低，在 1.5 A 输出时的典型值为 350 mV，最大值为 600 mV；输出电压精度±2%；最大输入电压可达 26 V，有过流保护、过热保护、电源极性接反及瞬态过压保护(−20～60 V)功能。该稳压器输入电压为 5.6 V，输出电压为 5.0 V，功耗仅为 0.9 W，比 7805 的 4.5 W 小得多，可以不用散热片。如果采用市电供电，则变压器功率可以相应减小。MIC29150 的使用与 7805 完全一样。

低压差集成稳压器有三端固定电压输出的，如 LT1068、LT1085、LT1084、LT1083 等；有三端可调电压输出的，如 LT1129、LT1086 等。低压差集成稳压器有的电流可达 7.5 A(如 LT1083-5)，有的压差仅 0.1 V(如 KA76105)，有的工作电流仅 2 μA(如 XC6021 系列)。

2. 三端集成稳压器的应用

1)正、负电压同时输出电路

如图 10-22 所示电路是正、负固定电压同时输出电路，如图 10-23 所示电路是正、负可调电压同时输出电路。

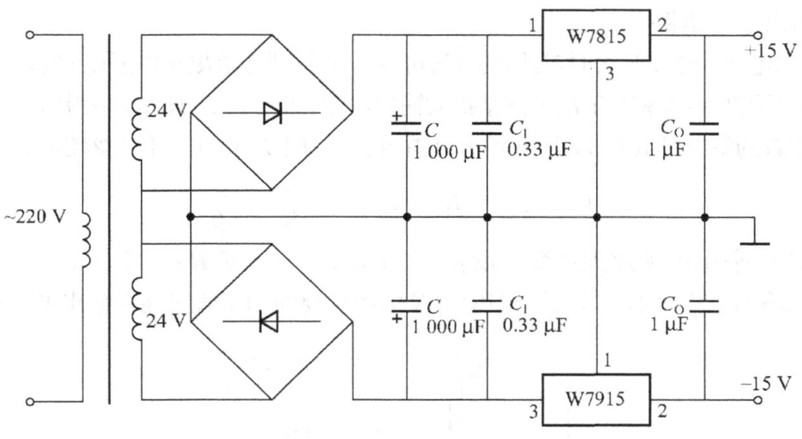

图 10-22　正、负固定电压同时输出电路

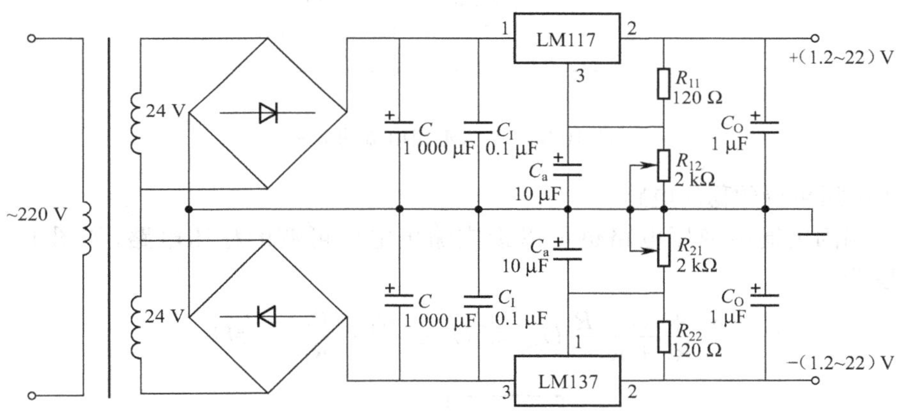

图 10-23　正、负调电压同时输出电路

2)提高输出电压的稳压电路

如图 10-24 所示电路能使输出电压高于固定输出电压。图中，$U_{\times\times}$ 为 W78××稳压器的固定输出电压，有

$$U_o = U_{\times\times} + U_Z \tag{10-45}$$

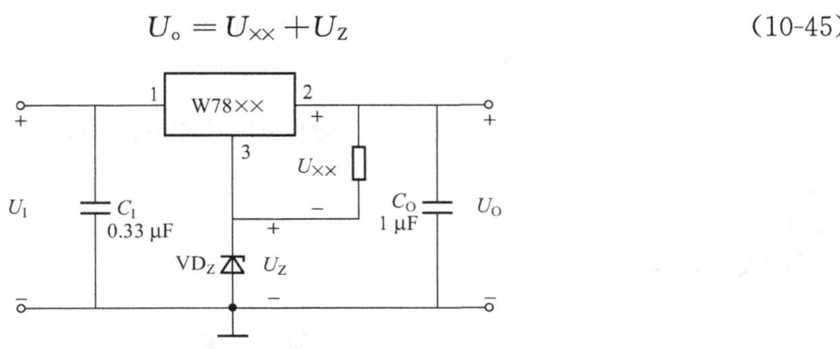

图 10-24　提高输出电压的电路

3)扩大输出电流电路

当电路所需电流大于1.5 A时,常用的方法可以用多个相同等级输出电压三端固定稳压器并联使用。另外,也可以用外接功率管T的方法来扩大输出电流,如图10-25所示。图中I_2为稳压器的输出电流,I_C是功率管的集电极电流,I_R是电阻R上电流。一般I_3很小,可以忽略不计,则可得出

$$I_2 \approx I_1 = I_R + I_B = -\frac{U_{BE}}{R} + \frac{I_C}{\beta} \qquad (10\text{-}46)$$

式中β为功率管的电流放大系数。设$\beta=10$,$U_{BE}=-0.3$ V,$R=0.5$ Ω,$I_2=1$ A,则由式可得$I_C=4$ A。可见输出电流比I_2扩大了。图中的R的阻值要使功率管只能在输出电流较大时才导通。

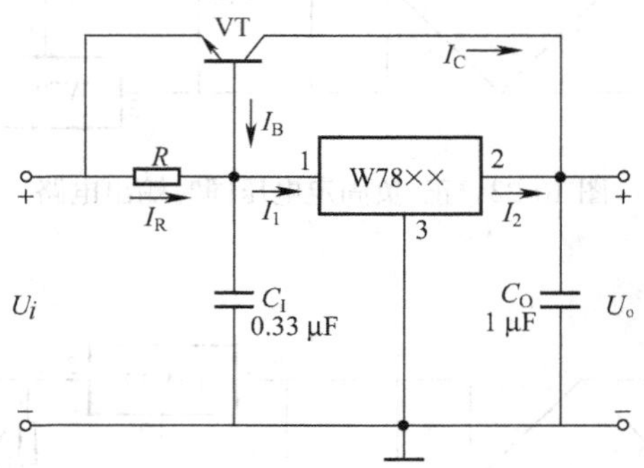

图10-25 扩大输出电流的电路

4)输出电压可调的稳压电路

利用三端固定输出稳压电路也可以接成输出电压可调的稳压电路,如图10-26所示。其调节范围为

$$\frac{R_1+R_2+R_3}{R_1+R_2}U_{\times\times} \leqslant U_o \leqslant \frac{R_1+R_2+R_3}{R_1}U_{\times\times} \qquad (10\text{-}47)$$

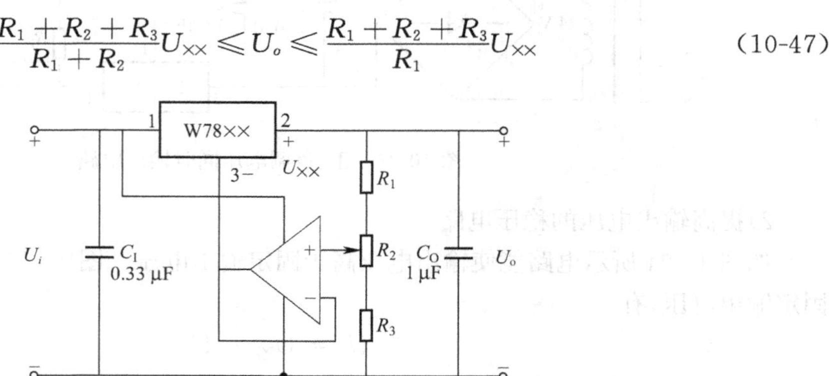

图10-26 输出电压可调的稳压电路

习　题

1. 电路参数如题图10-1所示,图中标出了变压器二次电压(有效值)和负载电阻值,若忽

略二极管的正向压降和变压器内阻，试求：

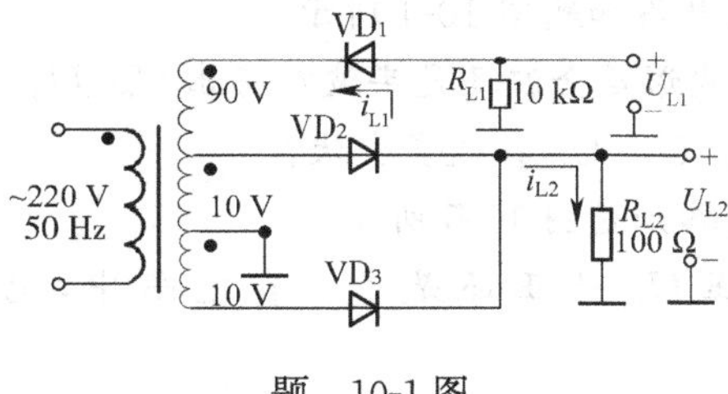

题 10-1图

(1)R_{L1}、R_{L2}两端的电压u_{L1}、u_{L2}和电流I_{L1}、I_{L2}(平均值)。

(2)通过整流二极管VD_1、VD_2、VD_3的平均电流和二极管承受的最大反向电压。

2. 桥式全波整流电路如题图10-2所示。若电路中二极管出现下述各情况，将会出现什么问题？

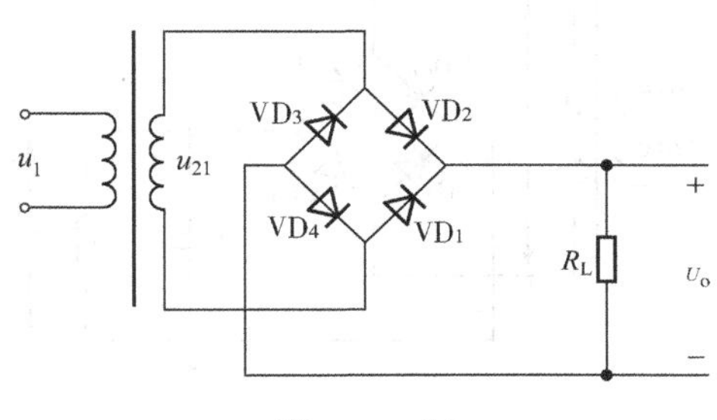

题 10-2图

(1)VD_1因虚焊而开路。

(2)VD_2误接造成短路。

(3)VD_3极性接反。

(4)VD_1、VD_2极性都接反。

(5)VD_1开路，VD_2短路。

3. 桥式整流滤波电路如题图10-3所示。已知$u_{21}=20\sqrt{2}\sin\omega t$(V)，在下述不同的情况下，说明$u_o$端对应的直流电压平均值$U_{o(AV)}$各为多少伏？

(1)电容C因虚焊未接上。

(2)有电容C，但$R_L=\infty$(负载R_L开路)。

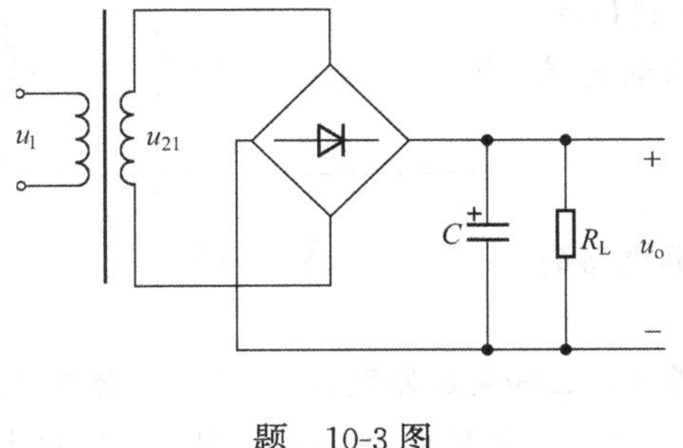

题 10-3图

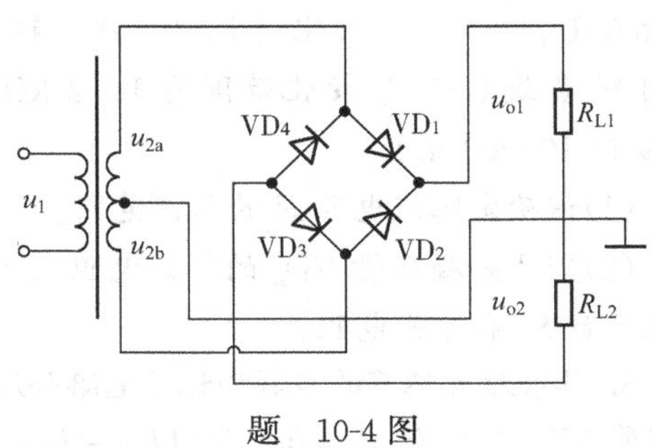

题 10-4图

(3)整流桥中有一个二极管因虚焊开路，有电容C，$R_L=\infty$。

(4)有电容 C,但 $R_L \neq \infty$。

4. 双极性电压输出整流电路如题图 10-4 所示。

(1)试问 U_{o1}、U_{o2} 的整流波形是全波还是半波?标出 U_{o1}、U_{o2} 对地极性。

(2)当 $u_{2a}=u_{2b}=18$ V 时,U_{o1}、U_{o2} 各是多少伏?

5. 桥式整流电容滤波电路如题图 10-5 所示。

(1)试问输出对地电压 U_o 是正还是负?在电路中,电解电容 C 的极性应如何连接?

(2)当电路参数满足 $R_LC \gg (3\sim5)T/2$ 关系时,若要求输出电压 U_o 为 25 V,u_2 的有效值应为多少?

(3)如负载电流为 200 mA,试求每个二极管流过的电流和最大反向电压 U_{RM}。

(4)电容 C 开路或短路时,试问电路会产生什么后果?

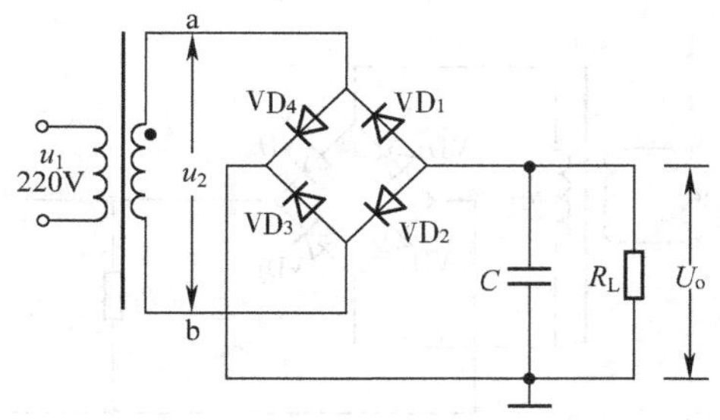

题 10-5 图

6. 分析题图 10-6(a)、(b)所示的电路为几倍压的整流电路?

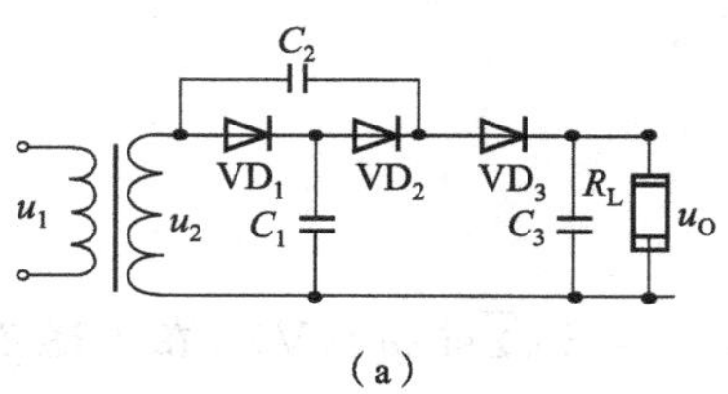

(a)

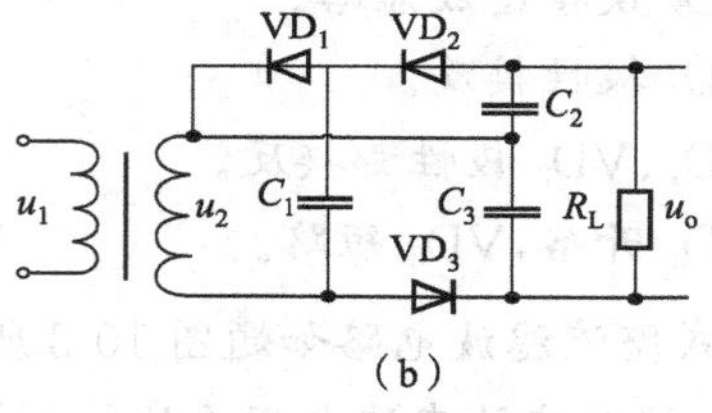

(b)

题 10-6 图

7. 稳压管稳压电路如题图 10-7 所示。已知 $I_R=10\sim60$ mA,$U_I=20$ V,变化范围 ±20%,稳压管稳压值 $U_Z=+10$ V,负载电阻 R_L 变化范围为 1~2 kΩ,稳压管的电流范围 I_Z 为 10~60 mA。

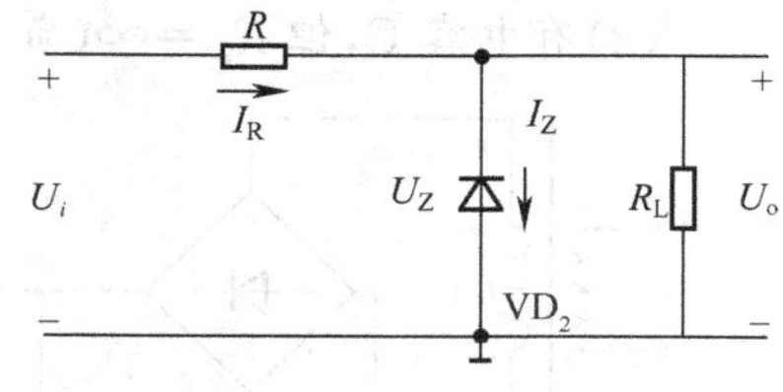

题 10-7 图

(1)试确定限流电阻 R 的取值范围。

(2)若已知稳压管 VD_Z 的等效电阻 $r_Z=10$ Ω,估算电路的稳压系数 S_r 和输出电阻。

8. 具有放大环节的串联型稳压电路如题 10-8 图所示。已知变压器副边 u_2 的有效值为 16 V。三极管 VT_1、VT_2 的 $\beta_1=\beta_2=50$,$U_{BE1}=U_{BE2}=0.7$ V,$U_Z=+5.3$ V,$R_1=300$ Ω,$R_2=200$ Ω,$R_3=300$ Ω,$R_{C2}=2.5$ kΩ。

(1)估算电容 C_1 上的电压 U_1 为多少。

(2)估算输出电压U_o的可调范围。

(3)试计算输出负载R_L上的最大电流I_{Lmax}。

(4)试计算调整管VT_1上的最大功耗P_{CM}。

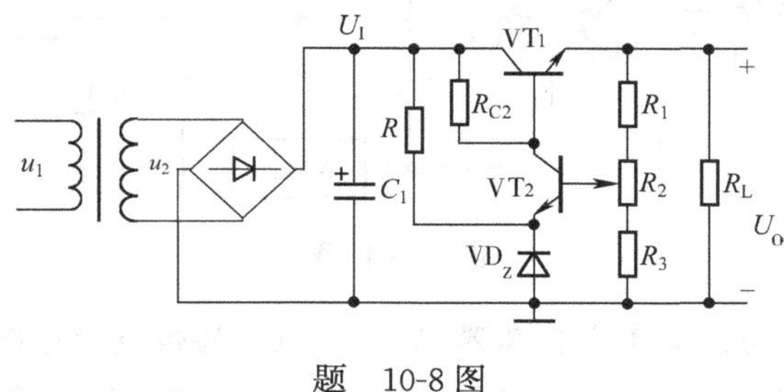

题　10-8图

9. 用集成运放构成的串联型稳压电路如题10-9图所示。

(1)该图电路中，若测得$U_1=24$ V，则变压器副边电压u_2的有效值U_2应为多少？

(2)若已知$U_2=15$ V，整流桥中有一个二极管因虚焊而开路，则U_1应为多少？此时若电容C_1也开路，则U_1为多少？

(3)在$U_1=30$ V，VD_Z的稳压值$U_Z=+6$ V，$R_1=2$ kΩ，$R_2=1$ kΩ，$R_3=1$ kΩ条件下，输出电压U_o的范围为多大？

(4)在上述第三小题的条件下，若R_L变化范围为100～300 Ω，限流电阻$R=400$ Ω，则三极管VT_1在什么时刻功耗最大？其值是多少？

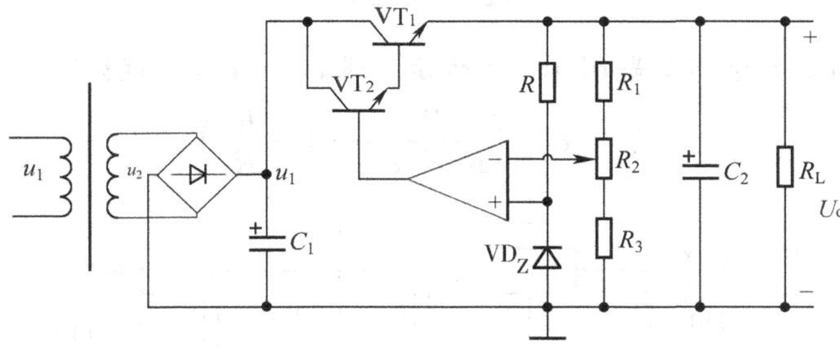

题　10-9图

10. 三端稳压器W7815和W7915组成的直流稳压电路如题10-10图所示，已知副边电压$u_{21}=u_{22}=20\sqrt{2}\sin\omega t$。

(1)在图中标明电容的极性。

(2)确定U_{o1}、U_{o2}值。

(3)当负载R_{L1}，R_{L2}上电流I_{L1}，I_{L2}均为1 A时，估算稳压器上的功耗P_{CM}值。

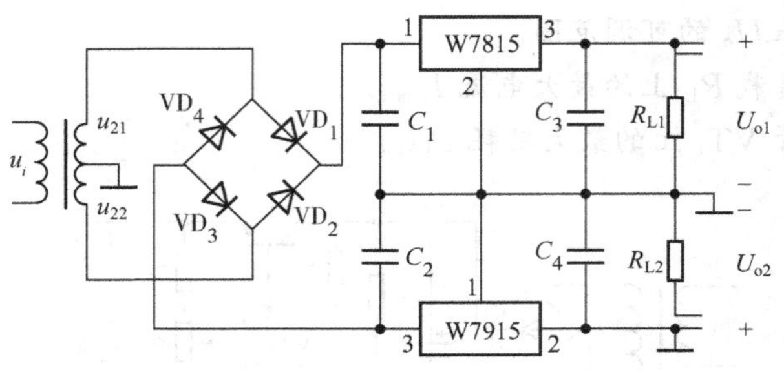

题 10-10 图

11. 题图 10-11 所示为三端集成稳压器 W7805 组成的恒流源电路。已知 W7805 芯片 3、2 间的电压为 5 V,I_W=4.5 mA。求电阻 R=100 Ω,R_L=200 Ω 时,负载 R_L 上的电流 I_o 和输出电压 U_o 的值。

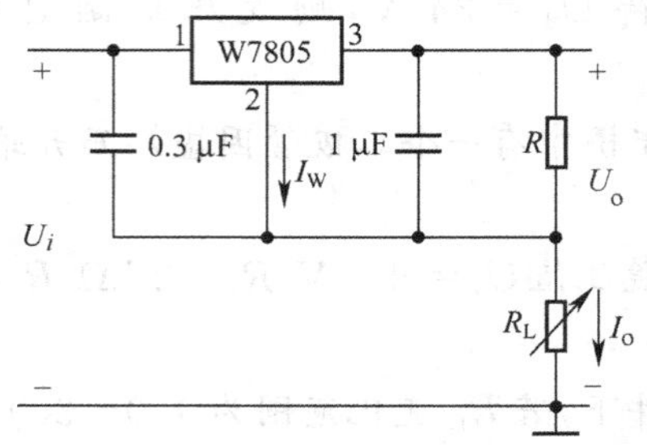

题 10-11 图

12. 输出电压的扩展电路如题图 10-12 所示。设 $U_{32}=U_{\times\times}$,试证明

$$U_o=U_{\times\times}\left(\frac{R_3}{R_3+R_4}\right)\left(1+\frac{R_2}{R_1}\right)$$

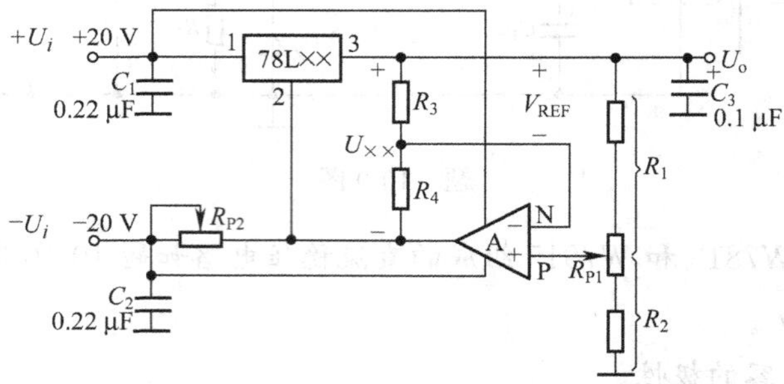

题 10-12 图

13. 三端可调式集成稳压器 W117 组成题图 10-13 所示的稳压电路。已知 W117 调整端电流 I_W=50 μA,输出端 2 和调整端 1 间的电压 U_{REF}=1.25 V。

(1)求 R_1=200 Ω,R_2=500 Ω 时,输出电压 U_o 值。

(2)若将 R_2 改为 3 kΩ 电位器,则 U_o 可调范围有多大?

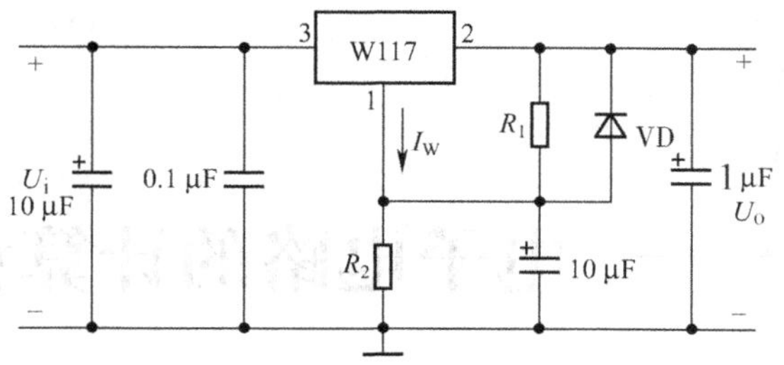

题　10-13 图

第 11 章

电子电路的计算机辅助设计

【内容提要】 为使读者真正建立仿真的概念，本章首先将对常见的仿真软件 Multisim 的使用方法进行较为详细的介绍，利用实例讲述仿真实验的操作方法；随后对电子电路模型建立及仿真工具 Pspice 的使用加以介绍，并将例举一些常见器件及运放的 Pspice 模型。

11.1 引　　言

随着微电子技术的发展，电子电路向大规模集成化的方向迈进，因此在电路性能不断提高的同时，电路的规模、复杂程度不断增加，无疑给集成电路的设计、分析带来新的问题，致使有些大规模复杂的电路按传统方式是无法实现的。计算机技术的飞速发展为这一问题的解决提供了技术基础，因而出现了计算机辅助分析与设计技术，即 CAA 及 CAD 技术。在此基础上一些计算机辅助分析与设计（即 CAA 及 CAD）软件应运而生，如 Pspice、Protel、Multisim 等较为流行的软件。其中 Pspice 是出现较早的软件，以其运算速度快、可任意改变元件参数、模拟各项极限实验、可以进行故障分析和统计分析等优点在世界各地得到了广泛应用。

11.2 电子工作台 Multisim 简介

Multisim 是基于 PC 平台的电子设计软件，是 Electronics Workbench（简称 EWB）电路设计软件的升级版本。EWB 软件是加拿大 Interactive Image Technologies 公司于 20 世纪 80 年代末、90 年代初推出的用于电子电路仿真的虚拟电子工作台软件，国内常见版本为 4.0 和 5.0。从 2001 年开始，EWB 的仿真设计模块被更名为 Multisim。

11.2.1 电子工作台 Multisim 概述

Multisim 具有以下特点。

1）系统高度集成，界面直观，操作方便

将电路原理图的创建、电路的仿真分析和分析结果的输出都集成在一起。采用直观的图形界面创建电路：在计算机屏幕上模仿真实实验室的工作台，绘制电路图需要的元器件、电路仿真需要的测试仪器均可直接从屏幕上选取。操作方法简单易学。

2）支持模拟电路、数字电路以及模拟/数字混合电路的设计仿真

既可以分别对模拟电子系统和数字电子系统进行仿真，也可以对数字电路和模拟电路混合在一起的电子系统进行仿真分析。

3)电路分析手段完备

除了可以用多种常用测试仪表(如示波器、数字万用表、波特图仪等)对电路进行测试以外,还提供多种电路分析方法,包括静态工作点分析、瞬态分析、傅里叶分析等。

4)提供多种输入输出接口

可以输入由 Pspice 等其他电路仿真软件所创建的 Spice 网表文件,并自动形成相应的电路原理图,也可以把 Multisim 环境下创建的电路原理图文件输出给 Protel 等常见的印刷电路软件 PCB 进行印刷电路设计。

Multisim 现有版本有 Multisim2001、Multisim7、Multisim8、Multisim9、Multisim10。这里介绍的 Multisim7 是一个完整的设计工具系统,提供了一个强大的元件数据库,并提供原理图输入接口、全部的数模 Spice 仿真功能、VHDL 和 Verilog 设计接口与仿真功能、FPGA 和 CPLD 综合、RF 设计能力和后处理功能,还可以进行从原理图到 PCB 布线工具包(如:Electronics Workbench 的 Ultiboard2001)的无缝隙数据传输。其他版本主要项目的使用与之基本相同。

11.2.2　Multisim 软件的使用

1. Multisim7 界面

Multisim7 用户界面如图 11-1 所示。

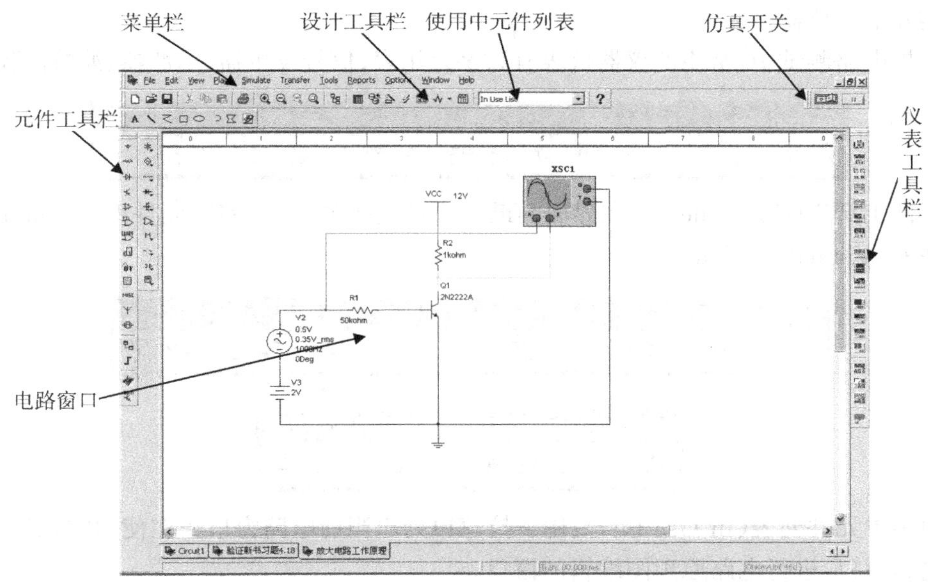

图 11-1　Multisim7 用户

Multisim7 的用户界面主要包括以下几个部分。

1)菜单栏:与所有的 Windows 应用程序类似,可在菜单中找到所有功能的命令。

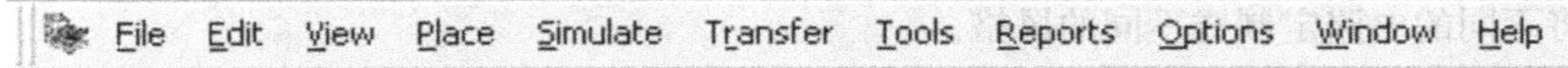

2)系统工具栏:与所有的 Windows 应用程序类似,包括文件操作、编辑、打印、缩放等按钮。

3)设计工具栏：设计是 Multisim7 的核心部分，设计工具栏指导用户按部就班地进行电路的建立、仿真、分析并最终输出设计数据。虽然菜单中可以执行设计功能，但使用设计工具栏可以更方便地进行电路设计。

设计工具栏中各项说明如下。

数据库管理按钮(Database management)：对元件数据库进行管理。

元件编辑器按钮(Create Component)：用以增加元件。

仿真按钮(Simulate)：用以开始、暂停或结束电路仿真。

分析图表按钮(Analysis Graphs)：用于显示分析后的图表结果。

分析按钮(Analysis)：用以选择要进行的分析。

后处理器按钮(Postprocessor)：用以进行对仿真结果的进一步操作。

4)仪表工具栏(Instruments)：在界面的最右边按列排放，包括 17 种虚拟仪器仪表，其中大多数为具有基本功能的原理性仪器仪表，但也有安捷伦公司生产的万用表、示波器、函数发生器等实际电子仪器。

在模拟电路测试中，常用的仪器仪表有数字万用表、信号发生器、示波器、波特图仪等。

5)元件工具栏(Component)：在界面的最左边按列排放，分为实际元件库(Component)和虚拟元件库(Virtual Toolbar)。

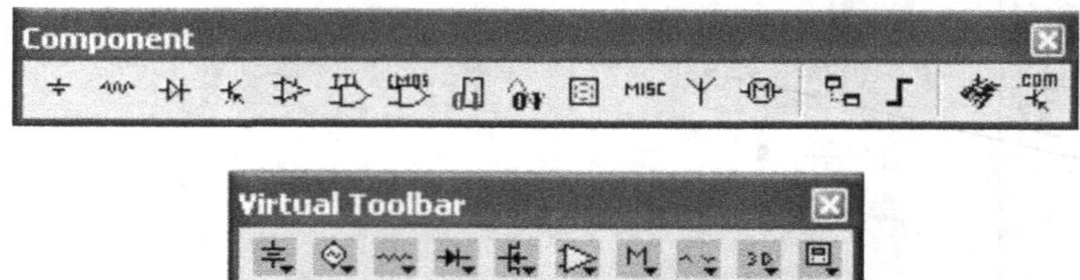

6)使用中元件列表(In Use List)：用下拉菜单列出当前电路窗口正在使用的元件列表。

7)电路窗口：进行电路原理图编辑的窗口。

8)仿真开关：在屏幕右上角，是启动/停止/暂停电路仿真的开关。

2. 定制 Multisim7 界面

用户可以定制 Multisim7 界面的各个方面，包括工具栏、电路颜色、页面尺寸、聚焦倍数、自动存储时间、符号系统(ANSI 或 DIN)和打印设置等。定制设置与电路文件一起保存，所以可以将不同的电路定制成不同的风格。

1)控制当前显示方式

右击电路窗口，选择弹出式菜单中的选项，可以控制当前电路和元件的显示方式以及细节层次。具体如下。

(1)Show Grid：显示/隐藏格点。

(2)Page Bounds：显示/隐藏页面边界。

(3)Show Border：显示/隐藏电路窗口边界。

(4)Show Title：显示/隐藏标题栏。

(5)Color：改变电路窗口背景颜色。

(6)Show：显示元件及相关元素的细节情况，包括元件标号(component labels)、元件序号(component reference IDs)、节点号(node name)、元件值(component value)和元件属性(component attribute)。

2)设置缺省的用户喜好

本系统可根据"用户喜好"进行缺省设置，新建立的电路便可使用缺省设置。

选择菜单命令 Options/Preferences 进行缺省设置，出现用户喜好对话框，如图 11-2 所示。缺省设置包括 8 项，下面介绍电路原理图编辑常用的 4 项：电路(Circuit)、工作区(Workspace)、连线(Wiring)、元件(Component Bin)。

在 Circuit 页里，包括 Show 区块和 Color 区块，如图 11-2 所示。Show 区块的设置与右击电路窗口时的弹出式菜单中的 show 设置完全一样，Color 区块的设置与右击电路窗口时的弹出式菜单中的 Color 设置完全一样。

在 Workspace 页里，包括 Show 区块、Sheet size 区块和 Zoom level 区块，如图 11-3 所示。Show 区块的设置与菜单 View 中的 show 命令一致；Sheet size 区块可以设置电路窗口纸张的大小和方向；Zoom level 区块与菜单命令 View 中的 Zoom…命令相同，用于设定窗口显示比例。

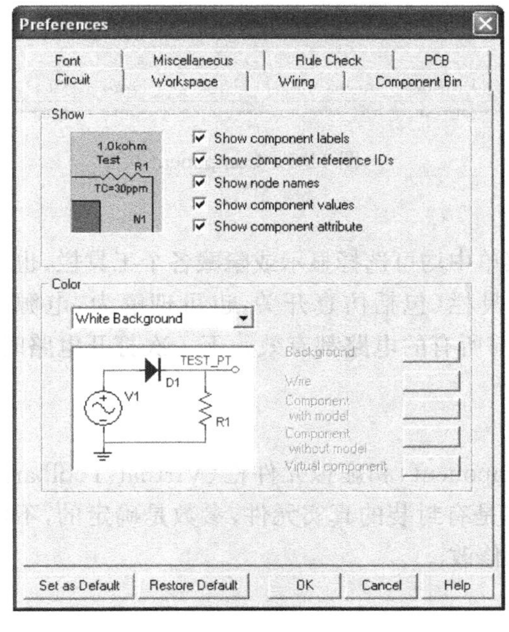

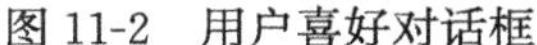
图 11-2　用户喜好对话框

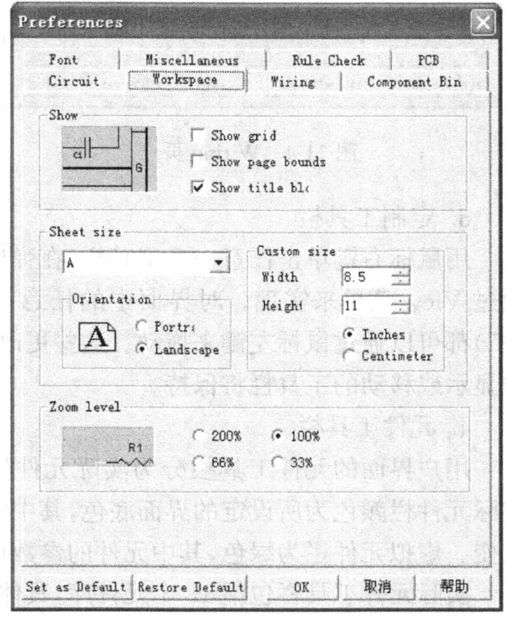

图 11-3　Workspace 页

Wiring 页的功能是设定连线的方式，包括 Wire width 区块和 Autowire 区块，如图 11-4

所示。Wire width 区块用于设定连线宽度;Autowire 区块中的 Autoroute wire on connection 选项用于设定是否由程序自动连线;Autoroute wire on move 选项用于设定搬移元件时是否由程序自动重新走线,若选中,则在搬移元件时程序将自动重新按“横平竖直”走线,否则搬移元件时将以斜线连接。

Component 页里包括 Place component mode 区块和 Symbol standard 区块,如图 11-5 所示。Place component mode 区块的功能是设定放置元件的方式,Place single component 选项设定每次只放置一个元件,其他两个选项设定可以连续放置多个同样的元件。Symbol standard 区块的功能是设定所采用的元件标准,其中的 ANSI 选项设定采用美国标准,而 DIN 选项设定采用欧洲标准。

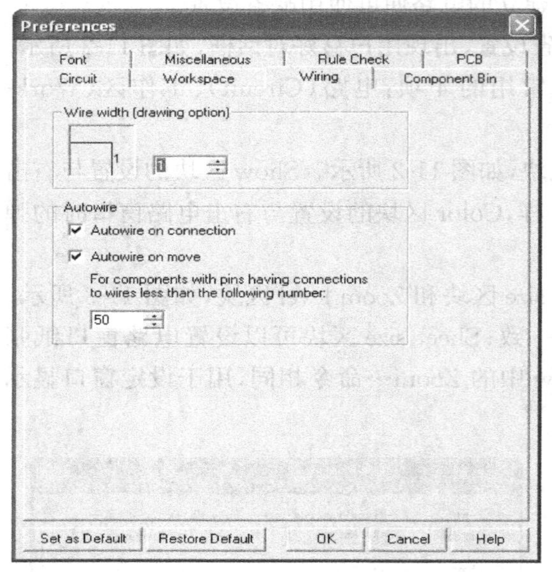

图 11-4 Wiring 页

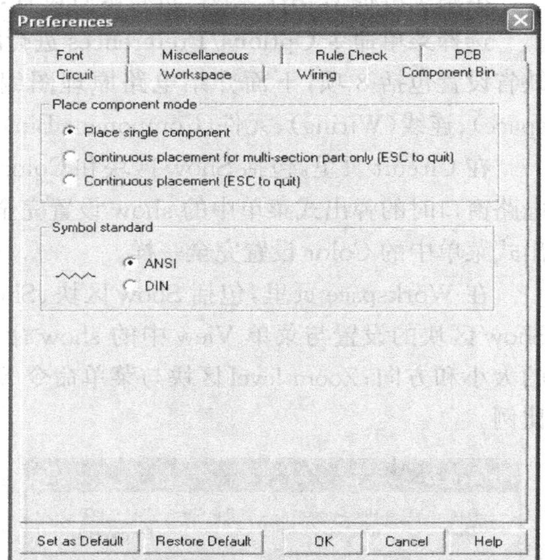

图 11-5 Component 页

3. 定制工具栏

用鼠标右键单击任意一个工具栏,在弹出式菜单中均可选择显示或隐藏各个工具栏,也可通过 View 菜单来实现。对界面中的任意一个工具栏(包括仿真开关,也可理解为“电源开关”)都可以通过鼠标左键来拖动。这些更改对目前所有的电路都有效。下一次打开电路时,被显示或移动的工具栏将保持。

4. 元件工具栏

用户界面的元件工具栏分为实际元件栏(Component)和虚拟元件栏(Virtual Toolbar)。实际元件栏颜色为所设定的界面底色,其中的元件是有封装的真实元件,参数是确定的,不可改变。虚拟元件栏为绿色,其中元件的参数可随意修改。

实际元件工具栏包括 13 个元件库,具体如下。

电源/信号源元件库。
基本元件库，如电阻、电容、电感等常用的无源元件。
二极管类元件库，包括各种二极管、稳压管及桥式整流器等。
晶体管类元件库，包括双极型晶体管(BJT)、场效晶体管(FET)。
模拟 IC 元件库，如运算放大器、电压比较器等。
TTL 数字 IC 元件库，即 74 系列 IC。
CMOS 数字 IC 元件库，即 40 系列 IC。
其他数字 IC 元件库，如内存、VHDL 器件等。
混合模式 IC 元件库，如 555、AD/DA 转换器等。
指示器类元件库，如 LED、七段显示器等。
杂项元件库，如石英晶体、真空管等。
射频元件库，如高频晶体管、MOS 管等。
机电元件库，如开关、变压器等。

虚拟元件工具栏包括 10 项，具体如下。

电源元件库。
信号源元件库。
基本元件库，如电阻、电容、电感等常用的无源元件。
二极管类元件库，包括二极管和稳压管。
晶体管类元件库，包括双极型晶体管(BJT)、场效晶体管(FET)。
模拟 IC 元件库，如运算放大器、电压比较器等。
杂项元件库，如石英晶体、光电耦合器、显示器等。
额定元件库，包括双极型晶体管、二极管、电阻、电容、电感等。
三维立体元件库，元件以真实立体的形式出现，包括晶体管、电阻、电容等。
测量元件库，如各类探头等。

5. 操作元件

1)取用实际元件

单击所要取用元件所属的实际元件库，即可拉出该元件库。以 NPN 型晶体管为例，单击实际晶体管类元件库，出现如图 11-6 所示的对话框。

单击左边 Family 区块内的 NPN 型晶体管 BJT_NPN，中间的 Component 区块相应列出实际 NPN 型晶体管型号和被选中的晶体管型号，选择所需要的晶体管型号，在 Model Manuf.\ID 区块相应显示出被选中的晶体管制造商代号。单击右边的 Model 按钮可以显示被选中的晶体管模型参数，单击 Search 按钮可以搜索所需晶体管。

单击 OK 按钮完成元件选择，此时元件即被选出，电路窗口中出现浮动的元件，将该元件拖至合适的位置，单击鼠标左键放置元件。注意，如果选择的是包含多个相同单元的模拟 IC 元件(如 LM324)或者数字 IC 元件(如 74LS00)，则在元件出现前还需要选择元件单元。

2)取用虚拟元件

虚拟元件的元件参数值、元件编号等可由使用者自行定义。单击所要取用元件所属的虚

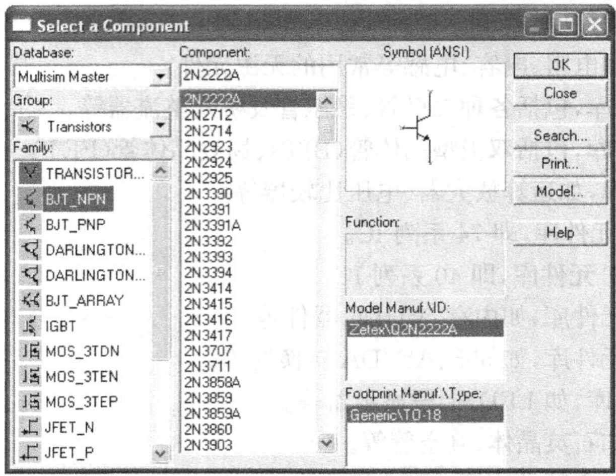

图 11-6　实际晶体管类元件库对话框

拟元件库,即可拉出该元件库。以电阻为例,点击虚拟基本元件库即可拉出该元件库,如图 11-7 所示,选择右上角的虚拟电阻,即可出现浮动的元件,将该元件拖至合适的位置,单击鼠标左键放置元件。该元件的元件值或元件编号可由用户随时更改。

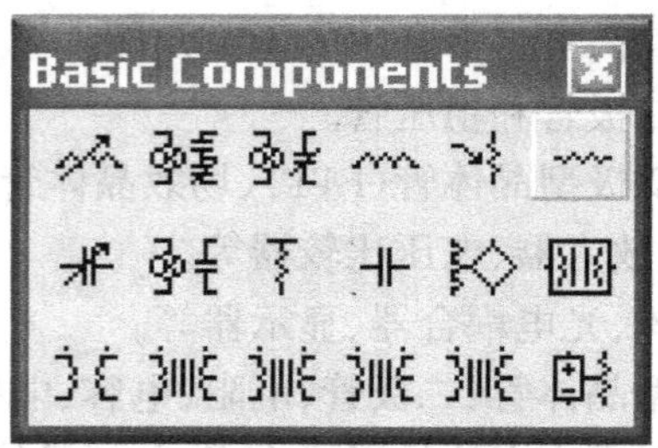

图 11-7　基本元件库

3)设置元件属性

每个被取用的元件都有缺省的属性,包括元件标号、元件参数值及管脚、显示方式和故障,这些属性可以被重新设置。对于实际元件,用户可以设置元件标号、显示方式和故障,有些实际元件还可以设置元件参数值,但不能设置管脚,如晶体管;而有些实际元件如电阻、电容、电感等则不能重新设置元件参数值及管脚。对于虚拟元件,用户可以随意设置元件标号、元件参数值及管脚、显示方式和故障。

以虚拟电阻为例,双击被选中的虚拟电阻,出现如图 11-8 所示对话框,其中包括四页:Label 页、Display 页、Value 页、Fault 页。

在 Value 页里可以设置元件的参数值,包括以下 6 项。

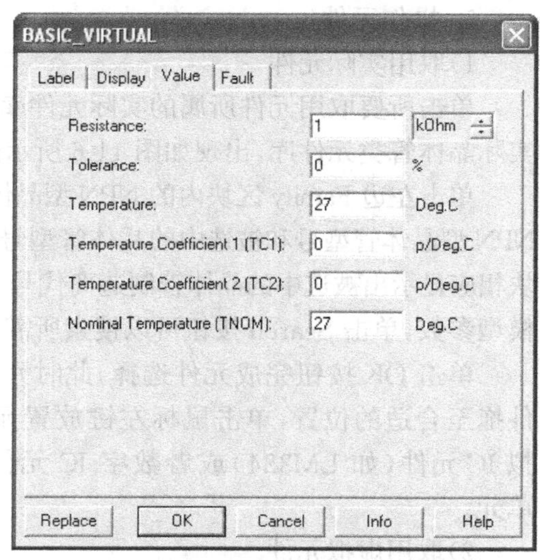

图 11-8　虚拟电阻属性对话框

(1)Resistance：设定电阻值，在其右边字段中可以指定单位。

(2)Tolerance：设定电阻的误差，误差值为百分比。

(3)Temperature：设定环境温度，温度值单位为摄氏度。缺省值为 27 ℃。

(4)Temperature Coefficient 1(TC1)：设定电阻的一次温度系数。

(5)Temperature Coefficient 2(TC2)：设定电阻的二次温度系数。

(6)Nominal Temperature (TNOM)：设定参考的环境温度，缺省值为 27 ℃。

如图 11-9 所示为 Label 页，可以设置元件序号和标号。其中 Reference ID 项设定该电阻的元件序号，元件序号是元件唯一的识别码，必须设置(由用户或者程序自动设置)，且不可重复。Label 项设定该电阻的标号，可以不设置。Attributes 区块可以设定元件属性如名称等，一般可以不设置。

如图 11-10 所示为 Display 页，可以设置元件显示方式，其中包括 4 个选项。

Use Schematic Option global setting：设定采用整体的显示设定，如果选取本选项，则不可单独设置此元件的显示方式，否则可以单独设置此元件的显示方式。元件的显示方式包括以下 4 个复选项。

(1)Show labels：设定显示元件的标号。

(2)Show values：设定显示元件的元件值。

(3)Show reference ID：设定显示元件的序号。

(4)Show Attributes：设定显示元件属性。

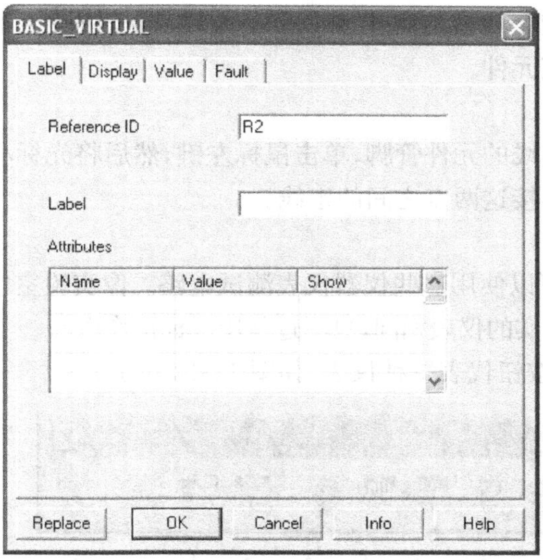

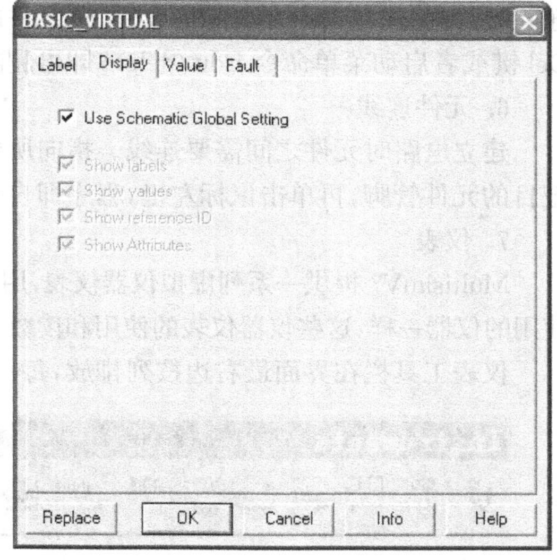

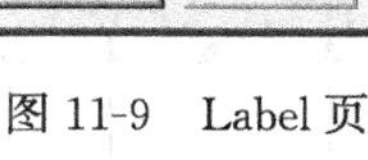

图 11-9　Label 页

图 11-10　Display 页

如图 11-11 所示为 Fault 页，可以设置元件故障方式，其中包括四个选项。

(1)None：设定元件不会有故障发生。

(2)Open：设定元件两端发生开路故障。

(3)Short：设定元件两端发生短路故障。

(4)Leakage：设定元件两端发生漏电流故障，漏电流的大小可在其下面的字段中设定。

从以上所述可知，虚拟电阻的属性与实际电阻的属性基本相同，只是 Value 页是些不同。

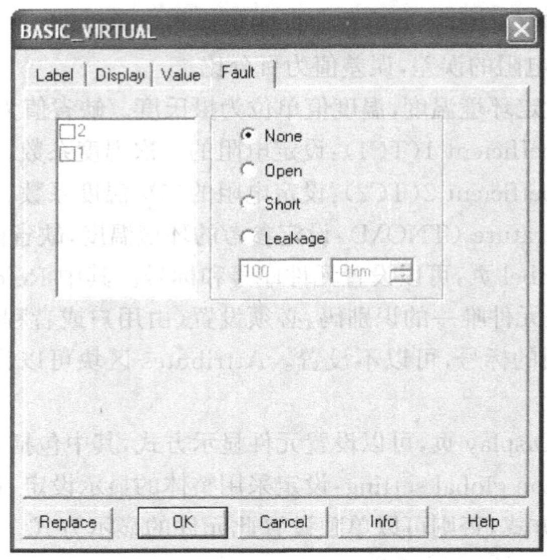

图 11-11 Fault 页

4)编辑元件

当元件被放置后,还可以任意搬移、删除、剪切、复制、旋转、着色。其中剪切、复制、旋转和着色等操作,可通过右击元件后,在出现的弹出式菜单中选择相应的操作命令实现。搬移元件时,需用鼠标指向所要搬移的元件,按住鼠标左键,拖动元件到达合适位置后放开左键即可。删除元件时,需单击所要删除的元件,该元件的四个角落将各出现一个小方块,再按键盘上的 Del 键或者启动菜单命令 Edit/delete 即可删除该元件。

6. 元件连线

建立电路时元件之间需要连线。指向所要连线的元件管脚,单击鼠标左键,然后将光标移至目的元件管脚,再单击鼠标左键,程序即自动连接这两点之间的走线。

7. 仪表

MultisimV7 提供一系列虚拟仪器仪表,用户可以使用这些仪器仪表测试电路。像实验室中使用的仪器一样,这些仪器仪表的使用和读数与真实的仪表相同,只不过是用鼠标操作而已。

仪表工具栏在界面最右边按列排放,每一个按钮代表一种仪表,如图 11-12 所示。

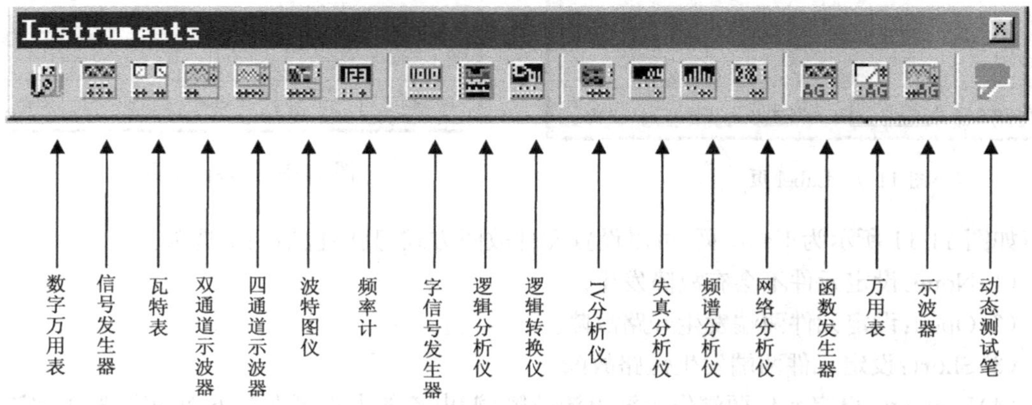

图 11-12 仪表工具栏

虚拟仪表有两种视图：连接于电路的仪表图标和打开的仪表(可以设置仪表的控制和显示选项)。如图 11-13 所示为数字万用表的图标(右)和打开的仪表(左)。

图 11-13　数字万用表的图标和打开的仪表

下面介绍模拟电路仿真中常用的仪表，包括数字万用表、信号发生器、双通道示波器、波特图仪、IV 分析仪。

1)数字万用表

数字万用表是一种常用且多用途的仪表，可测试电压、电流或电阻等。当启用数字万用表时，可通过启动 Simulate/Instrument/Multimeter 命令，或按仪表工具栏中的数字万用表按钮，屏幕将出现如图 11-13 所示的数字万用表图标。其中的＋、－两个端子用来连接所要测试的端点，如果是测量电压，则与所要测试的端点并联；如果是测量电流，则与所要测试的端点串联；如果是测量电阻，则与所要测试的端点并联。双击图标即可打开数字万用表，如图 11-13 所示。

其中各项如下说明。

(1) A：设定为测量电流。

(2) V：设定为测量电压。

(3) Ω：设定为测量电阻。

(4) dB：设定将测量结果用分贝(dB)表示。

(5) ～：设定所测量的电压或电流是交流电，其测量所得的值是有效值。

(6) —：设定所测量的电压或电流是直流电，其测量所得的值是平均值。

(7) Set...：设定数字万用表的电气性能指标(例如测量电流时电表的内阻、测量电阻时电表的电流)和测量值的显示范围。

2)信号发生器

信号发生器是提供指定信号的仪器。启动菜单命令 Simulate/Instrument/Function Generator，或单击仪表工具栏中的信号发生器按钮，屏幕将出现如图 11-14 右图所示的信号发生器图标。其中三个端子(＋、common、－)用来连接电路的输入端。双击图标即可打开信号发生器，如图 11-14 左图所示。

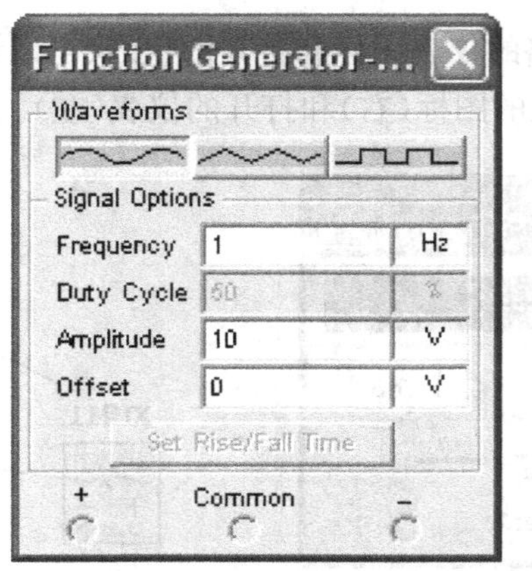

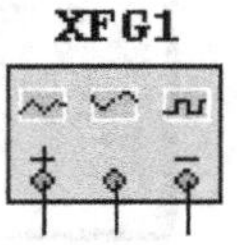

图 11-14　信号发生器的图标和打开的仪表

其中各项如下说明。

(1)[正弦波按钮]:设定产生正弦波信号。

(2)[三角波按钮]:设定产生三角波信号。

(3)[方波按钮]:设定产生方波信号。

(4)Frequency:设定所要产生的信号的频率。

(5)Duty Cycle:设定所要产生的信号的占空比。本字段只对三角波和方波起作用。

(6)Amplitude:设定所要产生的信号的幅度。

(7)Offset:设定所要产生的信号的直流偏置电压。

3)示波器

示波器是一种测试电子电路不可或缺的主要仪器。Multisim 提供双通道示波器和四通道示波器。现以双通道示波器为例说明示波器的应用。启动菜单命令 Simulate/Instrument/Oscilloscope,或按仪表工具栏中的双通道示波器按钮,屏幕将出现如图 11-15 右图所示的双通道示波器图标。图标下方的两个端子为两个测试通道的输入端,右边的 G 端子是接地端子,T 端子是连接外部触发的端子。双击图标即可打开示波器,如图 11-15 左图所示。

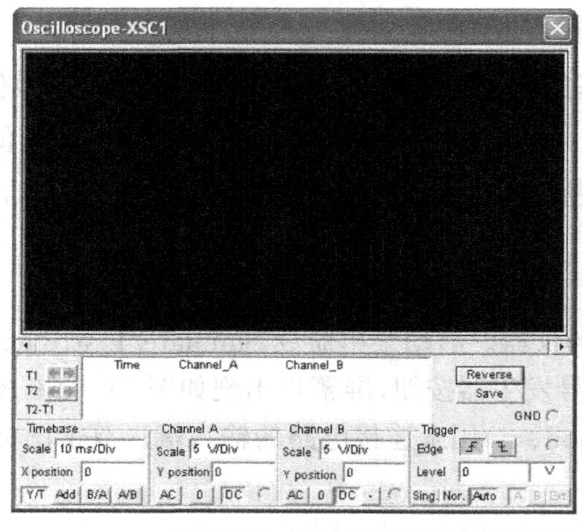

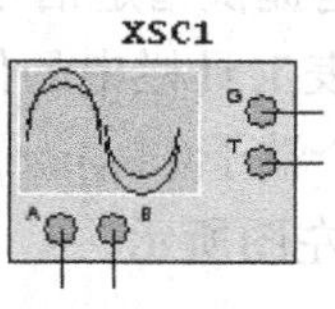

图 11-15　示波器的图标和打开的仪表

其中各项说明如下。

(1)光标区块:光标区块在示波器屏幕的下方,为两个测量光标的数据区块,其中的 T1 字段为第一个光标的位置,T2 字段为第二个光标的位置,T2-T1 字段为两光标间距。Time 对应的数据分别为两个光标位置上的时间值以及它们的差值。Channe_A 对应的数据分别为两个光标位置上 A 通道波形的数值以及它们的差值;Channe_B 对应的数据分别为两个光标位置上 B 通道波形的数值以及它们的差值。

(2)Reverse 按钮:设定显示屏以反色显示。

(3)Save 按钮:储存测试的数据。

(4)扫瞄时间区块 Timebase:为水平扫瞄时间的设定区块。

Scale:设定每格所代表的扫瞄时间。

X position:设定波形的水平扫瞄起点位置。

Y/T 按钮:设定水平扫描为本区块所设定的扫描信号,而垂直扫描信号为所要测量的信号。

Add 按钮:设定水平扫描为本区块所设定的扫描信号,而垂直扫描信号为 A、B 两个通道输入信号之和。

B/A 按钮:设定水平扫描信号为 A 通道的输入信号,而垂直扫描信号为 B 通道的输入信号。

A/B 按钮:设定水平扫描信号为 B 通道的输入信号,而垂直扫描信号为 A 通道的输入信号。

(5)A 通道区块 Channel A:为 A 通道信号的显示刻度及位置设定。

Scale:设定每格所代表的电压大小。

Y position:设定 A 通道波形的垂直位置。

AC 按钮:设定交流输入信号耦合方式为电容耦合。

0 按钮:设定输入端接地(即输入为 0)。

DC 按钮:设定采集输入信号的直流成分。

(6)B 通道区块 Channel B:为 B 通道信号的显示刻度及位置设定,与 A 通道区块功能相同。

(7)触发区块 Trigger:为触发设定区块。

Edge:该选项的两个按钮可以分别设定为上升沿触发或下降沿触发。

Level:设定触发水平。

Sing. 按钮:设定为单一触发。

Nor. 按钮:设定为一般触发。

Auto 按钮:设定为自动触发。

A 按钮:设定为 A 通道触发。

B 按钮:设定为 B 通道触发。

Ext 按钮:设定为外部触发。

4)波特图仪

波特图仪是一种描绘电路频率响应的仪器,由使用者指定某个范围的频率,波特图仪将输出这个范围的扫描频率到受测电路;同时,波特图仪也接收电路输出端的响应信号,以描绘该电路对不同频率的反应。启动菜单命令 Simulate/Instrument/ Bode Plotter,或单击仪表工具栏中的波特图仪按钮,屏幕将出现如图 11-16 右图所示的波特图仪图标。图标中有两对端子,左边一对 in 端子是输入端子,用来提供电路输入的扫描信号,所以要连接到电路的输入端;右边一对 out 端子是输出端子,用来连接电路的输出信号。双击图标即可开启波特图仪,如图 11-16 左图所示。

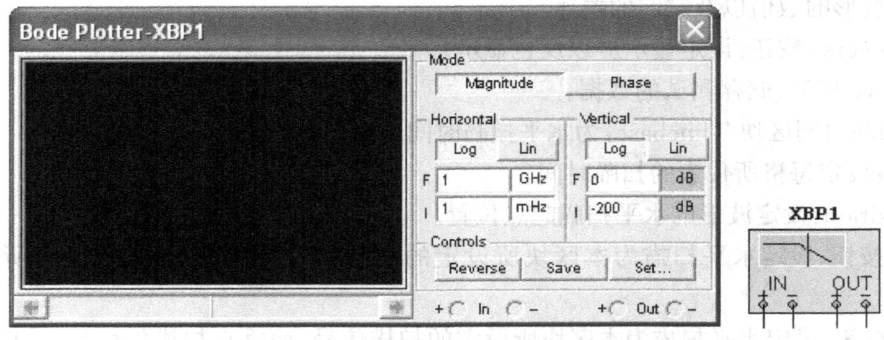

图 11-16 波特图仪的图标和打开的仪表

其中各项说明如下。

(1)Magnitude 按钮:设定左边显示屏内显示频率与振幅的关系,即幅频特性,如图 11-17 所示。

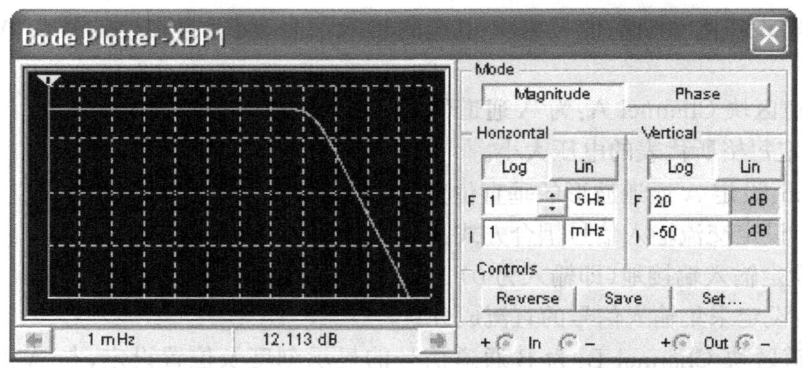

图 11-17 幅频特性的测试

(2)Phase 按钮:设定左边显示屏内显示频率与相位的关系,即相频特性,如图 11-18 所示。

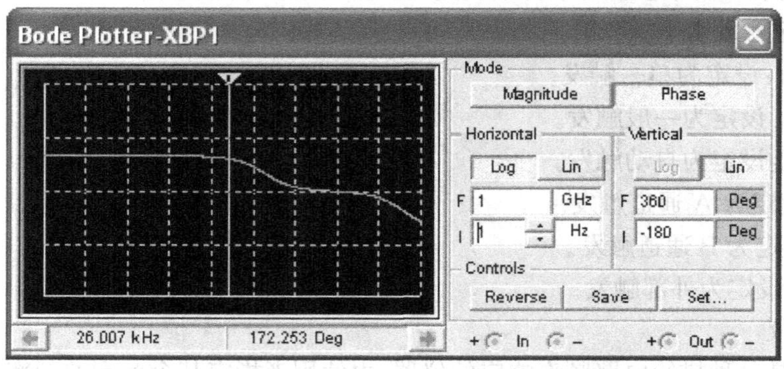

图 11-18 相频特性的测试

(3)Horizontal 区块：设定水平轴(即频率)刻度。

Log 按钮：采用对数刻度。

Lin 按钮：采用线性刻度。

F 字段：设定频率响应图水平轴刻度即频率的终了值。

I 字段：设定频率响应图水平轴刻度即频率的初始值。

(4)Vertical 区块：设定纵轴(即振幅或相位角)刻度。该区块的设置项与 Horizontal 区块相似。

Log 按钮：采用对数刻度。

Lin 按钮：采用线性刻度。

F 字段：设定频率响应图纵轴刻度的终了值(幅值或相位)。

I 字段：设定频率响应图纵轴刻度的初始值(幅值或相位)。

(5)Reverse 按钮：设定显示屏以反色显示。

(6)Save 按钮：储存测量的结果。

(7)Set 按钮：设定扫描的分辨率。

(8) ← 按钮：将显示屏内的光标往左移动，光标位置曲线的值将分别显示在显示屏下方的两个字段内。

(9) → 按钮：将显示屏内的光标往右移动。

5)IV 分析仪

IV 分析仪用于分析半导体器件的特性曲线。启动菜单命令 Simulate/Instrument/ IV Analyzer，或单击仪表工具栏中的 IV 分析仪按钮，屏幕将出现如图 11-19 右图所示的 IV 分析仪图标。图标中有三个端子，分别用于接二极管或晶体管的管脚。双击图标即可开启 IV 分析仪，如图 11-19 左图所示。

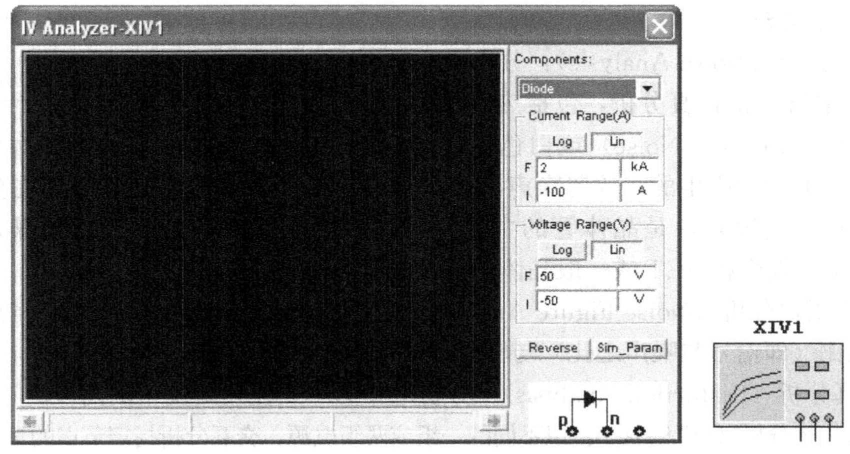

图 11-19　IV 分析仪的图标和打开的仪表

其中各项说明如下。

(1)Components：用下拉菜单方式选择被测元件类型：二极管、NPN 晶体管、PNP 晶体管、P 沟道 MOS 管、N 沟道 MOS 管。

(2)Current Range(A)区块：设置 IV 曲线电流刻度及显示范围。

Log 按钮:采用对数刻度。

Lin 按钮:采用线性刻度。

F 字段:设定电流刻度的终了值。

I 字段:设定电流刻度的初始值。

(3)Voltage Range(V)区块:设置 IV 曲线电压刻度及显示范围。该区块的设置项与 Current Range(A)区块相同。

(4)Reverse 按钮:设定显示屏以反色显示。

(5)Sim_Param 按钮：设定仿真参数的起始值、终了值和步长。

8. 分析方法

1)分析方法简介

Multisim 提供了非常齐全的仿真与分析功能，这里将分别介绍每个仿真与分析功能。启动菜单命令 Simulate/Analyses，或单击设计工具栏的分析按钮，即可拉出如图 11-20 所示的分析方法菜单。

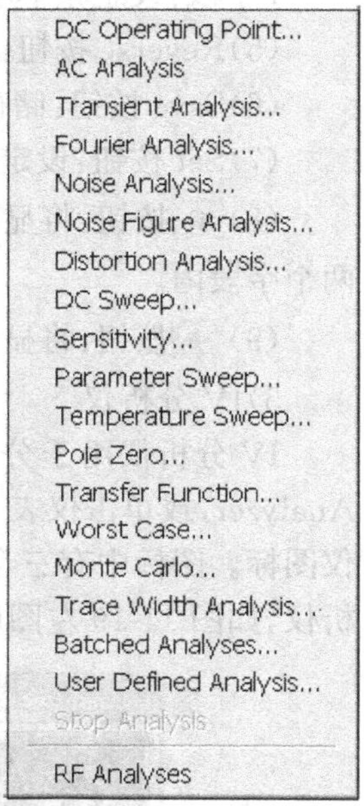

DC Operating Point...
AC Analysis
Transient Analysis...
Fourier Analysis...
Noise Analysis...
Noise Figure Analysis...
Distortion Analysis...
DC Sweep...
Sensitivity...
Parameter Sweep...
Temperature Sweep...
Pole Zero...
Transfer Function...
Worst Case...
Monte Carlo...
Trace Width Analysis...
Batched Analyses...
User Defined Analysis...
Stop Analysis
RF Analyses

图 11-20 分析方法菜单

其中包括 18 个分析命令，简介如下。

(1)静态工作点分析（DC Operating Point)：分析电路的静态工作点，可以选定计算不同节点的静态电压值。

(2)交流分析（AC Analysis)：分析电路的小信号频率响应。

(3)瞬态分析（Transient Analysis)：电路在时域（Time Domain）的动作分析，相当于连续性的操作点分析，通常是为了找出电子电路的动作情形，就像示波器一样的作用。

(4)傅里叶分析（Fourier Analysis)：电路在频域（Frequency Domain）的动作分析，将周期性的非正弦波信号，转换成由正弦波和余弦波组成的波形。

(5)噪声分析（Noise Analysis)：分析噪声对电路的影响，Multisim 提供三种噪声的仿真分析，包括热噪声（Thermal Noise)，也称为琼森噪声（Johnson Noise）或白色噪声（White Noise)，这种噪声是由温度变化所产生的；放射噪声（Shot Noise)，这种噪声是由于电流在分立的半导体块流动所产生的噪声，是晶体管的主要噪声；Flicker 噪声，又称为超越噪声（Excess Noise)，通常是发生在 FET 或一般晶体管内，频率为 1 kHz 以下。

(6)噪声指数分析（Noise Figure Analysis)：属于射频分析的一部分，噪声指数是指输入端的信噪比（即信号与噪声之比）与输出端的信噪比之比。

(7)失真分析（Distortion Analysis)：分析电路的非线性失真及相位偏移。

(8)直流扫描分析（DC Sweep)：以不同的一组或两组电源，交互分析指定节点的直流电压值。

(9)灵敏度分析（Sensitivity)：为了找出元件受偏压影响的程度，Multisim 提供直流灵敏度与交流灵敏度的分析功能。

(10)参数扫描分析（Parameter Sweep)：对电路里的元件分别以不同的参数值进行分析。在 Multisim 里，可设定为静态工作点分析、瞬态分析或交流分析三种参数扫描分析。

(11)温度扫瞄分析（Temperature Sweep)：也是参数扫描的一种，同样可以执行静态工作点分析、瞬态分析及交流分析。

(12)零点极点分析（Pole Zero）：用于求解电路的交流小信号传递函数中零点与极点的个数和数值，以决定电子电路的稳定度。在进行零点与极点分析时，首先计算出静态工作点，再设定所有非线性元件的线性小信号模型，然后找出其交流小信号传递函数的零点与极点。

(13)传递函数分析（Transfer Function）：求解电路小信号分析的输出和输入之间的关系，可以分析出增益、输入阻抗及输出阻抗。

(14)最坏状态分析（Worst Case）：以统计分析的方式，在给定元件参数容差的情况下，分析电路性能相对于标称值的最大偏差。

(15)蒙特卡罗分析（Monte Carlo）：以统计分析的方式，在给定元件参数容差的统计规律的情况下，用一组伪随机数求得元件参数的随机抽样序列，对这些随机抽样的电路进行静态工作点分析、瞬态分析及交流分析。

(16)布线宽度分析（Trace Width Analysis）：这项功能可以帮助设计者找出该电路在设计电路板（PCB）时走线的宽度。

(17)批次分析（Batched Analysis）：设定几个分析分批执行。

(18)使用者定义分析（User Defined Analysis）：在 Multisim 里可以自行定义电路分析。

其中模拟电路分析中最常用的分析方法为静态工作点分析、交流分析、瞬态分析、直流扫描分析、参数扫描分析、传递函数分析，下面针对这些方法的应用进行详细介绍。

2)静态工作点分析

在进行分析之前，首先必须设定相关的参数，而对于不同的分析，其设定参数不完全相同。尽管如此，在大部分的分析设定里都只要按缺省值就可以正常分析。但有些设定是必须的，例如指定所要追踪或分析的节点等。在静态工作点分析中的各项设定几乎都出现在其他每项分析的设定之中，因而熟悉了静态工作点分析的设定，对于其他分析的设定，只需掌握其特殊的部分即可。

启动菜单命令 Simulate/Analyses/DC Operating Point，进入静态工作点分析，屏幕出现如图 11-21 所示对话框。对话框包括 Output variables 页、Miscellaneous Options 页和 Summary 页。

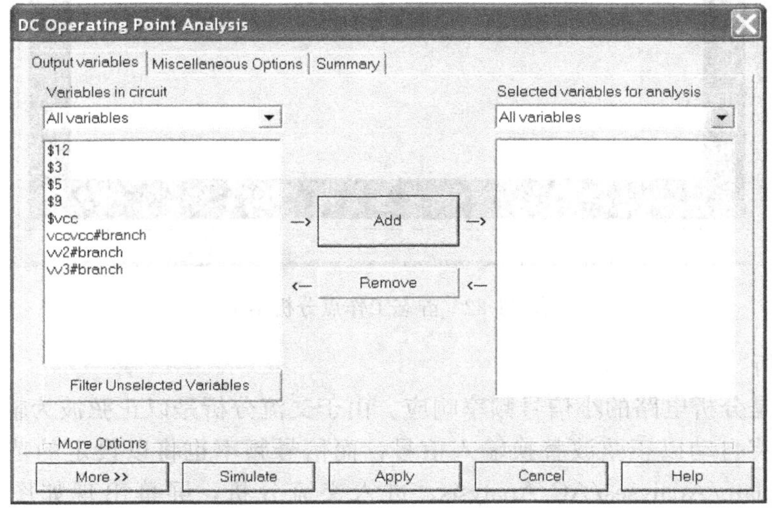

图 11-21　静态工作点分析对话框

Output variables 页是必须设定的部分，在此页中指定所要分析的节点，才能进行静态工作点分析。该页包括 Variables in circuit 区块和 Selected variables for analysis 区块，具体说明如下。

(1)Variables in circuit：本区块内列出电路里的所有节点名称。选取所要分析的节点，再单击 Add 按钮即可将所选取的节点放到右边的 Selected variables for analysis 区块。如果在本区块选取节点后，单击 Filter Unselected Variables 按钮，则对未列出的电路中的其他节点进行筛选。

(2)Selected variables for analysis：本区块内列出所要分析的节点，如果需要去除某个节点，则选取所要去除的节点，再单击 Remove 按钮将节点放回 Variables in circuit 区块。

在 Miscellaneous Options 页中可以进行其他一些设定，包括在 Title for analysis 字段中输入所要进行分析的名称和通过 Use custom analysis options 设定习惯分析方式等，一般无需设定，采用默认值即可。

在 Summary 页中进行分析设定确认，一般无需设定，采用默认值即可。

当设定完成后，可按图 11-21 所示对话框下面的 Simulate 按钮即可进行分析。分析结果如图 11-22 所示，在该分析结果图中，可以对分析结果进行一般的文档操作，例如保存、打印等。

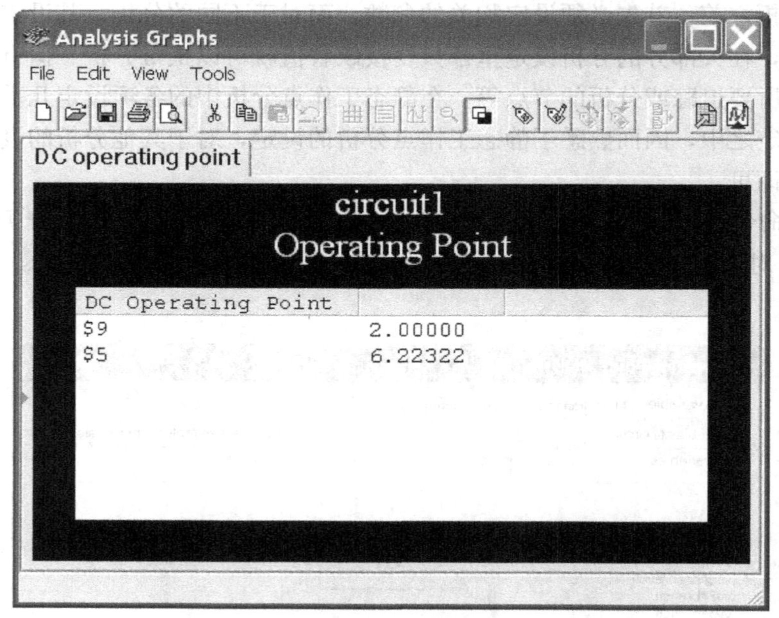

图 11-22 静态工作点分析结果

3)交流分析

交流分析是分析电路的小信号频率响应。由于交流分析是以正弦波为输入信号，因此进行分析时都将自动以正弦波替换输入信号，而信号频率也将以设定的范围替换。启动菜单命令 Simulate/Analyses/AC Analysis，进入交流分析，屏幕出现如图 11-23 所示对话框。

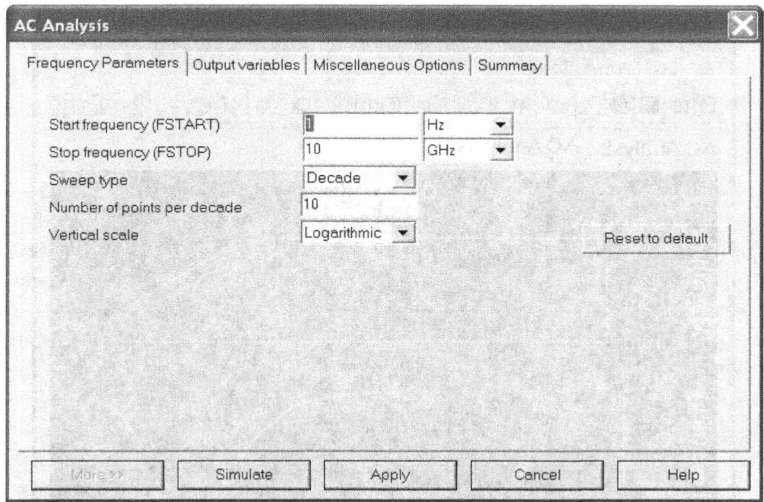

图 11-23　交流分析对话框

其中包括四页，除了 Frequency Parameters 页外，其余均与静态工作点的设定一样。Frequency Parameters 页包括下列 6 个项目。

(1)Start frequency（FSTART)：设定交流分析的起始频率。

(2)Stop frequency（FSTOP)：设定交流分析的终止频率。

(3)Sweep type：设定交流分析的扫描方式，其中包括 Decade（十倍刻度扫描)、Octave（八倍刻度扫描）及 Linear（线性刻度扫描)，通常是采用十倍刻度扫描（Decade 选项)，以对数方式展现分析结果。

(4)Number of points per decade：设定每十倍频率的取样点数。

(5)Vertical scale：设定垂直刻度，其中包括 Decibel（分贝刻度)、Octave（八倍刻度)、Linear（线性刻度）及 Logarithmic（对数刻度)。通常采用 Logarithmic（对数刻度）或分贝刻度（Decibel 选项)。

(6)Reset to default：将所有设定恢复为默认值。

当设定完成后，可按图 11-23 所示对话框下面的 Simulate 钮即可进行分析，分析结果如图 11-24 所示。在该分析结果图中，单击 Show/Hide Cursors 按钮，可以读取波形上任一点的值；单击保存按钮，可将结果图保存到指定文件中；单击打印按钮，可以打印分析结果图；单击 Show/Hide Grid 按钮，可以显示/隐藏网格线；单击 Export to excal 按钮，可将结果转换成 Excel 文件；单击 Export to MathCad 按钮，可将结果转换成 MathCad 文件。另外在该分析结果图中，同样可以对分析结果进行一般的文档操作。

4)瞬态分析

瞬态分析是一种非线性时域分析方法，可以分析电路在激励信号的作用下电路的时域响应，相当于连续性的静态工作点分析，通常是为了找出电子电路的工作情况，就像用示波器

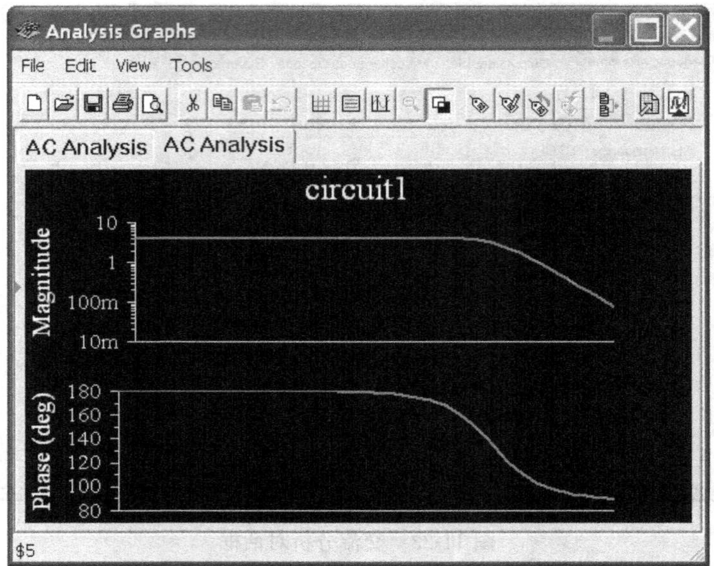

图 11-24 交流分析的结果

观察接点电压波形一样。启动菜单命令 Simulate/Analyses/Transient Analysis，屏幕出现如图 11-25所示对话框。

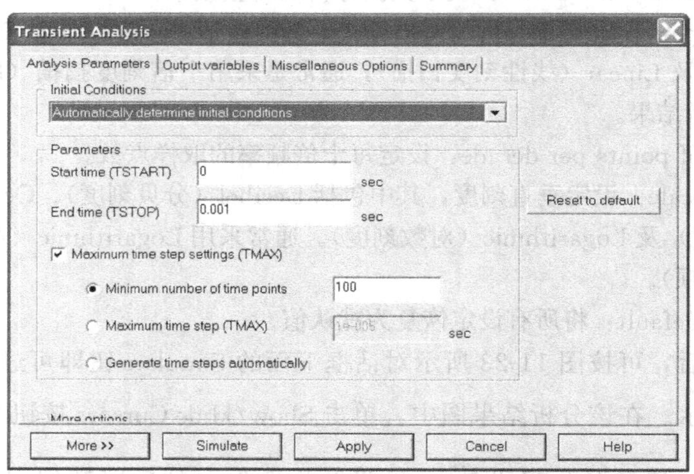

图 11-25 瞬态分析对话框

其中包括四页，除了 Analysis Parameters 页外，其余均与静态工作点分析的设定相同。Analysis Parameters 页包括以下项目。

(1)Initial conditions：设定初始条件，其中包括 Automatically determine initial conditions（由程序自动设定初始值）、Set to zero（将初始值设为 0）、User defined（由使用者定义初始值）、Calculate DC operating point（由静态工作点计算得到）。

(2)Start time（TSTART）：设定分析开始的时间。

(3)Stop time（TSTOP）：设定分析结束的时间。

(4)Set maximum time step（TMAX）：设定最大时间间距，当该项被选择时，需要同时单选下列三项之一（缺省选项为 Generate time steps automatically）。

Minimum number of time points：设定最大取样点数，用以设定分析的步阶，并在右边字段里输入最大取样点数。

Maximum time step（TMAZ）：设定最大时间间距，以设定分析的步阶，并在右边字段里输入最大时间间距值。

Generate time steps automatically：设定自动决定分析的时间步阶。

(5)Reset to default：将所有设定恢复为缺省值。

当设定完成后，可单击图 11-25 所示对话框下面的 Simulate 钮即可进行分析，分析结果如图 11-26 所示。在该分析结果图中，同样可以对分析结果进行一般的操作。

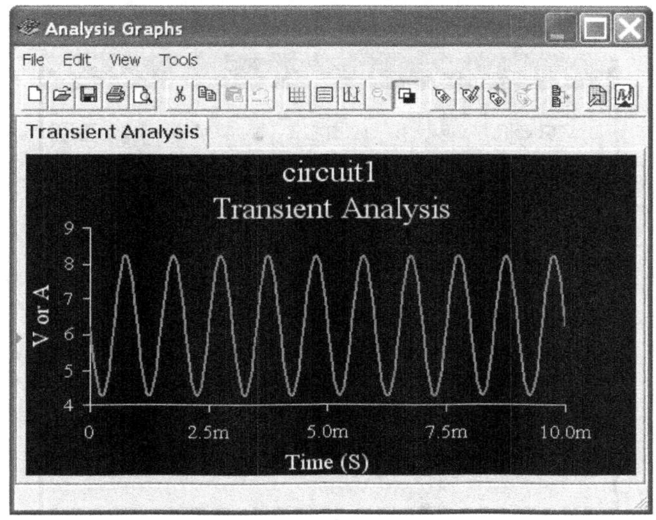

图 11-26　瞬态分析的结果

5)直流扫描分析

直流扫描分析是以不同的一组或两组电源，交互分析指定节点的静态工作点。启动菜单命令 Simulate/Analyses/DC Sweep，屏幕出现如图 11-27 所示对话框。

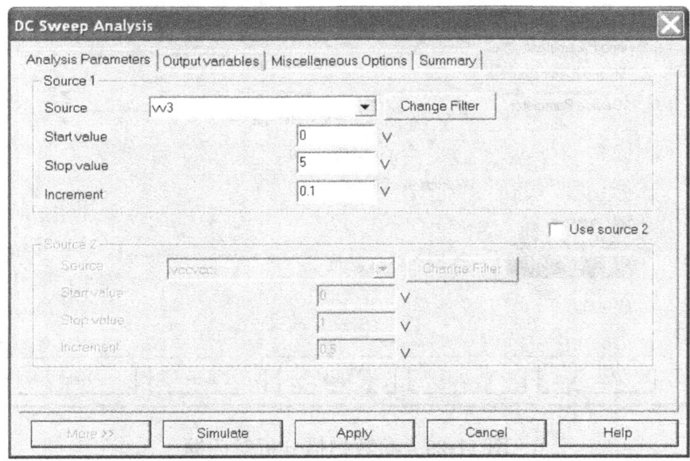

图 11-27　直流扫描分析对话框

其中包括四页，除了 Analysis Parameters 页外，其余均与静态工作点分析的设定相同。而在 Analysis Parameters 页中包括 Source 1 与 Source 2 两个区块，每个区块各有下列项目。

(1)Source：指定所要扫描的电源。

(2)Start value：设定开始扫描的电压值。

(3)Stop value：设定终止扫描的电压值。

(4)Increase：设定扫描的增量（或间距）。

如果要指定第二组电源，则需选取 Use source 2 选项。

如图 11-28 所示为直流扫描分析的结果。在该分析结果图中，同样可以对分析结果进行一般的操作。

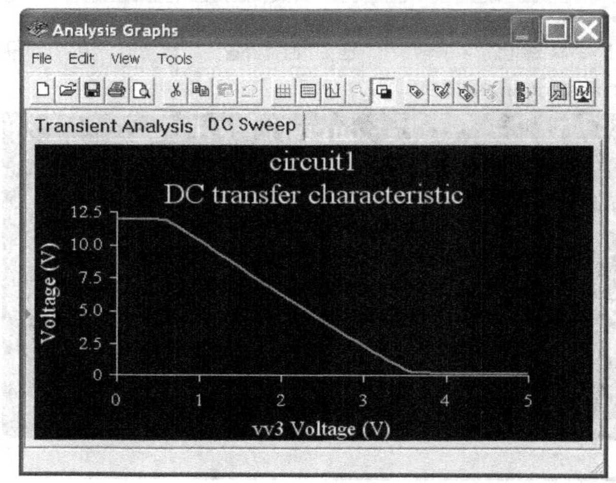

图 11-28　直流扫描分析结果

6)参数扫描分析

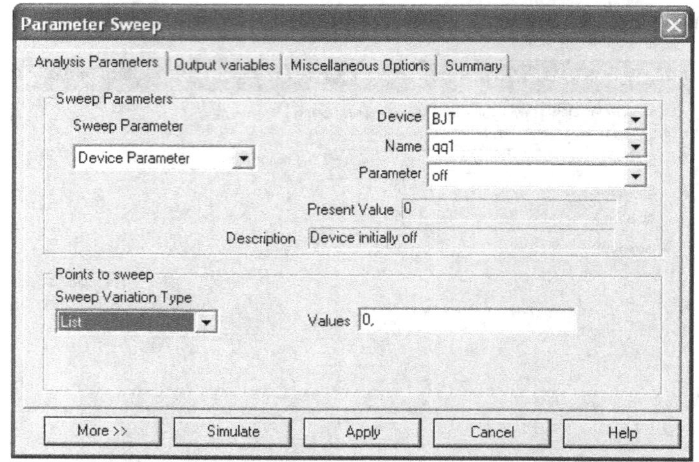

图 11-29　参数扫描分析对话框

参数扫描分析是对电路里的元件，分别以不同的参数值进行分析。在 Multisim 中，进行参数扫描分析时，可设定为静态工作点分析、瞬态分析或交流分析的参数扫描。启动菜单命令 Simulate/Analyses/ Parameter Sweep，屏幕出现如图 11-29 所示对话框。

其中包括四页，除了 Analysis Parameters 页外，其余均与静态工作点分析的设定相同。在 Analysis Parameters 页里，各项说明如下。

(1)Sweep Parameters 区块：设定进行扫描的参数，包括两个选项，各项说明如下。

Device Parameter：本选项设定元件装置参数，选取本项后，区块里将出现 5 个字段，如图 11-29 所示。在 Device 字段里指定所要设定参数的元件类型，而且只列出电路图里所用到的元件类型。在 Name 字段里指定所要设定参数的元件序号，例如 Q1 晶体管，则指定为 qq1；C1 电容器，则指定为 cc1 等。在 Parameter 字段里指定所要设定的参数，当然，不同元件有不同的参数，以晶体管为例，可指定为 off（不使用）、icvbe（即集电极电流 ic、b-e 间电压 vbe）、icvce（即集电极电流 ic、管压降 vce）、area（区间因素）、sens _ area（灵敏度）、temp（温度）。Present Value 字段显示目前该参数的设定值（不可更改）；Description 字段为说明字段（不可更改）。

Model Parameter：本选项设定元件模型参数，选取本项后，区块里将出现 5 个字段，如图 11-30 所示。在 Device Type 字段里指定所要设定参数的元件类型，只包括电路图里所用到的元件类型。Name 字段里指定所要设定参数的元件名称。Parameter 字段里指定所要设定的参数；Present Value 字段为目前该参数的设定值（不可更改）；Description 字段为说明字段（不可更改）。

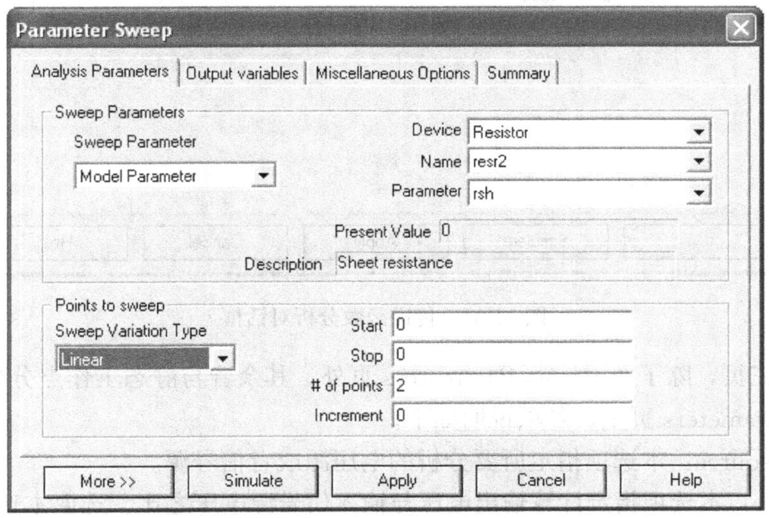

图 11-30　参数扫描分析对话框 2

(2)Point to sweep：本区块的功能是设定扫描的方式。在交流分析的扫描方式中，包括 Decade（十倍刻度扫瞄）、Octave（八倍刻度扫瞄）、Linear（线性刻度扫瞄）及 List 等选项。如果选择 Decade、Octave 或 Linear 选项，则左边将出现 4 个字段，如图 11-30 所示。此时可在 Start 字段里指定开始扫描的值，在 Stop 字段里指定停止扫描的值，在＃ of points

字段里指定扫描点数，在 Increment 字段里指定扫描间距。如果选择 List 选项，则其右边将出现 Value 字段，此时可在 Value 字段中指定扫描的参数值，如果要指定多个不同的参数值，则在参数值之间以逗号分隔。

(3)Analysis to sweep：单击 More 按钮，可进行该项设定。本选项的功能是设定分析的种类，包括 DC Operating Point（静态工作点分析）、AC Analysis（交流分析）、Transient Analysis（瞬时分析）及 Nested Sweep（巢状扫描）等四个选项。如果要设定某种分析，可在选取该分析后，单击 Edit Analysis 按钮，即可进入编辑该项分析。

(4)Group all traces on one plot：单击 More 按钮，可进行该项设定。本选项的功能是设定将所有分析的曲线放置在同一个分析图中。

7)传递函数分析

传递函数分析是找出电路小信号分析的输出输入之间的关系，Multisim 将计算出增益、输入阻抗及输出阻抗。启动菜单命令 Simulate/Analyses/Transfer Function，出现如图 11-31 所示对话框。

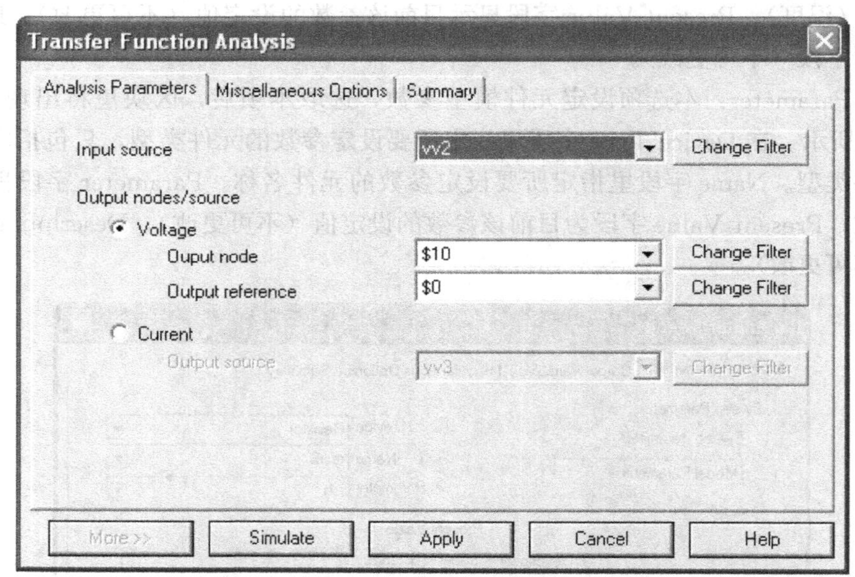

图 11-31 传递函数分析对话框

其中包括三页，除了 Analysis Parameters 页外，其余皆与静态工作点分析的设定相同。在 Analysis Parameters 页里，各项说明如下。

(1)Input source：本选项指定所要分析的电压源或者信号源。

(2)Voltage：本选项指定计算输出电压与输入信号源电压之比。选取本选项后，就可以在 Output node 字段中指定所要测量的输出电压节点，而在 Output reference 字段里指定参考电压节点，通常是接地端。

(3)Current：本选项指定计算输出电流与输入信号源电压之比。选取本选项后，就可以在 Output source 字段中指定所要测量的输出电流源。

如图 11-32 所示为传递函数的分析结果。

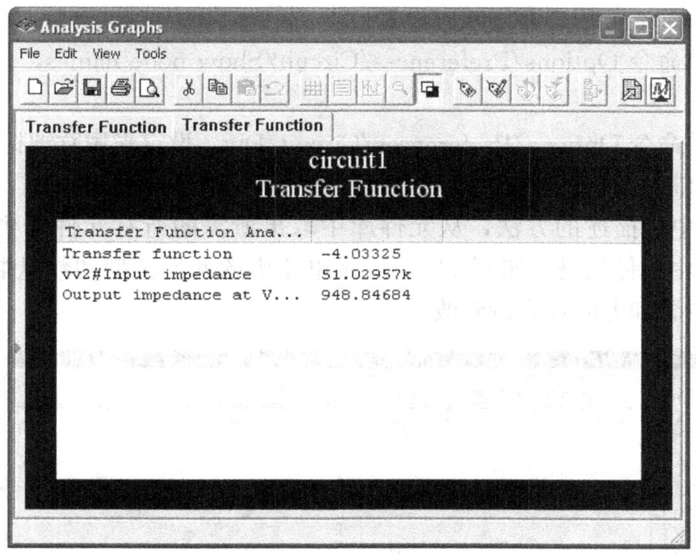

图 11-32　传递函数分析结果

11.2.3　Multisim 软件的电路分析方法实例

本部分以具体电路为例，介绍模拟电路仿真的基本步骤，包括如何建立电路、仿真测量电路、分析电路、输出结果等。电路如图 11-33 所示，其中晶体管采用实际晶体管 2N222A，其他电阻电容均采用虚拟元件。

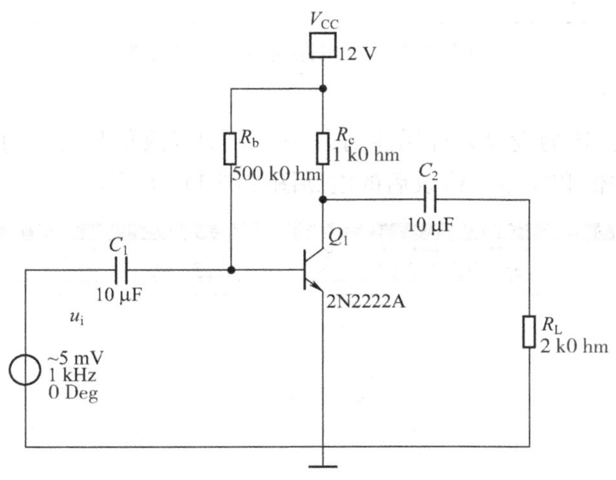

图 11-33　电路图

1. 建立电路

1）建立电路文件

运行 Multisim7，打开一个空白的电路文件，便可开始建立电路文件。电路的颜色、尺寸和显示模式基于以前的用户喜好设置。

2）定制用户界面

依照 11.2.2 所描述的方法，根据需要改变用户界面设置。在本例中，选择菜单命令

Options/Preferences 进行用户喜好缺省设置。

(1) 选择菜单命令 Options/Preferences/Circuit/Show node names，设置显示电路节点名称。

(2) 选择菜单命令 Options/Preferences/Circuit/Din，设定采用欧洲标准。

3) 在电路窗口中放置元件

依照 11.2.2 中所描述的方法，从元件库中取出所需的所有元件放到合适的位置，如图 11-34所示。图中元件只是按照图 11-33 所示电路中的元件类型和数量取出放置，元件属性以及所放置的位置和方向还有待修改。

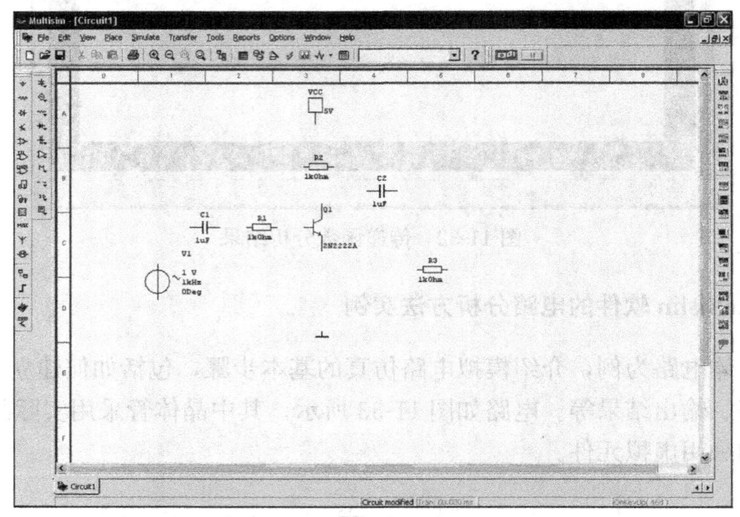

图 11-34 在电路窗口中放置元件

4) 修改元件属性

依照 11.2.2 所描述的设置元件属性的方法，分别修改信号源、直流电压源、电阻和电容的属性，包括元件值和序号。修改后的电路图如图 11-35 所示。

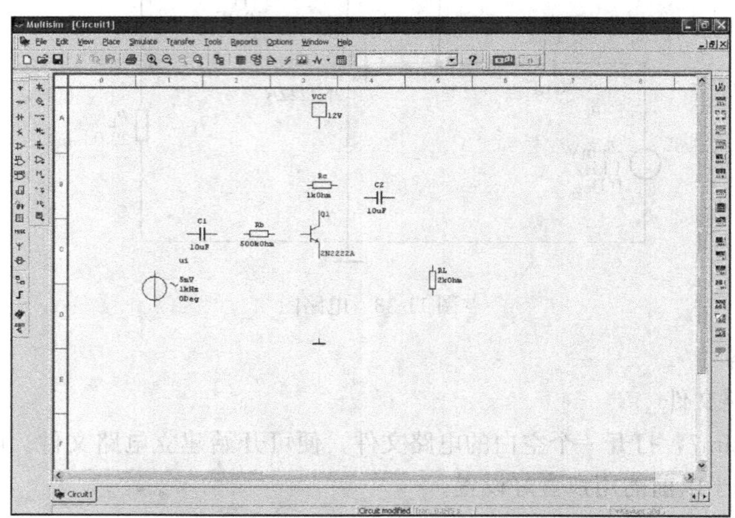

图 11-35 修改元件属性

5）编辑元件

如图 11-35 所示，电阻 R_b、R_c、R_L 的方向需要垂直放置，R_b 的位置需要移动。依照 11.2.2 中所描述的编辑元件的方法将元件位置和方向改正。修改后的电路如图 11-36 所示。

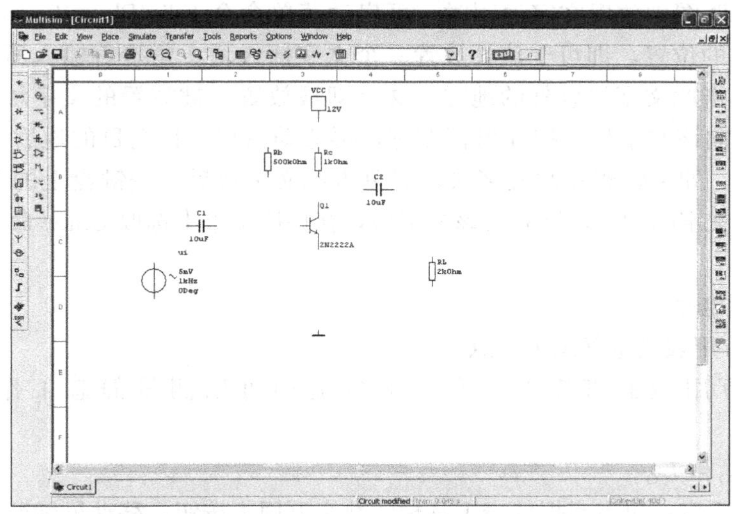

图 11-36　编辑元件

6）连接线路与自动放置接点

参照 11.2.2 中所描述的元件连线的方法连接线路。如果需要从某一引脚连接到某一条线的中间，则只需要用鼠标左键单击该引脚，然后移动鼠标到所要连线的位置再单击鼠标左键。Multisim 不但自动连接这两点，同时在所连接线条的中间自动放置一个接点，表示该线条与新的走线是相连接的，如图 11-37 中节点 1 和节点 9 所示。

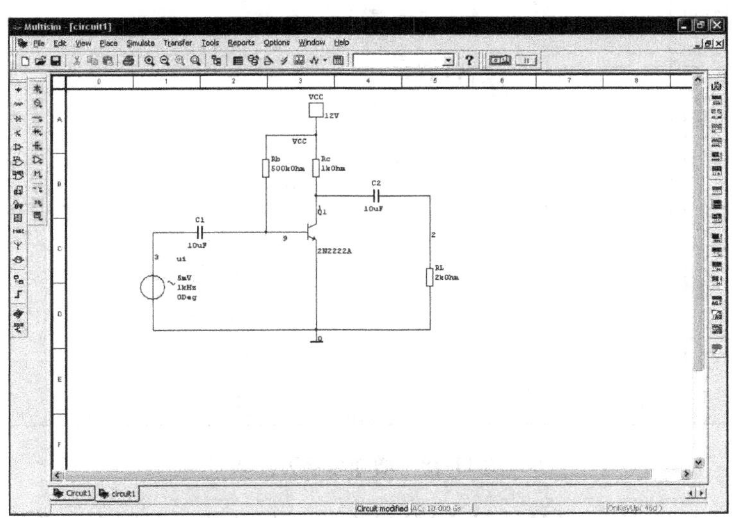

图 11-37　连接线路与自动放置接点

除了上述情况外，对于交叉而过的两条线不会产生接点。但是如果想要让交叉线相连接的话，可在交叉点上放置一个接点。启动菜单命令 Edit/Place Junction，用鼠标左键单击所要放置接点的位置即可于该处放置一个接点。如果要删除接点，则右击所要删除的接点，在弹出式菜单中选择 Delete 项即可删除（注意，删除接点会将与其相关的连线一起删除）。

7）给电路增加文本

当需要在电路图中放置文字说明时，可启动菜单命令 Edit/Place Text，然后用鼠标单击所要放置文字的位置，即可于该处放置一个文字插入块。紧接着输入所要放置的文字，输入完成后，单击此文字块以外的地方，文字即被放置。被放置的文字块可以任意搬移，具体做法是：指向该文字块，按住鼠标左键，再移动鼠标，移至目的地后，放开左键即可完成搬移。另外，如果要删除此文字块，则单击此文字块后，按键盘上的 Del 键即可删除之。如果要改变文字的颜色，则右击该文字块，在快捷菜单中选取 Color 命令选取所要采用的颜色。

2. 仿真测量电路

1）用数字万用表测量静态工作点

利用数字万用表的直流电压和直流电流档可以测量静态工作点：I_{BQ}、I_{CQ}、U_{BEQ}、U_{CEQ}。

（1）测量 I_{BQ} 和 I_{CQ}

①取数字万用表：单击虚拟仪表工具栏的数字万用表按钮，移动鼠标至电路窗口中合适的位置，然后单击鼠标，数字万用表图标出现在电路窗口中。用此方法取出两个数字万用表 XMM1 和 XMM2，分别放置到 R_b 和 R_c 所在支路旁边。

②给仪表连线：删除电路中适当的连线，将 XMM1 串联到 R_b 所在支路中，将 XMM2 串联到 R_c 所在支路中，如图 11-37 所示。

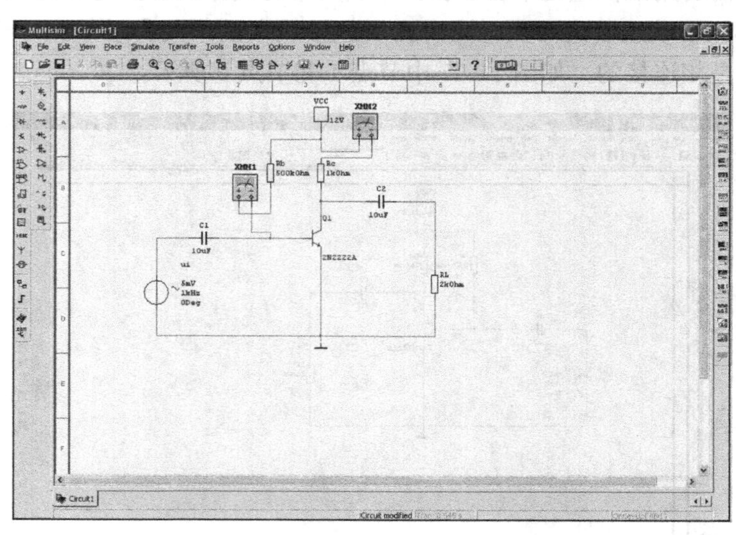

图 11-38　增加数字万用表

③设置仪表：分别双击 XMM1 和 XMM2 图标，打开数字万用表，并将它们移至合适位置，依照 11.2.2 中所描述的方法将数字万用表的测量方式设置为测量直流电流，如图 11-39 所示。

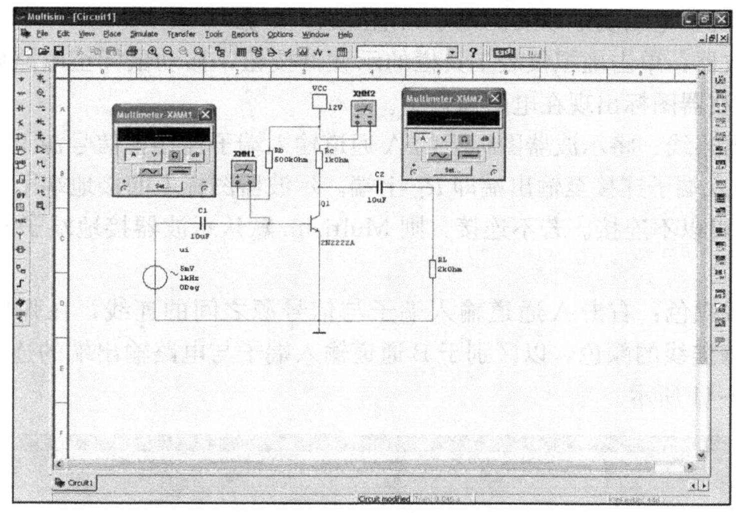

图 11-39　设置数字万用表

④仿真测量：打开仿真开关，数字万用表即可显示出测量的 I_{BQ} 和 I_{CQ}。

应当指出，在实测电子电路某一支路的电流时，应通过测量该支路某电阻两端电位及其阻值，通过计算得出电流。可见，仿真测量与实际测量是有区别的，学习时应特别注意这种区别。

(2)测量 U_{BEQ} 和 U_{CEQ}

①取数字万用表：取出两个数字万用表 XMM1 和 XMM2，分别放置到晶体管两旁。

②给仪表连线：删除电路中适当的连线，将 XMM1 并联到基极和发射极，将 XMM2 并联到集电极和发射极。

③设置仪表：分别双击 XMM1 和 XMM2 图标，打开数字万用表，并将它们移至合适位置，依照 11.2.2 所描述的方法将数字万用表的测量方式设置为测量直流电压，如图 11-39 所示。

④仿真测量：打开仿真开关，数字万用表即可显示出测量的 U_{BEQ} 和 U_{CEQ}，如图 11-40 所示。

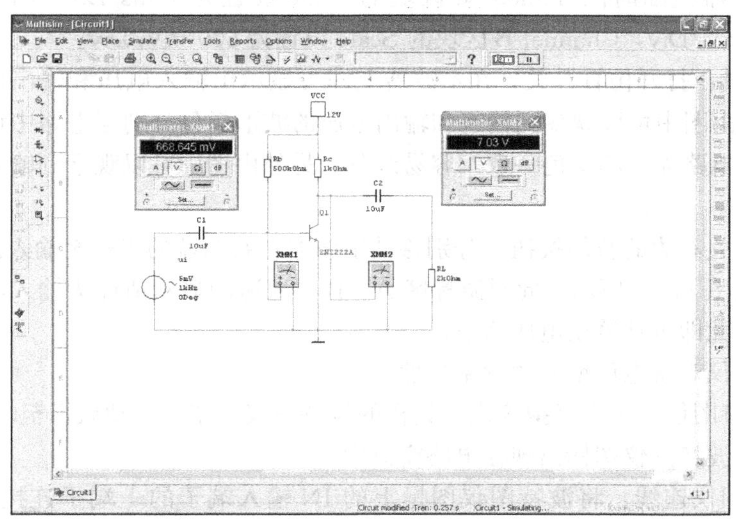

图 11-40　测量 U_{BEQ} 和 U_{CEQ}

2)用示波器观察电压波形以及测量中频电压放大倍数

(1)增加示波器：单击虚拟仪表工具栏的示波器按钮，移动鼠标至电路窗口的右侧，然后单击鼠标，示波器图标出现在电路窗口中。

(2)给示波器连线：将示波器图标上的A通道输入端子连接至信号源上端，将示波器图标上的B通道输入端子连接至输出端即R_L上端。示波器图标上的接地端子G既可以与电路中的地连接，也可以不连接。若不连接，则Multisim默认示波器接地端子G与电路中的地连接。

(3)改变连线颜色：右击A通道输入端子与信号源之间的连线，在弹出式菜单中选择Color命令改变该连线的颜色，以区别于B通道输入端子与电路输出端的连线。加入示波器后的电路如图11-41所示。

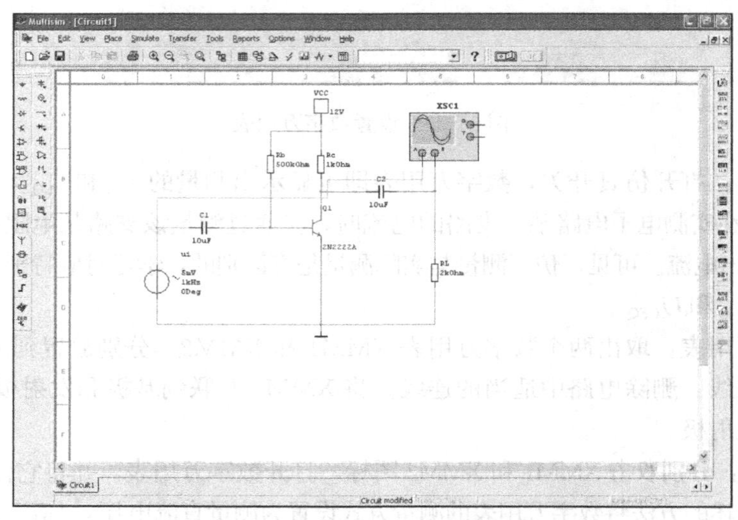

图11-41　加入示波器后的电路

(4)设置仪表：双击示波器图标，打开示波器，并将它移至合适位置，依照11.2.2所描述的方法将示波器扫瞄时间Timebase区块的Scale设置为1 ms/Div，Channel A区块的Scale设置为5 mV/Div，Channel B区块的Scale设置为500 mV/Div。

(5)仿真测量：打开仿真开关，在示波器上即可显示出输入电压和输出电压的波形，如图11-40所示。由图中可以观察到输入和输出电压的波形颜色分别与电路中设置的示波器A通道、B通道与电路连线的颜色一致，容易区分。另外由图中可以观察到输入和输出电压的波形相位相反。

点击仿真开关右边的暂停按钮，分别移动示波器左右两端的光标至输入波形和输出波形的峰值点上，如图11-42所示。此时游标区A、B两通道的显示值即为输入波形和输出波形的峰值电压，由此即可计算出电压增益。

3)用波特图仪观察电压增益的频率特性

(1)增加波特图仪：单击虚拟仪表工具栏的波特图仪按钮，移动鼠标至电路窗口的右侧，然后单击鼠标，波特图仪图标出现在电路窗口中。

(2)给波特图仪连线：将波特图仪图标上的IN输入端子的+端子连接至信号源上端，将波特图仪图标上的OUT输出端子的+端子连接至输出端即R_L上端。

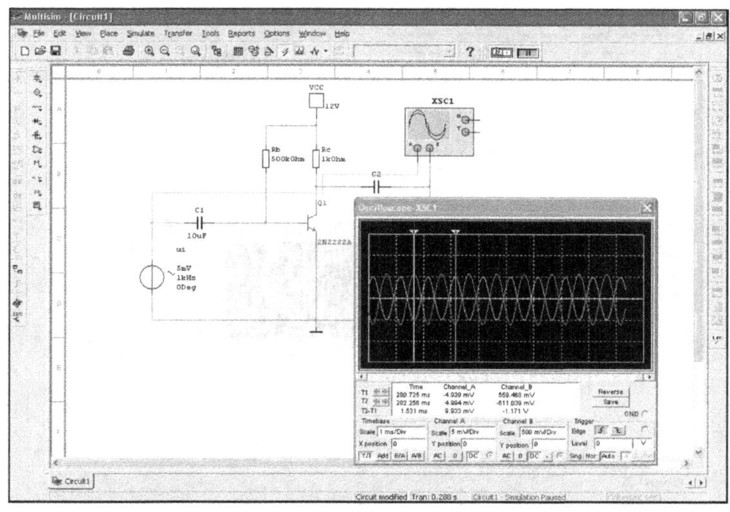

图 11-42　用示波器测量电压放大倍数

(3)改变连线颜色：右击 IN 输入端子的＋端子与信号源之间的连线，在弹出式菜单中选择 Color 命令改变该连线的颜色，以区别于 OUT 输出端子的＋端子与电路输出端的连线。加入波特图仪后的电路如图 11-43 所示。

(4)观察仿真结果：双击波特图仪图标，打开波特图仪，并将它移至合适位置。

观察幅频特性：参照 11.2.2 所描述的方法，单击 Magnitude 按钮，在 Horizontal 区块单击 Log 按钮采对数刻度，将 F 字段设置为 10 GHz，I 字段设置为 1 mHz；在 Vertical 区块单击 Log 按钮采对数刻度，将 F 字段设置为 100 dB，I 字段设置为－200 dB。打开仿真开关，波特图仪左边显示屏中即可显示出电路的幅频特性，如图 11-44 所示。移动光标可测量出中频电压放大倍数的分贝值、上限截止频率和下限截止频率。

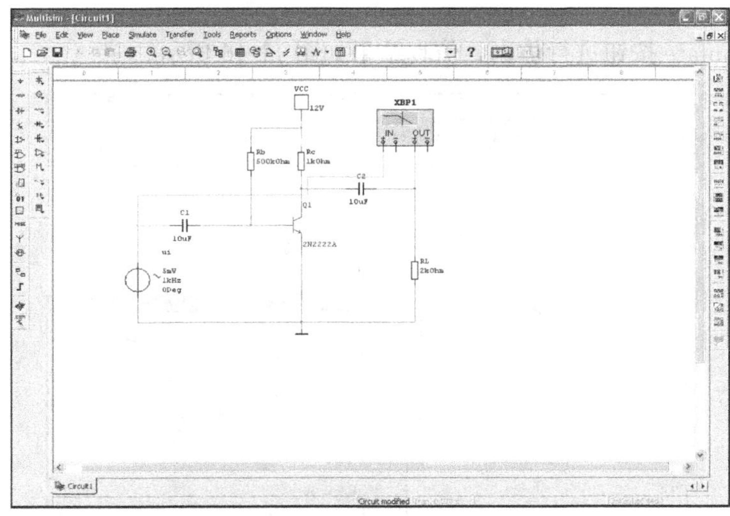

图 11-43　加入波特图仪后的电路

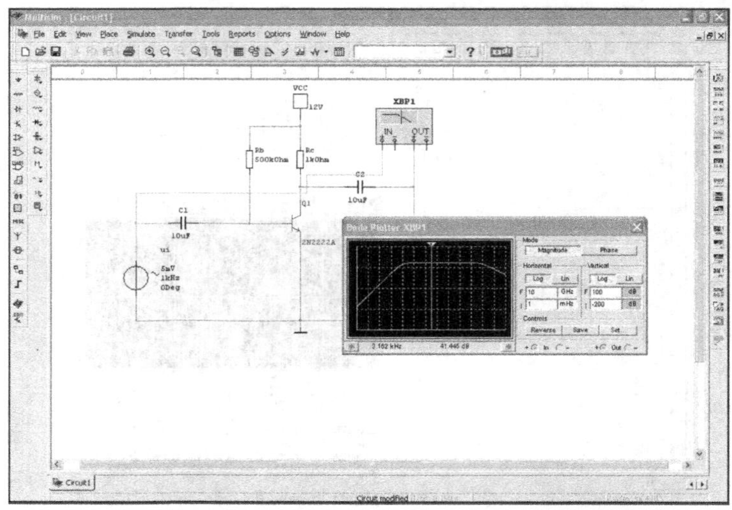

图 11-44 用波特图仪观察幅频特性

观察相频特性：参照 11.2.2 所描述的方法，单击 Phase 按钮，在 Horizontal 区块单击 Log 按钮采对数刻度，将 F 字段设置为 10 GHz，I 字段设置为 1 mHz；在 Vertical 区块单击 Log 按钮采对数刻度，将 F 字段设置为 720 Deg，I 字段设置为－720 Deg。打开仿真开关，波特图仪左边显示屏中即可显示出电路的相频特性。移动光标可测量各频率点的相位值。

3. 分析电路

1)用静态工作点分析方法分析晶体管各电极的直流电压

(1)单击设计工具栏的 Analysis 按钮，选择 DC Operating Point 分析方法。

(2)参照 11.2.2 在 Output variables 页中选择节点 1 和节点 9 作为分析对象，如图 11-45 所示。

(3)单击 Simulate 按钮进行仿真，仿真结果如图 11-46 所示。

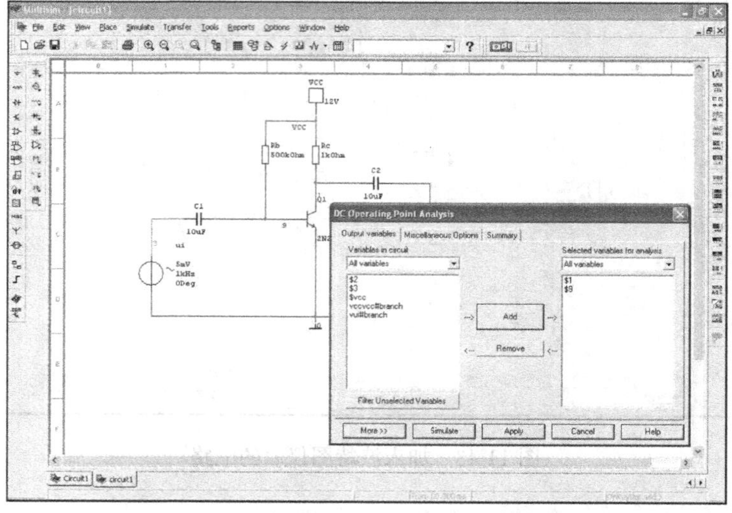

图 11-45 静态工作点分析方法参数设置

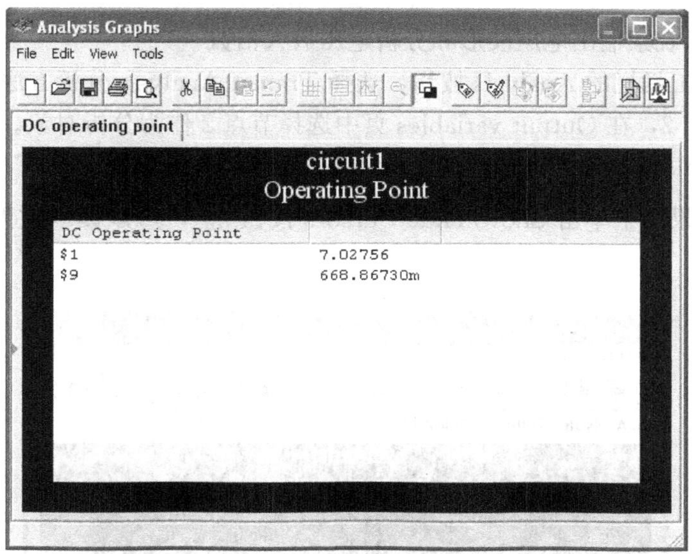

图 11-46　静态工作点分析结果

2)用交流分析观察电压放大倍数的频率响应

(1)单击设计工具栏的 Analysis 按钮，选择 AC Analysis 分析方法。

(2)参照 11.2.2，在 Frequency Parameters 页中设置起始频率 Start frequency 为 1 Hz，终止频率 Stop frequency 为 10 GHz，扫瞄方式 Sweep type 设定为 Decade（十倍刻度扫瞄），每十倍频率的取样数量 Number of points per decade 设定为 10，垂直刻度 Vertical scale 设定为 Linear（线性刻度）。

(3)参照 11.2.2，在 Output variables 页中选择节点 2 作为分析对象。

(4)单击 Simulate 按钮进行分析，分析结果如图 11-47 所示。

(5)在分析结果图中单击 Show/Hide Cursors 按钮，可以读取波形的上各点的值。

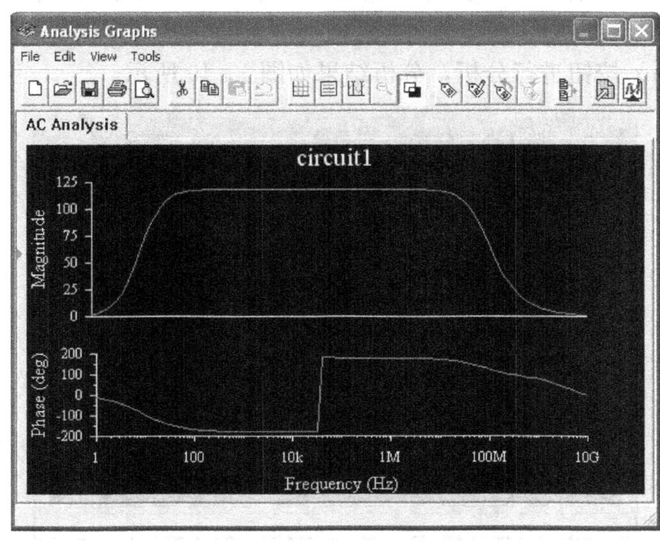

图 11-47　交流分析结果

3)用瞬态分析观察输出电压波形和分析电压放大倍数

(1)单击设计工具栏的 Analysis 按钮，选择 Transit Analysis 分析方法。

(2)参照 11.2.2，在 Output variables 页中选择节点 2 作为分析对象。

(3)单击 Simulate 按钮进行分析，分析结果如图 11-48 所示。

(4)在分析结果图中单击 Show/Hide Cursors 按钮，可以读取波形峰值，从而计算出电压增益。

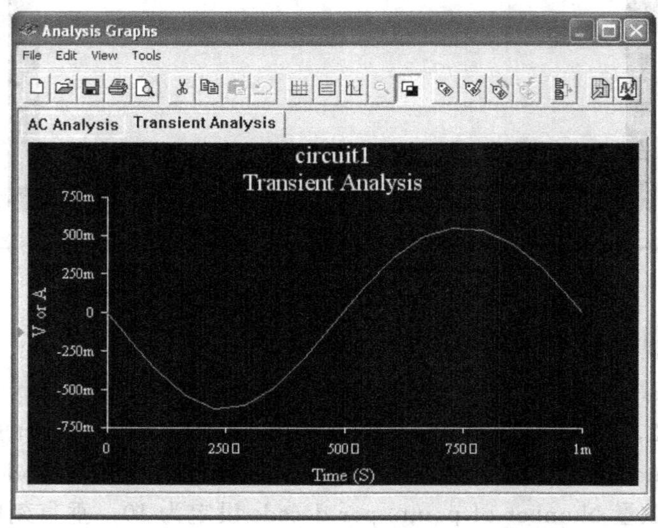

图 11-48 瞬时分析结果

4)用传递函数分析计算输入电阻和输出电阻

(1)单击设计工具栏的 Analysis 按钮，选择 Transfer Function 分析方法。

(2)参照 11.2.2，在 Analysis Parameters 页中选择 Input source 为直流电压源 V_{cc}（即选择 vccvcc)；选择 Voltage 项，其中输出节点 Output node 选择节点 1，参考节点 Output reference 选择节点 0。

(3)单击 Simulate 按钮进行分析，分析结果如图 11-49 所示。

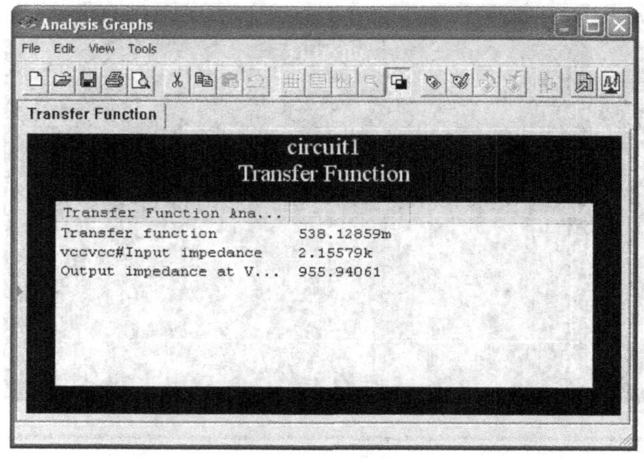

图 11-49 传递函数分析结果

5)用直流扫描分析直流电源对晶体管基极电位的影响

(1)单击设计工具栏的 Analysis 按钮，选择 DC Sweep 分析方法。

(2)参照 11.2.2，在 Analysis Parameters 页中选择电压源 source 为 V_{cc}（即选择 vccvcc），选择起始电压值 Start value 为 0 V，终止电压值 Stop value 为 12 V，步长 Increment 为 0.1 V。

(3)Output variables 页中选择节点 9 作为扫描分析对象。

(4)单击 Simulate 按钮进行分析，分析结果如图 11-50 所示。

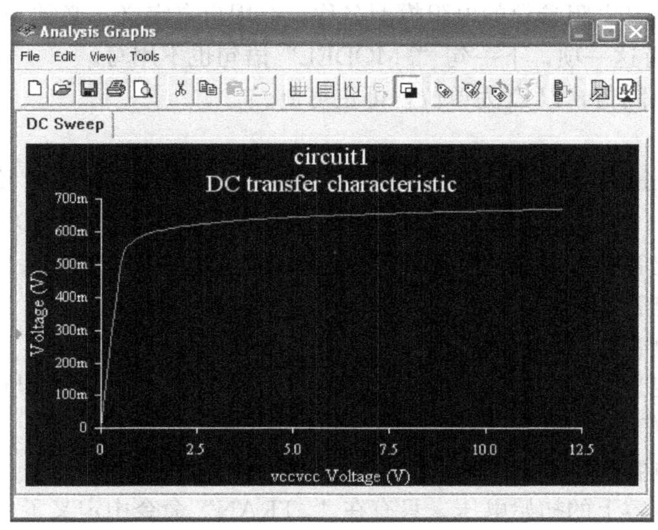

图 11-50　直流扫描分析结果

(5)在分析结果图中单击 Show/Hide Cursors 按钮，可以读取波形各点的值。

11.3　Pspice 仿真模型的建立及应用

11.3.1　仿真分析模型的描述方法

在用 Pspice 电路模型进行模拟分析之前，要编写一个输入文件，文件名以“.CIR”为后缀。主要包括五部分，一般格式如下。

* 文件标题

器件及连接关系的描述（电路中所有的器件）

电源的描述（独立电源、受控源）

分析类型的描述（直流分析、交流分析、瞬态分析）

输出结果的描述

.END

在编写输入文件之前，先要对电路中的节点进行编号，以确定各个器件的连接关系。Pspice 要求“地”节点的编号必须为“0”。

以下分别介绍几种基本器件的描述方法。

1)器件描述

(1)无源器件的描述

①电阻

描述格式：Rname n+ n− [modelname] valum [TC=tc1，tc2，…]

其中：R——电阻的关键字。

Rname——电阻名称，由用户自定义，一般不超过8个字符。

n+n−——电阻两端的正负节点号。即流过电阻的电流的正方向为由n+到n−。

modelname——定义电阻参数的电阻模型名称，有用户自定义，必须与“.MODEL”语句配合使用。如果没有这一项，下一句“.MODEL”语句也不用写。

valum——电阻值，以Ω为单位，可正可负。

②电容

描述格式：Cname n+ n− [modelname] valum [IC=intial value]（线性电容）

Cname n+ n− POLY p0 p1 p1… [IC=intial value]（非线性电容）

其中：C——电容的关键字。

Cname——电容名称，由用户自定义，一般不超过8个字符。

n+ n−——电容两端的正负节点号。

modelname——定义电容参数的电阻模型名称，由用户自定义，必须与“.MODEL”语句配合使用。如果没有这一项，下一句“.MODEL”语句也不用写。

valum——电容值，以F为单位，可正可负，但不能为零。

IC——电容上的初始电压。只有在“.TRAN”命令中定义了“UIC”选项时，此电压才起作用。

POLY p0 p1 p1…——多项式描述，非线性电容值为：value = p0 + p1 × V + p2 × V^2 +…，其中V为电容两端的电压值。

③电感

描述格式：Lname n+ n− [modelname] valum [IC=intial value]（线性电感）

Lname n+ n− POLY p0 p1 p1… [IC=intial value]（非线性电感）

其中：L——电感的关键字。

Lname——电感名称，由用户自定义，一般不超过8个字符。

n+ n——电感两端的正负节点号。通常取有同名端标志的一端为正节点。

modelname——定义电感参数的电阻模型名称，由用户自定义，必须与“.MODEL”语句配合使用。如果没有这一项，下一句“.MODEL”语句也不用写。

valum——电感值，以亨利（H）为单位，可正可负，但不能为零。

IC——电感上的初始电流。只有在“.TRAN”命令中定义了“UIC”选项时，此电流才起作用。

POLY p0 p1 p1…——多项式描述，非线性电容值为：value=p0+p1×I+p2×I^2+…，其中I为流过电感的电流值。

④互感（变压器）

描述格式：Kname Llname L2name valum

其中：K——互感的关键字。

Kname——互感名称，由用户自定义，一般不超过 8 个字符。

Llname L2name——两个互相耦合的电感名称。

valum——耦合系数 K 值，$|K|=|M|/\sqrt{L_1L_2}$，$0<|K|\leqslant 1$。

当两个电感的起始节点互为同名端时，K 为正值，否则 K 为负值。

（2）有源器件的描述

①二极管

描述格式：Dname n+ n− modelname

其中：D——二极管的关键字。

Dname——二极管名称，由用户自定义，一般不超过 8 个字符。

n+n− ——二极管两端的正负节点号。

modelname——定义二极管参数的电阻模型名称。

模型定义有两种方式。

(1)可直接从二极管库中调用。

(2)可由用户自己命名，自定义参数，但不要与库中元件名称相同，且必须与“. MODEL”语句配合使用。如果没有这一项，下一句“. MODEL”语句也不写。

②双极型晶体三极管

描述格式：Qname nc nb ne [ns] modelname

其中：Q——双极型晶体三极管的关键字。

Qname——双极型晶体三极管名称，有用户自定义，一般不超过 8 个字符。

nc nb ne——双极型三极管的集电极、基极、发射极节点号。

ns——双极型三极管的衬底节点，缺省为接地。

modelname——定义双极型晶体三极管参数的电阻模型名称。

模型定义有两种方式。

(1)可直接从双极型晶体三极管库中调用。

(2)可由用户自己命名，自定义参数，但不要与库中元件名称相同，且必须与“. MODEL”语句配合使用。如果没有这一项，下一句“. MODEL”语句也不写。

③MOS 场效应管

描述格式：Mname nd ng ns nb modelname

其中：M——MOS 效应管的关键字。

Mname——MOS 效应管名称，有用户自定义，一般不超过 8 个字符。

nd ng ns nb——MOS 场效应管的漏极、栅极、源极、衬底的节点号。

modelname——定义 MOS 场效应管参数的电阻模型名称。

模型定义有两种方式。

(1)可直接从 MOS 场效应管库中调用。

(2)可由用户自己命名，自定义参数，但不要与库中元件名称相同，且必须与“. MODEL”语句配合使用。如果没有这一项，下一句“. MODEL”语句也不用写。

2)子电路、集成器件的描述

(1)子电路的定义

Pspice允许定义一个电路块，以便于调用。这个电路块称作子电路。定义子电路的一般格式如下。

. SUBCKT subname modes

… …

. END

其中：. SUBCKT——定义子电路语句的关键字。

subname——由用户自定义的子电路的名称。

nodes——子电路的输入/输出节点号。

(2) . 子电路、集成器件的调用

调用格式：Xname nodes subname

其中：X——调用子电路、集成器件的关键字。

Xname——子电路、集成器件调用的名称，由用户自定义。

subname——被调用的子电路、集成器件的名称，这个名称必须在“. SUBCKT”中被定义过。

nodes——子电路接入主电路后的节点号，其数目和排列顺序与子电路定义时的输入/输出节点数目和排列顺序必须相同。为防止混淆，定义子电路时的输入/输出节点号与接入主电路后的节点号最好不要相同。

3)电源的描述

(1)独立源

①独立电压源

描述格式：Vname n+ n－ [[DC] value] [AC mag phase] [transient]

其中：V——独立电压源的关键字。

Vname——独立电压源名称，有用户自定义，一般不超过8个字符。

n+n－——独立电压源的正负节点号。正电流方向规定为从n+流向n－。

DC——定义直流电压源的关键字。(DC可以省略)

value——为直流电压值，缺省值为0。

AC——定义交流电压源的关键字。(AC不可以省略)

mag——为正弦波幅值，缺省值为1 V。

phase——为正弦波初始相位，缺省值为0。

transient——定义瞬态电源。(正弦电压源、脉冲电压源、分段线性电压源、单频调频电压源)

②独立电流源

描述格式：Iname n+ n－ [[DC] value] [AC mag phase] [transient]

其中：I——独立电流源的关键字。

Iname——独立电流源名称，有用户自定义，一般不超过8个字符。

n+n－——独立电压源的正负节点号。正电流方向规定为从n+流向n－。

DC——定义直流电流源的关键字。(DC可以省略)

value——为直流电流值，缺省值为0。

AC——定义交流电流源的关键字。(AC不可以省略)

mag——为正弦波幅值，缺省值为 1 V。

phase——为正弦波初始相位，缺省值为 0。

transient——定义瞬态电源。(正弦电流源、脉冲电流源、分段线性电流源、单频调频电流源)

(2) 受控电源

以下给出线性受控源的描述方法。

描述格式：Ename n+ n− nc+ nc− value (电压控制电压源 VCVS)

Fname n+ n− Vname value (电流控制电流源 CCCS)

Gname n+ n− nc+ nc− value (电压控制电流源 VCCS)

Hname n+ n− Vname value (电流控制电压源 CCVS)

其中：E、F、G、H——线性受控源的关键字。

E、F、G、Hname——线性受控源名称，由用户自定义，一般不超过 8 个字符。

n+n−——对 VCCS 和 VCVS 来讲，它表示控制电压两端的一对正、负节点号。

Vname——对 CCCS 和 CCVS 来讲，它表示控制电流流过独立电压源的名称。

value——增益值，是一个常数，其值应为有限值或零。

对于 VCVS 来讲，它表示电压增益。

对于 CCCS 来讲，它表示电流增益。

对于 VCCS 来讲，它表示跨导增益。

对于 CCVS 来讲，它表示互阻增益。

4) 分析类型的描述

(1) 直流分析

一般格式：.DC source start stop step [source2 start2 stop2 step2]

其中：.DC——直流扫描分析。

source——独立电源名称。

start——电源参数变化起始值。

stop——电源参数变化终止值。stop 可比 start 小，表示扫描逆向进行。

step——电源参数变化步长。注意 step 必须大于零。

[ ] ——任选项，可以用来设置第二个电源，完成内循环设置。前面的第一个电源完成外循环，外循环包含内循环。

(2) 交流分析

一般格式：.AC [LIN/OCT/DEC] points fatart fstop

其中：.AC——流扫描分析。

fatart——扫描起始频率。

fstop——扫描终止频率，注意必须大于 fatart。

LIN——表示线性取样，即在起始值与终止值之间均匀取样，此为缺省项。后面的 points 表示 fatart 与 fstop 间的采样总点数，必须大于等于 1。用于窄带扫描。

OCT——表示按倍频程进行对数扫描，后面的 points 表示每倍频程中的采样点数，必须大于等于 1。用于宽带扫描。

DEC——表示按数量级扫描，points 为每一数量级中的采样点数，必须大于等于

1。用于宽带扫描。

(3) 瞬态分析

①瞬态分析的初始条件

一般格式：. IC V (1) =v1 V (2) =v2…V (n) =vn

其中：V (1)、V (2)、…、V (n) ——节点 1、2、…、n 的初始电压。

v1、v2、…、vn ——节点 1、2、…、n 的初始电压值。

②时域瞬态分析

一般格式：. TRAN [/OP] tstep tstop [tstart] [tmax] [UIC]

其中：tstep——输出采样步长。注意与计算步长区别开，采样步长和计算步长是两个不同的概念，Pspice 采用变步长技巧，因而计算步长是变化的。第一个计算步长取 tstep/10 和 (tstop——tstart) /50 中较小的一个，以后进行变步长计算。

tstop——瞬态分析的终止时间。

tstart——输出数据的起始时间，此为任选项，缺省值为 0。注意它不是计算的起始时间，而是输出的起始时间。既使当 tstart 不为 0 时，Pspice 也是从 0 时刻开始计算，只是在 tstart 时刻之前没有数据输出，而且瞬态分析的结果也没有被存储。

tmax——最大的计算步长，以保证实际计算步长，不得大于此值。

UIC——是考虑初始条件影响的关键字。

(4) 傅立叶分析

一般格式：. FOUR freq output

其中：freq——基本频率。要求傅立叶分析的最大周期 1/ freq 要比瞬间分析的时间间隔长。

output——输出电压（或电流）变量。其表示形式必须与“. TRAN”语句中相同。

5) 输出指令的描述

输出指令格式：

. PRINT [DC/AC/TRAN] output

. PRINT NOISE INOISE ONOISE [DB (INOISE) DB (ONOISE)]

. PLOT [DC/AC/TRAN] output

. PLOT NOISE INOISE ONOISE [DB (INOISE) DB (ONOISE)]

. PROBE output

其中：output——表示输出变量名称。

11.3.2 硬件描述语言中的模型与参数设置

在进行电路分析时，为了正确反映各种半导体器件的特性，设计人员应当正确、恰当地设置各类器件的模型参数。在一个电子线路系统中，可能包含有很多相同器件，因此可以用同一种器件模型参数来定义，避免繁琐的重复输入。实际应用时，一组相同器件的模型参数只需采用一条语句来定义；若设计人员没有提供模型参数，Pspice 程序将按内部隐含值进行分析、计算。

以电阻为例来介绍硬件描述语言中的模型与参数。

电阻的描述格式为：Rname n+ n− [modelname] valum [TC=tc1，tc2，…]

其中：modelname——定义电阻参数的电阻模型名称，有用户自定义，必须与“.MODEL”语句配合使用。如果没有这一项，下一句“.MODEL”语句也不用写。

电阻模型参数用下列语句设置。

.MODEL modename RES（R=，TC1=，TC2=，TCE=）

其中：.MODEL——是定义电阻模型参数关键字，modename与前面定义的模型名称一致。

RES（）——是关键字。（R=，TC1=，TC2=，TCE=）括号中规定了电阻的模型参数，如表11-1所示。分别为：电阻因子、线性温度系数、二次温度系数、指数温度系数。根据参数值的不同可分以下两种情况。

（1）如果没有给出TCE值，电阻值作为温度的函数，应按下列公式计算：R（t）=valum（R×[1+ TC1×（t−T0）+TC2×（t−T0）2]。

（2）如果给出TCE值，电阻值作为温度的函数，应按下列公式计算：

R（t）=valum（R×1.10TCE×（t−T0）；其中T0为室温，t为工作温度，单位均为℃。

以上例子表明：同一器件模型，模型参数的不同导致结果的不同，可见模型参数的重要。表11-1列出了电阻模型的参数。

表11-1 电阻模型参数

参数	意义	单位	缺省值
R	电阻因子		1
TC1	线性温度系数	$℃^{-1}$	0
TC2	二次温度系数	$℃^{-2}$	0
TCE	指数温度系数	%℃	0

11.3.3 常用电子电路的Pspice模型

Pspice模型分析以电路理论为依据，对电路中的元器件采用较精确的等效电路或宏模型进行模拟，然后利用计算机并采用基尔霍夫电压、电流定律建立起联立方程，最后用牛顿拉夫逊法迭代求解，计算结果可以进行图形或数字输出。

利用Pspice模型分析时，为了正确反映各种半导体元件的特性，应恰当地设定各类元器件的模型参数，如设计人员没有提供模型参数，Pspice软件将按缺省值进行分析计算。按描述器件的角度不同模型参数可分为如下几种。

1）温度参数：表征器件的特性随温度而变化程度的参数。

2）分布参数：表征器件内部固有特性的参数。

3）结构参数：表征器件的结构对器件的特性影响程度的参数。

下面通过实例来认识以上三种模型参数。

例如：在Pspice中结型场效应管的模型参数见表11-2。

表 11-2 结型场效应管的模型参数

参数名称	意 义	单 位	缺省值
VTO	门限电压	V	−2
BETA	跨导系数	A/V^2	1E−14
LAMBDA	沟道长度调制系数	1/V	0
RD	漏极电阻	Ω	0
RS	源极电阻	Ω	0
IS	栅极 PN 结饱和电流	A	1E−14
PB	栅极结电势	V	1
CGD	零偏压 G-D 结电容	F	0
CGS	零偏压 G-S 结电容	F	0
FC	正偏耗尽电容系数		0.5
VTOTC	VTO 温度系数	V/℃	0
BETATCE	BETA 指数温度系数	1/℃	0
KF	闪烁噪声系数		0
AF	闪烁噪声指数		1

上述结型场效应管模型参数中，VTO 温度参数、BETA 指数温度系数属于温度参数；LAMBDA 沟道长度调制系数属于结构参数；其余属于分布参数。

1. 常用电子元器件的 Pspice 模型应用举例

1）二极管电路的 Pspice 模型分析

【例 11-1】 二极管电路如图 11-51 所示，绘制在温度为 50 ℃、100 ℃、150 ℃时正向电压在 0～2 V 之间的二极管 $V-I$ 特性曲线。二极管 VD_1 的类型为 1N914，模型参数为 I_S=100E−15 A，R=16 Ω，BV=100 V，I_{BV}=100E−15 A。

解：电路文件清单如下：

```
Example 6.1 Diode Characteristic
.OPTIONS  NOPAGE  NOECHO
* Operating temperature: 50℃, 100℃, and150℃
.TEMP  50  100  150
* The input voltage that will be overridden by DC sweep voltage is assumed zero
VD  1  0  DC  0V
* Diode D1 whose model name is D1N914 is connected between nodes 1 and 2.
D1  1  2  D1N914
* A dummy voltage source to measure the diode current
VX  2  0  DC  0V
* Diode model. defines the model parameters
MODEL  D1N914  D  (IS=100E−15  RS=16  BV=100  IBV=100E−15)
* DC sweep from 0 to 2V with 0.01V increment
```

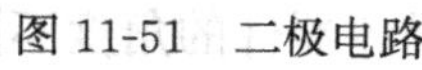

图 11-51 二极管电路

```
.DC   VD   0   2V   0.01V
* plot the diode current from the results of DCsweep.
.PLOT   DC   I (VX)
* Graphic post-processor
.PROBE
.END
```

通过改变输入电压即可以得到二极管的伏安特性。

2）双极型晶体三极管电路的 Pspice 模型分析

下面通过举例的方式，分别说明如何用 Pspice 的描述方法，对常用的各类双极型晶体管电路中晶体管模型进行描述，尤其是对晶体管模型的设定及模型参数的选取对双极型晶体管电路性能的影响都将作实例说明。

【例 11-2】　晶体三极管电路如图 11-52 所示，其中输出取自节点 4。计算并打印集电极电流相对于所有参数的灵敏度及打印偏置点情况。晶体管 Q1 的模型参数选缺省值，且 $V_{AF}=100$ V，$V_{AR}=100$ V，$I_{KF}=10$ MA，$I_{KR}=10$ MA。

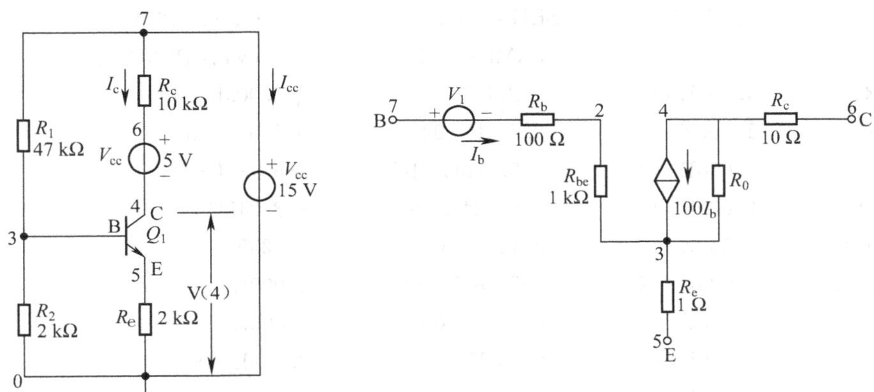

图 11-52　双极型晶体三极管电路

解： 电路文件清单如下：

```
Example   7.1 Biasing Sensitivity of Bipolar Transister Amplifier
.OPTIONS   NOPAGE   NOECHO
* Sensitivity of collector current (which is the current through voltage source VRC)
.SENS   I (VRC)
* Supply voltage is 15 V DC
VCC   7   0   DC   15 V
* A dummy voltage source of 0 V to measure the collector current
VRC   6   4   DC   0 V
R1   7   3   47K
R2   3   0   2K
RC   7   6   10K
RE   5   0   2K
Q1   4   3   5   QMOD
```

```
.MODEL QMOD NPN (VAF=100V VAR=100V IKF=10MA IKR=10MA)
.END
```

.SENS 语句不需要 .PRINT 命令就能分析结果。计算机输出分析结果如下：

```
* * * * SMALL SIGNAL BIAS SOLUTION TEMPERATURE=27.000 DEG C
NODE VOLTAGE NODE VOLTAGE NODE VOLTAGE NODE VOLTAGE
(  3) 2.5548   (  4)   6.1808   (  5)   1.7825   (  6)   6.1808
(  7)   15.000
UOLTAGE SOURCE CURRENTS
NAME    CURRENTS
VCC   -1.147E-03
VRC   8.819E-04
TOTAL POWER DISSIPATIOH 1.72E-02 WATTS
* * * DC SENSITIVITY ANALYSIS TEMPERATURE=27.000 BEG C
DC SENSITIVITY OF OUTPUT I (VRC)
ELEMEHT      ELENEHT       ELENEHT          HORMALIZED
NAME         VALUE         SEHSITIUITV      SENSITIUITV
                           (AMPS/UHIT)      (AMPS/PERCEHT)
    R1       4.700E+04     -2.147E-08       -1.009E-05
    R2       1.000E+04     9.736E-08        9.736E-08
    RC       1.000E+04     -5.188E-10       -5.188E-08
    RE       2.000E+03     -4.124E-07       -8.248E-06
    VCC      1.500E+01     8.167E-05        1.225E-05
    VRC      0.000E+00     -5.883E-07       0.000E+00
    RB       0.000E+00     0.000E+00        0.000E+00
    RC       0.000E+00     0.000E+00        0.000E+00
    RE       0.000E+00     0.000E+00        0.000E+00
    BF       1.000E+02     4.409E-07        4.409E-07
    ISE      0.000E+00     0.000E+00        0.000E+00
    BR       1.000E+00     -4.805E-16       -4.805E-18
    ISC      0.000E+00     0.000E+00        0.000E+00
    IS       1.000E-16     1.198E+11        1.198E-07
    NE       1.500E+00     0.000E+00        0.000E+00
    NC       2.000E+00     0.000E+00        0.000E+00
    IKF      1.000E-02     4.429 E-04       4.429 E-08
    IKR      1.000E-02     -4.757E-17       -4.757E-21
    VAF      1.000E+02     -2.133E-08       -2.133E-08
    VAR      1.000E+02     4.544E-09        4.544E-09
    JOB CONCLUDED
    TOTAL JOB TIME
```

3）场效应管电路的 Pspice 模型分析

由于集成电路中常采用 MOS 场效应管，因此下面列举场 MOS 场效应管电路 PSpice 分析。

【例 11-3】 带有串并联反馈的 n 沟道增强型 MOSFET 放大器如图 11-53 所示。绘出输出电压的幅值。其中频率以 10 倍频程为增量，每 10 倍频程内以 10 个点的方式从10 Hz增加到 100 MHz，输入电压的峰值为 100 mV。MOS 型场效应管的模型参数为：$V_{TO}=1$ V，$K_P=6.5E-3$，$C_{BD}=5$ PF，$C_{BS}=2$ PF，$R_D=5\Omega$，$R_S=2\Omega$，$R_B=0\Omega$，$R_G=0\Omega$，$R_{DS}=1$ MΩ，$C_{GSO}=1$ PF，$C_{GDO}=1$ PF，$C_{GBO}=1$PF，打印偏置和工作点细节情况。

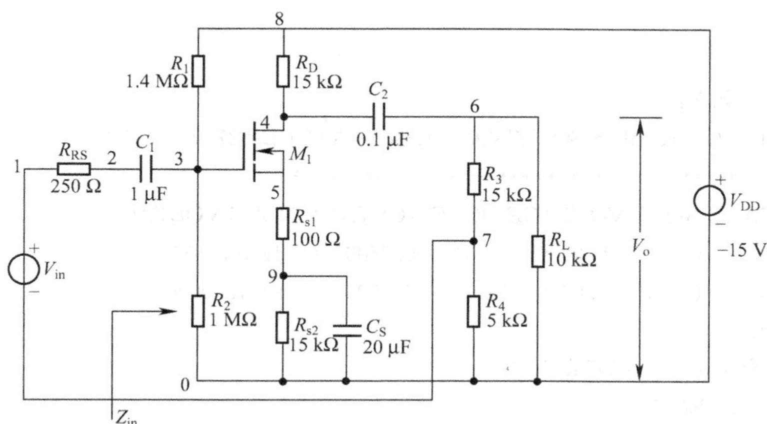

图 11-53　MOSFET 反馈放大器电路

解：电路清单如下：

```
Example 8.6 An MOSFET Feedback Amplifier
* Input voltage of 100mV peak for frequency response
VIN   1   7   AC   100 mV
VSS   8   0   15 V
RS    1   2   250
C1    2   3   1UF
R1    8   3   1.4MEG
R2    3   0   1MEG
RD    8   4   15K
RS1   5   9   100
RS2   9   0   15K
CS    9   0   20UF
C2    4   6   0.1UF
R3    6   7   15K
R4    7   0   5K
RL    6   0   10K
*MOSFET M1 with model MQ is connected to 4 (drain), 3 (gate), 5 (source) and 5 (substrate) .
M1    4   3   5   5   MQ
* Model for MQ
.MODEL   MQ   NMOS   (VTO=1   KP=6.5E-3   CBD=5PE   CBS=2PF   RD
+ RS=2   RB=0   RG=0   RDS=1MEG   CGSO=1PF   CGDO=1PF   CGBO=1PF)
* AC analysis for 10Hz 100 MHz with a decade increment and 10
* point2 per decade
```

```
.AC  DEC  10  10HZ  100MEGHZ
* Plot the results of AC analysis: voltage at node 6.
.PLOT AC VM (6)
* Print the details of dc operating point.
.OP
.PRONE
.END
```

偏置工作点细节如下：

```
**** SMALL SIGNAL BIAS SOLUTION TEMPERATURE=27000 EDGC
*****************************************************
NODE VOLTAGE NODE VOLTAGE NODE VOLTAGE NODE VOLTAGE
(  1)   0.0000   (  2)   0.0000   (  3)   6.2500   (  4) 10.0980
(  4)   4.9348   (  6)   0.0000   (  7)   6.2500   (  8) 15.0000
(  9)   4.9021
VOLTAGE  SOURCE  CURRENTS
NAME      CURRENT
VIN       0.000E+00
VDD       -3.331E-04
TOTAL  POWER  DISSIPATION  5.00E-03  WATTS
****  OPERATING  POINT  INFROMATION  TEMPERATURE=27.000EDGC
************************************************************
**** MOSFETS
NAME       E1
MODEL      MQ
ID         3.27E-04
VGS        1.32E+00
VDS        5.16E+00
VBS        0.00E+00
VTH        1.00E+00
VDSAT      3.15E-01
GM         2.04E-03
GDS        1.00E-06E
GMB        0.00E+00
CBD        1.83E-12
CBS        2.00E-12
CGSOV      1.00E-16
CGDOV      1.00E-16
CGBOV      1.00E-16
CGS        0.00E+00
CGD        0.00E+00
CGB        0.00E+00
```

本例题的频率响应可以打印出来。

2．常用集成电路的 Pspice 模型举例

为了使大家对 Pspice 模型有进一步的了解，下面将例举一些常用的集成运放及应用电路的 Pspice 模型，以供参考。

1）通用型集成运放 LM324 的 Pspice 模型

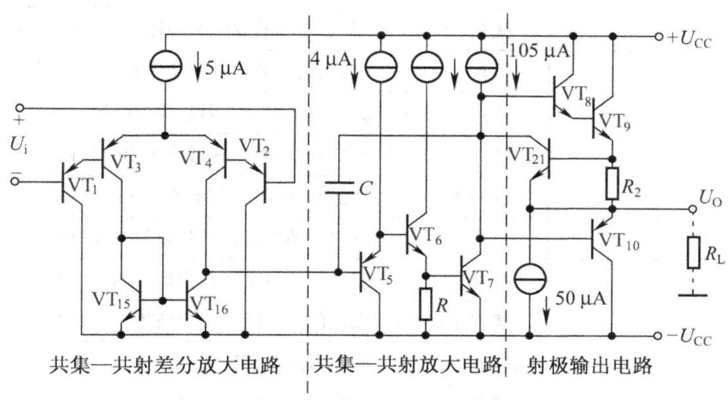

图 11-54　F324 的简化电路原理图

下面给出反向放大器的 Pspice 模型（LM324），LM324 的原理如图 11-54 所示。

通用型集成运放 LM324 的 Pspice 模型为：

* LM324 operational amplifier	注释行（通用型放大器）
* " macromodel" subcircuit	注释行
* connections：	注释行（管脚连接）
* 1 non-inverting input	注释行（管脚 1 为同相输入端）
* 2 — inverting input	注释行（管脚 2 为反相输入端）
* 3 — positive power supply	注释行（管脚 3 为正电源供电端）
* 4 — negative power supply	注释行（管脚 4 为负电源供电端）
* 5 — output	注释行（管脚 5 为输出端）
. subckt LM324/MC 1 2 3 4 5	集成运放 LM324，有 5 个管脚，分别为 1，2，3，4，5
c1 11 12 3.000E−12	* 接在 11、12 节点之间的电容 C1＝3.0 pF
c2 6 7 6.000E−12	* 接在 6、7 节点之间的电容 C2＝6.0 pF
cee 10 99 315.8E−15	* 接在 10、99 节点之间的电容 C_{ee}＝0.3258 pF
dc 5 53 dx	* 接在 5、53 节点之间的二极管 C 模型名称为 dx
de 54 5 dx	* 接在 54、5 节点之间的二极管 e 模型名称为 dx
dlp 90 91 dx	* 接在 90、91 节点之间的二极管 lp 模型名称为 dx
dln 92 90 dx	* 接在 92、90 节点之间的二极管 ln 模型名称为 dx
dp 4 3 dx	* 接在 4、3 节点之间的二极管 p 模型名称为 dx）
egnd 99 0 poly （2）（3，0）（4，0）0 .5 .5	* 接在 99、0 节点之间的非线性 VCVS 电压控制电压源，多项式为 2 维，系数分别为 0、5、5
fb 7 99 poly （5） vb vc ve vlp vln 0 53.05E6＋ −50E6 50E6 50E6 −50E6	* 接在 7、99 节点之间的非线性 CCCS 电流控制电流源，控制电流流过的独立电压源为 vb vc ve vlp vln，多项式为 5 维，系数分别为 0、53.05E6、−50E6、50E6、50E6 、−50E6
ga 6 0 11 12 37.70E−6	* 接在 6、0 节点之间的线性 VCCS 电压控制电流源，电压控制端为 11、12，跨导增益值为 37.70E−6

续上表

gcm 0 6 10 99 11.92E−9	*接在 0、6 节点之间的线性 VCCS 电压控制电流源，电压控制端为 10、99，跨导增益值为 92E−9
iee 3 10 dc 2.476E−6	*接在 3、10 节点之间的独立电流源，直流电流值为 2.476E−6
hlim 90 0 vlim 1K	*接在 90、0 节点之间的 VCCS，直流电流值为 2.476E−6
q1 11 2 13 qx	*接在 11、2、13 节点之间的双极型晶体管，其模型参数值如 qx 的定义
q2 12 1 14 qx	*接在 12、1、14 节点之间的双极型晶体管，其模型参数值如 qx 的定义
r2 6 9 100.0E3	*接在 6、9 节点之间的电阻，其阻值为 100 kΩ
rc1 4 11 26.53E3	*接在 4、11 节点之间的电阻，其阻值为 26.53 kΩ
rc2 4 12 26.53E3	*接在 4、12 节点之间的电阻，其阻值为 26.53 kΩ
re1 13 10 4.820E3	*接在 13、10 节点之间的电阻，其阻值为 4.82 kΩ
re2 14 10 4.820E3	*接在 14、10 节点之间的电阻，其阻值为 4.82 kΩ
ree 10 99 80.78E6	*接在 10、99 节点之间的电阻，其阻值为 80.78 MΩ
ro1 8 5 50	接在 8、5 节点之间的电阻，其阻值为 50 Ω
ro2 7 99 50	*接在 7、99 节点之间的电阻，其阻值为 50 Ω
rp 3 4 34.71E3	*接在 3、4 节点之间的电阻，其阻值为 34.71 kΩ
vb 9 0 dc 0	*接在 9、10 节点之间的独立电压源，直流电压值为 0 V
vc 3 53 dc 2	*接在 3、53 节点之间的独立电压源，直流电压值为 2 V
ve 54 4 dc 5.000E−3	*接在 54、4 节点之间的独立电压源，直流电压值为 5 mV
vlim 7 8 dc 0	*接在 7、8 节点之间的独立电压源，直流电压值为 0 V
vln 0 92 dc 40	*接在 0、92 节点之间的独立电压源，直流电压值为 40 V
.model dx D (Is=800.0E−18)	*定义了二极管的模型参数
.model qx PNP (Is=800.0E−18 Bf=31.58)	*定义了三极管的模型参数
.ends (结束)	*结束

2）集成运放 LF411 的 Pspice 模型

下面给出运算放大器 LF411 的模型：

* LF411 operational amplifier	
* " macromodel" subcircuit	
connections:	*（管脚连接说明）
* 1 — non-inverting input	
* 2 — inverting input	
* 3 — positive power supply	
* 4 — negative power supply	
* 5 — output	
*.subckt LF411/MC 1 2 3 4 5	*（电路仿真参数设置）
c1 11 12 2.801E−12	*2.801 pF
c2 6 7 8.000E−12	*8.0 pF
css 10 99 3.200E−12	*3.2 pF

续上表

dc　5 53 dx	＊（二极管模型参数如 dx 设置）
de　54　5 dx	
dlp　90 91 dx	
dln　92 90 dx	
dp　4　3 dx	
egnd 99　0 poly（2）（3，0）（4，0）0 .5 .5	＊节点 99、0 间的非线性电压控制电压源 ＊（多项式为 2 维，多项式系数为 0、5、5，控制电压的正负节点号分别为 3、4）
fb　7 99 poly（5）vb vc ve vlp vln 0 3.316E6 ＋ －3E6 3E6 3E6 －3E6	＊节点 7、99 间的非线性电流控制电流源（多项式为 5 维，多项式系数为 0、3.316×10⁶、－3×10⁶、3×10⁶、3×10⁶、－3×10⁶，控制电流流过的独立电源的名称为 vb、vc、ve、vlp、vln）
ga　6　0 11 12 402.1E－6	＊节点 6、0 间的电压控制电流源，值为 0.4021mA，控制电压的正负节点号分别为 11、12）
gcm　0　6 10 99 12.72E－9	＊节点 0、6 间的电压控制电流源，值为 12.72×10^{-9} A，控制电压的正负节点号分别为 10、99）
iss　3 10 dc 280.0E－6	＊节点 3、10 间的独立直流电流源，值为 0.28 mA
hlim 90　0 vlim 1K	＊节点 90、0 间的电流控制电压源，互阻增益为 1 K
j1　11　2 10 jx	＊结型场效应管漏、栅、源的节点号为 11、2、10，模型参数的定义如 jx
j2　12　1 10 jx	＊同上
r2　6　9 100.0E3	＊电阻 100 kΩ
rd1　4 11 2.487E3	＊电阻 2.487 kΩ
rd2　4 12 2.487E3	＊电阻 2.487 kΩ
ro1　8　5 40	＊电阻 40 Ω
ro2　7 99 60	＊电阻 60 Ω
rp　3　4 24.00E3	＊电阻 24 kΩ
rss　10 99 714.3E3	＊电阻 714.3 kΩ
vb　9　0 dc 0	＊独立直流电压源 0 V
vc　3 53 dc 1.100	＊独立直流电压源 1.1 V
ve　54　4 dc .3	＊独立直流电压源 3 V
vlim　7　8 dc 0	＊独立直流电压源 0 V
vlp　91　0 dc 30	＊独立直流电压源 30 V
vln　0 92 dc 30	＊独立直流电压源 30 V
. model dx D（Is＝800.0E－18）	＊二极管参数设置
. model　jx　PJF（Is＝30.00E－12 Beta＝577.5E－6 Vto＝－1）	＊结型场效应管参数设置
. ends	结束

3. 常用电路的 Pspice 模型举例

为了使读者掌握电子实用电路得模型仿真，下面列举了常用电路的 Pspice 模型。

1）同相放大器的 PSpice 分析

试给出图 11-55 所示的同向放大器的 Pspice 模型，其中运放采用 LM324（或 LM358）。用运放 LM324 构成同相放大器及节点编号如图 11-55 所示。

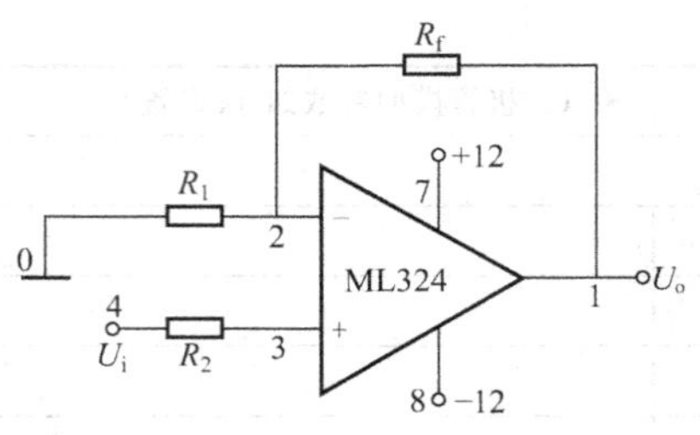

图 11-55　同相放大器

下面给出利用集成运放 LM324 构成的同相放大器交流分析的 Pspice 模型。

*. subckt LM358/MC 1 2 3 4 5	(集成运放 LM324/MC，有 5 个管脚)
* connections	
* 1 non-inverting input	(管脚 1 为同相输入端)
* 2 inverting input	(管脚 2 为反相输入端)
* 3 positive power supply	(管脚 3 为正电源供电端)
* 4 negative power supply	(管脚 4 为负电源供电端)
* 5 output	(管脚 5 为输出端)
R1 2 0 10K	* 电阻值为 10 kΩ
RF 2 1 90K	* 电阻值为 90 kΩ
R2 4 3 10K	* 电阻值为 10 kΩ
V1 7 0 12V	* 独立电压源 12 V
V2 8 0 −12V	* 独立电压源−12 V
VI 4 0 AC 100mV SIN (0 100mV 1K)	* 独立交流电压源为正弦函数
X1 3 2 7 8 1 LM324	* 集成电路 LM324
. LIB X. LIB	X 为 LM324 的库文件名
. AC DEC 50 1 1G	* 交流扫描分析
. TRAN 1US 4MS	* 时域瞬态分析
. END	* 结束

2) 差分放大器的 PSpice 分析

下面试给出图 11-55 所示的差分放大器 Pspice 模型：

* 恒流源差放及节点编号如图 11-56 所示，差分放大器交流分析的 Pspice 模型如下：

```
RL   10  0  10 K
VE1  3  0  5 V
VE2  9  0  −5 V
VE3  11  0  −5 V
IC   3  4  2 mA
IB   7  9  20 μA
Q1   5  1  4  MOD1
Q2   6  2  4  MOD1
Q3   8  7  5  MOD1
```

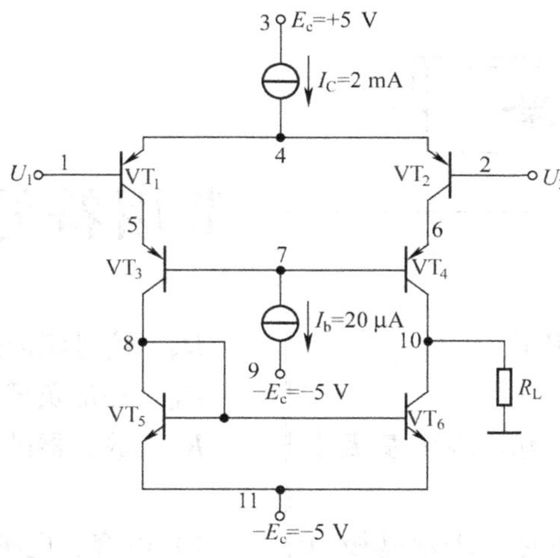

图 11-56　差分放大器

```
Q4   10   7   6MOD1
Q5   8   8   11   MOD2
Q6   10   8   11   MOD2
VIN   1   2   AC   2MV
. MODEL MOD1 PNP BF=100
. MODEL MOD2 PNP BF=100
. AC DEC 10 10 1meg
. PROBE
. END
```

附　录

常用符号说明

1. 电流和电压符号的规定

（以基极电流为例）

I_B　大写字母、大写下标，表示基极直流电流

I_b　大写字母、小写下标，表示基极电流交流分量的有效值

i_B　小写字母、大写下标，表示基极电流含有直流的总瞬时值

i_b　小写字母、小写下标，表示基极电流交流瞬时值

I_{bm}　基极电流交流分量的最大值

ΔI_B　基极电流直流变化量

ΔI_b　基极电流交流分量变化量

Δi_B　基极总瞬时电流变化量

2. 常用的基本符号

1）电阻

R 、r　电阻通用符号

G、g　电导通用符号

R_i　不包括偏置电阻的输入电阻

R_i'　包括偏置电阻时的输入电阻

R_o　不包括集电极负载电阻时的输出电阻

R_o'　包括时集电极负载电阻时的输出电阻

R_{if}　不包括偏置电阻时负反馈放大器的输入电阻

R_{if}'　包括偏置电阻时负反馈放大器的输入电阻

R_{of}　不包括集电极负载电阻时负反馈放大器的输出电阻

R_{of}'　包括时集电极负载电阻时负反馈放大器的输出电阻

R_S　信号源内阻

R_L　外加负载电阻负载电阻

R_L'　放大器的负载电阻

2）电容、电感及阻抗

C　电容通用符号

C_i　输入电容

C_L　负载电容

C_M　密勒等效电容

L　电感通用符号

Z　阻抗通用符号

3）电压

U、u　电压通用符号

U_S、u_S 信号源电压

U_i　输入信号电压

U_o　输出信号电压

U_{CC}、U_{DD}　正电源电压

U_{EE}、U_{SS}　负电源电压

U_B、U_G　基极、栅极偏置电压

U_R　基准电压（参考电压）

U_{ID}、U_{id}　差模输入电压

U_{IC}、U_{ic}　共模输入电压

U_{OD}、U_{od}　差模输出电压

U_{OC}、U_{oc}　共模输出电压

U_{omax}　最大输出电压

U_f　反馈电压

V　电位、电平通用符号

V_H　逻辑高电平

V_L　逻辑低电平

V_{OH}、V_{OL}　输出逻辑高、低电平

V_{IH}、V_{IL}　输入逻辑高、低电平

V_{on}、V_{off} 开门、关门电平

4）电流

I、i 电流通用符号

I_S、i_S 信号源电流

I_i 输入电流

I_o 输出电流

I_L 负载电流

I_f 反馈电流

I_R 基准电流（参考电流）

I_O 恒流源电流

I_{OH} OC门开路时的漏电流

5）增益

A 增益通用符号

A_U、A_I 电压、电流增益

A_R、A_G 互阻、互导增益

A_S 源增益

$A(S)$ 增益函数

$A(jf)$、$A(j\omega)$ 正弦增益函数

A_f 反馈放大电路的增益

A_{Ud} 差模电压增益

A_{Uc} 共模电压增益

B 反馈系数用符号

B_U、B_I 电压、电流反馈系数

B_R、B_G 互阻、互导反馈系数

6）功率

P_{DC} 直流电源供给功率

P_O 输出功率

P_{Omax} 最大输出功率

P_C 耗散功率

N_{EP} 噪声等效功率

7）频率

f、ω 频率、角频率通用符号

f_H、f_L 放大电路上限频率（高频截频）、下限频率（低频截频）

f_{Hf}、f_{Lf} 反馈放大电路上限频率（高频截频）、下限频率（低频截频）

BW 通频带

f_p、ω_p 极点对应的频率、角频率

f_Z、ω_Z 零点对应的频率、角频率

3. 器件参数符号

VD、VD_Z 二极管、稳压二极管

VT 晶体管、场效应管

U_D 二极管正向压降

U_Z 稳压二极管稳定电压

U_φ PN结势垒电压

U_T 晶体管温度电压当量

U_T 增强型场效应管的阈值电压（开启电压）

U_P 耗尽型场效应管的阈值电压（夹断电压）

U_A 厄尔利电压

λ 晶体管基区调宽系数；场效应管沟道长度调制系数

U_{CES} 晶体管C、E间饱和压降

BU_{CBO} 射极开路时C、B间反向击穿电压

BU_{CEO} 基极开路时C、E间反向击穿电压

BU_{EBO} 集电极开路时C、B间反向击穿电压

BU_{DS} 源、漏间反向击穿电压

I_S 二极管反向饱和电流

I_{ES} 发射结反向饱和电流

I_{CBO} 发射极开路时C、B间反向饱和电流

I_{CEO} 基极开路时C、E间反向饱和电流

I_{CM} 集电极最大允许电流

I_{DSS} 耗尽型场效应管的饱和漏极电流

f_α 晶体管共基电流放大系数的截止频率

f_β 晶体管共射电流放大系数的截止频率

f_T 特征频率

P_{CM} 晶体管集电极最大允许耗散功率
P_{on} TTL 门的空载导通功耗
P_{off} TTL 门的空载截止功耗
r_D 二极管正向电阻
r'_{bb} 基区体电阻
r_e 发射结微变电阻
$r_{b'e}$ 混合 π 模型中发射结微变电阻
h_{ie} 共射 h 模型中输入电阻
h_{fe} 共射 h 模型中电流放大系数
h_{oe} 共射 h 模型中输出电导
h_{ib} 共基 h 模型中输入电阻
h_{fb} 共基 h 模型中电流放大系数
h_{ob} 共基 h 模型中输出电导
r_{ds} 场效应管共源接法时输出电阻
g_m、g_{mb} 跨导、背栅跨导
$C_{b'c}$ 混合 π 模型中集电结等效电容
$C_{b'e}$ 混合 π 模型中发射结等效电容
C_{gs} 场效应管栅、源间等效电容
C_{gd} 场效应管栅、漏间等效电容
C_{ds} 场效应管漏、源间等效电容
C_D 扩散电容
C_T 势垒电容
α、$\bar{\alpha}$ 晶体管共基交、直流电流放大系数
β、$\bar{\beta}$ 晶体管共射交、直流电流放大系数
n_i 本征半导体电子浓度
n 电子浓度
p_i 本征半导体空穴浓度
p 空穴浓度
N 电子型半导体
P 空穴型半导体能量
W 沟道宽度
L 沟道长度
η 跨导比
K MOS 管的导电因子
E_{G0} 半导体材料的禁带宽度
N_A 受主杂质浓度
N_D 施主杂质浓度
μ_n 电子迁移率
μ_p 空穴迁移率
D_n 电子扩散系数
D_p 空穴扩散系数
U_+ 运放的同相输入端
U_- 运放的反相输入端

4. 其他符号

S 开关
F 反馈深度
K_{CMR} 共模抑制比
η 效率
T 周期
t 时间
t_r 上升时间
t_f 下降时间
t_{re}、t_R 恢复时间
t_W 脉冲宽度
t_{pd} 平均延迟时间
t_S 存储时间
t_d 延迟时间；分辨时间
t_{on} 开通时间
t_{off} 关断时间
Q 静态工作点；品质因数
φ 相位
G_m 增益裕量
φ_m 相位裕量
τ 时间常数
θ 导通角

参考文献

[1] 冯民昌，模拟集成电路基础.2版.北京：中国铁道出版社，1998.

[2] 高文焕，刘润生.电子线路基础.北京：高等教育出版社，1997.

[3] 孙肖子，张企民.模拟电子技术基础.西安：西安电子科技大学出版社，2001.

[4] 谢嘉奎.电子线路.4版.北京：高等教育出版社，1999.

[5] 陈大钦，杨华.模拟电子技术基础.2版.北京：高等教育出版社，2000.

[6] 王筱颖.模拟电路导论.北京：高等教育出版社，1986.

[7] 张凤言.电子电路基础—高性能模拟电路和电流模技术.北京：高等教育出版社，1995.

[8] 童诗白，华成英.模拟电子技术基础.3版.北京：高等教育出版社，2001.

[9] 杨祥林.光纤通信系统.北京：国防工业出版社，1999.

[10] 顾畹仪.光纤通信系统.北京：北京邮电大学出版社，1999.

[11] 赵梓森.光纤通信工程.修订版.北京：人民邮电出版社，2001.

[12] 陈根祥.光波技术基础.北京：中国铁道出版社，2000.

[13] 纪越峰.光波分复用系统.北京：北京邮电大学出版社，1999.

[14] 杨祥林.光放大器及其应用.北京：电子工业出版社，2000.

[15] NEAMEN D A Electronic Circuit Analysis and Design. 2000.

[16] ispDesign EXPERT system 培训教程.上海莱迪思半导体公司，2000.

[17] 周政新.电子设计自动化实践与训练.北京：中国民航出版社，1998.

[18] 钱恭斌，张基宏.实用通信与电子线路的计算机仿真.北京：电子工业出版社，2001.

[19] 华成英.模拟电子技术基本教程.北京：清华大学出版社，2006.